全国高等美术院校建筑与
环境艺术设计专业教学丛书

中国古典园林史

中国古典园林造园艺术

胡喜红 编著

中国建筑工业出版社

图书在版编目（CIP）数据

中国古典园林史.中国古典园林造园艺术 / 胡喜红 编著.
—北京：中国建筑工业出版社，2019.8(2024.9重印)（全国高等美术院校建筑与环境艺术设计专业教学丛书）
ISBN 978-7-112-24020-3

Ⅰ.①中… Ⅱ.①胡… Ⅲ.①中国园林-建筑史-中国 Ⅳ.①TU-098.42

中国版本图书馆CIP数据核字（2019）第155581号

本书采用"纸质教材+线上课程"的教材出版新模式，是在线课程《园中画境 中国古典园林造园艺术》的配套教材。教材内容为课程视频讲解知识点的纸质载体，与在线课程的内容紧密结合。内容以园林美学作为切入点，通过对史料、专著、学术论文等大量文献资料梳理提炼，以史为纲，化繁为简，将中国古典园林造园起源、分布、流派及其演变、传承进行深入浅出地剖析。通过分析现存园林实体营造方式与时间维度园林审美演变内在脉络延续性，探讨中国古典园林造园手法及思想对当代新中式风格景观设计的现实意义。适用于高等院校设计专业学生及园林爱好者和园林行业从业者阅读。

责任编辑：唐 旭
文字编辑：孙 硕
责任校对：张惠雯
装帧设计：祁 晨
图片校对：王超凡 马先达

全国高等美术院校建筑与环境艺术设计专业教学丛书
中国古典园林史 中国古典园林造园艺术
胡喜红 编著
*
中国建筑工业出版社出版、发行（北京海淀三里河路9号）
各地新华书店、建筑书店经销
北京雅盈中佳图文设计公司制版
北京中科印刷有限公司印刷
*
开本：787毫米×1092毫米 1/16 印张：$20^{3}/_{4}$ 字数：422千字
2019年10月第一版 2024年9月第三次印刷
定价：78.00元
ISBN 978-7-112-24020-3
（34522）

自序

中国古典园林萌动于远古的农耕及聚落时代，甲骨文“囿”作为古典园林音乐的序曲出现。在夏商周这一由部落联盟转化为奴隶世袭君主制王朝的时期，古典园林由最初的萌动进入到发端期。夏桀王的瑶台、殷纣王的鹿台、周文王的灵台、灵沼、灵囿等，已不再仅仅是将风景优美、草木繁茂、野兽聚集地圈起来用于家禽驯养、狩猎、农业经济、游玩审美的组合功能，而是更注重登高望远及游玩功能，可以视为古典园林的源头。秦汉封建社会早期真正意义上的“园林”一词出现，中国古典园林类别中的皇家园林、私家园林及寺观园林在这一时期均已形成。同时，封建社会的封禅祭祀文化及佛教、道教步入名山，也促使五岳为首的名山景胜体系形成。魏晋南北朝作为中国园林的过渡时期，正是由于社会动荡，儒、玄、道、佛二学二教的共融共生，促使魏晋人作为个体人的“审美自觉”。自然山水开始从以往的艺术从属地位中独立出来，人的审美意识开始由以满足功利需求的低级审美向为获得审美愉悦的高级审美转化，进而衍生出对山水审美的视觉艺术，为中国古典园林注入灵魂。隋、唐、宋时期中国园林正式步入全面发展时期，隋的大一统、唐的强盛、宋的经济发展成熟，促使园林的数量、类型、分布范围等方面均有着强劲且持久的发展。皇家园林开始将内容、功能、景观等众多因素综合考量来体现皇家气派。私家园林中文人文化、山水审美及造园技术三者的进一步交融，园林成为山水审美艺术与现实的生活境域，因地制宜“诗情画境”三维呈现的“唐宋写意山水园林”。佛教与道教的进一步的普及和世俗化，中国文化的包容性凸显，儒释道三教深度融合，中国特有的寺观园林进一步发展。

元明清时期是中国封建社会的最后三个朝代，既是中国园林成熟期也是中国园林衰败期。元明清特别是康乾盛世，可以说是中国封建社会最后的繁荣。皇家园林不管是从规模、数量、造园技术还是内容上都远超前代，出现规模宏大的皇家园林集群“三山五园”，以及一批中国经典山水园林。私家园林发展到达高峰，文人与士流园林的审美意趣成为主导中国园林的审美意趣。并且紧密结合不同地域人文、经济、自然条件的差异，生成北方园林、江南园林、私家园林三大中国古典园林地域风格。中国风景名胜区进一步的成熟发展，佛道教的“四大名山”发展成为集宗教活动、游览观光、聚会投宿综合一体的场所。清朝晚期特别是嘉庆以后，清王朝统治日渐腐败，最终被资本主义的洋枪大炮打开了国门，中国沦为半封建半殖民地社会，清王朝走向崩溃，中国园林也开始步入衰败期。正如宋人李格非所言：“园囿之兴废者，洛阳盛衰之候也。”晚期中国园林发展历程也印证了这一点，众多园林在动乱中化为灰烬。除“天下之治乱”这一原因外，还有其他方面原因。一方面，清代特别是晚清造园工艺的高度发达，致使园林的营建流于模式化，过度重视装饰的繁琐而缺乏自魏晋以来对“山水审美的自觉”，中国园林发展缺乏内在动力；另一方面，随着近代以来工业化、城市化的进程以及西方文化的传入，导致思想、文化和审美意趣的转变，古典园林难以符合时代需求。综上所述，中国园林步入衰败期也成为必然。

本书的时间跨度从商周时期一直到清朝，正好覆盖了中国古典园林的发端期、形成期、过渡期、全面发展期、成熟期及衰败期6个阶段。纵观中国古典园林发展史，不难发现中国古典园林虽是一个独立的艺术门类，但它却充满诗情画意，与诗文、绘画、文学等艺术门类有着极为密切的联系。它们之间互相影响、彼此渗透，甚至可以说是同步发展。因此，全面地学习与研究中国古典园林史，绝不能仅仅只关注园林兴衰，而是以中国艺术发展的大视野来全面地审视。

中国古典园林文化作为中国传统文化的一部分，它“传统”但这并不等同于“过去”或“文物”，它是先人留给我们的具有民族基因烙印的文化遗产。正如习近平总书记所言:“不忘本来才能开辟未来，善于继承才能更好创新。”《中国古典园林史 中国古典园林造园艺术》一书采用“纸质教材+线上课程”的数字出版新模式，是西安工业大学在线课程MOOC建设项目《园中画境 中国古典园造园艺术》课程的配套教材并获资助。尝试将线上课程平台与中国古典园林文化相结合，推动中华优秀传统文化创造性转化、创新性发展。中国古典园林发展历时漫长，分布范围又极为广阔，文献资料更是浩如烟海。因此，本书限于笔者的学力及工作条件，内容或有详尽，或有简略，或有粗糙、征引疏漏、论述不妥之处，恳请广大读者匡正。还要感谢西安工业大学艺术与传媒学院全体同仁、学生、朋友及家人对此书的大力协助与支持，在此致谢。

胡喜红于西安

2019年5月20日

目录

第1章　商、周、秦、汉时期园林（公元前1600—220年）........ 001

1.1　商周时期园林........ 002

1.1.1　商周囿、台、沼........ 002

（1）章华台........ 003

（2）姑苏台........ 003

1.2　秦代园林........ 005

1.2.1　秦代宫苑........ 005

1.2.2　上林苑•阿房宫—法天象地........ 006

1.2.3　兰池宫........ 007

1.2.4　秦始皇陵........ 008

1.3　汉代园林........ 009

1.3.1　皇家园林........ 009

1. 长安城•斗城........ 009

2. 未央宫........ 010

3. 建章宫........ 010

4. 东汉洛阳........ 011

5. 上林苑........ 012

6. 甘泉宫........ 013

1.3.2　私家园林........ 014

1. 王侯官僚的园林........ 014

（1）兔园（梁园）........ 014

（2）梁冀园........ 014

2. 富豪的园林........ 014

3. 文人隐士的宅园与庄园........ 015

4. 汉代皇陵........ 015

第2章　魏、晋、南北朝时期园林（220—589年）........ 016

2.1　时代背景........ 017

2.1.1　思想解放，审美自觉........ 017

2.1.2　中国园林体系的形成........ 018

2.2 皇家园林 020
2.2.1 邺城 020
1. 邺北城 020
(1) 玄武苑 021
2. 邺南城 022
(1) 仙都苑 023
2.2.2 洛阳 023
1. 曹魏洛阳城 023
2. 芳华林·华林苑(曹魏) 024
3. 北魏洛阳城 025
4. 华林苑(北魏) 026
5. 其他宫苑 026
2.2.3 建康 026
1. 华林园 027
2. 乐游苑 029
3. 玄武湖与上林苑 029
4. 其他园林 029
2.2.4 皇家园林小结 029
2.3 私家园林 031
2.3.1 园林美学思想 031
1. 竹林玄学——基于审美自觉的造园手法写实到写意的转变 031
2. 魏晋风度——兰亭雅集中玄理与山水的融合 031
3. 陶渊明——文人士大夫具有典型范式意义的艺术化人生 032
4. 谢灵运——山水成为独立的审美对象 033
2.3.2 士人园林—郊野·山居别墅 033
1. 金谷园·错彩镂金 034
2. 始宁别墅·芙蓉出水 035
(1) 石壁精舍 035
2.3.3 士人园林－城市宅园 036
1. 张伦宅园 036
2. 玄圃与湘东苑 036
2.3.4 私家园林小结 037

2.4 寺家园林 039
2.4.1 玄言佛理交融 039
2.4.2 道教的兴起 039
2.4.3 寺观园林实例 040
1. 佛寺园林 040
(1) 北魏洛阳城内佛寺 041
(2) 同泰寺 042
(3) 山林佛寺·东林寺 043
2. 道观园林 043
第3章 隋、唐时期园林(589—960年) 044
3.1 时代背景 045
3.2 皇家园林 046
3.2.1 隋大兴城·唐长安城 046
1. 三大内 048
(1) 太极宫(隋大兴宫) 048
(2) 大明宫 048
(3) 兴庆宫 051
2. 大内御苑 053
(1) 禁苑·隋大兴苑 054
(2) 西内苑 055
(3) 东内苑 055
3. 行宫御苑与离宫御苑 056
(1) 隋仙游宫 056
(2) 九成宫·隋仁寿宫 056
(3) 华清宫 057
(4) 翠微宫 058
(5) 玉华宫 059
3.2.2 东都·洛阳 059
1. 行宫御苑与离宫御苑 061
(1) 上林西苑·东都苑(唐) 061
(2) 上阳宫 062
3.2.3 江都离宫 062
3.3 私家园林 063

3.3.1 隐于园——士大夫的精神家园 063
3.3.2 城市私园 064
1. 履道坊宅园•白居易 064
2. 浣花溪草堂•杜甫 066
3.3.3 郊野私园 066
1. 平泉庄•李德裕 066
2. 归仁里宅园•赏石文化（牛僧孺） 067
3. 辋川别业•王维 068
4. 嵩山别业•卢鸿一 069
5. 庐山草堂•白居易 070
3.4 寺观园林 072
3.4.1 佛教和道教的兴盛 072
3.4.2 寺院等级及布局 072
1. 寺院等级 072
2. 寺院布局 073
3.4.3 寺观的选址 074
3.4.4 寺观园林植物审美 075
1. 寺观园林植物品种的选择 075
2. 寺观园林植物的配置 078
3.4.5 寺观园林实例 078
1. 大慈恩寺 079
3.5 其他园林 080
3.5.1 城市公共园林 080
1. 芙蓉苑•曲江池 080
2. 乐游原 081
3.5.2 官署园林 081
1. 绛守居园 081
3.5.3 唐代皇陵 082
第4章 宋时期园林（960—1271年） 083
4.1 时代背景 084
4.1.1 封建社会已经发育成熟 084
4.1.2 山水画与园林营造 084
4.2 皇家园林 097

4.2.1 东京•开封 097
4.2.2 东京•皇家宫苑 098
1. 艮岳•华阳宫 098
2. 后苑 101
3. 延福宫 101
4. 琼林苑与金明池 101
5. 玉津园•东都 103
6. 宜春苑 103
7. 其他园林 103
4.2.3 临安•南宋 103
1. 后苑 105
2. 德寿宫 106
3. 玉津园•临安 106
4. 集芳园 106
5. 其他园林 106
4.3 私家园林 107
4.3.1 园林美学思想 107
1. 仕隐——由造景到造境的转变 107
2. 以画入园 107
3. 化诗为园 109
4. 雅致之美 110
4.3.2 中原私家园林 110
1. 富郑公园 111
2. 环溪 111
3. 独乐园 111
4. 其他园林 114
4.3.3 江南私家园林 114
1. 临安私家园林 114
(1) 南园•韩侂胄 114
(2) 贾似道三座名园 114
(3) 其他园林 115
2. 吴兴私家园林 115
(1) 南沈尚书园和北沈尚书园 115

(2) 叶氏石林 115
(3) 其他园林 115
3. 平江私家园林 115
(1) 沧浪亭 115
(2) 网师园•渔隐 116
(3) 乐圃 116
4. 润州私家园林 119
(1) 砚山园•米芾 119
(2) 梦溪园•沈括 119
5. 绍兴私家园林 119
(1) 沈园 119
4.4 寺观园林 120
4.4.1 道观园林 120
1. 岱庙•泰庙•岳庙 120
4.4.2 佛寺园林 121
1. 灵隐寺 122
4.5 其他园林 124
4.5.1 城市公共园林 124
1. 东京 124
2. 西湖 124
4.5.2 其他园林 125
4.6 辽、金园林 126
4.6.1 皇家园林 126
1. 辽•南京（今北京） 126
2. 金•中都（今北京） 126
4.6.2 其他园林 126
4.6.3 宋代皇陵 127
第5章 元、明时期园林（1271—1644年） 129
5.1 时代背景 130
5.2 都城建设 131
5.2.1 元•大都 131
5.2.2 明•北京 133
5.3 皇家园林 136

5.3.1 元•皇家园林 136
1. 元•太液池 136
2. 其他园林 138
5.3.2 明•皇家园林 138
1. 西苑 138
2. 兔园 140
3. 万岁山（景山） 140
4. 御花园 141
5. 慈宁宫 141
6. 东苑 141
7. 南苑 141
8. 上林苑 142
5.4 私家园林 143
5.4.1 苏州私家园林 143
1. 狮子林 143
2. 艺圃 147
3. 拙政园 149
4. 留园 150
5.4.2 扬州私家园林 150
1. 影园 150
5.4.3 北京私家园林 153
1. 万柳堂 153
2. 梁园 154
3. 清华园 154
4. 勺园 154
5.4.4 其他地区私家园林 156
1. 寄畅园 156
2. 豫园 160
3. 上海嘉定秋霞圃 162
4. 瞻园 164
5. 弇山园 166
5.5 寺观园林 167
5.5.1 佛寺园林 167

1. 山西洪洞•广胜寺 167
2. 北京•智化寺 168
5.5.2 道观园林 169
1. 山西•永乐宫 169
5.6 其他园林 170
5.6.1 城市公共园林 170
1. 兰亭 170
2. 什刹海 171
5.6.2 文人园林 172
5.6.3 明十三陵 172
5.7 造园家及造园理论著作 175
5.7.1 造园家 175
1. 张琏、张然父子 175
2. 张南阳 176
3. 陆叠山 176
4. 计成 176
5.7.2 造园理论著作 176
1.《园冶》 177
2.《长物志》 178
3.《群芳谱》 179
第6章 清代园林（1616—1912年） 180
6.1 时代背景 181
6.1.1 封建社会步入后期 181
6.1.2 清代都城建设 181
6.2 皇家园林 183
6.2.1 大内御苑 184
1. 西苑 184
(1) 南海 184
(2) 北海 186
1) 琼华岛 186
2) 团城 188
3) 濠濮间与画舫斋 189
4) 镜清斋•静心斋 190

(3) 中海 …… 194
2. 景山 …… 194
3. 紫禁城内御苑 …… 196
(1) 御花园 …… 196
(2) 慈宁宫花园 …… 197
(3) 建福宫花园 …… 199
(4) 宁寿宫花园·乾隆花园 …… 203
6.2.2 行宫御苑与离宫御苑 …… 207
1. 乾隆盛世 …… 207
2. 三山五园 …… 209
(1) 畅春园 …… 209
(2) 静宜园 …… 211
1) 内垣 …… 211
2) 外垣 …… 213
3) 别垣 …… 213
(3) 静明园 …… 214
1) 南山景区 …… 215
2) 东山景区 …… 215
3) 西山景区 …… 217
(4) 颐和园·清漪园 …… 217
1) 前山区 …… 219
2) 宫廷区 …… 221
3) 后山区 …… 223
4) 前湖区 …… 225
(5) 圆明园三园 …… 226
1) 圆明园 …… 228
2) 长春园 …… 230
3) 万春园·绮春园 …… 230
3. 避暑山庄 …… 234
(1) 宫廷区 …… 235
(2) 湖泊区 …… 236
1) 如意洲 …… 236
2) 烟雨楼 …… 237

3) 金山 238
4) 文津阁 238
5) 文园狮子林 238
(3) 平原区 239
1) 万树园 239
(4) 山岳区 240
4. 其他宫苑 240
(1) 南苑 241
6.2.3 皇家园林总结 241
1. 书写天下的布局手法 241
2. 皇家的“大式”与园林“小式”建筑造景 241
3. 复杂多样的园林寓意 242
4. 南北造园技艺与园林审美意趣的交融 242
5. 花木繁茂 242
6.3 私家园林 243
6.3.1 江南园林 243
1. 扬州园林 243
(1) 扬州小盘谷 243
(2) 扬州何园·寄啸山庄与片石山房 246
1) 寄啸山庄 247
2) 片石山房 248
(3) 扬州个园 249
2. 苏州园林 251
(1) 拙政园 251
1) 中部景区·拙政园·复园 251
2) 西部景区·补园·书园 253
(2) 留园 255
(3) 网师园 258
(4) 怡园 260
(5) 耦园 263
(6) 环秀山庄 265
(7) 常熟燕园 267
3. 杭州园林 268
(1) 杭州郭庄·汾阳别墅 268

(2) 西泠印社 270
4. 其他地区园林 271
(1) 海盐绮园 271
(2) 湖州小莲庄与嘉业堂藏书楼 273
1) 湖州小莲庄 273
2) 嘉业堂藏书楼 273
(3) 吴江退思园 274
6.3.2 北方园林 275
1. 王公府园 276
(1) 恭王府花园·萃锦园 276
(2) 醇亲王府花园 277
2. 城市宅园 280
(1) 北京可园 280
(2) 潍坊十笏园 281
(3) 半亩园 282
3. 郊外别业 284
4. 其他地区园林 286
(1) 太谷孟氏宅园·孔祥熙宅园 286
6.3.3 岭南园林 287
(1) 东莞可园 288
(2) 顺德清晖园 290
(3) 佛山梁园 291
(4) 番禺余荫山房·瑜园 294
6.4 寺观园林 296
6.4.1 佛寺园林 296
1. 藏传佛教 296
(1) 承德外八庙 296
2. 汉传佛教 298
6.4.2 道观园林 298
6.5 其他园林 299
6.5.1 扬州瘦西湖 299
6.5.2 官衙花园 300
(1) 南京煦园 300

6.5.3 书院园林 302
6.5.4 清代皇陵 303
(1) 清东陵 303
(2) 清西陵 305
6.6 造园家及造园理论著作 307
6.6.1 李渔·《闲情偶寄》·《一家言》 307
6.6.2 戈裕良 307
图版目录 309
参考文献 313

第1章

商、周、秦、汉时期园林（公元前1600—220年）

图注：清·院本《十二月令图轴》之二月

【扫码试听】

1.1 商周时期园林

1.1.1 商周囿、台、沼

公元前 2070 ～公元前 1600 年，在氏族社会晚期黄河流域的中下游，中国史书中记载的第一个世袭制、奴隶制国家诞生——夏朝建立。而中国最早的造园活动则始于距今 3000 多年的殷商时代（公元前 1600 ～公元前 1100 年）。

园林最初的形式是“囿”，始于殷商时代的帝王贵族阶层盛行“田猎”活动。《诗经》毛苌注：“囿，所以域养禽兽也。”而禽兽大多需圈养，故《说文》云囿为“苑有垣也”。同时，囿字的甲骨文“[illegible]”金文“[illegible]”中也有体现，“[illegible]”反映的是自然植被被人工构筑的界垣围合，而“[illegible]”反映是在人工构筑界垣中，一个人手持武器正在行猎。所以，“囿”就是在选定地域范围外划定或构筑界垣，让草木、野兽、禽鸟在其中自然繁衍生息，供帝王贵族狩猎游乐的场所。

从出土的甲骨文记载来看，殷商时期自然崇拜现象十分普遍。而在日、月、天、地、山、川等诸多自然崇拜对象中，山和水逐渐成为大自然的代表，山水祭祀文化逐渐形成，五岳四渎更直接指代万物生长的神州大地。

据《诗经》和《史记》记载，周文王曾兴建灵台、灵沼、灵囿。《诗经·大雅》“灵台篇”曰：“经始灵台，经之营之，庶民攻之，不日克之。经始勿亟，庶民子来。王有灵囿，麀鹿攸伏。麀鹿濯濯，白鸟翯翯。王在灵沼，於牣鱼跃。”可见，周文王是有计划的开始营建灵台、灵沼、灵囿，使天然的草木与鸟兽在其间自然繁衍生息，同时人也可以在其中游憩狩猎、观赏走兽飞禽、自然风光，囿开始具有了最初游观的功能，具备园林最初的雏形。

台，最初是用土夯筑而成的方形高台，《吕氏春秋》高诱注：“积土四方而高曰台”。古人崇奉山岳，台其实是对山岳形态上的一种摹拟。台的营造具有浓厚的神秘色彩，具有登高观天象、与神明交流的功能。古人对水的崇拜并不亚于对山的崇拜，他们选择基址时，多在临水高地，即使是游牧民族也是逐水草而居。汉代刘向《新序·杂事五》记载：“周文王作灵台，及为池沼。”可见挖池筑台的施工便利，先秦台与沼的建设往往是紧密联系在一起的，台用于祭祀、观景，沼则用于养鱼，同时观赏的功能也有所增加。如位于西安市长安区的西周文王兴建灵台更是集观察天候、制定律历、于民施教、动员战争、占卜大事、庆祝大典、会盟诸侯等一体的一个多功用场所。

灵囿，象征万物自然繁衍的土壤；灵台与灵沼，则是中国山水祭祀文化在园林中的投射。灵台、灵沼、灵囿不仅是古籍记载中国最早的园林，台、沼、囿也成为中国古典园林的原始雏形，中国自然山水园林的三个源头。

(1)章华台

章华台又名章华宫，在湖北省潜江境内，始建于楚灵王六年（公元前 535 年）总共历时 6 年才完工。经考古发掘，章华宫位于故云梦泽内，遗址东西长约 2000m，南北宽约 1000m，总面积达到 220 万 m^2。整个遗址中有大大小小、形制不同的高台若干座，同时还发掘出大量的宫、室、门、阙的基址。主体建筑章华台，为一个长 300m，宽 100m 的方形台基，在其上方又有四台相互连接。其中，最大的一个台长 45m、宽 30m、高 30m，分三层，每次探测都发现建筑物残留的遗迹，故名三休台。据史料记载章华台临水成景，被三面人工开凿的水池所环抱，池水引自汉水，兼具交通运输功能。可以想象当年章华台是如何的钜丽非凡，楚灵王登临高台目光所及是何等风光（图 1-1）。

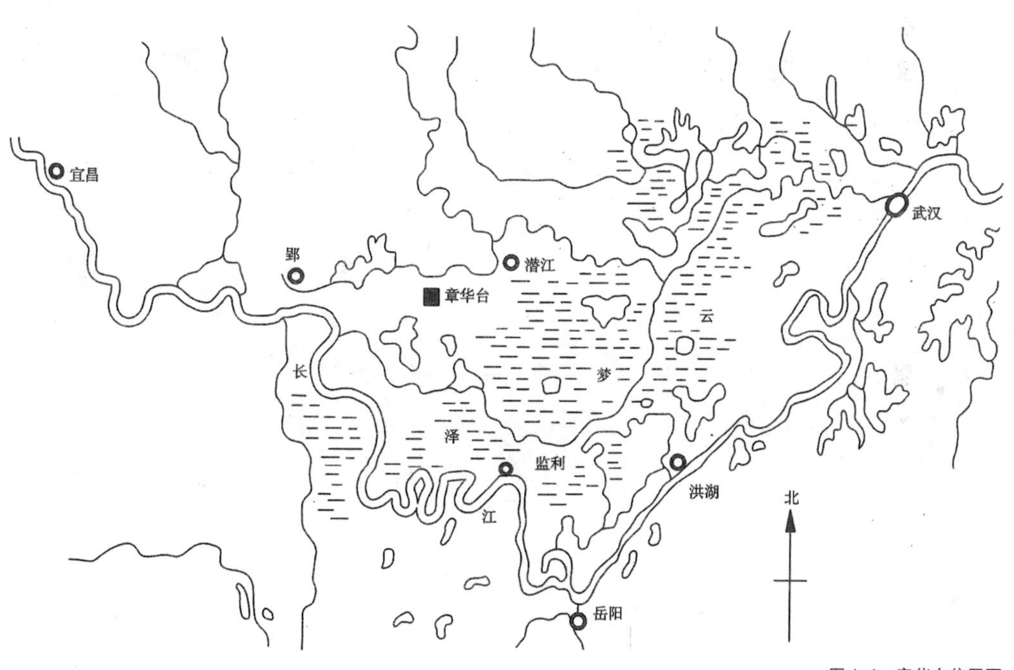

图 1-1 章华台位置图

(2)姑苏台

姑苏台位于吴国的国都，即今苏州西南 12.5km 之外的姑苏山上，是一座典型的山地园林。始建于吴王阖闾十年（公元前 505 年）历时 5 年建成。姑苏山位于太湖之滨，又名姑胥山、七子山，现在山上还遗存十余座古台的遗址。可以想象当年因山成台、联台成宫，形成一片位于山上的宫苑建筑群的盛况。今灵岩寺即为馆娃宫遗址所在，附近还遗存有玩花池、琴台、响廊裥、砚池、采香径等古迹。从文献资料中可知，当时宫苑建筑群极为华丽，建筑众多且功能也不尽相同。如海灵宫由名字即可知此处为一赏水观鱼场所，馆娃阁则是吴王当年金屋藏娇之处，春宵宫是寻欢作乐之地，天池相当于宫苑的水库，很有可能是人工开凿可以用于水上娱乐的场所。姑苏台作为一个典型的山地园林，可以遥想当年吴王与西施居高临下，尽览太湖之景时的心情（图 1-2）。

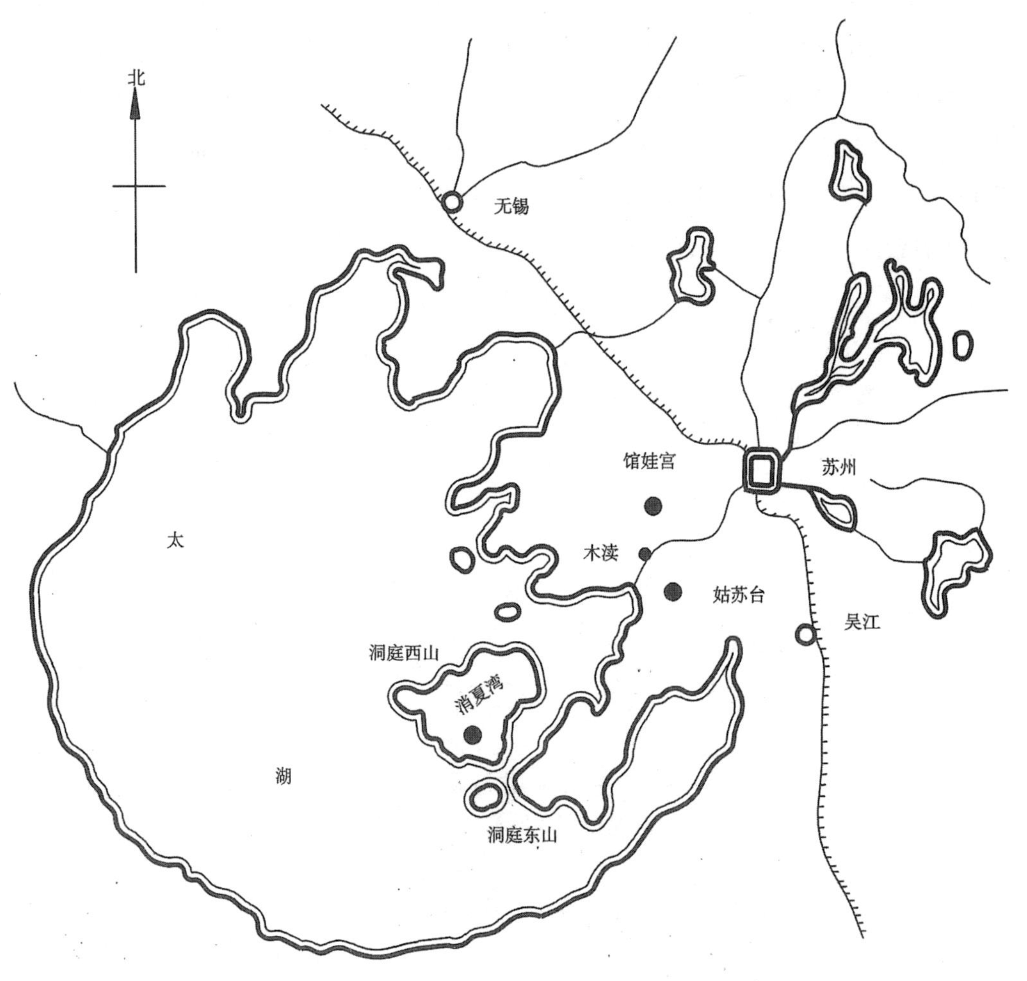

图 1-2　姑苏台位置图

章华台与姑苏台作为春秋战国时期贵族园林的两个重要实例。我们可以从遗址勘探中发现古人的智慧，两者的选址与营建都极为讲究，将自然环境同宫苑之内的台、宫、馆、阁等多种建筑有机联系起来，以满足游赏、娱乐、居住等多种功能。如章华台位于云梦泽，而云梦泽游赏楚王的田猎区，因此章华台还有可能是楚王动物圈养的场所。姑苏台则充分利用地势优势，借景太湖广阔清澈的湖水与自然风光。姑苏台中的“采香径”则是园林植物设计的最有力的例证。

1.2 秦代园林

【扫码试听】

秦汉是中国园林由“囿”向“苑”转变重要阶段，随着中央集权政治体制的确立，产生了皇家园林这一园林类型。这一时期的皇家宫苑，规模空前，形成“宫”、“苑”两个类别。首先是“宫中有苑”，以宫殿建筑为主，植物、山水景观穿插其间；其次是“苑中有宫”，选取风光宜人的郊野山林建离宫别苑，而各类宫殿建筑依山就势散布于别苑之中，开创了“园中园”的造园手法，形成苑中有苑，苑中有宫，苑中有观（馆）的布局形式，对后世的皇家造园影响深远。汉代，皇家苑囿开始出现由崇尚建筑逐步推崇山水林木的转变，首次出现“一池三山”造园手法，成为历代皇家园林造园的主要手法，一直沿袭到清代。

1.2.1 秦代宫苑

公元前221年秦始皇灭六国，统一天下，建立中国历史上第一个帝王独裁政体的中央集权的封建大帝国。此时园林的兴建也与中央集权政治体制相匹配，开始出现中国园林史上真正意义的“皇家园林”。《史记·秦始皇本纪》：“秦每破诸侯，写放其宫室，作之咸阳北阪上，南临渭，自雍门以东至泾渭。”秦始皇在统一天下的过程中，每灭一国便仿建该国一处王宫于咸阳北阪，形成荟萃六国造园风格的超大规模宫苑——皇家园林建筑群（图1-3）。

《三辅黄图》有记述：“二十七年，作信宫渭南，已而更命信宫为极庙，象天极。”公元前222年，秦始皇在渭南兴建信宫并更名为极庙，与渭北的咸阳宫形成南北轴线，咸阳都城规

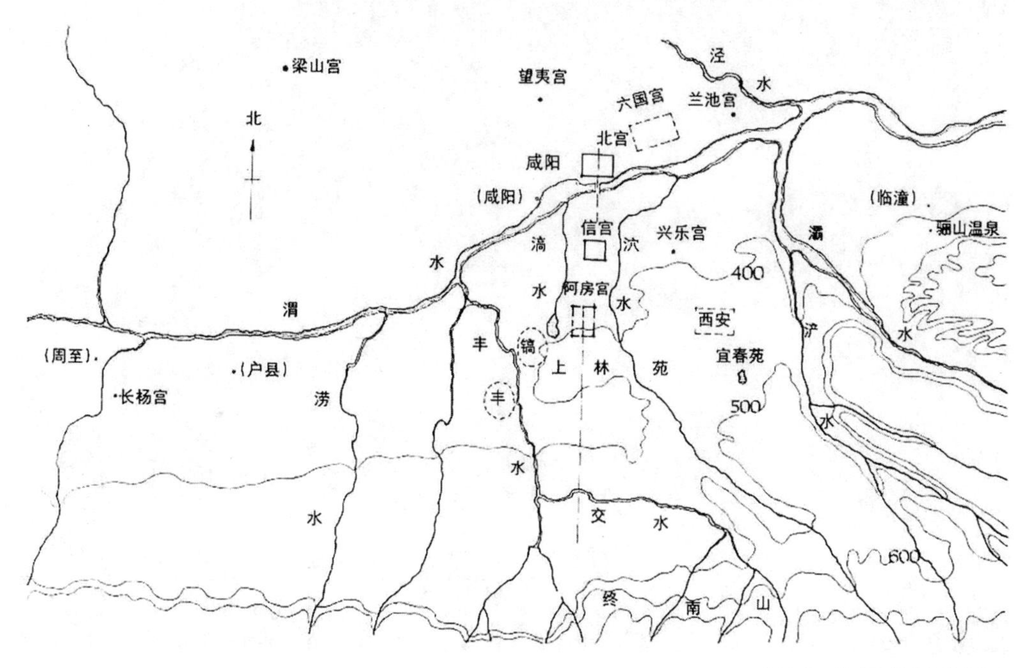

图1-3 秦咸阳主要宫苑分布图

划已横跨渭河南北两岸。“天极”即北极，又名北辰，传说天帝（泰乙）所居之地。通过“象天极”建筑景观布局形式，使人间宫苑复现天空的星象，以渭水象征银河，以信宫象征北极星，突出天子宗庙的至高至尊。“天人合一”园林规划布局思想，以如此恢宏、浪漫的形式呈现，在相当长的历史时期中影响着中国皇家园林的规划布局。

1.2.2 上林苑·阿房宫—法天象地

《三辅黄图·阿房宫》记载：“阿房宫，亦曰阿城。惠文王造，宫未成而亡。始皇广其宫，规恢三百余里，离宫别馆，弥山跨谷，辇道相属，阁道通丽山八十余里。表南山之巅以为阙，络樊川以为池。”可见上林苑是秦国的旧苑，秦惠王始在上林苑中筑阿城，秦昭王又在阿城基础上修建王室苑囿，直至公元前 212 年，秦始皇在苑囿中兴建朝宫即著名的阿房宫（朝宫的前殿）。阿房宫作为上林苑中最主要的一组宫殿建筑群，代替信宫成为新的“应天承命”的天极象征，通过“辇道、阁道”，即复道，分上下两层，上层封闭而下层通透开敞，形成辐射状的交通网络，连接北面的咸阳宫和东面的骊山宫。

秦上林苑范围极为广阔，规划上精于构思、巧于设计、善于利用原有自然景观，既能把十公里以内终南山作为园林借景，又能将园林的建设放在一个整体规划的基础上，通过取法于天的“法天——象天极”景观布局思想指导下，将众多建筑群有主有次地组织在一个“帝王之都”的宏大构图中，从“天极——阿房宫”经“天河——辇道、阁道、阁道、复道”抵达“营室——众多宫殿”，以恢宏而又浪漫的手法将群星灿烂的天象在人间复现（图 1-4）。

图 1-4 （清）袁江《阿房宫图》194.5cm×60.5cm 局部

1.2.3 兰池宫

秦始皇迷信神仙方术，求仙心切，曾多次派人前往东海探寻三仙山求取长生不老药，却无疾而终。于是方士便搬出神仙之说来迎合其求仙之心，提出通过在园林中挖山筑池以摹拟东海上的仙山之境，就可以长生不老。

秦兰池宫在咸阳县东二十五里，据《三秦记》记载："始皇引渭水为池，东西二百里，南北二十里，筑土为蓬莱，刻石为鲸，长二百丈。"可见兰池宫引水为池是一个典型的水景园，从"蓬莱山"的命名来看，显然是象征仙山，而池中刻鲸，则象征东海，为突出"仙岛"意境，建宫于兰池之中，寓意东海仙境。而汉武帝更效仿秦始皇，在昆明池和太液池中均"刻石为鲸鱼，长三丈"以指代东海仙境。兰池宫作为史载首个采用筑山、理水造园手法，通过池中筑岛摹拟仙境的园林对后世皇家园林兴建影响深远（图1-5）。

图1-5 （明）文伯仁《方壶图》120.6cm×31.8cm 局部

《方壶图》中可见仙山被海围绕，山间宫殿重叠、云雾围绕，将古人心中的海上仙山具象地呈现出来。

1.2.4 秦始皇陵

古人相信灵魂不灭，基于“事死如生”观念影响，人物墓穴不仅是安葬死者的地穴，更是死者灵魂生活起居的所在。产生相应的丧葬制度，古人将墓穴视为福及自身，荫及子孙后代的终身大事，在封建社会更发展出集地下安葬与地上祭祀为一体的陵寝制度。历代帝王长眠之地往往是风水绝胜之地，帝王陵墓不仅是中国古建筑的一个重要部分，更是中国古典园林艺术的一个重要组成部分。

帝王的陵墓往往与当时的社会思想、国力强盛、建筑技术、造园工艺等诸多因素相关。周代以前多是建地下木椁大墓，地面上既不树也不封。至秦代一统天下，中央集权制，皇陵开始出现高大封土，就此也奠定此后历代帝王陵寝的总体格局。秦始皇陵位于陕西临潼区，占地约 25 万 m^2，是全国最大帝王陵园之一，其陪葬坑兵马俑坑被誉为“世界八大奇迹”之一。秦始皇陵的修建历史 37 年，更动用 70 余万人力来修建。采用的秦汉、北宋时期典型的“上方”式封土的做法，一是给陵墓设个永久性的标志，以便后代去墓前祭拜。二是墓穴上覆封土，这是为了加深墓穴的深度，后世逐渐演变成一种葬仪制度，封土的高度直接与墓主人的身份挂钩。据《史记·秦始皇本纪》记载:“穿三泉，下铜而致椁，宫观百官奇器珍怪徙臧满之，令匠做机弩矢，有所穿近者辄射之。以水银为百川江河大海，机相灌输，上具天文，下具地理，以人鱼膏为烛，度不灭者久之。”在以后《汉书》及《水经注》均有类似记载，可见秦始皇作为统一中国的第一人，陵墓不管是选址还是修建上都是空前绝后的。

除了秦始皇陵外，还有位于秦始皇陵西南韩峪乡、骊山西麓山坡地带秦东陵。由防御设施、陵区主墓、陪葬坑和陪葬墓组成。秦东陵的发现，为研究中国先秦王陵墓葬形制结构、等级制度、陵园内部布局等提供了详实资料，占有重要位置。

1.3 汉代园林

1.3.1 皇家园林

1. 长安城·斗城

汉长安城位于西安城西北的汉城一带，东南距西安城大约 5km，城墙遗址基本完好，夯土层分明，异常结实①。根据实测，城周长 25700m，总面积 36km²，由于形如斗，又称斗城（图 1-6）。据《三辅黄图·汉长安故城》记载："长安城，汉之故都。高祖七年，方修长安宫城。自栎阳徙居此城，本秦离宫也。初置长安，城本狭小，至惠帝更筑之……城南为南斗形，北为北斗形，至今人呼汉京城为斗城。"可见西汉的长安城是在秦朝的离宫的基础上建造而成，至惠帝对宫城扩建方修建城墙。至于城形状与"北斗"、"南斗"的相似，则是由于先有宫殿，后有城墙，城墙就须顺应宫墙的形势有所曲折，同时北面城墙曲折也是受地势河流的限制形成，导致长安城的形制也只能如此，并非有意为之。

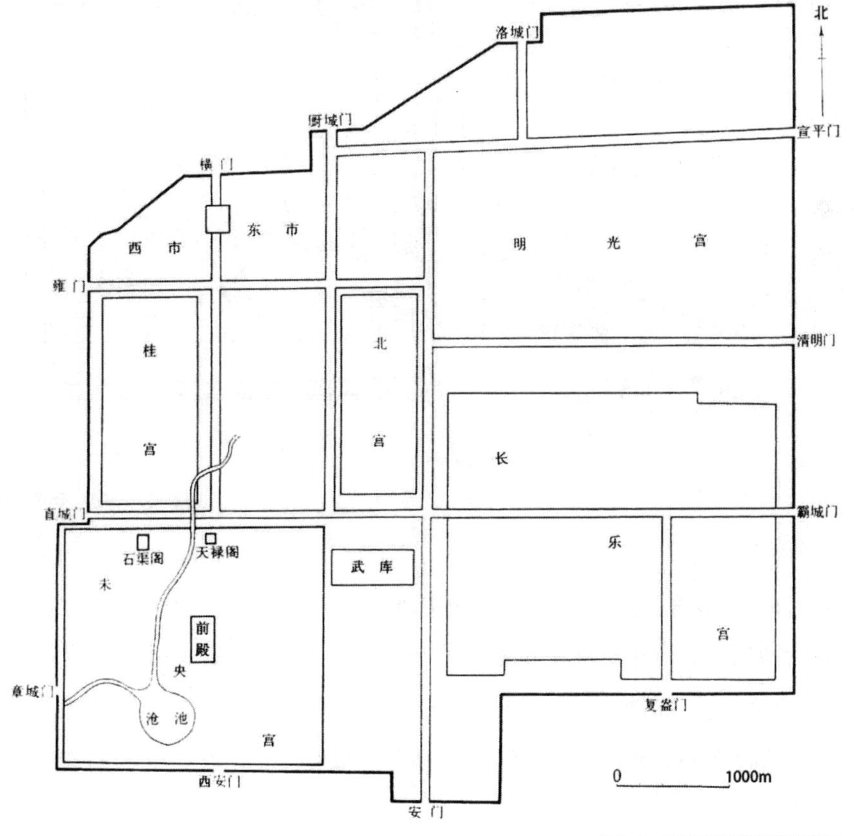

图 1-6　汉长安城内宫苑分布图

① 周云庵 . 陕西园林史 [M]. 西安：三秦出版社，1997.

2. 未央宫

长乐宫、未央宫、桂宫、北宫、明光宫这五大宫殿群约占长安城面积的三分之二。未央宫位于长安城的西南角，也称“西宫”。未央宫作为长安城中最早的宫殿之一，既是皇帝以及后妃的居所也是朝会活动的主要场所，其性质相当于后来的“宫城”。未央宫是我国存在历史最长的宫殿，两条横贯东西的干道将未央宫划分为三个部分，并有内垣与外垣两重宫墙。南部是以未央宫前殿为中心，是皇帝受理朝政之地；中部分布不少殿堂建筑“官者署”，是皇帝召集臣下侍读之地；北部以皇后居住的椒房为主，相当于“后宫”（图 1-7）。

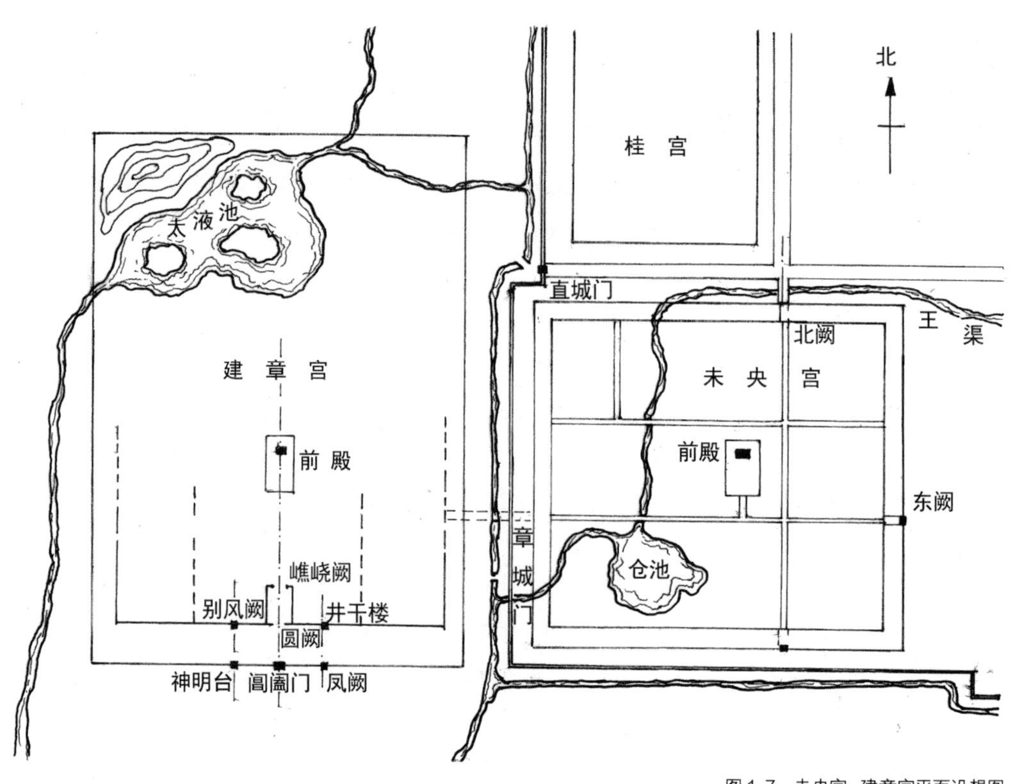

图 1-7　未央宫、建章宫平面设想图

受秦兰池宫凿池筑岛的影响，未央宫在其西南部辟一大水池，名“沧池”。人工开凿的沧池与城外石渠相连，池水贯穿整个未央宫，既美化了环境，又解决了皇宫之内的用水问题。石渠阁与清凉殿等建筑依池而建，人工堆筑的土山穿插其间，园林氛围浓郁。此外，未央宫中还堆筑一座高大的柏梁台，台上面的建筑以香柏为屋梁，为汉代著名的台榭建筑。

3. 建章宫

公元前 104 年未央宫的柏梁殿起火，粤巫勇之曰：“粤俗有火灾，即复起大屋以厌胜之。”始在未央宫以西长安城外建建章宫，两宫相邻仅隔着城墙，于是建“飞阁”跨城墙为往来交通之用（图 1-8）。建章宫作为上林苑十二宫之一，与以往宫苑格局所不同的是，在西北部开凿太液池象征东海，池中更筑有瀛洲、蓬莱、方丈三座岛屿象征仙山。它是中国园林史上第一座具有瀛洲、蓬莱、方丈三仙山的“一池三山”神话主题的皇家园林，对后世影响深远。

图 1-8 建章宫图

4. 东汉洛阳

26 年刘秀建立东汉，定都洛阳称光武帝。东汉洛阳在秦代城垣基础上扩建，呈长方形，设十二座城门，城内主要分南宫和北宫两区。城北建方坛用于祭祀山川，城南仿周文王灵台，建灵台、明堂用于观天象通神明。洛阳城相较长安城宫殿所占比重有所降低，除宫、苑外，分布着闾里、衙署区和市集，城市功能分区更为合理。洛阳城内主要分布：永安宫、灌龙园、西园、南园等宫苑；城外近郊一带，依托洛河、邙山自然资源也散布众多园林，据史料载有：罩圭灵昆苑、平乐苑、上林苑、广成苑、光风园、鸿池、西苑、显阳苑、鸿德苑等（图 1-9）。东汉建国初期吸取西汉后期的教训，朝廷崇尚俭约，宫苑的兴建不多。到后期，恒、灵二帝时，才在扩建旧宫苑基础上，兴建许多新宫苑，园林趋向小型化，园林的游赏功能已上升到主要地位，观赏的主体也由建筑为主转向山水林木为主。

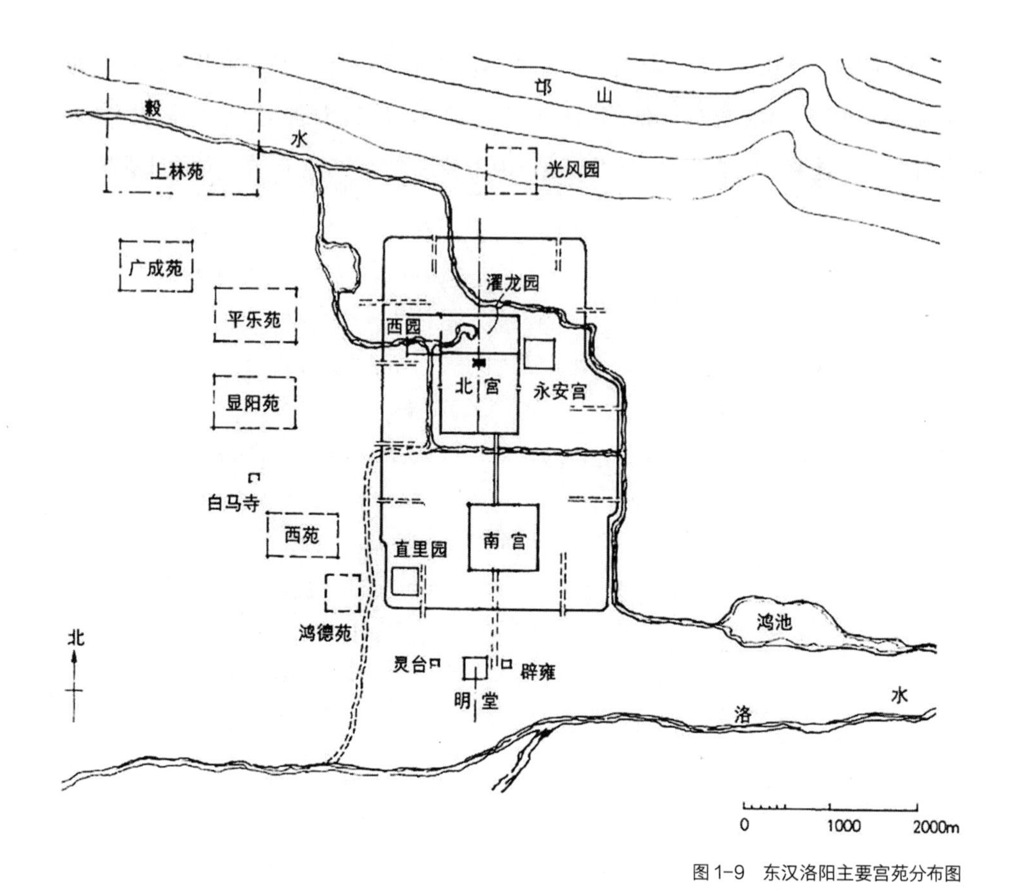

图 1-9　东汉洛阳主要宫苑分布图

5. 上林苑

公元前 138 年汉武帝在秦就在上林苑基础上加以扩大、扩建。据《三辅黄图·汉书》记载："武帝建元三年开上林苑，东南至蓝田宜春、鼎湖、御宿、昆吾，旁南山而西至长杨、五柞，北绕黄山，濒渭水而东。"其占地之广可谓空前绝后，是中国园林史上最大的一座皇家园林。上林苑是一座以天然山水为主，融合多种功能的皇家园林，其中有离宫 70、苑 36、台观 35、池 6，整体采用疏朗的"集锦式"布局，这些宫、观、台、殿功能各不相同，集游憩、居住、朝会、观赏、狩猎、娱乐、通神、求仙、军事演练、农、林、渔业生产于一体。上林苑既是帝王娱游狩猎之所，也是帝王物质生活资料的生产专用基地，更是城市规划用水的一部分。

西汉文学家司马相如在《上林赋》中写道"君未睹夫巨丽也，独不闻天子之上林乎？左苍梧，右西极。丹水更其南，紫渊径其北。终始灞浐，出入泾渭。酆、镐、潦、潏，纡馀委蛇，经营乎其内。荡荡乎八川分流，相背而异态。"这段文字是描述渭、泾、沣、涝、潏、滈、浐、灞"关中八水"围绕着长安城的生态胜景，此后称"八水绕长安"（图 1-10）。自古以来任何一个都城的选址与建立，都必须符合政治上稳定团结、军事上利于进攻和防守，以及经济上满足城市发展物质需求三点。而正是因为“八水”带给关中地区独特的地理优势，才吸引了周、秦、汉、唐众多王朝在这里建都。汉武帝在上林苑开凿昆明池的目的就在于皇室宫苑用水与城市供水统筹考虑，力求通过园林理水来改善城市供水体系。根据天然河流以及南高北低的地势，开沟挖渠，将终南山沣河、潏河以及滈河之水汇聚于昆明池。昆明池相当于一个巨大的人工水库，沧池作为辅助水库，经由漕渠、昆明渠形成了一个周密的城市水网，这一创举对后世历代都城建设影响深远，至此皇家园林用水与城市供水统筹考虑，成为历代城市规划的一项主要内容。

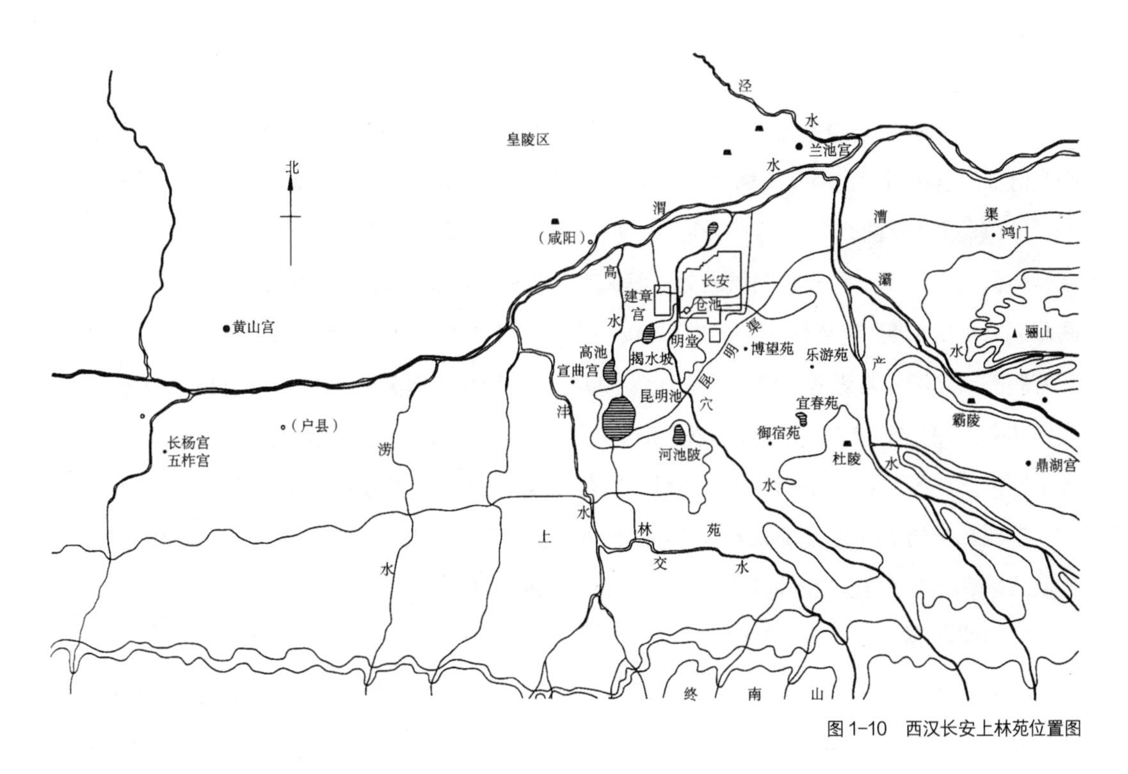

图 1-10　西汉长安上林苑位置图

6. 甘泉宫

甘泉宫遗址地处陕西省咸阳市淳化县北部，始建于秦代。公元前 120 年汉文帝听信方士之言，修复并扩建，其规模宏大仅次于未央宫，是西汉王朝的行宫。甘泉宫主体以建筑为主，在北部依甘泉山南坡及主峰的天然山岳之景开辟甘泉苑。据乾隆《淳化县志》记载甘泉宫“有宫十二、台十一”。以甘泉宫为主体建筑，周围还有许多附属宫、观、台协建筑，如竹宫、高光宫、洪崖宫、驾陆宫、棠梨宫、师得宫、寿宫、北宫、增城宫、通天宫、露寒观、储胥观、石英观、封峦观、鸡鹊观、旁皇观、通天台、候神台、望仙台、腾光台、望风台、紫坛、五帝坛、群神坛等[1]。在远离都市的甘泉山上建离宫，主要有以下三个原因：首先，据

---

① 周云庵 . 陕西园林史 [M]. 西安：三秦出版社，1997.

史书记载甘泉宫所在地是“黄帝以来祭天圜邱之处”，是黄帝升仙的地方；其次，甘泉山地势险要在军事和外交上具有重要作用；最后，甘泉山自然风光秀丽、山高气爽也是帝王避暑胜地。据《汉书·郊祀志》载汉武帝“作甘泉宫，中为台室，画天地泰一鬼神，而置祭具以祭天神。”可见西汉时期甘泉宫的重要，非一般离宫别馆性质。

1.3.2　私家园林

皇家园林是两汉时期造园活动的主流，但随着经济发展私家园林开始形成，除建在城市及近郊的宅、第、园池之外还有郊野的庄园。这一时期的私家园林主要包括王侯官僚的园林、富豪的园林以及文人的宅园。

1. 王侯官僚的园林

西汉梁孝王刘武的兔园与东汉梁冀的园林为王侯官僚的园林代表。汉初，采用分封制，宗室诸王都要在封地内经营园林，其中以梁国梁孝王刘武所建兔园规模最大。

（1）兔园（梁园）

兔园又称梁园，位于睢阳城东郊。据《西京杂记》载：“梁孝王好营宫室苑囿之乐，作曜华之宫，筑兔园。”又载“园中有百灵山，山有肤寸石、落猿岩、栖龙岫。又有雁池，池间有鹤洲、凫渚。其诸宫观相连，延亘数十里。奇果异树，瑰禽怪兽毕备。王日与宫人宾客弋钓其中。”由这段文献可见兔园规模相当宏大，延绵数十里，其中包含有灵山、石岩、池、奇果异树、宫观等诸多园林要素，“王日与宫人宾客弋钓其中”更说明园林是梁孝王与文士的一个重要社交场所，其观赏娱乐功能也得到进一步发展。同时受文士影响，此时园林布景、提名已开始出现诗画意境，也是中国文人园林最初的萌芽。

（2）梁冀园

梁冀出身世家大族，为大将军梁商之子，东汉时期外戚、权臣。在洛阳城内及郊外范围内修建大量园、宅。其所建园圃，据《后汉书·梁统列传》记载：“又广开园圃，采土筑山，十里九坂，以像二崤，深林绝涧，有若自然，奇禽驯兽，飞走其间。”从文献中可见“广开园圃……深林绝涧，有若自然，奇禽驯兽，飞走其间。”园林圈山占林面积极大，具有浓郁的自然风光并兼具农业生产的庄园性质。由“采土筑山，十里九坂，以像二崤”可见当时已有以土为山，以石叠岩这种土山结合的筑山方式，同时园中筑山又以模拟真实的崤山为蓝本，从而开拓了从对神仙世界的向往，转向对自然山水的模仿，标志着造园艺术以现实生活作为创作起点。

2. 富豪的园林

西汉政府采取重农抑商的政策，但商品经济还是飞速发展。史料中也可见经商致富的富商造园的记录。据《西京杂记》记载：“茂陵富人袁广汉，藏镪巨万，家僮八九百人。于北邙山下筑园，东西四里、南北五里，激流水注其内。构石为山，高十余丈，连延数里。养白鹦鹈、紫鸳鸯、牦牛、青兕，奇兽怪禽，委积其间。积沙为洲屿，激水为波潮。其中致江鸥海鹤，孕雏产鷇，延漫林池。奇树异草，靡不具植。屋皆徘徊连属，重阁修廊，行之，移晷不能遍也。广汉后有罪诛，没入为官园，鸟兽草木皆移植上林苑中。”从文献中可见，西汉社会经济的发展，袁广汉于北邙山下造园的财大气粗，引激流入园为池、积沙为洲渚、用石头堆叠成山绵延十里，园内亭台楼阁曲折环绕重重相连，其中更驯养各种奇珍异兽。这一系列大手笔的人造自然景观，深化对自然美的认识，是有关自然山水的艺术领域大力开拓，对自然美的欣赏遂取代了过去所持的神秘和功利的态度，成为此后中国的传统美学思想的核心。

3. 文人隐士的宅园与庄园

隐士自古就有，指隐居隐修专注研究学问的士人，别称逸士，高士。隐士大多是文人出身，他们熟习儒家经典而思想上更倾向于老庄哲学的“无为而治、崇尚自然”以及佛家的出世思想，使他们重视居住环境与大自然之间的关系，加上深厚的文化修养，成为欣赏自然之美的先行者。这种园林化的宅园与庄园既是适应当时经济水平的生产、生活组织形式，也可以视为文人私家园林的雏形，但这种萌芽的隐逸思想对东汉后期的园林山水影响深远，魏晋六朝的山水园林、寺观园林、风景名胜园林，甚至唐宋明清时期的写意园林都从中汲取精神养分。

4. 汉代皇陵

汉袭秦制，西汉帝陵大多模仿秦始皇陵，由于汉代砖石建筑技术的发展，陵寝中大量使用砖石结构为其显著特色。西汉 11 座帝陵之中的 10 座都为平地起冢，高大如山。这 11 座帝陵中有 9 座分布在渭河北岸的咸阳原上，景观极为壮阔。其中，规模最大的皇陵非汉武帝的茂陵莫属，其规模较秦始皇陵也不逊色。西汉帝陵内往往会设置寝殿与苑囿，周围再环以城垣，更设官署和守卫皇陵的兵营。东汉帝后皇陵多设置在洛阳邙山上，东汉国力渐衰，规模远不及东汉帝陵，但保留封土形式未做改变。

第2章 魏、晋、南北朝时期园林（220—589年）

图注：清·院本《十二月令图轴》之三月

2.1 时代背景

魏晋南北朝是中国历史上一段黑暗的“乱世”，儒、道、佛、玄多元文化并存与融合，既是秦汉旧社会秩序的瓦解期，又是隋唐新生机的孕育期。在长达400余年的时间里，仅只有西晋短短36年，勉强算是名义上的“统一”，其间族群侵并、政权倾覆，导致频繁的政权更迭以及人口的锐减与迁徙，形成了一个巨大而持久的“历史漩涡”（图2-1）。220年东汉灭亡，形成魏、吴、蜀三国鼎立的局面；263年，魏灭蜀，265年，司马氏篡魏，建立晋王朝。280年，吴亡于晋，三国时期结束，中国复归统一，进入晋朝史称西晋。

晋朝（265—420年）上承三国，下启南北朝，属于六朝之一。分为西晋（265—316年）与东晋（317—420年）。晋惠帝即位后领有军权的诸王纷纷争权，史称“八王之乱”，导致内迁的少数民族乘机举兵，316年西晋灭亡，在中国北方造成“五胡乱华”的局面，即著名的五胡十六国时期。大量百姓与世族开始南渡。同时，西晋的贵族和北方的部分汉人相随南逃、中原文明或中原政权南迁，即有名的“衣冠南渡”。317年，晋朝宗室司马睿于建康称帝，东晋建立，据有中国南方的领土。东晋时期，朝廷大权主要由世族掌握，皇权衰落朝廷控制力弱，后期又发生朋党相争。在东晋的数次北伐过程中，东晋大将刘裕趁机做大，借平定内乱的机会，420年刘裕篡东晋建立南朝宋，史称“刘宋”。“刘宋”上承东晋、五胡十六国，下接隋朝，因南北两势长时间对立，史称南北朝。

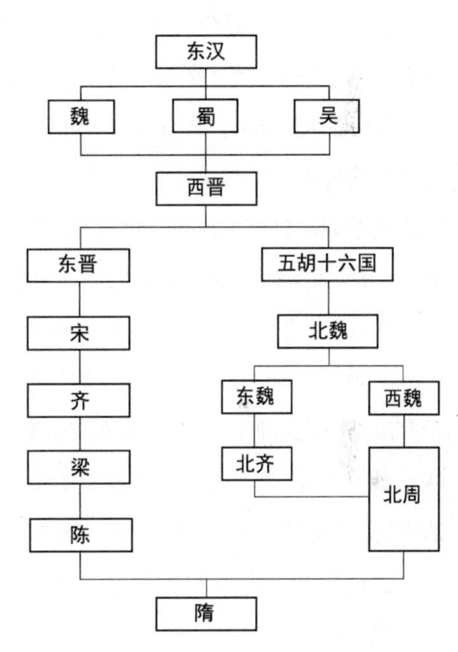

图2-1 魏晋南北朝历史图纲

399年，鲜卑族拓跋部结束了“五胡十六国”的大混乱局面，逐步并吞十六国中的夏、北燕、北凉诸国，统一了中国北方，立国号曰魏，史称北魏，开创了北朝的开端。南朝（420—589年）包含宋、齐、梁、陈等四朝；北朝（439—581年）包含北魏、东魏、西魏、北齐和北周等五朝。

2.1.1 思想解放，审美自觉

魏晋南北朝时期的八王之乱、五胡乱中华和南北分裂等纷争与战乱，使得儒家所尊奉的“礼乐教化”彻底崩塌，人们敢于突破儒家思想的桎梏，思想的解放进而带来人性的觉醒并成为这一时期文化活动的突出特点。

魏晋之际，皇权与世家大族表面看似统一稳定，但其内部多重矛盾交错并织，冲突与争斗亦极为惨烈。士大夫知识分子一旦牵连到政治斗争之中，则生死荣辱毫无保障。于是及时行乐的消极情绪成为普遍的主流思想，导致贪婪奢侈、玩世不恭、归隐田园和皈依山门等极端行为。朝廷上下敛聚财富，荒淫奢侈成风。特殊的政治环境，使得士大夫知识分子中涌现出相当数量的“隐士”与“名士”，号称“竹林七贤”的阮籍、嵇康、刘伶、向秀、阮咸、山涛、王戎是名士的代表人物。一方面他们不满于现实政治礼教束缚，崇尚隐逸并寄情山水，导致魏晋时期的隐士的数量远超东汉。另一方面他们纵情放荡、饮酒、服食五石散，以玩世不恭的态度来反抗礼教的束缚，寻求自我个性的解放。

寄情山水和崇尚隐逸成为这一时期的社会风尚，同时老庄的“无为而治、崇尚自然”以及玄学由“贵有”到“尚无”的发展以及佛教的“虚心静照”出世思想，也激发人们无限向往大自然山水的情怀。儒家礼教功能进一步退位，而与人无任何功利关系的自然山水，以其直觉性的形式之美独立出来。自然山水开始摆脱以往的艺术的从属地位，其自身的丰富内涵被逐渐挖掘，自然不再是气氛烘托与寓意象征的背景符号，由“以玄对山水”到“以美对山水”，山水成为独立的审美对象。而山水审美的独立，是人的审美意识开始摆脱以往的功利向高级阶段发展的必然产物，同时也昭示人作为个体“审美自觉”的生命意识的觉醒。在一个战乱频仍，命如朝露的时代，恰逢外来文化的冲击，在内忧外患的局面之下“礼崩乐坏”。带有浓重教化功能强调社会整体秩序美在日益淡化，而标榜自我的个体美的审美自觉开始苏醒，形式在这一时期开始成为独立的审美对象，追求视觉美的艺术开始诞生，衍生出对山水的审美，而在艺术领域则产生了山水画与山水诗，比西方早了近千年。

2.1.2 中国园林体系的形成

魏晋南北朝时期，在中国的思想史与审美史占有极为重要的位置，正是由于社会的动荡，但人的精神、思想、文艺活动却极为丰富，中国园林体系也正是在这一特殊时期得以形成完成，造园创作技法也由秦汉的写实转向写实与写意相结合。

正是这一时期动乱的时代背景，南北朝相继建立的各大小政权，大都会在自己的都城营建华丽的苑囿宫殿，以表示自己所承袭的统治是受命于天。而这也间接地推动了皇家造园活动的发展，其间比较著名的苑囿就有：曹魏邺城的铜爵园、元武苑、芳林苑等；后赵石虎营建的华林苑、桑梓苑等；后燕慕容熙营建龙腾苑；北齐营建华林苑、游豫园等；洛阳前后曹魏的芳林苑、华林苑、西游园等；西晋的琼圃、石祠、灵芝苑等；北魏又改建华林苑、西游园；南朝同时期也有众多造园活动。

由于这一时期各国之间战争不断，使得宫苑往往会遭到破坏致使其存在的时间都非常短。虽然魏晋南北朝的宫苑很大程度上沿袭秦汉仙岛神域的格局，但由于战争动乱等原因，苑囿的营建范围局限在城内或近郊，造园多为平地造园。同时，由于士族的山林隐逸的兴趣而带来的山水审美意识形态的改变，也间接促进了平地造园技法及审美的提高。在以上众多因素的影响下也致使魏晋南北朝时期皇家园林造园区别于秦汉时期大江大湖的风格，更多地采用自然水景与人工水景相结合的方式，而这折射出当时人对自然美领悟进一步发展，对后世造园活动影响深远。

在魏晋南北朝私家园林中，可以明显看到前朝的权贵园林同士族隐逸文化影响的山居园林不断融合的迹象。如晋初石崇的金谷园还可明显见两汉私园的影响，追求园林景致的大、全、景多。而到了晚期园林开始作为士人文化的载体，成为园林主人的人生理想与个体精神自由的直接投射物化载体。这种转变对后世影响极为深远，使人对自然的认识与理解进一步深化，也使魏晋南北朝时期的文人山居园林具有了后世文人园林的初始特征。

另外，魏晋南北朝时期佛教的广泛流传，催生大量的寺院建筑，而寺院园林往往也是伴随寺院建筑的产生而出现的。究其原因有：一是苑囿初始就具有祭祀等宗教功能，著名的“一池三山”格局就是秦汉神仙思想影响下为迎候神灵而创设的地方，因此将寺院建于苑囿之间就成为理所当然的了；二是魏晋南北朝时期的“舍宅为寺”，宅园往往是与建筑一起变为寺院的，故而园林也自然成为寺院的一部分；三是魏晋南北朝时期，名士与高僧交往是十分密切的，士族的隐逸文化下的自然审美必然也与佛教相符，进一步推动寺院园林的发展。

【扫码试听】

2.2 皇家园林

魏晋南北朝时期政权更迭频繁，各个大小政权都在各自首都进行皇家园林的兴建。而北方的邺城、洛阳，南方的建康三个城市都经历了若干朝代的更迭，文献记载较多城市规划与皇家园林设计达到这一时期最高水平，具有典型意义。

2.2.1 邺城

邺城，古代著名都城。古邺城遗址主体在今河北省临漳县境内，是魏晋南北朝时期的六朝古都，始筑于春秋齐桓公时，曹魏、后赵、冉魏、前燕、东魏、北齐先后以此为都。邺城有二城，邺北城是曹魏在旧城基础上扩建的，曹操将汉献帝安置在许昌，自己坐镇邺城占据北方，挟天子以令诸侯，邺城作为曹操的封邑，经过前期的水利兴建，成为北方的稻米之乡，经济发达。邺北城北临漳水，据《水经注·漳水》记载："其东西七里，南北五里"，按晋尺 1 尺为 0.245m，1 里为 441m 折算其长度为：东西长 3km，南北长 2.2km，平面呈长方形。534 年，东魏自洛阳迁都邺城，其后始建新城于曹魏邺城以南，是为邺南城，在今漳河南北两岸，邺南城面积约为旧城的 2 倍。

1. 邺北城

邺北城北临漳水，据《水经注·漳水》记载："东西七里，南北五里，饰表以砖，百步一楼，凡诸宫殿，门台、隅雉，皆加观榭。层甍反宇，飞檐拂云，图以丹青，色以轻素。当其全盛之时，去邺六七十里，远望苕亭，巍若仙居"，"城之西北有三台，皆因城之为基，巍然崇举，其高若山，建安十五年魏武所起"，"中曰铜雀台……，南则金虎台……，北曰冰井台"（图 2-2）。据《邺中记》记载："……三台皆砖砌，相去各 60 步，上作阁道如浮桥……施则三台相通，废则中央悬绝也" 可见三台相距不远，并以飞桥连接。三台现存两台，即金虎台和铜雀台，而最北面的冰井台已被漳河水冲毁。

邺北城的规划在中国古代都城规划中占有重要的地位，城市结构严谨，宫城的大朝文昌殿屹立于南北中轴线上，南北中轴线干道始于南门的中阳门，与东西向主干道丁字相交于宫门前，这种将建筑设计中的中轴对称手法应用于城市规划，对后世影响深远，如唐长安城。邺北城继承汉代宫城与外城的区分，但分区更加明确。不同于汉长安与洛阳宫城与坊里相参，邺北城城市中间有一条由东城门建春门至西城门金明门的东西向的主干道，将城市分成南北两个部分。北半部分为统治阶级专用地，正中为宫城，其东为宫殿官署及王室贵族居住的戚里，其西为铜爵园紧邻宫城，是皇家专属园林，已略具"大内御苑"性质。南半部分为官衙和平民居住区，由若干个正方形的坊里构成。

曹操在邺城西郊建漳渠堰拦蓄漳水引入城中，由三台下流入铜爵园与宫城区，进而分流一部分至南半部分的坊里区，由东门流出城外。据史料记载，铜爵园中的水景同时兼作养鱼之用，苑内置武库、马厩、仓库，与城西北部的金虎、铜雀、冰井三台相连，而三台通过宽可并辇而行的架空阁道连通。三台中冰井台有冰室，室中有深达十五丈的井，用于冬天储藏煤炭、夏天储藏冰块。由此可见，铜爵园连同三台形成园囿区，在战乱之时则变成了一个进可攻，退可守的具有明显的军事防御性质的皇家园林。

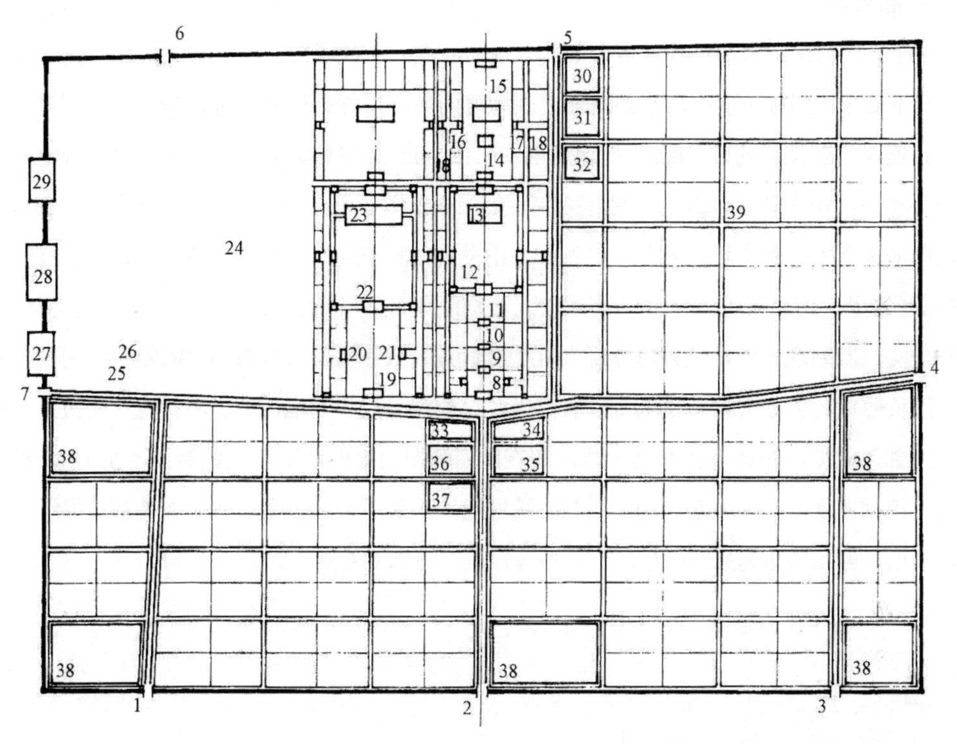

图 2-2　曹魏邺北城复原平面图

1. 凤阳门；2. 中阳门；3. 广阳门；4. 建春门；5. 广德门；6. 厩门；7. 金明门；8. 司马门；9. 显阳门；10. 宣明门；11. 升贤门；12. 听政殿门；13. 听政殿；14. 温室；15. 鸣鹤堂；16. 木兰坊；17. 楸梓坊；18. 次舍；19. 南止车门；20. 延秋门；21. 长春门；22. 端门；23. 文昌殿；24. 铜爵园；25. 乘黄厩；26. 白藏库；27. 金虎台；28. 铜爵台；29. 冰井台；30. 大理寺；31. 宫内大社；32. 郎中令府；33. 相国府；34. 奉常寺；35. 大农寺；36. 御史大夫府；37. 少府卿寺；38. 军营；39. 戚里

(1) 玄武苑

曹操还在邺城的西北郊兴建一座大型的皇家园囿玄武苑。据《水经注·洹水》："……其水际其西迳魏武玄武故苑，苑旧有玄武池以肄舟楫，有鱼梁钓台、竹木灌丛，今池林绝灭，略无遗迹矣"。苑内除自然山水景观外，还种植竹子、莲藕、果树等经济作物供皇帝及贵族观赏，还是曹操水军演练的军事基地。可见，曹魏时期园林的营建往往是与军事防御和农业生产紧密地结合在一起的。

西晋后期有军权的诸王纷纷争权，史称"八王之乱"，中国北方造成"五胡乱华"的局面，北方则先后出现十几个少数民族和汉族统治者建立的政权，邺城由于先前的建设基础成为后赵、冉魏、前燕、东魏、北齐五朝都城。335年，后赵皇帝石虎即位后，一度修复邺城的铜雀园，加高铜雀台二丈。石虎在连年战乱的情况下，奴役成千上万的民众为其营建邺城宫苑，其中规模最大的就是邺城北面的华林园。种植大量从民间掠夺而来的各种果树，外引漳河水，内通御沟，在华林园中开凿天泉池，做二铜龙于金堤之上，相向吐水，使皇家御园的景观水系同宫城的水系相连，形成一个完整的城市水系。

2. 邺南城

534年，以洛阳为都城的北魏分裂为东魏与西魏。东魏孝静皇帝元善见即位后，于同年十一月下诏迁都邺城。次年，在邺北城之南增筑南城，俗称邺南城。邺南城遗址位于河北省临漳县境内，东北距县城20km，南距河南安阳市18km。邺南城是一座平地新建的城池，处于分裂状态的每个政权都力图证明自身为正统的统治者，因此，在城市的规划上往往都以魏晋洛阳城为蓝本。邺南城，则是中国迄今为止发现的最早的“龟形城”。据《邺中记》记载：“城东西六里，南北八里六十步。高欢以北城窄隘，故令仆射高隆之更筑此城。掘得神龟，大踰方丈，其堵堞之状，咸以龟象焉”。由文献可知，邺南城在兴建过程中挖掘到一只神龟，并且还依照龟的形象来对城的布局进行设计，这也就是后世著名的“筑城得龟”的故事。邺南城紧邻邺北城，两城连接共用一墙，北城的南墙即南城的北墙，其间有漳河主河道通过。而考古挖掘发现，邺南城东、南、西三面城垣遗迹不是呈直线分布，每面城墙都有舒缓的弯曲，东南、西南城角为弧形圆角，形制特殊，确有龟象（图2-3）。

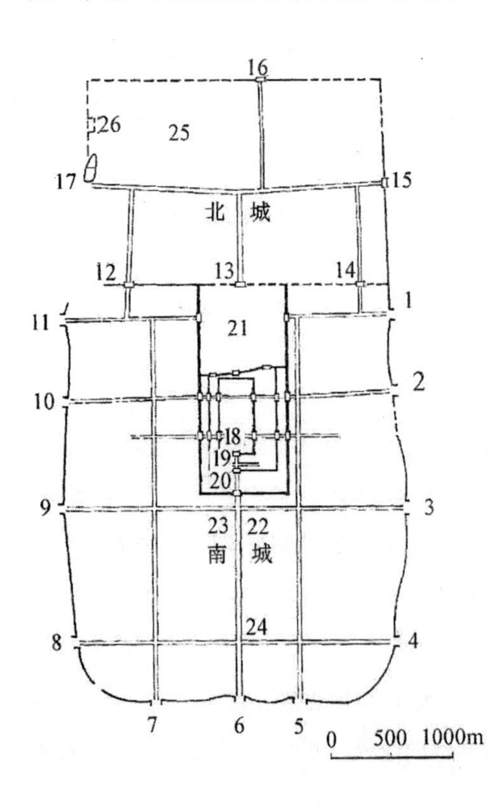

1. 昭德门；2. 上春门；3. 中阳门；4. 仁寿门；5. 启夏门；6. 朱明门；7. 厚载门；8. 止秋门；9. 西华门；10. 乾门；11. 纳义门；12. 凤阳门；13. 永阳门；14. 广阳门；15. 建春门；16. 广德门；17. 金明门；18. 阊阖门；19. 端门；20. 止车门；21. 华林园；22. 大司马府；23. 御史台；24. 太庙；25. 铜爵园；26. 三台

图2-3　邺南城平面图

邺南城以朱明门、朱明门大道、宫城正南门、宫城主要宫殿等为中轴线，都城中轴线西移，全城的道路、主要建筑都严格按照中轴线来对称布局。城市街道纵横交错，呈棋盘网格状分布，呈现前宫后苑的格局。邺南城外侧有护城河环绕，东、南、西三面城墙都有舒缓的弯曲，东南、西南城角为弧形圆角，城墙外侧更整齐地筑有马面，与护城河、弧形的城墙组成了一个完备的城市防御系统。

(1)仙都苑

571年，北齐后主高炜于邺南城之西兴建仙都苑。苑中封土筑五座土山象征五岳，其间引水为四渎、四海——东海、南海、西海、北海，最后汇为大池称大海。整个水系延绵长达12.5km，可泛舟通船。苑内广置殿宇台观，大海之中有连璧洲、杜若洲、蘼芜岛、三休山以及水殿浮于水上。望秋、临春在西海岸隔水相望，北海中更有密作堂是一个三层以殿脚船承托的水殿，内部是以水轮驱动机械伎乐偶人可以奏乐，以及可以行香的佛像及僧人，“奇巧几妙，自古未见”。北海附近还有两座特殊的建筑群：一是“城堡”，高纬命高阳王思宗为城主守城，而高纬则率侍卫、宦官鼓噪攻城取乐；一是“贫儿村”，模仿贫民生活区的景观，齐后主高纬、妃子、宦官装扮成店主、伙计、顾客往来交易。

由上可知，仙都苑不仅是景观规模大，园林所具有政治功能也得以挖掘，其整体景观布局继承的秦汉皇家园林的象征手法又有所发展。其中的五岳、四海、四渎无疑是王者风范的直接投射。苑内的模仿民间生活的“贫儿村”、漂浮在水上的厅堂“密作堂”、模仿城池的“城堡”的营建极富想象力，对后世皇家园林影响深远。

2.2.2 洛阳

东汉末年董卓之乱，董卓胁迫献帝西迁，焚毁了洛阳城。曹操之子曹丕篡位，称魏文帝，定都洛阳在东汉的旧址上对其进行修复和重建，使得洛阳成为北方经济政治的中心。西晋仍以洛阳为都城，但永嘉之乱后，洛阳又遭受极大的破坏。北魏再次迁都洛阳，又以汉魏洛阳城为基础重建，使得洛阳城又一次成为北方经济政治的中心。534年，东魏孝静帝迁都邺城，洛阳再次荒废。

1.曹魏洛阳城

北靠邙山，南临洛水，西北还有穀水东来。魏晋重建的洛阳城，首先，废弃东汉的南宫，拓建北宫以及在北宫之北建芳林园，将东汉时南北两宫分布的洛阳城，分为南北两个部分，北部主要为宫室、苑囿、太仓、武库，南部为居住区。其次，在宫前建了一条长约2km，由南城门宣阳门到宫南门阊阖门纵贯南北御街——铜驼大街。铜驼大街由其街道上点缀的铜驼雕塑而得名，并以此为轴线，按“左祖右社”的标准布置象征皇权与政权的太庙与太社建筑（图2-4），开创了我国都城规划新格局。最后，出于军事防御需要，在洛阳西北角建金庸城和洛阳小城两个小城堡，加强北边的防御。

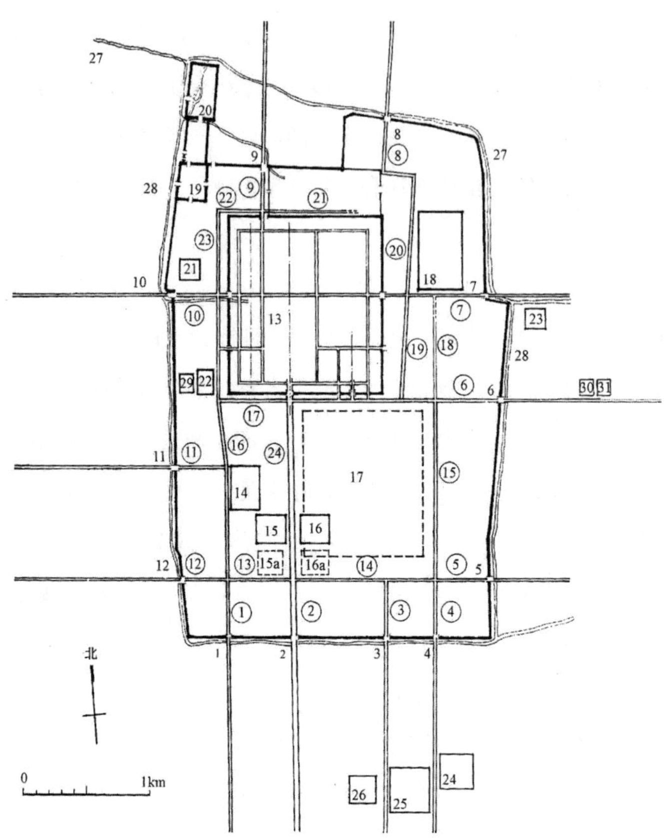

1. 津阳门; 2. 宣阳门; 3. 平昌门; 4. 开阳门; 5. 青明门; 6. 东阳门; 7. 建春门; 8. 广莫门; 9. 大夏门; 10. 阊阖门; 11. 西明门; 12. 广阳门; 13. 宫城（东汉北宫）; 14. 曹爽宅; 15. 太社; 15a. 西晋新太社; 16. 太庙; 16a. 西晋新太社; 17. 东汉南宫址; 18. 东宫; 19. 洛阳小城; 20. 金庸城（西宫）; 21. 金市; 22. 武库; 23. 马市; 24. 东汉辟雍址; 25. 东汉明堂址; 26. 东汉灵台址; 27. 榖水; 28. 阳渠水; 29. 司马昭宅; 30. 刘禅宅; 31. 孙晧宅

图 2-4　曹魏、西晋洛阳城平面图复原图

2. 芳华林·华林苑（曹魏）

作为曹魏洛阳城中的“大内御苑”，东汉时期就为皇宫御苑，位于宫城的北面洛阳城北城墙的南面之间的地域范围之内。苑内有大面积的水域，通过暗渠与洛阳城的城市水网联系在一起。魏文帝时期由于初迁洛阳，早期并未见大规模的园林兴建。据《水经注·卷十六·榖水》记载：“黄初五年，穿天渊池。”可见早期营建也仅是“穿天渊池”，目的在于疏通水系经营水景，提供舟行游览的便利之外，在池中建九华台可登高鸟瞰，此时景观的营建并不仅仅是观赏游乐功能，更多的是与军事防御与储备有关。据《洛阳图经》记载：“华林园，在城内东北隅。魏明帝起，名芳林园，齐王芳改为华林。”可见，芳林苑是由魏明帝曹叡起名，后因避齐王曹芳的名讳更名为华林苑。景初元年，于苑内西北角，采用土石堆叠筑成土山结构山体——景阳山。山上遍植松竹，捕获山禽杂兽养育其间。据《宋书·礼志》记载：“魏明帝天渊池南，设流杯石沟，燕群臣。”可见，明帝在天渊池南设流杯沟，宴群臣。流杯沟的景观形式，源于汉魏时期三月三日临水祓禊、集宴歌饮之风。祓禊原为巫祭，后来慢慢演变为春游、文人雅聚的文化盛世，而曲水流觞、行令赋诗是其间最富代表的项目。皇家园林中出现禊赏、曲水流觞为主题的景观，一方面是出于帝王礼贤下士、笼络人心的需要，另一方面，

也说明魏晋时期的皇家园林中开始洋溢着文人的气息与情怀。经历数朝的发展禊赏的景观建筑模式更成为中国古典园林中极具代表的一种景观形式。

3. 北魏洛阳城

鲜卑族建立的北魏政权统一北方，495 年，北魏孝文帝迁都洛阳后，在汉魏洛阳的废墟上重建洛阳城。重建的洛阳城以原汉魏的洛阳城为内城，在它东、南、西、北四面进行扩建并在外围修筑城郭，东西 20 里，南北 15 里，是当时世界上面积最大的城市（图 2-5）。

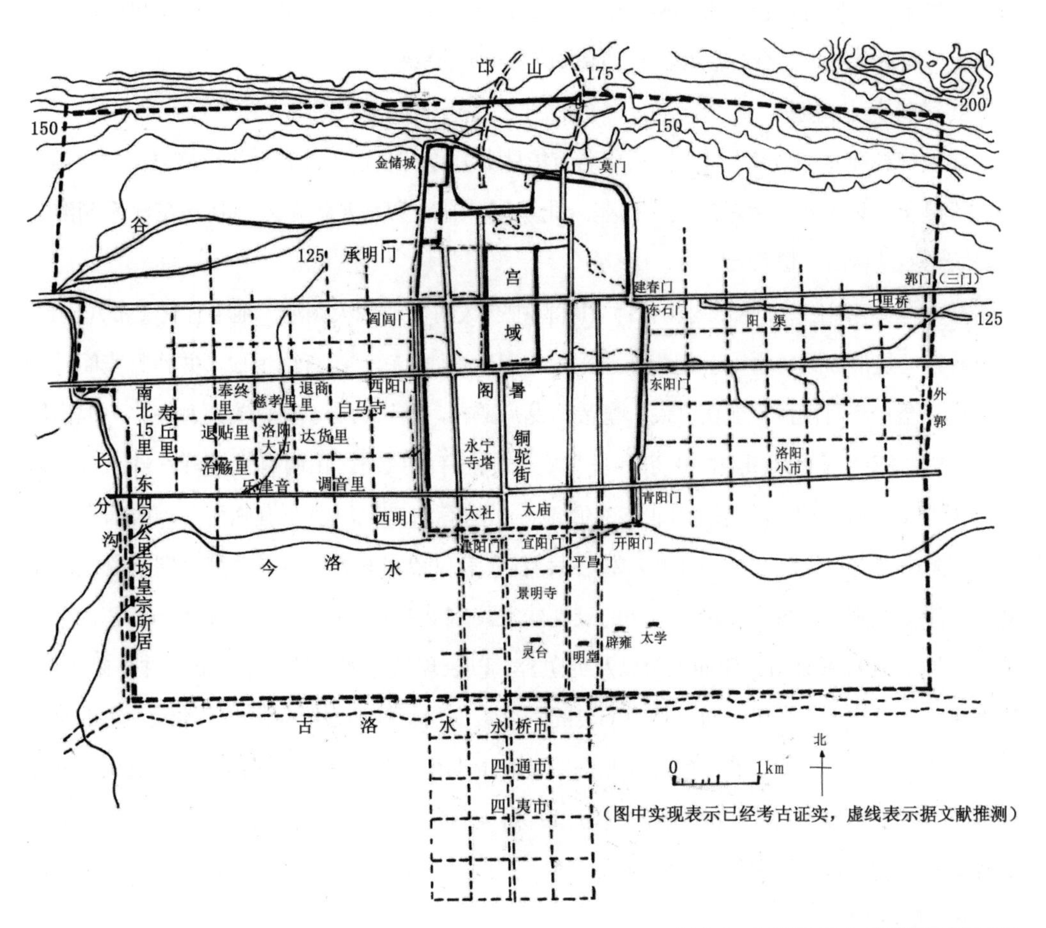

图 2-5 北魏洛阳城水系及皇家园林分布图

北魏洛阳城重建并非修旧性的重建，而是从当时城市建设的实际出发，充分利用原有的建设在其基础上重建。因此，北魏洛阳城在中国城市规划中占有重要的地位。首先，北魏洛阳城成功地继承了传统都城宫、城、郭三者层层环套，城与廓分区规划的传统布局方式。其次，对汉魏南北宫并存的缺点进一步改进，废除南宫并以宫城为中心，基于“左祖右社”营建形制规范，通过对将原有南北主干道铜驼街延伸到南廓圜丘的方式，形成一条：主干道——衙署——宫城——皇宫御苑这一南北向城市主轴线，使皇城建筑、皇宫御苑及城市空间三者之间形成一种强烈节奏感的空间序列。宫城作为整个空间序列的高潮点，进一步突出皇权的至高无上，成为后朝历代都城首选的规划布局模式。再次，城市功能分区更为明确，采用方格网的方式来布置各类分区，外郭被划分成整齐的里坊和市场（坊市制），商业区与居住区的分布更为合理。城与郭的比例为1∶5，宫城仍为政治中心，结合布置官署衙门等政治性功区，但经济所占区域明显增大，如外郭城的三市的规划。最后，北魏洛阳城的城市规划布局与军事防卫有着明显的关系，各苑内的池渠作为都城内部水网与外部漕运水系紧密联系，洛阳城内宫苑群结合城市设施分布，在便于帝王游赏的同时，也形成全城军事防御、物资供应与储备系统，具有“退足以守”环拱护卫宫城的意味。

4. 华林苑（北魏）

北魏华林苑是在曹魏芳华苑（后更名为华林苑）原有基址上改建而成，恢复旧时台馆并添以新建筑，以山水为主景的皇家御苑。北魏华林苑较曹魏基址略微南移，在原天渊池之南建筑土石结构山，仍名景阳山。

据史料《洛阳伽蓝记·城内》记：“华林园中有大海，即魏天渊池，池中犹有文帝九华台。高祖於台上造清凉殿，世宗在海内作蓬莱山，山上有仙人馆，上有钓鱼殿，并作虹霓阁，乘虚来往。至於三月禊日、季秋已辰，皇帝驾龙舟鹢首，游于其上。海西有藏冰室，六月出冰以给百官。海西南有景阳殿，山东有羲和岭，岭上有温风室。山西有炬娥峰，峰上有露寒馆，并飞阁相通，凌山跨谷。山北有玄武池，山南有清暑殿，殿东有临涧亭，殿西有临危台。景阳山南有百果园，果列作林，林各有堂。”有文献可知九华台是曹魏时期遗留建筑景观，而清凉殿则是北魏孝文帝上新建的景观建筑。宣武帝时又采用秦汉宫苑“一池三山”格局，在池中新筑蓬莱山并建仙人馆以及钓鱼台，以表现蓬莱求仙的意象。由“并作虹霓阁，乘虚来往”可知水景中建筑通过架空的飞阁来连接。而华林苑很明显是一个水景为主的皇家园林，水域面积非常大，由“皇帝驾龙舟鹢首，游于其上”可见。天渊池作为主水域与西北面的玄武池、西南的流觞池、扶桑海彼此联系，并结合实体不同特征，营造不同的景观建筑如：岛、台、殿、坛和阁（图2-6）。

5. 其他宫苑

西游园，位于宫城的西部千秋门内横街以北，据史料载苑内有凌云台，是魏文帝时期旧物，陵云台下有“碧海曲池”，池中筑灵芝钓台，沿水域四周修筑景观宫殿建筑。

金墉宫，原为曹魏时期的一个用于军事防卫的小城堡，到北魏时演变为别宫。

2.2.3 建康

建康即今南京，是魏晋南北朝时期孙吴、东晋、刘宋、萧齐、萧梁、陈朝六朝的都城，是当时中国经济、文化、政治及军事的中心。原名建业，西晋时更名为建康。建康城规划既继承了魏晋都城旧制，又传承了华夏文脉，是传统都城规划体制与自然环境完美结合的典

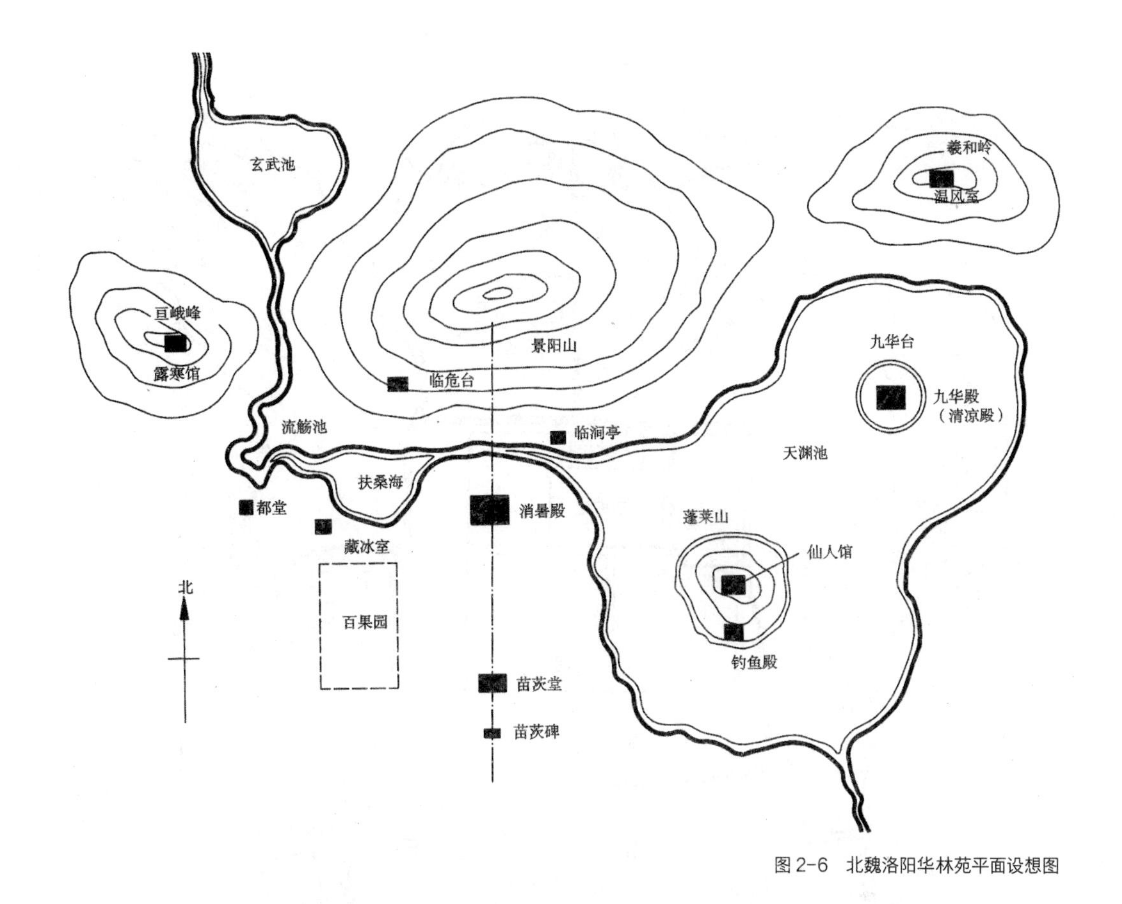

图 2-6　北魏洛阳华林苑平面设想图

范。将中轴对称布局应用于都城规划，宫城之北设置皇宫御苑并位于轴线北端，政府衙署位于轴线两侧；采用环山抱水的规划格局，都城规划紧密结合长江天险等地形地势和荆楚水网交通的便利，使其在军事与经济方面具备优越条件。建康作为中国汉文化之正朔，对后世都城规划有重大影响。

东晋建国初期，由于国力较弱，规模较小，城墙为竹篱制作而成。据《建康实录》记载：“用王导计渡江，镇建邺。讨陈敏余党，廓清江表，因吴旧都城修而居之，以太初宫为府舍。”可见苏峻之乱后，在名相王导的主持下开始规划建设建康。王导出自琅琊王氏，作为南渡士族建康城的规划必然受到他们曾经生活的华北都城邺城和洛阳的影响。都城的六门之中五个城门，直接沿用魏晋洛阳门名，宣阳门、开阳门、清明门、建春门、西明门；开辟御道与宫城、宫城北部皇宫御苑形成南北向的中轴线；在御道的两侧集中布置政治官署；在建康城外采用竹篱制作两道防线，据史料载有 56 座篱门，形成观念上的外郭城（图 2-7）。

1. 华林园

华林园位于宫城北部到城墙之间的区域，与御街、宫城一起，形成一个御街——宫城——御苑的南北向中轴线。由于建康城是参考洛阳晋宫规制建设，因此园名仍沿魏晋旧制

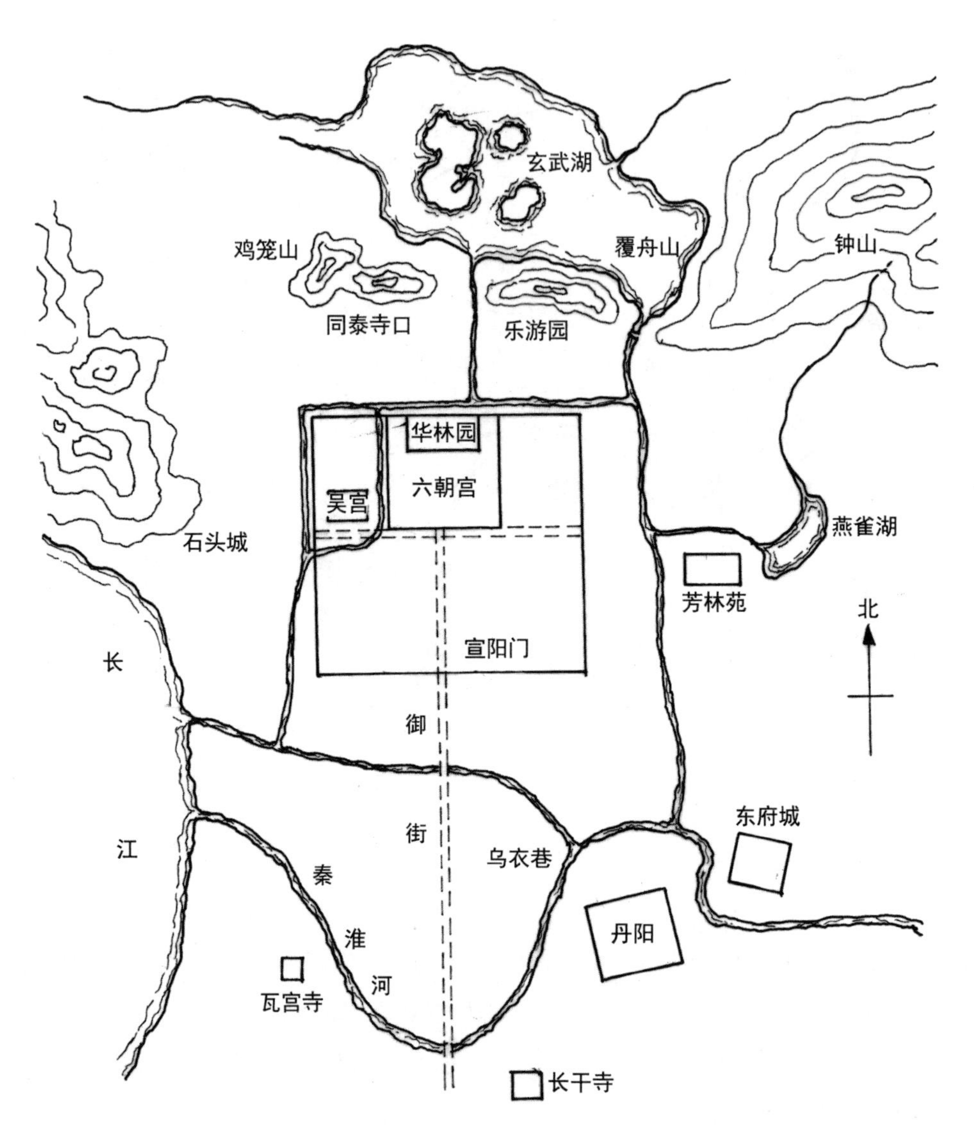

图 2-7　六朝建康城园林分布图

所定之名华林园。华林园始建于吴，历经数朝的不断经营，最终成为一个贯穿南朝历史始终的皇家御苑。

华林园的营建基本依托自然风景环境，经营山水格局、林木植物配置等，形成一派自然天成之感。华林苑很大程度上按传统都城内苑的形制规划，华林园中主要景点景阳山、天渊池仍沿用魏晋洛阳华林园之名，目的在于标榜中原正统皇室血脉。据文献记载，东晋简文帝司马昱入华林园谓左右曰：“会心处不必在远，翳然林水，便有濠濮间想也，觉鸟兽禽鱼，自来亲人。”[①] 可见当时华林园是一个以水景为主的园林，园中景点也不是很多。更重要的是，

①《世说新语 · 言语》

这句话体现人文意识渗透到皇家园林之中，也折射出当时的园林审美倾向——园林之美不仅仅源于视觉直观形象，更多的是基于直观形象联想所产生的园林意境。

2. 乐游苑

乐游苑始建于刘宋，位于覆舟山之南，原名北苑。乐游苑是南朝皇帝与大臣举行上巳褉饮、重九登高、射礼、接见外国使臣之地，是十分重要的离宫苑囿[①]。乐游苑的布局紧密结合了覆舟山周边自然山水环境，正阳殿、林光殿主要宫殿建筑均建在覆舟山地势平坦的区域，亭、观则以点景方式建于高处，既可北瞰玄武湖，又可东望钟山。园林规模不大，但规划布局得当，景观建筑的营构得宜，使得苑内景观与苑外景观有机结合达到良好的观赏效果。

3. 玄武湖与上林苑

玄武湖位于整个宫城的北侧，不仅是建康城北面重要的军事屏障，更对建康的城市水网系统的构建起着重要的作用。早在孙权时期就修建暗渠将城外的城壕“潮沟”，与玄武湖连通。后期将玄武湖水引入宫城、宫苑、连通天渊池，更配合乐游苑的观景需求，在湖中营建景观建筑亭、台、楼、阁等。玄武湖与东南的乐游园，北侧的上林苑一起构成了一个囊括覆舟山、玄武湖在内集观赏游憩和军事防御于一体的巨大皇家宫苑体系。

帝王在园林营建过程中往往会寄托以模拟蓬莱仙境的求仙延寿情怀与囊括五洲四海地域版图山水格局用来彰显君王气象。玄武湖中的岛，究竟是本身就有抑或人工兴建已无从考证，但以上所说的两种园林营建意图一直贯穿于魏晋南北朝历代帝王的皇家园林山水格局的兴建过程中是不可否认的。

4. 其他园林

除上林苑这种作为皇家狩猎场的园林之外，还有位于燕雀湖东侧，以桃红为园林主题的芳林苑；建康宫城内的芳乐苑；散布于郊野的青林苑、东田小苑、博望苑等郊野园林。

2.2.4　皇家园林小结

魏晋南北朝时期的皇家园林，在继承秦汉园林的基础上又有所发展，与秦汉时期皇家园林有较大区别。魏晋南北朝时期皇家基本可以分为两类，一种在宫城中或近郊的皇家御苑。多为人工营造，多筑山理水，宫殿建筑较为密集，楼观相望穿插移栽的名树异卉。另一种是利用自然山水地貌，位于优美的自然环境之中的离宫别苑。充分依托自然风景，点缀少量的景观建筑，构成景观。从总体上看，魏晋南北朝时期皇家园林具体特点如下：

1. 园林规模较秦汉比较小，求仙延寿和统占江山的思想被以象征性手法反映在皇家园林的营建中。帝王的精神层面的思维与物质基础很大程度上决定了皇家园林的发展。魏晋南北朝时期社会动荡，皇家园林中极少出现秦汉时期象天法地、一池三山这种庞大的山水格局。

① 傅晶 . 魏晋南北朝园林史研究 [D]. 天津：天津大学，2003.

但也开创以仙都苑为代表，象征五岳、四海、大海等模拟地域版图的山水总体格局，而一池三山的求仙延寿主题也在历代皇家园林中有体现，只是以一种象征性的更为细致的方式出现，景观趋于精致化。

2. 士人山水审美意识充分渗透到皇家园林之中，园林写意审美倾向日益凸显。魏晋南北朝时期，正是士人审美意识形态自觉、发展、转型的关键时期，寄情山水和崇尚隐逸使得山水审美成为这一时期的社会风尚，并将对山水之美的感悟融入园林营建过程中，从而开创自秦汉以后的园林审美新风。受魏晋时期“言意之辨”思潮的影响，视觉艺术审美的写意倾向远远超过写实。园林设计作为视觉审美意象的一个重要门类，园林的营建已成为士人玄学所说“自然之理”的外在显现，园林不仅仅是一种客观的审美欣赏对象，更成为欣赏者人格理想乃至宇宙理想的寄寓。

3. 造园手法更加成熟，在筑山、理水等写意化风格的造园技法不断创新。伴随审美自觉园林的营建重点从摹拟神仙境界转向世俗题材的创作。魏晋南北朝时期皇家园林中对自然山水的模拟，它与秦汉时期宫苑强调山水形貌的一致不同，这一时期皇家园林更强调象征意义的表达。将山水和周边自然环境、景观建筑等空间关系整体把控，在有限的基地中，以自然山水的天然形态为师凸显“小中见大”、“以大观小”，引入士人园林精华，营建全景式的园林山水景观格局，如叠石就是以石来写意指代山林的代表，御苑中的禊赏景观流杯渠就是对郊野禊赏场景的写意、题额写意等激发审美者的审美心理活动与艺术想象。

4. 园林营建与军事、经济、农业生产紧密结合。魏晋南北朝时期皇家园林景观水系的规划往往与都城的城市供水、军事防御、水军操练、农田灌溉、物质储备以及漕运紧密结合。这一时期的皇家园林的兴建，在用于游憩的同时也被赋予了经济、军事、政治功能，园林的营建，也成为帝王促进国计民生、经济发展的重要战略手段。

2.3 私家园林

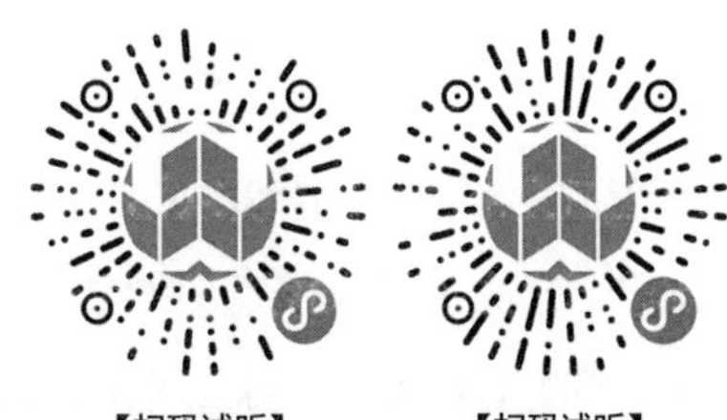

2.3.1 园林美学思想

1. 竹林玄学——基于审美自觉的造园手法写实到写意的转变

由于社会的动荡、政治斗争的残酷，名士在绝望与恓惶之际，老庄精神世界中的冥想和遨游，成为名士自我慰藉和自我救赎的药方，即玄学。玄学就是通过清谈的方式，加以推究、发挥，从而探究宇宙和人生的本原与奥秘，是老庄思想糅合儒家经义而形成的一种哲学思潮[①]。"竹林七贤"是指以阮籍、嵇康、刘伶、向秀、阮咸、山涛、王戎为代表的名士。他们"豪尚虚无，轻蔑礼法，纵酒昏酣，遗落世事[②]。"其中，"竹林七贤"又以嵇康和阮籍为代表。嵇康主张"越名教任自然"，表面看来他将王弼所主张的儒道相互融合变成了对立关系。他崇尚自然，追求个体的精神自由，但他反对虚伪的名教，有感于名教的堕落，才主张只有超越这虚伪的名教礼法，才可以恢复人的自然本性，维护真正的名教。阮籍提出"飘飘于天地之外，与造化为友"，主张超越名教，寻找超越现实世界之外的精神逍遥与自由。

阮籍提出超越现实的精神逍遥与自由，与玄学大师王弼提出的"得意在忘言"的审美观不谋而合。至此，老庄精神已经完全内化为竹林名士的审美自觉之中。士人开始摆脱以往的功利审美，在发现自然山水之美的同时也开辟了生活的新境界，将自然审美化、生活情趣高雅化。玄学使士人开始用心体悟人生，赏爱心灵生活中美好的感情，这种求真、求美、重个体情感、重自然造化的审美思潮，诱导士人将尊重个体人格情感的超功利的审美态度投入园林营造之中。魏晋南北朝时期的园林筑山理水已经不同于秦汉时期那种单纯写实摹拟的方式，而是能够把自然山水的主要特征比较精炼地呈现出来，实现由写实过渡到写实与写意相结合的表现营建方式，这是古典园林造园手法的一大飞跃。

2. 魏晋风度——兰亭雅集中玄理与山水的融合

魏晋风度是中国文化史上的一个专属名词，魏晋士人以一种纯审美的视角来看待"人"与"自然"，"风度"就是魏晋用于人物品藻的词汇，魏晋对人的品评不仅在于人的视觉感官上的美感，更在于人的精神气质。正如美学家宗白华老先生所说："晋人向外发现了自然，向内发现了自己的深情。山水虚灵化了，也情致化了。"[③] 魏晋风度作为中国儒道互补的士大夫精神的开端，也奠定了后世中国知识分子的人格基础。

玄学思想促使养性、服食、辟谷及求仙等活动的盛行，魏晋名士最初走入自然山林的目

① 夏咸淳，曹林娣．中国园林美学思想史－上古三代秦汉魏晋南北朝 [M]. 上海：上海同济大学出版社，2015.

② 见阴澹《魏纪》

③ 宗白华《美学散步》，第 183 页

的在于求仙采药。自然山水之美被发现，而玄学诱导士人以一种超功利的审美态度看待自然，使名士可以以“纯审美”在自然山水之间“游目骋怀”，感悟人生，享受生活。

352年农历三月初三，在会稽山阴之兰亭，王羲之、王献之、谢安、孙绰等42人举行了一次盛大的风雅集会。集会过程中王羲之提议玩一个“曲水流觞、饮酒赋诗”的游戏，即大家坐于蜿蜒曲折的溪水两旁，以觞盛酒置于溪水之上，顺流而下，觞停止谁面前，谁就得将酒一饮而尽随即赋诗一首，如作不出者便被罚酒三斗。王羲之趁着酒兴，一气呵成写成《兰亭集序》，千古流传。兰亭雅集无“金谷之会”丝竹管弦之盛，参与者均为当时俊杰，真正将曲水修禊的传统带有巫蛊色彩的习俗雅化为魏晋风流之举，兰亭雅集。由《兰亭集序》中“信可乐也[①]”可见名士对山水的欣赏由视觉感官层面转化为思想精神层面，曲水修禊的同时“悟道”，体现玄理与自然山水的深度融合。而曲水流觞也成为后世中国文人热衷的风雅活动，也成为中国园林中一个重要主题，如曲水亭、修禊亭、禊赏亭、曲水园、坐石临流等。

3. 陶渊明——文人士大夫具有典型范式意义的艺术化人生

陶渊明（约352—427年），字元亮，又名潜，号五柳先生，世称靖节先生。他的《五柳先生传》《桃花源记》《归去来兮辞》《归田园居》《时运》等作品不仅是他对人生所作的哲学思考，更为后世的士大夫塑造了一个精神家园。陶渊明成功地基于中国农耕文化的民族文化心理将自然之美诗化为“田园情结”，给后世士大夫描绘一个超越现实世界、是非荣辱之外的理想化、艺术化的田园。

陶渊明《桃花源记》对后世园林影响巨大，诗中描述了武陵人因专心捕鱼，“缘溪行，忘路之远近”意外发现桃花林。园中“芳草鲜美，落英缤纷”将单纯的自然之美跃然纸上，又从对话中可知园中并非仙人，而是“不知有汉，无论晋魏”、“先世避秦时乱，率妻子邑人来此绝境”的难民，犹如独立于污浊世界中至美乐土。桃花是道教的教花，而从“便得一山，山有小口，仿佛若有光。便舍船，从口入”，可知桃花源由山洞进入，是一个类似于“壶天仙境”的山环水抱、曲径通幽，带有道教色彩的人间仙境。《桃花源记》为中国后世士大夫塑造了一个不同于污浊世界的上古淳厚质朴的人间精神乐土，这也是士大夫在园林中修筑那么多“陶渊明情结”景观的根源。

《五柳先生传》中“宅边有五柳树，因以为号”的五柳先生，“闲静少言，不慕荣利。好读书，不求甚解；每有会意，便欣然忘食。性嗜酒，家贫不能常得。”生活颇为随心率性、怡然自得。“不戚戚于贫贱，不汲汲于富贵”不为贫贱生活而忧愁，不孜孜汲汲追逐于官位财富。“衔觞赋诗，以乐其志，无怀氏之民欤？葛天氏之民欤？”一边喝酒一边作诗，因为自己抱定的志向而感到无比快乐。不知道他是无怀氏时代的人，还是葛天氏时代的人。陶渊明

① 王羲之《兰亭集序》

在艰难的生活处境之中，以高雅的方式遣愁消忧，得到审美的慰藉与快乐。

现实生活中陶渊明有诸多无奈的选择，他的一生可以用“枯槁”来形容，但其艺术作品却超越现实。陶渊明艺术化的人生风范，对后世文人士大夫具有典型范式意义[①]。《归去来兮辞》是一篇辞体抒情诗，是中国文学史上“归隐”题材创作的巅峰之作，是陶渊明艺术人生一个重要转折点。诗中通过描述作者决议辞官归隐路上和到家后的情境，并设想日后归隐生活，以表达作者对浑浊官场的厌恶及对田园生活的向往。“归去来兮，田园将芜，胡不归！”表现人生之大彻大悟，自然田园象征着自由生活，才是人类生命的根。“既自以心为形役，奚惆怅而独悲？悟已往之不谏，知来者之可追。实迷途其未远，觉今是而昨非。舟遥遥以轻飏，风飘飘而吹衣。问征夫以前路，恨晨光之熹微[②]。”表达辞官归田的决心。在后世士大夫心中，陶渊明的人生超然俗世的是非荣辱，想做官就做官，不想做就不做，是何等洒脱。归隐生活中全部身心都与大自然“境心相遇”，何等向往天人合一的审美化境界。

4. 谢灵运——山水成为独立的审美对象

谢灵运（385—433 年）出身陈郡谢氏，原名公义，字灵运，以字行于世，小名“客”，世称谢客。谢灵运是中国山水诗的开创者，他将自然之美引入诗中，在山水之中探寻人生的哲理与感悟，同时也将诗歌从“淡乎寡味”的玄理中解放出来，使山水成为一个独立的审美对象。谢灵运的山水诗，清新自然，犹如一幅鲜活的图画，向人们展示多角度的自然之美。至此，山水诗成为一种独立的诗歌题材。

谢灵运在《山居赋》中提出四种隐居方式：“古巢居穴处曰岩栖，栋宇居山曰山居，在林野曰丘园，在郊郭曰城傍[③]。”岩栖即远古人所栖居的洞穴或窝巢；山居即生活于山水之间的隐居；丘居即类似于陶渊明式的居住于村野之间；城傍即居住城市周边的近郊。四种隐居方式中，谢灵运选择的是第二种“山居”。他更在《山居赋》中以汉大赋的规格描写其谢氏庄园（始宁别墅）的选址、山水格局规划、景观建筑营建和动植物景观的审美体验，从写意到摹象，灵动亲切，感人至深，对后世山居园林美学影响深远。

2.3.2 士人园林—郊野·山居别墅

魏晋南北朝时期，士人园林以一种独立于皇家园林的形式出现，是士人文化生活化的载体。士人园林成为士大夫的精神居所，是他们寄托个体精神自由和理性的港湾。魏晋南北朝时期的私家园林在审美意趣和艺术风格上与秦汉时期有明显的区别，士人园林中生产功能已经退化，士大夫对园林更多以一种“纯审美”的态度。随着山水审美成为社会风尚，园林成为士人游乐赏析及修身养性的场所，园林营造手法上推陈出新，开创景观写意化的先河，为

① 夏咸淳，曹林娣 . 中国园林美学思想史 - 上古三代秦汉魏晋南北朝 [M]. 上海：同济大学出版社，2015.

② 陶渊明《归去来兮辞》

③《山居赋》，见《宋书 · 谢灵运》列传第二十七卷。

后世士人园林在中国园林体系中占据主导地位奠定坚实的基础。

1. 金谷园·错彩镂金

金谷园又称河阳别业，位于洛阳城西十三里金谷涧中，是一个建于城市近郊别墅园。石崇（249—300 年），字季伦，为官二十余年。西晋时，皇宫贵族生活奢靡，社会上盛行斗富、炫富。《世说新语·汰奢》中曾记载了他与大官僚王皑斗富，金谷园也成为后世奢华园林的代称。抛开石崇奢侈的一面，石崇也在金谷园召集文人聚会，以为文酒之会。296 年，与当时文人潘岳、左思等二十四结成诗社称“金谷二十四友”。同年，石崇与三十友人齐集金谷园为王诩设宴饯行，将宴集期间所赋诗作录为一集，名为《金谷集》并由石崇作序，即《金谷诗序》。金谷宴集被后世称为佳话，更有“南兰亭，北金谷”之说，分别反映当时士人两种迥然不同的审美意趣与人生选择，即《兰亭集序》的着笔清淡、清逸出尘与雅致高逸和《金谷诗序》的赋色艳丽、浓墨重彩与富贵奢华，代表中国士人园林两种截然不同的类型。

据《水经注》载：“谷水又东，左会金古水。水出太白原，东南流历金谷，谓之金谷水，东南流经晋卫尉卿石崇之故居。”可知太白水自东南流经金谷园，故称金水（图 2-8）。由石崇及金谷园相关文学作品中可知，金谷园的营建是为满足宴集、游赏与退休后安享山林之趣，园林营建顺应地势规划布局，高低错落、筑台凿池、筑园建馆，池水萦绕楼榭亭阁穿插其间，流水潺潺，一派天然水景园林。园中亭榭楼阁，错落有致，花木繁茂，鸟鸣清幽，而“金谷春晴”更被誉为当时洛阳城八大景之一。

【扫码试听】

图 2-8　（明）仇英《金谷园图
172.5cm×65.7cm

2. 始宁别墅·芙蓉出水

钟嵘《诗品》中引汤惠休语："谢诗如芙蓉出水，颜诗如错采镂金。"宗白华老先生在《美学漫步》中有详细叙述"镂金错采"和"芙蓉出水"两种中国美学中不同的审美意趣与美的理想。上文提到金谷园很明显就是"镂金错采、雕缋满眼"的美。但宗白华认为，艺术美中表达自己理想与人格，比文字的雕琢更为重要，而芙蓉出水展现的是理性人格，文字雕琢展现的是镂金错采。因此，"芙蓉出水"是一种更高层次的审美境界。

始宁位于今浙江绍兴市上虞区南部及嵊州市北部，始宁别墅（谢氏庄园）是一座山居别业。为东晋士族大官僚谢灵运祖父谢玄所建，谢灵运后期继续开拓。整个别墅分为南山和北山两个部分即"南北两居"，南居为谢灵运祖父谢玄兴建，北居为谢灵运后来拓展营建。后世"始宁墅"被引申为归隐和幽居之所的寓意，大量出现在文学诗歌典故中。

谢灵运作《山居赋》是当时山水诗文的代表之作，反映士大夫对自然山水之美的深刻理解，而诗中对别墅景致和周边环境描述已远远超过其文学价值，对山水园林的研究有着重要意义。《山居赋》作为魏晋南北朝山水诗文的代表作之一，不仅对于大自然山川风貌有较细致的描写，而且还涉及卜宅相地、选择地址、道路铺设、景观组织、个人审美体验等多方面的内容[①]。这些都是汉赋中所未曾出现过的创新之举，是风景式园林升华到一个新阶段的标志，与当时开始发展起来的风水堪舆学说密切有关[②]。

由《山居赋》"准丘园是归宿，唯隐中有乐趣"可见在幽邃、清妙自然环境中的始宁别墅之中，谢灵运找到他安身立命的现实净土，而这是其经营园林的初衷。始宁别墅选址于山林川泽间，自然景观较平原地带庄园更为丰富，不讲究城市私园华丽奢靡的格调，而追求延纳大自然的天然清纯之美，表现园林主人超然尘外的隐逸心态。庄园营建较秦汉审美意味更加浓郁，园林建筑布局紧密结合山川风光，而园中植物种植也摆脱了儒家君子比德的束缚，还自然植物以自然之美。植物名目繁多，种植草药、名木、果树，经营农艺，庄园中建筑、植物、生态之美与山川融合共生，妙造自然。

（1）石壁精舍

谢灵运好佛，在《辨宗论》就提出"去物累而顿悟"，表达其主张只有舍去世俗物质之累，漫步于山林之间才能得到生命的感悟。423 年，谢灵运作五言古诗《石壁立招提精舍》来表达其对尘世空度及佛教禅理的向往，同时纪念石壁精舍的建成。

石壁精舍的选址在人迹罕至的山峰，"敬拟灵鹫山"以求与灵鹫山形似，"尚想祇洹轨"寄托对释迦牟尼居住、说法之地向往。"绝溜飞庭前，高林映窗里"庭园前是高悬的瀑布，

---

① 吕明伟 . 中国古代造园家 [M]. 北京：中国建筑工业出版社，2014.

② 储兆文 . 中国园林史 [M]. 上海：东方出版中心，2008.

山林之景引映在窗前。石壁精舍从选址到营建都为实现谢灵运世间净土的理想，使净土信仰和山水审美合二为一，实现山居“净土化”。

2.3.3 士人园林—城市宅园

魏晋南北朝时期建在城市里面的私家园林，称为城市宅园。城市宅园多为当朝权贵的居所，受自然条件限制城市宅园规模趋向小型化，园内挖池堆山多为人工营造景观，景观营造手法趋向精细化。在审美意趣上与山居别墅趋向一致，力求小中见大，推崇“有若自然”。

1. 张伦宅园

北魏孝文帝迁都洛阳后，皇室贵族、世家大族、官僚在洛阳城内夸豪斗富，大兴园林。据《洛阳伽蓝记》记载：“崇门丰室，洞户连房，飞馆生风，重楼起雾，高台芳榭，家家而筑，花林曲池，园园而有，莫不桃李夏绿，竹柏冬青。”而北魏名臣，张伦的宅园被杨炫之评为：“山池之美，诸王莫及。”可见其宅园是一个以山水格局为主体，精美绝伦的城市园林。《洛阳伽蓝记》还记载：“伦造景阳山，有若自然。其中重岩复岭，嵚崟相属，深溪洞壑，逦迤连接。高林巨树，足使日月蔽亏，悬葛垂萝，能令风烟出入。崎岖石路，似壅而通，峥嵘涧道，盘纡复直。是以山情野兴之士，游以忘归。”园林的营建始终围绕“精神居所”这一核心思想，追求自然化的山水园林格局。园中修筑人工假山名为景阳山作为整个园林的主景，园林整体呈现出有若自然之美。苑内峰峦起伏、深溪洞涧、高林巨树，甚至遮天蔽日；园内植物丰茂，摹拟自然山路规划园中道路，以小路和水道串联岩岭洞壑，产生迂曲的园林空间，发掘自然之美并将之比较精炼地提炼并表现出来。实现了园林造园手法由写实过渡到写意，再与写实相结合，以期在园林之中修身求志。

2. 玄圃与湘东苑

玄圃，南齐武帝之长子惠文太子在建康城内营建私园“玄圃”。据《南齐书•文惠太子传》记载：“太子风韵甚和而性颇奢丽，宫内殿堂皆雕饰精绮，过于上宫。开拓元（玄）圃园与台城北堑等，其中楼观塔宇，多聚奇石，妙极山水，虑上宫望见，乃傍门列修竹，内施高鄣，造游墙数百间，施诸机巧，宜须障蔽，须臾成立，若应毁撤，应手迁徙。”可见园林精美不亚于皇家园林，园林基址地势较高与“与台城北堑等”。园中筑山理水并顺应整体格局修建亭台楼阁，由“多聚奇石”说明当时已经有单块美石的特置及对应赏玩。还别出心裁地采用障景的手法，将园中精绮的景致障蔽起来，成为南朝著名的私家园林。

湘东苑，是梁元帝之弟萧绎在其封地营建私家园林。据《太平御览》卷一九六引《诸宫故事》记载：“湘东王于子城中造湘东苑。穿池构山，长数百丈，浦缘岸植莲，杂以奇木。其上有通波阁，跨水为之。南有芙蓉堂，东有禊饮堂，后有隐士亭，亭北有正武堂，堂前有射堋马埒。其西有乡射堂，堂置行堋，移种可得。东南有连理堂，堂棣生连理。太清初生此连理，当时以为湘东践祚之瑞。北有映月亭，修竹堂，临水斋。斋前有高山，山有石洞，潜行委宛二百步。山上有云阳楼，楼极高峻，远近皆见之。”可见园林中的建筑、山池、花木地营建是花了一番心思的。园林营建颇为雅致，园林建筑顺应地势，有跨水的水阁、倚山而建的云阳楼、与映衬于花木间的芙蓉堂及修竹堂，从园中景点的命名，可知各景点都是围绕主题营建，使人穿插其间可游、可赏石、可体验自然山水之美。

2.3.4 私家园林小结

魏晋南北朝时期，有着儒家济世理想的士人逐步进入统治阶层，士人们满怀批判和改造现实社会的志向与理想。士人的文化审美取向逐渐成为当时时代的文化发展的主流，甚至一定程度上渗透皇家文化之中，并投射到士人园林及皇家园林的建设之中。在当时的社会环境下，士人“学而优则仕”，而政局动荡使他们常常需要经历激烈的政治斗争，致使士人往往向往精神的自由、现实心性的超越，摆脱政治、礼法名教的羁绊。士人园林作为士人文化的忠实载体，其本质是士人精神的家园，园林本质上寄托了园林主人的人生理想与个体精神自由的直接投射。具体特点如下：

1. 私家园林是山水审美与士人生活紧密结合的产物，成为士大夫的“精神居所”。社会动荡致使社会秩序大解体，秦汉时期建立的官方思想文化体系被批判，人作为个体的主体意识觉醒并逐渐发展为一种审美的自觉。士人思维范式突破礼法名教的禁锢，展开对现实生活和人生的深入思考。衣冠南渡之后，晋室偏安江南，优美自然山水环境更为山水审美艺术全面的发展提供了良好的条件。相较于东晋以前，私人园林集生产、娱乐、游玩、宴请于一体，奢靡有余而清雅不足。魏晋南北朝后期士人园林在创作上更侧重对山水深层次的理解，更发展为通过园林的营建引发对诗情哲理的联想与人生的体悟，营建园林与游园成为一种排遣寄兴、陶冶灵性的生活方式，园林的造园手法与风格呈现也更趋于清雅和精致。园林成为士大夫在仕与隐、进与退之间的一个“精神居所”，他们力求在园林之中修身养性，感悟自然的本性与生命的本源。

2. 在魏晋玄学思维的影响下，园林营建手法更趋精致。造园手法突破了规模和具象形态的限制，侧重抽象的意境与氛围的渲染，力求通过山水景观布局表现蕴含其后的天地万物运作的“道”，并试图与之产生精神共鸣。首先，园林空间形态更加丰富，具备自然山水的空间神韵。魏晋南北朝时期园林营建不再采用“法天象地”的大手笔，而是在玄学思想引导下，关注时间与空间之间的关系。开始深入地研究各种景观与自然空间环境的关系、植物顺应时间生长的自然规律及其审美价值，空间处理将远近、疏密、幽静、开阔空间穿插组合，使空间形态更加变化多端，具备了自然山水的空间神韵。其次，筑山理水手法更趋成熟。魏晋南北朝时期的筑山理水，在深入认识和感悟自然山水的美学特征的同时，能结合不同的功能和意境渲染，开展山水格局规划。张伦的宅园景阳山采用“小中见大”，以小尺度的人造假山来写意自然山水；谢灵运的始宁别墅则充分利用自然山水地貌，依托大自然地貌条件营构园林，满足自身功能和意境需求；金谷园结合周边山水地貌引金水入园，并以理水为主组织和营建园林景观；玄圃中为创造出更富有感染力的山林景观，采用构石手法，并进一步发展出特置、群置、散置及叠置等多种构石手法。最后，植物景观已经摆脱早期附属地位，在园林景观营造中占有重要地位。魏晋南北朝时期，士人常以植物作为人格比附，把生活环境中的植物伦理化，如以“桑梓”指代故乡、以“乔梓”指代父子、以“椿萱”指代父母、以“棠棣”指代兄弟、以“兰草”、“桂树”代表子孙[①]。已经出现以花木植物搭配审美意趣，植物景观的品种、造型、数量更多依美学需求而定，园林植物多尚清雅之风。

3. 园林活动由最初的生产生活转而更加关注“纯审美”的游憩与观赏功能，园林成为古代各艺术门类融合的重要场所。郊野与山居别墅由开始的庄园经济这种家族性聚居集军事防御、物资生产、生活起居于一身的封闭堡垒，发展为集行田、居园清修、文会活动、游宴、讲经等多种活动于一体。城市宅园更是如此，超越物质满足特征，成为个体精神自由与园主修身养性的场所，诗文、绘画、音乐、博物、园艺等多种艺术门类都有创造性的发展，完全是一个诗情画意的“精神居所”。

① 王鼎钧:《人境》,《文苑》2014 年，第 3 期。

2.4 寺家园林

2.4.1 玄言佛理交融

从佛教传入中国开始，人们由于对印度佛教缺乏认知，就以原有的本土的道教思想来解读佛教，最初的佛教曾被视作黄老神仙方术，通行于贵族士大夫之间的“道术”，如桓帝“宫中立黄老浮图之祠”。汉末社会战乱不断，佛教的因果观恰逢其时的迎合了平民长期生活悲苦、困顿的现实情绪，佛教中对人生苦难原因归结于贪爱和贪欲，与老子的无欲去奢思想一致，汉人开始将佛教中的涅槃寂静融合老子的清静无为，在这一思想的指导下佛寺开始向山林方向发展。

两汉之际佛教传入中国，但此时“佛法未兴，不见其经传”。直到魏晋之时，战乱频生引发精神寄托需求成为宗教盛行的温床，而这一时期思想的解放以及对思想理论的探讨也使得外来佛学与儒、道、玄等本土汉地文化紧密结合，相互之间互为阐释及补充，促进汉地文化发展的同时也为佛学的传播提供条件，加快了佛学进入中土和汉化的步伐。佛教能够在中土立足于发展，主要有两方面的原因。一是从先秦诸子百家脱颖而出的儒、道两家，具有极强的包容和融会能力，并逐渐形成一个包容性极强的汉地文化结构，这为佛教的传播提供良好的基础。二是佛教通过主动与中国汉地文化融会来达到自身传播的目的。佛教利用“格义”[①]之法来翻译佛经和传播佛学理论，一定程度上顺应汉地文化心理结构，并融会儒家与老庄的思想，使佛学与玄学义理上融会实现“玄言佛理交融”，最终形成汉化佛学体系。

2.4.2 道教的兴起

道教不同于外来的佛教，是中国历代不同文化结合而形成的本土宗教。它的历史可追溯到上古时期，形成于周秦两汉，其渊源主要为鬼神巫术崇拜、神仙方术信仰、道家黄老学说等。张道陵在蜀中鹤鸣山修行悟道，创立五斗米教，尊老子为教主，奉《道德经》为道教经典。东汉灵帝（168—188 年）在位期间，奉事黄老道的张角创立了太平教，尊“中黄太乙”为主神，奉《太平经》为经典。五斗米教与太平教的相继出现，标志着道教活动和实体出现。早期五斗米教与太平教，以教治民、反对剥削聚敛，主张周穷救济，一时成为农民组织发动起义的旗帜。随着炼丹术的盛行，同时道教也吸取玄学的思想来深化自身相关理论，道教在魏晋南北朝时期逐渐发展完善。东晋建武元年（317 年），葛洪著《抱朴子》对自战国以来的神仙家理论进行系统的梳理与论述。至南北朝时，寇谦之在北魏太武帝支持下建立了“北天师道”，陆修静建立了“南天师道”。两人分别对北朝及南朝道教进行改造，制定道教的教规

---

① 格义是指佛经翻译过程中用中国文化中固有的概念、思想来比附并传译佛教经籍的认知和诠释方法，以便于中土人士接受和理解佛法。如以老庄解佛、以周易解佛。

教戒、斋醮仪范，各种全面系统的规章制度使得道教趋于完备。道教理论主张吸收儒、释、道思想，改造充实道教的神仙学说和修炼理论。道教注重服食养身之道、追求长生不死与羽化登仙，符合统治阶级希望像神仙那样长寿的需求，被统治阶层改造和利用，进一步推动道教的传播。而大批高级士族人士的加入，并将他们的思想带到道教理论之中，从另一层面促使魏晋玄学的盛行，道教传播。

2.4.3 寺观园林实例

佛教要求环境适于静修和思悟，因此佛教大师往往选择深山修建清净梵刹；道教讲求清修吐纳养气、服食药物养身，而山清水秀之处不仅适合吐纳养气、清修静养，也便于采集药物、提炼神丹，因此道士也往往选择山林居住并修建道观。佛教与道教的盛行，使得作为宗教精神物质载体的宗教建筑佛寺与道观大量涌现，遍布城市、城市近郊以及远离城市的自然风景名胜之地。

寺庙与道观的大量兴建，相应也出现了寺观园林这一新的园林类型。宗教界同士夫界意识理论的交流互动机制，对中国寺观园林的审美倾向产生重要影响，寺观园林往往并不直接表现宗教意味与特质，而带有明显的世俗化特征，赏心悦目、畅情抒怀成为主导的审美倾向。寺观园林的分布主要包括以下三种情况：①郊野自然山林地带的寺、观外围的自然山水园林；②城市之中佛寺逐渐演变为合院建筑组群同园林组合的模式，紧邻寺观而单独设置的园林，犹如私家园林中园林与宅邸的关系；③寺、观内部各宗教建筑庭院的绿化或景观园林。

1.佛寺园林

佛寺园林它既是举行宗教仪式、宗教活动的场所，又是寺院建筑的配景，佛寺园林营建的终极目标是与建筑、周围环境一起共融共生，从而创造出一种超越尘界、象征离尘出世的境界，以达到宣扬佛法的目的。据佛经记载，释迦牟尼逝世后火化遗留的舍利，弟子收取后建塔供奉。因此，佛塔是佛教信徒最初的礼拜对象之一，在所到之处立佛塔，既是佛教进入某一地区的标志也成为传教僧人奋斗目标。佛寺形态的演变与发展，佛寺形态大致上分为六种（图2-9）：

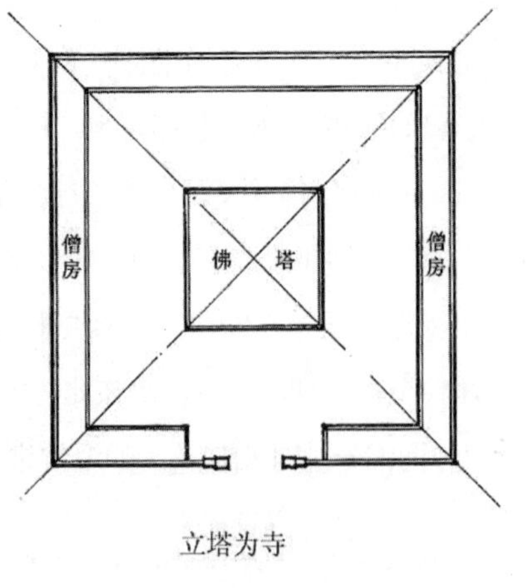

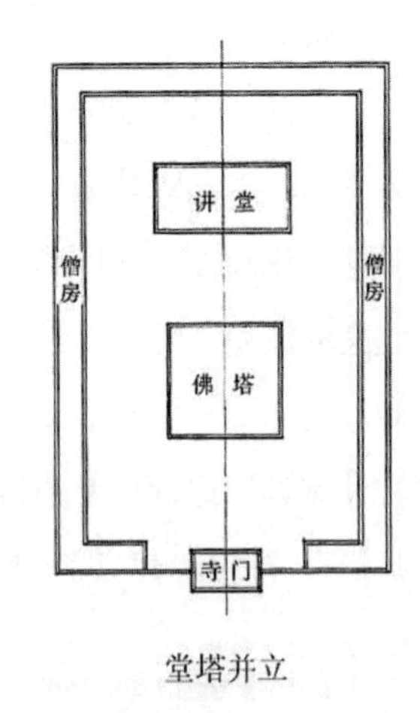

图2-9 立塔为寺及堂塔并立佛寺形态示意平面图

（1）立塔为寺：汉魏西晋时期，佛塔也称作“浮屠”、“浮图”或“佛图”，佛塔一直是僧人、民间、官方立寺总体布局的主体。

（2）堂塔并立：随着佛教信徒的激增，佛寺不再是单纯礼佛拜佛的场所，而说法论道和观习经典等活动的开展，对佛寺格局提出新的功能要求。佛寺出现一个专供高僧讲经、僧徒听讲的讲堂，这一新的主体建筑物。讲堂位于塔的后面，两者之间形成一条纵向轴线，并不影响佛塔的中心主体地位。

（3）建立精舍：精舍是佛教僧人模仿释迦牟尼修行讲经而建造的建筑，类似于儒家讲学修行，是一种为讲学修经行为开展而设立的佛教建筑。精舍的布局相对而言自由，都城、山林之中都可建，形制也包括草庐、竹棚、石室、茅棚等多种形制。

（4）舍宅为寺：就是信众为天子、家人、祖先祈福为目的，将自己居住的宅邸舍为佛寺，是帝王及士夫阶层采用的一种佛教信仰方式。由于舍宅为寺是以原有宅邸为前提，所以通常是将原有正厅改为佛殿或讲堂，其余房舍用作辅助功能。受原有宅邸空间形制的限制，并非都立佛塔。

（5）佛殿的设立：佛经云佛身变化无穷、常住不灭，信徒只要为佛建寺造塔、造像塑像便可望成佛。供养佛像成为社会流行的佛教信仰方式，而佛寺中的佛殿就是为安置佛像而建造的。北魏僧人法果尊天子为当今如来，佛像出现帝王化，而伴随佛像帝王化必然是佛殿的帝宫化。皇家与地方的佛寺都可依照帝王形象造铸佛像，并依照宫殿的规则营建佛殿甚至整个佛寺的布局。

（6）石窟佛寺：石窟佛寺是一种特殊的寺院形式，它按照佛教教义要求，石窟寺的建造通常会选择清泉环绕、林木繁茂、密闭幽静的山崖或台地等自然形胜处。石窟寺的做法源于印度，最早的石窟开凿于公元前 3 世纪。随着佛教由丝绸之路的东传，最早的石窟寺造立地区为丝绸之路北道及河西走廊一带，是僧人禅修及统治者祈福的一种方式。在北魏逐渐统一中国北部地区的同时，西域及河西一带开凿石窟的做法传入内地，皇室及社会各阶层都积极投身到凿窟以祈福这一福业活动中。

(1)北魏洛阳城内佛寺

北魏洛阳城内佛寺园林林立，傅熹年先生在其《中国古代建筑史》通过对《洛阳伽蓝记》梳理出 55 所佛寺。其中，具有代表性的佛寺有：

建中寺，据《洛阳伽蓝记》记载：“建明元年，尚书令乐平王尔朱世隆为荣追福，题以为寺，朱门黄阁，所谓仙居也。以前厅为佛殿，后堂为讲室，金花宝盖，遍满其中。有一凉风堂，本腾避暑之处，凄凉常冷，经夏无蝇，有万年千岁之树也。”可见建中寺是由宅邸改建为佛寺，将前厅改建为佛殿，后堂改建为讲经的讲堂，建筑装饰华丽，佛寺内果植繁茂，甚至有千岁之树宛若仙居。足见宅邸平面布局对佛寺形态产生的影响，而佛寺园林造景并不亚于私家园林景观营造，佛寺园林造景手法与私家园林并无太大差异。

景林寺，据《洛阳伽蓝记》记载："在开阳门内御道东。讲殿叠起，房庑连属。丹楹炫日，绣桷迎风，实为胜地。寺西有园，多饶奇果。春鸟秋蝉，鸣声相续。中有禅房一所，内置洹精舍，形制虽小，巧构难比。加以禅阁虚静，隐室凝邃。嘉树夹牖，芳杜匝阶。静行之僧，绳坐其内，飧风服道，结跏数息。"可见佛寺地处城内，总体布局与士人园林形制类似，有讲殿、精舍、禅阁等宗教性质建筑。"春鸟秋蝉，鸣声相续"、"静行之僧，绳坐其内，飧风服道，结跏数息"可见佛寺园林中动植物景观生动活泼，景观视觉形态的营造与僧人静修的精神内涵相通。

（2）同泰寺

南朝建康城中佛寺众多，其中最为著名的就数梁武帝萧衍敕建的同泰寺。同泰寺背靠鸡笼山，南门紧邻宫城北墙，梁武帝为进出方便更在宫城北墙开辟大通门对同泰寺南门。同泰寺的营建是反映梁武帝王权同佛教政教合一的理想，建筑景观布局通过附会宇宙图式的方式被赋予了深刻的象征寓意。同泰寺虽仅存在二十年，毁于兵火，但它"楼阁台殿拟则宸宫，九层浮图回张云表，山树园池沃荡繁积"格局，投射出外来佛教文化同汉土建筑文化融合与创新精神，具有重要的历史价值。

据《建康实录》中引述陈代顾野王《舆地志》记载："（同泰寺）兼开左右营，置四周池堑，浮图九层，大殿六所，小殿及堂十余所，宫各象日月之形。禅窟、禅房，山林之内，东西般若台各三层。构山筑陇，亘在西北，起柏殿在其中。东南有璇玑殿，殿外积石种树为山，有盖天仪，激水随滴而转。"可见同泰寺内屹立九层佛塔，统摄全寺渲染出浓重的宗教氛围。宗教主体建筑与山水园池景观营建紧密结合，已发展为成熟的园林化佛寺模式。

历来世界各国宗教建筑景观格局就与其民族的宇宙图式有着紧密的联系。如中国早期的祭祀功能的宗教建筑布局就是以《河图》《洛书》演变的九宫格为蓝本。同泰寺兴建之初，梁武帝提出其天象论："四大海之外，有金刚山，一名铁围山，金刚山北，又有黑山，日月循山而转，周回四口，一昼一夜，围绕环匝……黑山在北，当北弥峻，东西连峰……金刚自近天之南，黑山则近天之北极，虽於金刚为偏，而於南北为心 。"同泰寺的建筑景观布局具有浓重的宗教隐喻色彩，寺院的选址、布局乃至景观处理都与天象宇宙图式有着一一对应的关系。"置四周池堑"对应"四大海"，隐喻佛教中的八功德水，代表清净与盈满；"构山筑陇，亘在西北，起柏殿在其中"对应"黑山在北，当北弥峻"、"东南有璇玑殿，殿外积石种树为山，有盖天仪，激水随滴而转"对应"金刚自近天之南，黑山则近天之北极"佛教诸山就如同宇宙的边缘，又暗合现世的修行之所与佛教教义中的彼岸世界，而"构山筑陇"、"积石种树为山"佛寺园林景观营造手法的描述，构建适于静修和思悟的场所，又与魏晋士人寄情山水、隐居求志的园林精神对接；"大殿六所，小殿及堂十余所，宫各象日月之形"对应

"日月循山而转，周回四口，一昼一夜，围绕环匝"更是直接将宗教建筑与宇宙日月更替对应。综上所述，梁武帝将同泰寺的营建与佛教、宇宙图式，通过大手笔写意手法方式一一对应，力求以佛教诸山包围着盖天世界的崭新宇宙图式来宣扬与实施其政教合一的伟大抱负。

(3)山林佛寺·东林寺

山居参禅与山林讲经是一种佛教推崇的修行方式，宗教出世感情与当时社会风行的士人山水审美观的融合，导致山林佛寺的勃兴。东晋时期，高僧与士人的交往日益密切。东晋高僧慧 远"博综六经、尤善老庄"，遍游名山，最终选择在庐山修建佛寺——东山寺，开辟山水园林化佛寺之先。他在庐山居住三十年，精研佛理、聚徒讲经吸引众多文人名士向他学佛，成为佛教净土宗的创始人。他还组织"白莲社"，代表隐逸玄风与佛法正道的有机结合，成员之间不仅论经讲佛还探讨玄理，是一个民间化的宗教组织。白莲社成员文化素养高，人员构成广泛使其突破宗教探讨，形成一个特殊的文化圈子，文化精神对园林审美、山水诗、山水画的发展起到促进作用。

据《高僧传·慧远传》记载："洞尽山美，却负香炉之峰，傍带瀑布之壑。仍石垒基，即松栽构。清泉环阶，白云满室。复于寺内别置禅林，森树烟凝，石径苔合。凡在瞻履，皆神清而气肃焉。"[①] 可见山林佛寺在景观的营造方式及审美意趣上士人郊野庄园趋同，注重建筑与环境的紧密结合，区别只是在于佛寺中有士人庄园中所没有的宗教性建筑，如般若台、塔、佛殿、佛龛等。

2. 道观园林

道教提倡通过清修吐纳养气，服食丹药养身等方式来羽化登仙。出于采集药物、研制丹药、清修静养的需要，道士也往往选择山林居住修建道观。东汉五斗米教创始人张道陵选择在峨眉山修行，东晋葛洪隐居于浙江的灵隐山。461年，著名道士陆修静也选择在庐山紫霄峰清修、采药炼丹修建庐山第一座道观——简寂观，是南朝时期庐山最大的道观。

①《高僧传·慧远传》

第3章

隋、唐时期园林（589—960年）

图注：清·院本《十二月令图轴》之四月

3.1 时代背景

581年，杨坚以禅让的方式取代北周，建立隋朝，称隋文帝。589年，又结束中国长达273年的分裂，完成了统一。在隋朝的前期，凭借这全国大一统的形式，全国的经济、文化都得以发展，形成一个强大的王朝。后期由于隋炀帝大兴土木、滥用民力，激化社会矛盾，隋王朝也在农民大起义冲击下，仅存37年便瓦解。隋朝虽然仅仅只有37年，但却凭借全国大一统的局势，进行多项大规模的建设，如创建了大兴城（长安）和东都（洛阳）两座规模空前、具备完整规划的大都城。

618年，李渊以禅让的方式取代隋，建立唐朝，称唐高祖。整个唐朝历史290年，大致可以分为：前期发展期、中期繁荣期、后期衰弱期三个阶段。前期，统治者可以吸取隋朝灭亡的教训，在大兴土木上很是谨慎，着力发展生产巩固统一，政治也很清明，为中期的繁荣奠定坚实的基础；中期，经过前期的休养生息，全国大一统的优越性得以发挥，自高宗武后起，至玄宗统治前期，唐朝经济远超前代，文化与科技也取得辉煌的成就。对内大一统安定，对外经济文化辐射整个东南亚，国势臻于鼎盛，文化自信感极强。高宗建大明宫，武后建明堂，都是国力强盛，时代自豪感的体现，气势宏大的宫殿，庄重肃穆的寺庙让信徒望而心转，雕工精美、色彩绚丽、纹饰多样、集中外之所长的建筑装饰，形成自汉朝以来中国第二个封建社会建筑、园林景观发展的高峰，并影响到东方的朝鲜半岛和日本；后期，唐中央政权内部出现分化，宦官与士族朝官形成两个对立政治集团，国势日益衰弱，最后为后梁所取代。

907年朱温建立后梁取代唐朝，中国至此又一次进入分裂的局面。923年后唐又取代后梁，936年后晋代后唐，946年后汉代后晋，951年后周代后汉，政权更迭频繁，史称五代。与此同时，在江南、华南、四川等地又出现吴、南唐、吴越、楚、闽、南汉、前蜀、后蜀、荆南九个地方政权，加上北方的后汉，共有十国，故又称“五代十国”。直至960年，赵匡胤代后周，建立宋朝，五代正式结束，中国才再次迎来大一统。唐末的五代战乱，基本上将关中、中原及江淮地区摧毁殆尽，而南方则相对安定，这也为后来江南地区在经济、文化方面超过北方埋下伏笔（图3-1）。

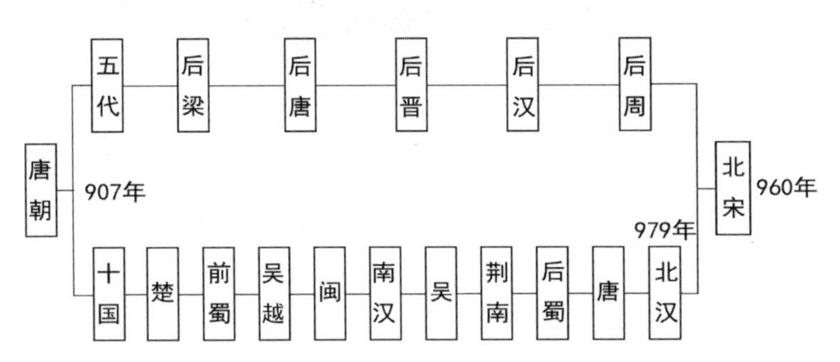

图3-1 五代十国历史图纲

【扫码试听】

3.2 皇家园林

3.2.1 隋大兴城·唐长安城

隋唐是中国古典园林发展成熟时期。581年，北周静帝禅位于杨坚，北周覆灭。隋文帝建立隋王朝，出于笼络以鲜卑贵族为核心的关陇军事集团势力巩固皇权的需要，定都于长安——关陇军事集团根据地。当时，历经780多年的汉长安城已残破不堪，形制也过于狭小，不适宜为都城。“此城从汉，凋残日久，屡为战场，久经丧乱……不足建皇王之邑[①]。”加之汉长安城北邻渭水，而渭河水文季节变化明显，又不时南北移动，汉长安城有被淹没的危险，实在是不宜建都。据《隋唐嘉话》记载：“隋文帝梦洪水没城，意恶之，乃移都大兴。”故隋文帝决定营建新城距汉长安城东南二十里的龙首原南部地区。582年下诏书：“龙首山川原秀丽，卉物滋阜，卜食相土，宜建都邑，定鼎之基永固，无穷之业在斯。”任命“左仆射高颖、将作大匠刘龙、巨鹿郡公贺娄子干、太府少卿高龙叉等创造新都。”[②]具体都城规划由太子左庶子宇文恺主持。按“先筑宫城，次筑皇城，次筑外郭城”[③]顺序营建都城，并命名为大兴城（图3-2）。

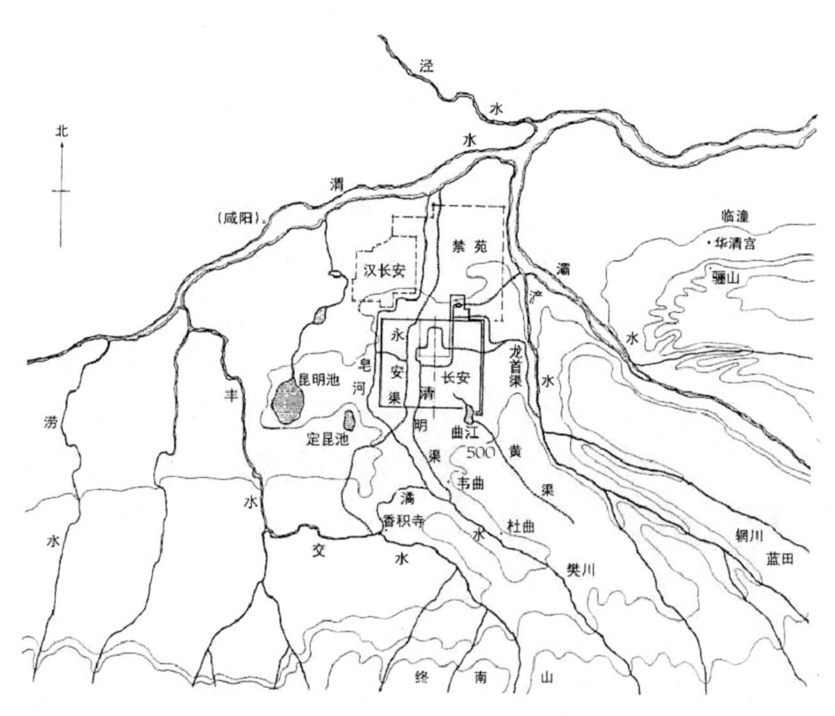

图3-2 唐长安近郊平面图

①（唐）魏征等．隋书．卷1[M]．北京：中华书局，1973: 17.

②（唐）魏征等．隋书．卷68[M]．北京：中华书局，1973: 1587.

③（元）李好文．长安志图卷上．光绪十七年重刊本．

由于受秦岭山脉走势影响，发源于秦岭山地的河流及河流切割平原均受制约。相对而言，只有汉长安城东南的这块平原最为开阔，尽管地块地势起伏相对较大，但贵在地域开阔面积大，都城选址于此给城市后期的发展留有余地。大兴城比汉长安城面积大一倍以上，一方面是由于城市发展需要扩大城市规模，另一方面也与龙首原南开阔的地形环境有关系。隋大兴城的建成，是中国都城发展史上一个新的里程碑，在吸收以往中国都城建设的经验，同时又有许多创新之处，为盛唐长安城建设打下坚实基础。

618 年，太原太守李渊起兵，建立唐朝。“唐高祖、太宗建都，因隋之旧，无所改创。”可见唐朝仍定都隋都旧址，城市规模和建筑布局方面基本沿袭隋旧制，仅恢复“长安”之名。隋代的大兴城其实并未全部建成，唐代的继续增修，展示出强盛国家的伟大气魄，使唐长安城成为当时世界上规模最大、规划布局最严谨的一座大都市(图 3-3)。

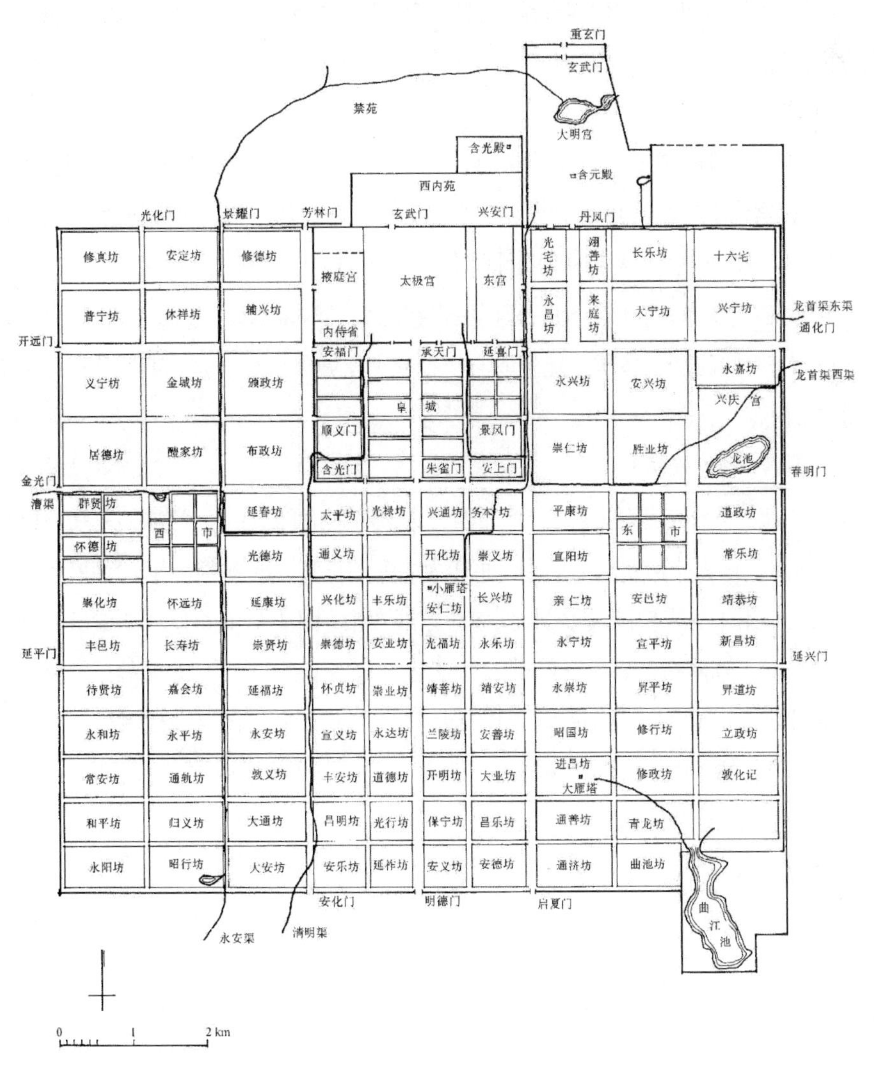

图 3-3　隋大兴城 - 唐长安城平面图

整座长安城气势恢宏、结构对称、布局严谨。东西长9.72km，南北长8.65km，面积约为84km^2。自南面外城正门明德门直达皇城正门朱雀门的朱雀大街（宽达147m）与宫城的承天门衔接，将长安城分为东西对称两个部分的同时，也形成一条南北向标准的中轴线。城内以贯穿东、西、南三面城门的三个东西向、三个南北向的街道为主干道，称“六街”，城门名即街名。全城共南北向街道14条，东西向11条，将城市分割为整整齐齐的108“坊”和东西2个“市”，采取市、坊分离制。

隋兴建大兴城之初即建了龙首渠、清明渠、永安渠三条沟渠，引水进入城内及宫内，以解决城市供水、宫苑供水和漕运河道等问题。隋唐时期也在长安城附近修建几条渠，其中最重要的就是东连黄河以通漕运的广通渠。广通渠与后期建设通济渠相连，将江淮、河北、河南的粮食物资运送至关中，可以说是城市的经济命脉。后期禁苑开广运潭也是出于造景理水与漕运的综合考虑，开广运潭使得江淮财富物资可直达长安。在后期的漕渠也是为改善长安物资供应而兴建。

1. 三大内

唐长安城内有三座主要的宫殿建筑群，分别是太极宫、大明宫和兴庆宫，合称“三大内”。其中太极宫位于宫城内并处于城市中轴线北端，是隋朝、初唐皇帝朝会和生活的场所，称为“西大内”或“西内”。大明宫是高宗即位后，修建用以调养身体，大明宫位于龙首原高地之上，可以俯瞰整个长安城，随后历代皇帝在此朝会和生活，称为“东内”。兴庆宫是唐玄宗早年为太子时的府邸，多次扩建形成一个独立小型城堡，唐玄宗长期居住在此并临朝听政，称为“南内”。

（1）太极宫（隋大兴宫）

大兴宫与隋大兴城的建设是同步的，位于长安城的中轴线之上，皇城的北端。唐代，改大兴宫为太极宫，在大明宫建成之前，一直作为大朝的正宫，亦称“大内”。西内苑在太极宫之北，故又名北苑。从宋代吕大防《长安城图》残片中（图3-4），可以清晰看出太极宫重要建筑所处的位置，分前朝、后寝、苑囿三个部分。自南向北由承天门、嘉德门、朱明门、两仪门、甘露门五门与太极殿、两仪殿、甘露殿构成“五门三朝”的宫殿建筑群。而在苑林区利用水源丰富的条件，由东海池、南海池、北海池三个水池构成苑林区主体水系，亭台楼阁则围绕着水系建设（图3-5）。

（2）大明宫

大明宫是唐代在龙首原高地上新建的一座宫殿，由于其相对于长安城太极宫方位而言位于北面，故名“东内”。由“太宗初，于其地营永安宫，以备太上皇消暑。九年正月……改名大明宫。……龙朔二年（662年），高宗苦风痹，恶太极宫卑下，故就修大明宫，改名蓬莱宫，

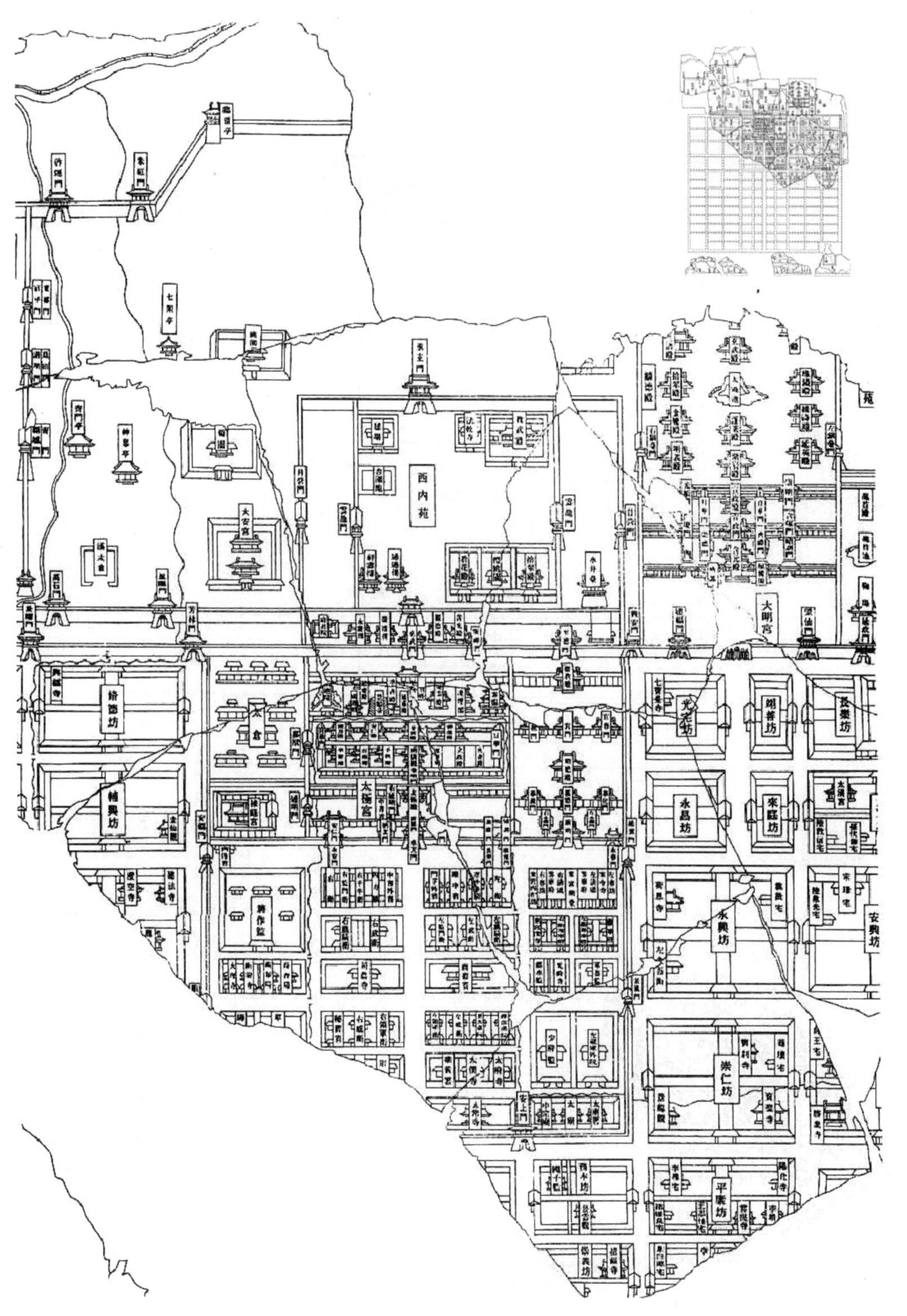

图 3-4 （宋）吕大防《长安城图》残片

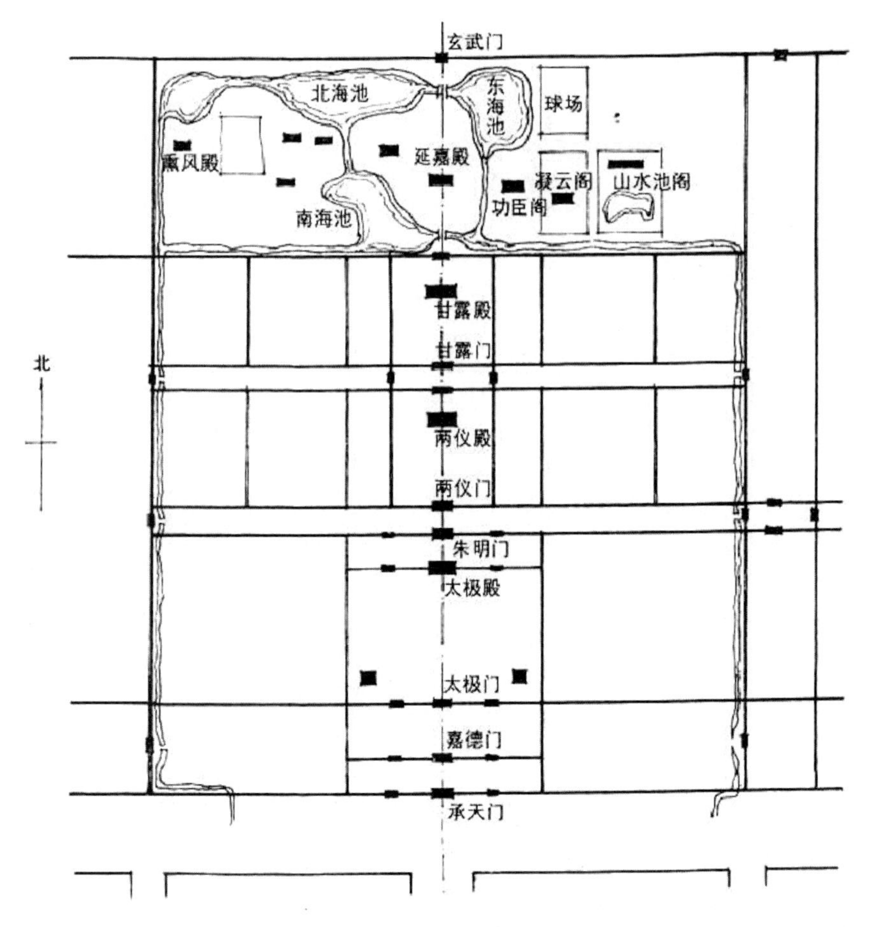

图 3-5　太极宫平面示意图

取殿后蓬莱池为名也[①]。”由于太极宫地势低下、潮湿拥挤，不利于高宗养病，故修建大明宫，而大明宫一度随殿后的蓬莱池之名蓬莱宫，武后神龙元年（705 年）又恢复大明宫之名。宫内布局和太极宫相似，宫内由南至北，被东西向横街、横墙分隔为前朝、后寝、苑囿三部分。由南至北有三条道路入宫，正中一条上连接外朝、内廷、正殿，另两条南北向道路分别穿越东西向横墙（图 3-6）。大明宫充分利用原有地势，“北据高岗，南望爽垲，终南如指掌，坊市俯而可窥[②]。”原有地势北部为高地，南端为平地，而宫的朝、寝等主要建筑含元殿、宣政殿、紫宸殿均顺应地形建在高地上，其中含元殿与南面的慈恩寺内大雁塔遥遥相对，因此，三殿并未建在一条正南北向的轴线上，而是略为向西偏移。大明宫地形相对太极宫更利于军事防卫，气候凉爽也更适宜居住，故大明宫在唐高宗以后就替代太极宫成为朝宫。

①（宋）司马光 . 资治通鉴 . 卷 200. 唐纪十六 [M]. 上海：上海古籍出版社，1987: 1349.

② 两京新记（曹元忠辑本）卷 1.《南菁札记》本 .

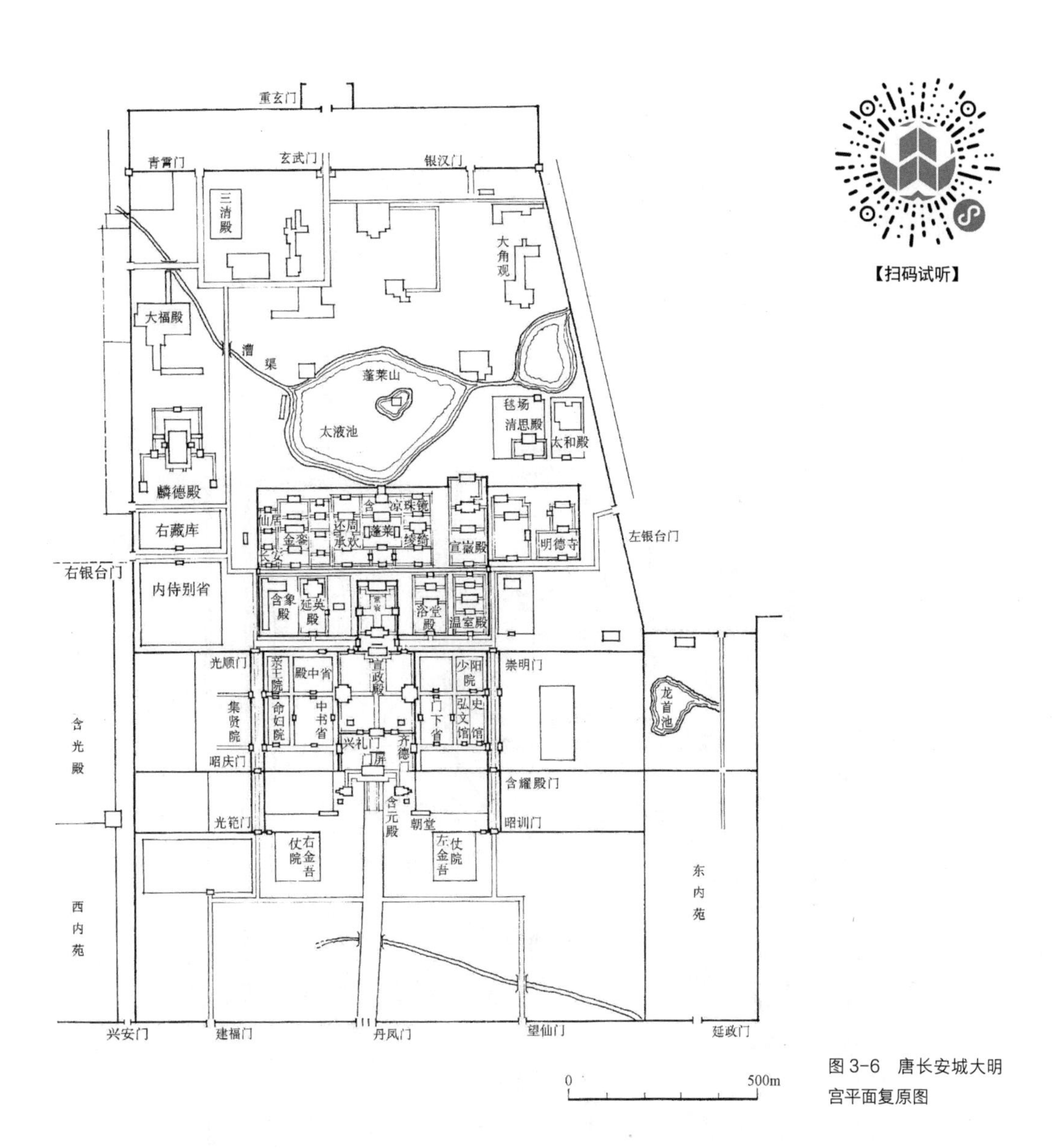

图 3-6　唐长安城大明宫平面复原图

在大明宫苑林区通过凝练性的写意的手法来呈现秦汉时代的“海上神山”主题，开辟太液池分东西二池，以西池为主，池中筑仙山，名蓬莱岛，岛上有亭，名太液亭。亭台楼阁、宫殿建筑则围绕着水系建设，中轴线上的含凉殿与太液亭遥遥相对，池西有麟德殿和大福殿，池北为三清殿、含冰殿、紫兰殿，东面为清思殿、太和殿。太液池四周分布各种宫殿，与池周的景观及池中岛亭相互呼应、互为对景。一池三山开始重新出现于皇家园林中，但并不拘泥于“三”这个具体的数目，充分体现唐人的想象力与浪漫主义开放精神。

（3）兴庆宫

兴庆宫又名“南内”，是唐长安城三大宫殿群之一，与太极宫、大明宫并称“三大内”。兴庆宫在唐长安城东部，兴庆坊原名隆庆坊，是唐玄宗李隆基为皇太子时的府邸。玄宗即位后，为避玄宗名讳改称兴庆坊，并将其扩建为兴庆宫。开元十六年（728 年），玄宗“始听政于兴庆宫”，可见此处为皇帝临朝听政的场所。兴庆宫整体形制没有太极宫、大明宫规整，由南至北依次为通阳门、光明门、龙堂、龙池、瀛洲门、南薰殿、跃龙殿至跃龙门，形成一条南北向的中轴线（图 3-7）。

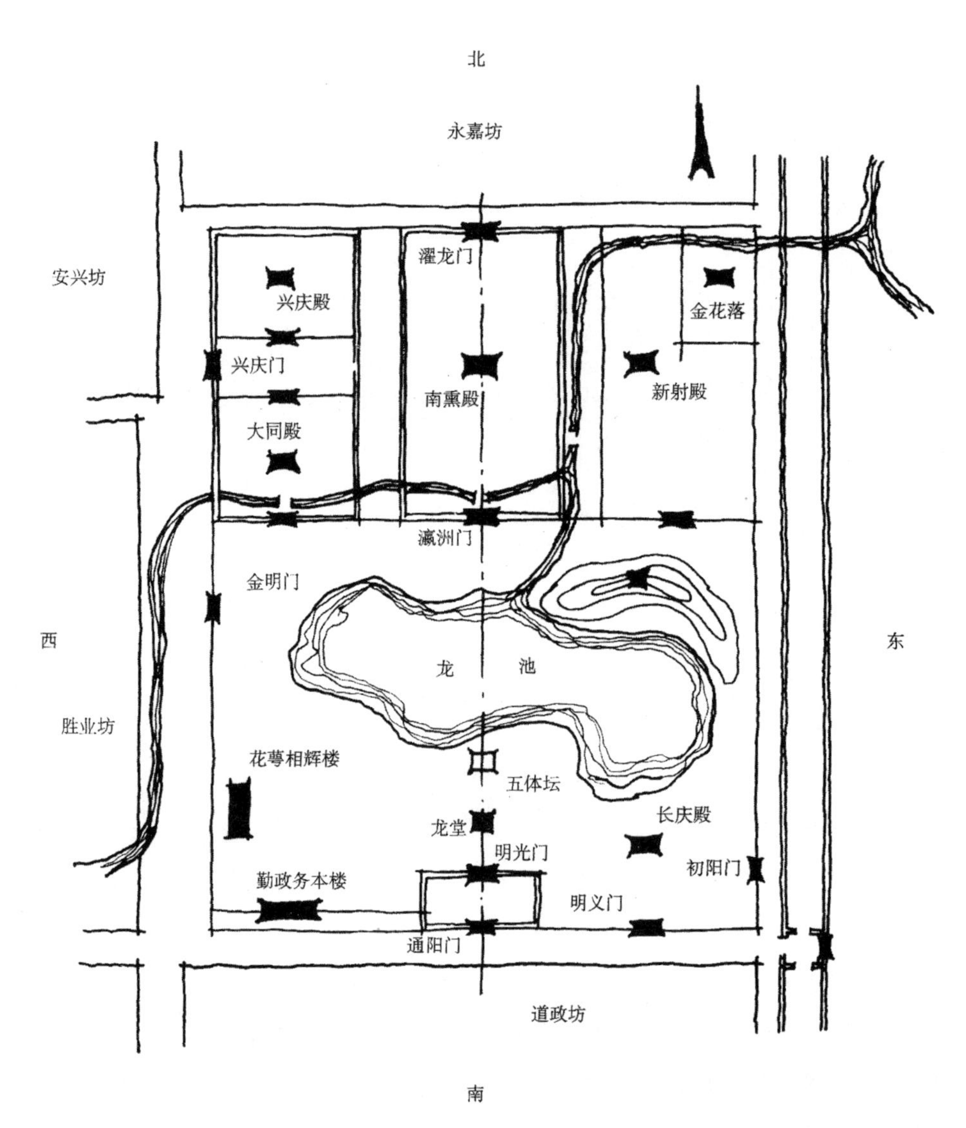

图 3-7　兴庆宫平面设想图

兴庆宫修建夹城复道通往大明宫与曲江，龙池为整个园子的主景，重要景点围绕水景设置。以牡丹留名史册的沉香亭，就位于龙池北岸东端。玄宗就曾与杨贵妃在沉香亭赏牡丹，玄宗就云：“赏名花、对妃子，焉用旧乐词为”；花萼楼紧邻西宫墙，从楼中可见隔街位于胜业坊宁王、薛王的府邸与位于兴安坊申王、歧王府邸，为显示兄弟情深，楼取“花萼相辉”之意，名花萼楼。史载玄宗曾多次召诸王于花萼楼欢宴，受百官贺诞辰；勤政楼则是一座享用建筑，史载玄宗每年生日都在此受贺，正月十五夜观乐舞。兴庆宫是唐玄宗为凸显自己祥瑞而建宫苑，故玄宗死后，诸帝皆不再来此，只有一些年老的太后、太妃偶然居住。虽为“南内”但实际上确实不能与“西内”与“东内”比肩（图 3-8）。

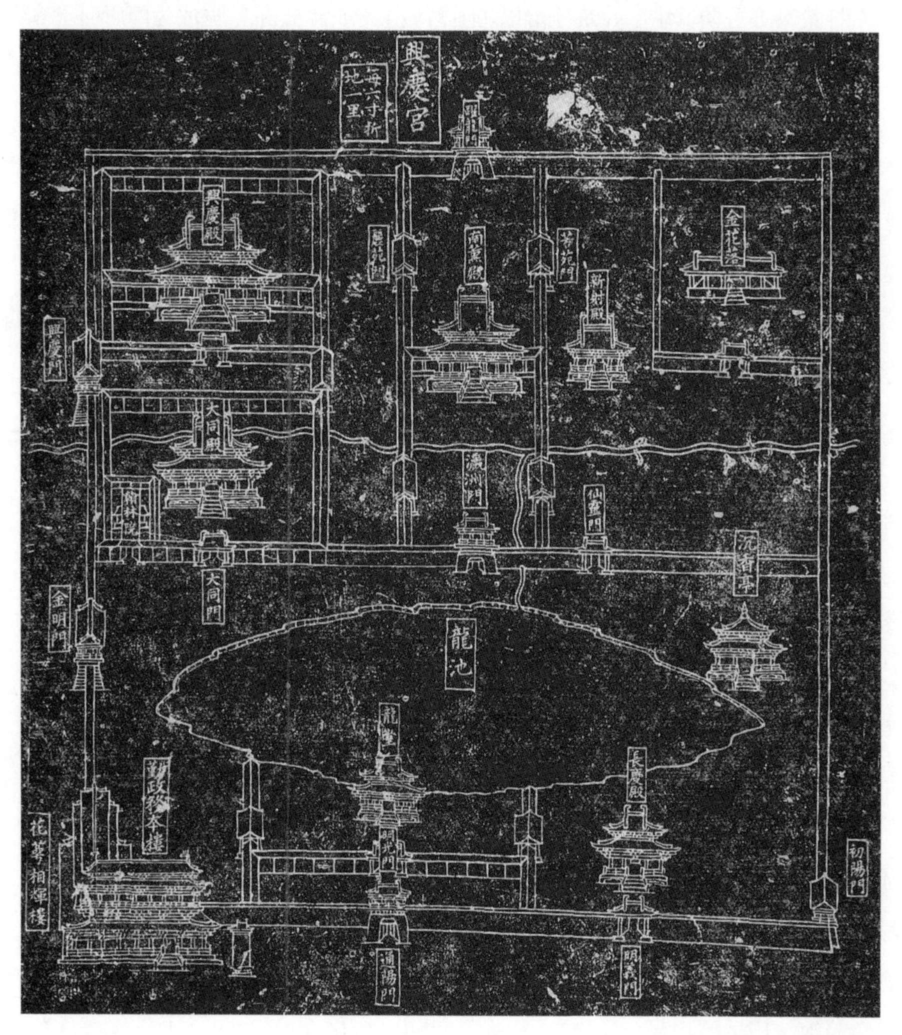

图 3-8　宋刻兴庆宫平面图拓本

2. 大内御苑

隋唐时期，皇家园林的营建已经趋于规范化，甚至出现专门的管理机构。皇家园林的三大类别：大内御苑、行宫御苑和离宫御苑已大体形成。大内御苑是建在宫城或皇城以内，供皇帝日常游憩的地方。大内御苑往往位于宫廷区的后面，一侧或穿插于宫廷之中，用于淡化宫廷区规整严谨的建筑氛围提高观赏游玩价值。大内御苑的营建也有出于宫城、皇城军事守卫的需求，大内御苑位于皇城周边在拱卫皇城的同时，也是帝王禁卫军驻扎之地。

(1)禁苑·隋大兴苑

禁苑，本是皇家苑囿的通称。张衡《西京赋》:“上林禁苑，跨谷弥皐。”注:“上林，苑名；禁，禁人妄入也。”到了隋唐以禁苑为名，除了“禁人妄入”的意义外，还有军事防御的意义。由于宫城位于整个长安城的最北端，而北面又没有屏障，故将此处辟为禁苑，帝王禁卫的左右神策军亦驻防其中，并筑苑墙以防卫宫城。自此“禁苑”也成为隋唐时皇家苑囿的定称。因此，严格意义上来说，禁苑不仅是长安城以北的皇家禁苑，还应包括洛阳的禁苑。此处论述的主要是长安城宫城之北的禁苑(图 3-9)。

禁苑与大兴城同时建成，由禁苑、西内苑和东内苑三苑组成，又称名三苑。禁苑的南面与宫城相连，且面积广阔，东西二十七里，南北三十三里[①]，周一百二十里。隋唐禁苑还将位于国都西北部的汉长安旧址划入禁苑的范围之内，对前代的都城遗迹也起到一定的保护作用。据《唐两京城坊考》记载:“禁苑正南阻于宫城，故南面三门偏于西苑之西。旁西苑者芳林门，次西景耀门，又西光化门。西面二门，近南者延秋门，次北玄武门。北面三门，近西者永泰门，次启运门，次饮马门。东面二门，近北者昭远门，次光泰门。”[②]可见禁苑四面共设十门。同时，禁苑的四面设有专门管理机构，专职掌管苑中植物种植与修葺等事宜。整体地势南高北低，将永安渠与清明渠均引入苑内用于园林水景营造。据《唐两京城坊考》记载，长安禁苑中有望春宫、未央宫、含光殿、鱼藻池、广运潭、凝碧桥、上阳桥、临渭亭、球场亭、桃园亭、樱桃园、梨园、西楼、虎圈等建筑 24 所(图 3-10)。

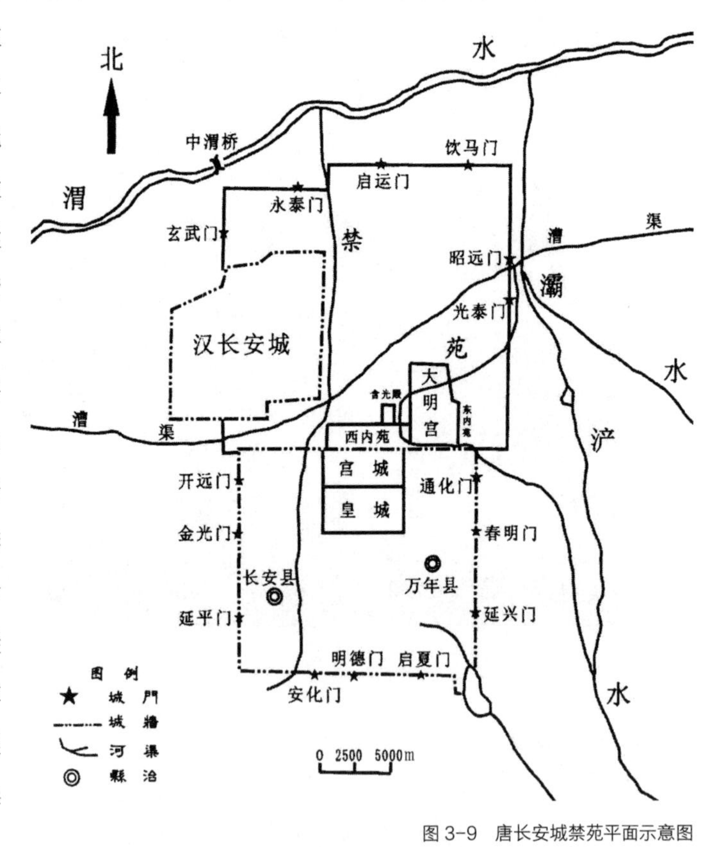

图 3-9　唐长安城禁苑平面示意图

①(宋)王钦若等 . 册府元龟 . 卷 14. 北京：中华书局，1972.《玉海》中记载禁苑“南北二十里”，但南北三十三里、东西二十七里之说，与《唐六典》禁苑“周一百二十里”之说相符，故此处采用三十三里一说。

②(清)清徐松撰 . 张穆校补 . 方严点校 . 唐两京城坊考 . 卷 1[M]. 北京：中华书局，1985: 30.

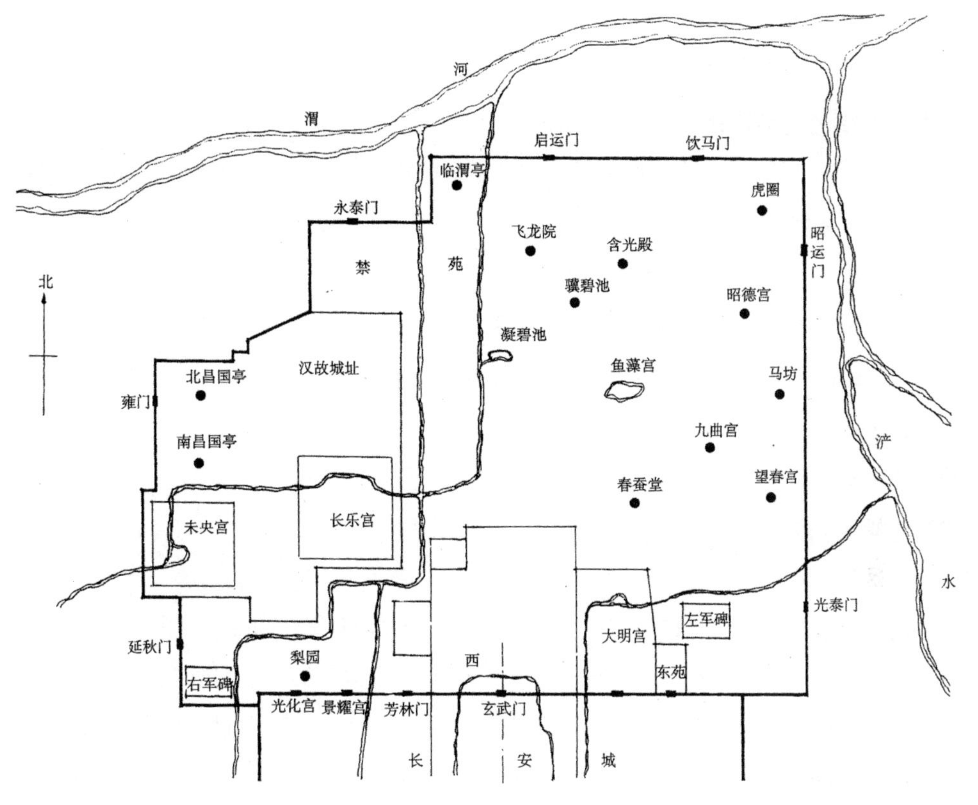

图 3-10 唐禁苑平面示意图

（2）西内苑

西内苑与东内苑是两个单独的区域，被大明宫分隔开。就面积而言西内苑比东内苑要大得多，从形状上看西内苑是一个东西向与宫城等长的矩形，而东内苑是一个南北向的狭长的长方形，由此也显示出西内苑的重要地位。西内苑的四面苑墙各有一门，东面名日营门（龙云门），西面名月营门（云龙门）。西内苑作为皇家主要的居住和游憩的场所，苑内有具有别宫性质的大安宫，唐高祖李渊、太宗李世民都曾在大安宫居住。除此之外，还有观德殿、含光殿、看花殿、拾翠殿、歌武殿、永庆殿、翠华殿、广运楼、通过楼、祥云楼、冰井台、樱桃园等宫殿景观建筑。

（3）东内苑

东内苑位于大明宫南部向东突出的部分，东面与小儿坊相连，是三苑之中面积最小的部分。东内苑东、南、北三面各有一门，东面为大明宫的太和门，南面为大明宫南面延政门。东内苑主要作为皇家休闲娱乐场所，龙首池作为东内苑的主要景观，由“以旱，亲往龙首池祈祷[①]。”与“幸龙苗池，观内人赛雨，因赋‘暮春喜雨诗’[②]。”可见龙首池主要是用于求雨

①（南宋）王应麟 . 玉海 · 龙首池 [M]. 上海：上海书店，1990.

②（后晋）刘昫等 . 旧唐书 . 卷 17 下 . 文宗本纪 [M]. 北京：中华书局，1975 年：564.

与赛龙舟的场所。龙首池北有龙首殿，池东有灵符应圣院，池南有凝晖殿、内教坊、毽场亭子殿、看乐殿、小儿坊、御马坊等建筑。

3. 行宫御苑与离宫御苑

中国上古以来就一直延续着对自然崇拜和亲近的传统，而历代帝王的巡狩田猎活动就是这一传统的直接体现。魏晋以来，草原游牧民族陆续入主中原，这种帝王田猎活动又附上了政治军事色彩。行宫、离宫的设置正是顺应帝王巡狩田猎、消夏避暑、游览巡幸的需要，有的离宫由于季节性的驻扎甚至成为常朝所在地。行宫御苑是指建在都城近郊的宫苑。离宫御苑是指远郊或离都城较远，帝王长期居住，处理朝政的地方。离宫一般都配有宫廷区与苑林区，两者顺应自然条件因地制宜来布局。值得一提的是，离宫御苑的选址除山清水秀、风景优美以外还要从军事角度来考虑，往往是交通要道的隘口、兵家必争之地。如玉华宫、九成宫的选址就是如此。

(1) 隋仙游宫

仙游宫位于周至县城南17km处，始建于隋文帝开皇十八年（598年），系一座避暑行宫。长安位于关中平原中部，海拔也不高，夏季受到西太平洋副热带高气压的影响，冷空气很少侵入，导致气候炎热。而仙游宫周边环境青山环抱，碧水萦流，气候凉爽宜人，非常适合夏季避暑。隋文帝就曾多次临幸、避暑于此。仁寿元年（601年），隋文帝为了安置佛舍利，于十月十五日命大兴善寺的高僧童真送佛舍利至仙游宫，建舍利塔安置，易宫为塔，改称仙游寺。仙游寺法王塔是国内现存为数不多的隋代时期佛塔之一，也是现存最早的方形砖塔。

(2) 九成宫·隋仁寿宫

仁寿宫，位于今陕西省宝鸡市麟游县新城区，始建于隋文帝开皇十三年（593年），唐太宗贞观五年（631年），唐太宗为避暑养病，修复扩建更名为九成宫，九为天子之数，“九成”意“九重”或“九层”，也言其高大。唐高宗永徽二年（651年）曾一度更名万年宫，表颐和万寿之意，乾封二年（667年）又恢复九成宫之名。继隋文帝之后，唐朝多位帝王到此避暑，并于驻跸期间接见臣僚、处理朝政，九成宫也成为大唐帝国最为重要的一所离宫。

据史料记载：“帝命杨素出，于岐州北造仁寿宫。素遂夷山堙谷，营构观宇，崇台累榭，宛转相属。役使严急，丁夫多死，疲敝颠仆者，推填坑坎，覆以土石，因而筑为平地。死者以万数。……登仁寿殿，周望原隰，见宫外磷火弥漫，又闻哭声。”[①] 可知仁寿宫营建规模非常庞大，由仁寿殿可看到大规模的宫殿建筑群以及周围广袤的原野风貌。隋文帝晚年为方便往来长安城与仁寿宫之间，“自京师至仁寿宫，置行宫十有二所”[②]，分

①（唐）魏征等．历代食货志注释．隋书食货志 [M]. 北京：农业出版社，1984: 218.

②（唐）魏征等．隋书·帝纪第二 [M]. 北京：中华书局，1975: 17.

别为：仙都宫、福阳宫、太平宫、甘泉宫、仙林宫、宜寿宫、仙游宫、文山宫、凤皇宫、凤泉宫、安仁宫、岐阳宫，进一步扩大了离宫的范围以及数量。

(3)华清宫

关中地区气候季节性差异大，夏季溽热、冬季寒冷。夏季有专门避暑的行宫，那么冬季就少不了御寒的行宫，即温泉行宫。华清宫位于陕西省西安市临潼区，北面渭河、南倚骊峰山势而筑，规模庞大，亭台楼阁、宫殿建筑遍布骊山上下。华清宫是一座专为帝王洗浴温泉而兴建的行宫。从周幽王营建骊宫起，秦、汉、唐三代，都在此营建宫室游乐沐浴。据《长安志》载，秦始皇始建名为“骊山汤”的温泉宫室，汉代汉武帝又加以修葺，隋文帝更在此修屋舍、开泉源。唐贞观十八年(644年)，太宗诏姜行本、阎立德主持营建宫室和御汤，命名为汤泉宫。玄宗即位后几乎年年来此，多次修葺扩建，天宝六年(747年)再次扩建后，更名华清宫。玄宗开始长期在此居住并接见臣僚、处理朝政，华清宫逐渐成为与长安大内紧密联系的政治中心。

华清宫兴建了一个完整的宫廷区，它与骊山北坡的苑林区有机结合，形成一个北宫南苑规模庞大的离宫御苑。整个宫城布局方整，两重城墙、坐南朝北，东南西北分设津阳门、开阳门、望京门、昭阳门。宫廷区北部分中、东、西三路：中路前殿、后殿相当于朝区；东路瑶光楼、飞霜殿相当于寝宫；西路果老殿、七圣殿、功德苑则具有宫廷寺观性质(图3-11)。宫城的南半部为温泉汤池区，由东向西分别设置：九龙汤(帝王御用汤)、贵妃汤、星辰汤、太子汤、少阳汤、尚食汤、宜春汤、长汤8处供帝王、后、太子、嫔妃以及皇室成员使用的汤池。

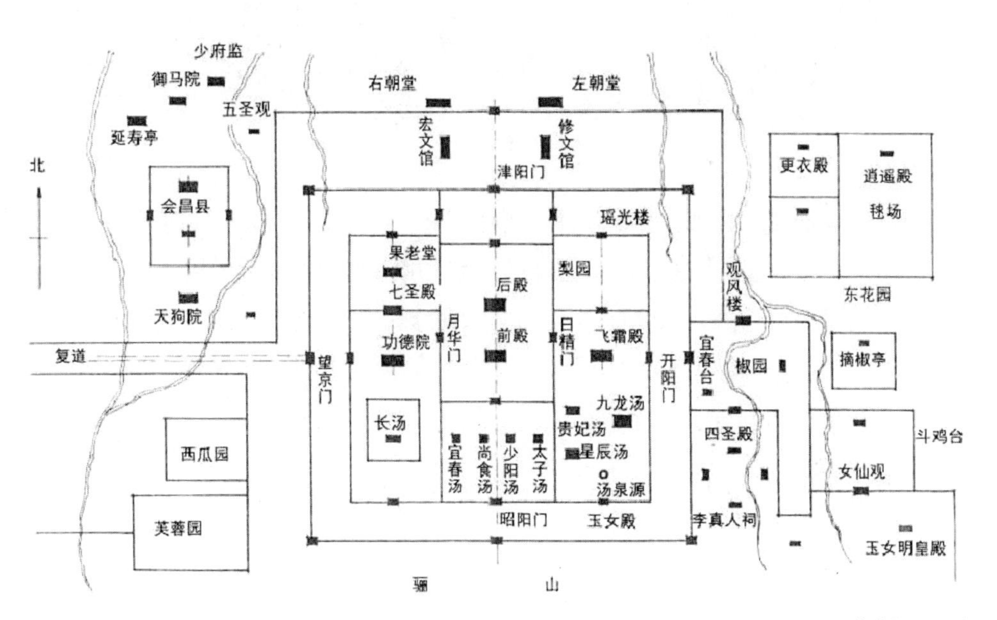

图3-11　华清宫平面设想图

宋人游师雄曾作《骊山图记》，并绘制《唐骊山宫图》，被称为中国古代最详细的离宫图。它再现了唐代华清宫宫殿建筑富丽堂皇、人文地理景观的锦绣旖旎，是该宫最详细的历史地图资料（图 3-12）。图中描绘北起渭水之滨，南至骊山北麓，长约八九公里范围内的地理景观。分为上、中、下三部分：上幅着重描绘了骊山北坡的自然地貌风景区；中幅以平面示意图方式绘出了华清宫建筑、宫殿及汤池分布；下幅则表示了渭水南岸一带的人文景观。《唐骊山宫图》地理要素标注极为详尽，符号种类繁多，名称注记齐备。这在古代离宫图中是独一无二的，实为中国离宫图之最，成为华清池古地图中年代最久、内容最详细的一幅珍品。

图 3-12 《唐骊山宫图》上幅

华清宫建筑布局景观营造主要特点有：①顺应骊山地貌山上山下建筑错落有致、层次分明、风格统一；②规划布局具有明显等级制度，城内用宫墙按等级分割成若干个院落，院落又按等级设置不同大小浴殿；③精心规划了温泉的供给、排水、使用系统，建筑围绕骊山温泉水系规置，大大提高温泉的利用率；④为适应帝王的娱乐需求，在规划布局与功能划分上更加完备，将华清宫打造成了一个集温泉沐浴、疗疾、观光、表演、狩猎、竞技等游乐活动于一体的超级乐园。

(4) 翠微宫

翠微宫地处古都西安以南，秦岭山脉北麓、青华山东南方。初名太和宫，贞观二十一年（647 年）太宗患病，嫌大内过于烦热，应群臣之请，重修废宫（太和宫）作为避暑的离宫。

选择重修废弃的太和宫而不是其他离宫，正是由于其地理位置的优越性。太宗当时患病，不堪远途奔波，而太和宫离长安城仅五十多里，驾车旦夕可至。

翠微之名，最早见于《尔雅·释山》:“山脊冈，未及上翠微。”翠微指山中地势高，但不绝顶之意。同时翠微也寓意云雾缭绕、植被丰沛。从太宗手诏:“久欲追凉，恐成劳顿。”可见翠微宫的修建，主要为满足太宗养病及避暑的应急措施，其病情缓解之后就着手修建玉华宫，故翠微宫的体量并不大。翠微宫主要由宫苑区以及两组宫殿建筑构成。宫苑采用的是包山为苑的手法，据史料分析，宫墙建在周围的山脊上，山谷被包围在苑墙之中。两组宫殿建筑群，一是坐落在山间平台上的翠微宫；一是自西向东坐落的太子宫。

贞观二十三年（649 年）太宗病情恶化，再次临幸，两个月后死于宫内的含风殿。自太宗以后，再无帝王临幸，到唐宪宗元和年间，改宫为寺，改名翠微寺，成为密宗胜地。唐代最著名的法师玄奘自天竺归来后，曾在翠微宫内翻译佛经，所在之处称为弘法院。

(5)玉华宫

玉华宫位于陕西铜川市西北郊玉华镇，属桥山山系，海拔 2401.67m，当时七月平均气温比西安低 10 ～ 12℃。可谓是“夏有寒泉，地无大暑”，适宜避暑。玉华宫地处的凤凰谷，由玉华河自西向东蜿蜒流过，北依陕北黄土高原，南临八百里秦川。地区农业发达，自古以来就是关中通往塞北的要道，在经济、军事方面都具有重要意义。武德七年（624 年）唐高祖李渊在此营建，名仁智宫，贞观二十一年（647 年）唐太宗李世民扩建，改名玉华宫。玉华宫的正门名为南风门，正殿为玉华殿，玉华殿之北有排云殿、庆云殿；南风门之东有太子宫，其门名嘉礼门，主殿名晖和殿。永徽二年（651 年）唐高宗废宫为寺，改名玉华寺。玄奘大师从长安慈恩寺移居玉华寺翻译佛经。

玉华宫作为唐代离宫一个重要节点，唐初崇尚俭约的作风由此终结。从史料中可以发现，玉华宫既有“俭”的一面，如“惟所居殿覆以瓦，余皆茅茨”[①]；又可从“苞山络野，所费已巨亿计”[②] 看到其规模宏大“奢”的一面。自此以后，唐玄宗扩建温泉离宫，唐代的离宫发展到了一个顶峰。

3.2.2 东都·洛阳

隋文帝定都长安，起初是为笼络关陇军事集团势力，但从地理位置上来看，长安地理位置就显得偏处一角。长安城所处农耕条件次于洛阳，关中渭河的粮食，已不能满足政府官员、驻军、新增人口的需求。每逢关中灾荒年，江南运来的粮既耗财又耗时，还有些根本无法满足的需求，出现皇帝多次率百官“就粮”洛阳的情况。首先，洛阳由于“天下之中”的地理位置，且自东汉起魏晋皆定都洛阳，即便是南渡士族多为司马氏西晋朝后裔，洛阳成为

①(宋) 司马光 . 资治通鉴 . 卷 198. 隋纪十四 [M]. 上海：上海古籍出版社，1987: 1333.

②(宋) 司马光 . 资治通鉴 . 卷 198. 隋纪十四 [M]. 上海：上海古籍出版社，1987: 1333.

民众的“政治信仰”之地，故从政治、地理方位、民心等方面洛阳都是理想的国都。其次，洛阳水路交通便利，农耕与商业繁华，东都洛阳作为中原地区一个军政重镇，成为拱卫长安的屏障，如有急变可及时平定。因此，隋炀帝大业元年（605 年），下诏：“敕有司于洛阳故王城东营建东京，以越国公杨素为营东京大监，安德公宇文恺为副。”[①] 营建东京，次年竣工。唐初曾罢东都为洛州，唐高宗显庆二年（657 年）又立为东都，并逐渐修缮洛阳宫。高宗、武后交替往来东西两京，安史之乱东都遭到严重破坏，中唐以后唐帝不再来此，至唐末洛阳还保留东都称号，洛阳作为隋唐的东都共历时三百多年。

东都洛阳建在北魏洛阳以西，北依邙山，东逾瀍水，西至涧河，南有伊水，洛水横贯其间。整体规划布局与长安城大致相同，不过由于地形限制，城的形制不如长安城规整（图 3-13）。洛水至西向东穿城而过，将全城分为南北两个部分，皇城宫城设于西北角，坊市位于东部和南部的布局。由南至北定鼎门、定鼎门街、浮桥横过洛水、正对皇城与宫城，形

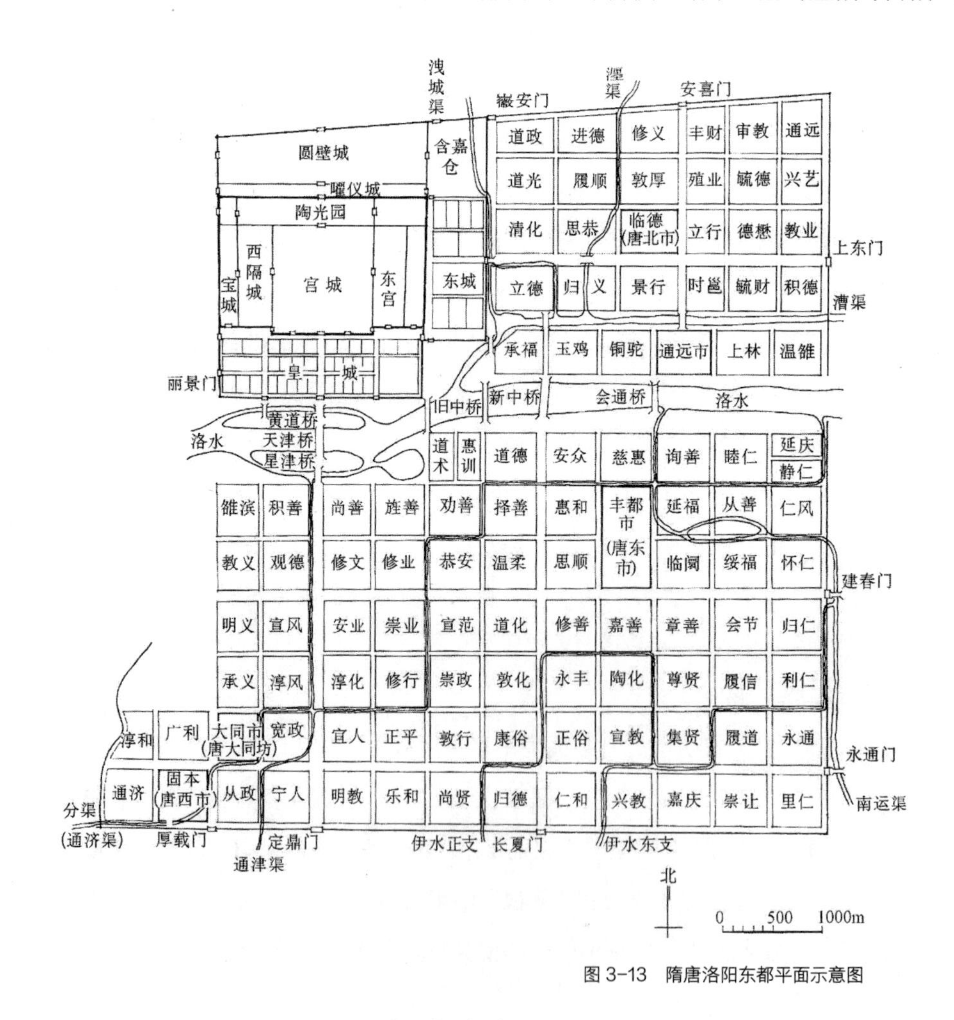

图 3-13　隋唐洛阳东都平面示意图

①《大业杂记》

成整体偏东的全城南北向主轴线。城内街道呈网格状分布，划分出103个坊里，并设北、南、西3个市。让洛水这一不可控河流贯穿都城是值得思考的问题，从城市生活角度上看，洛水不断泛滥，造成严重破坏；从城市防守角度来看，到枯水期又导致城市无险可守。

陶光园位于洛阳皇城的北侧，与圆壁城、曜仪城等众城一起加强宫城与皇城北面的防守。据史料载，园东部有一个大水池，池中筑岛，岛上建造楼阁；陶光园西南还开辟一个独立的园林，园内人工开挖九洲池，池中筑九岛，象征江山数量上比“一池三山”多出数倍。

1. 行宫御苑与离宫御苑

（1）上林西苑·东都苑（唐）

上林西苑位于隋东都以西，与东都同时营建。据《资治通鉴》记载：“周二百里，其内为海，周十余里，为方丈、蓬莱、瀛洲诸山，高出水百余尺，台观殿阁，罗络山上，向背如神。北有龙鳞渠，萦纡注海内。缘渠作十六院，门皆临渠，每院以四品夫人主之。”① 可见西苑面积极大，是仅次于西汉上林苑的一座皇家园林。全园分为山海区、渠院区、山景区、宫殿区几个部分，每个部分各有特色。据史料载园中有“周十余里”的海，海中再筑方丈、蓬莱、瀛洲三仙山，山上分别建通真观、习灵台、总仙馆等求仙主题建筑；“北有龙鳞渠”，龙鳞渠环绕十六座别苑，最后汇入海中；此外还有冷泉宫、积翠宫、凌波宫、朝阳宫、栖云宫等建筑（图3-14）。

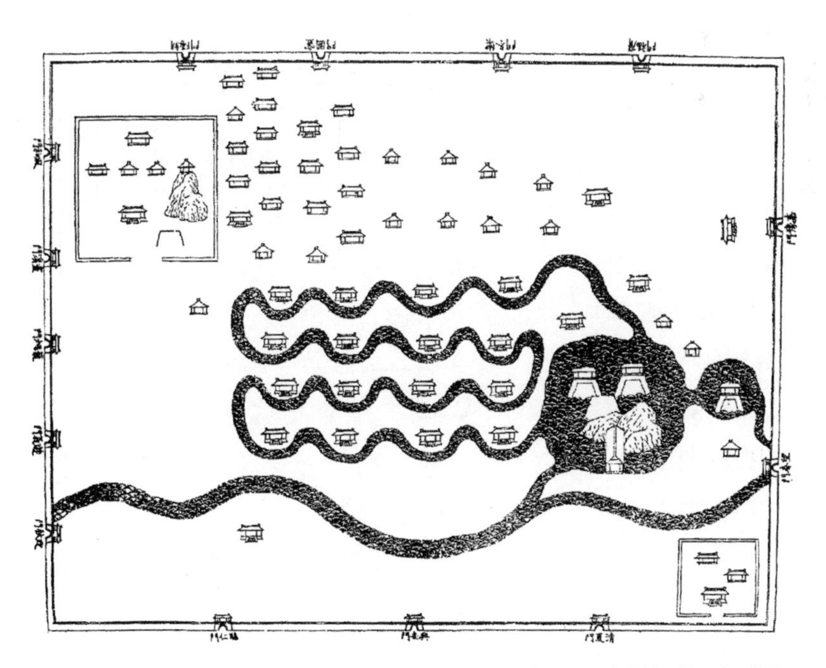

图3-14　隋上林西苑平面示意图

①（宋）司马光．资治通鉴．卷180．隋纪四[M]．上海：上海古籍出版社，1987：1196.

唐代，更名为“东都苑”，武后时名“神都苑”。《元河南志》载：“隋旧苑方二百二十九里一百三十八步，太宗嫌其广，毁之以赐居人。”可见唐东都苑面积小于隋西苑很多，但主体水系未做大的变动，仅建筑有所增减、易名。如长安禁苑一样，设有总监及四面监，掌管苑内宫殿、园池及植物修葺之事。

在造园主题上，上林西苑仍然继承“海中三仙山”的传统皇家园林主题，将秦汉时期“点布局”方式衍生为“点、线结合布局”的形式，山、海及宫殿景观组合形式更为丰富。水景的处理也更为成熟，水体形态丰富多变，有海、渠、湖等多种类型，水景已由单纯观赏对象发展成为组织空间、景观营造的重要元素。上林西苑对后世影响深远，它是一座工程浩大的人工山水园林，以人工湖水为中心，湖中建山、环湖设院，各自成景又相映成趣，开创皇家离宫园林新造园手法，后世颐和园与圆明园都受它影响。

(2)上阳宫

上阳宫位于唐东都洛阳，也称上阳西宫、西宫，南临洛水，西距谷水，东面即皇城右掖门之西，北连禁苑，是一个四面环水，既能保证安全，又风景优美的去处。后期上阳宫以西又建上阳宫名西上阳宫，两宫夹谷水，架桥以通往来。据考古发掘的廊房、水榭的遗址出土大量黄绿色琉璃瓦，说明唐诗中的“列岸修廊”、“鸯瓦麟翠”、“翠瓦光凝”并非溢美之词。上阳宫作为东都洛阳的重要宫殿，唐高宗、武则天、唐玄宗均在此临朝听政，是唐代重要的宫廷政治活动场所。唐中期以后，政治中心转移至长安，东都洛阳地位随之下降，上阳宫也逐渐衰破（图 3-15）。

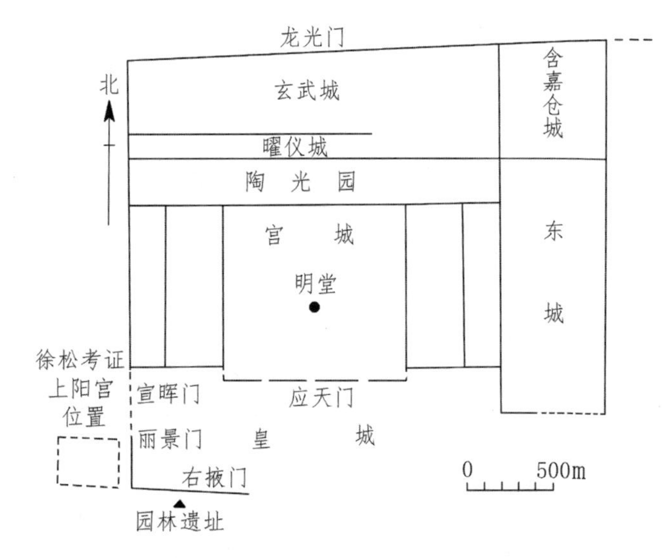

图 3-15 上阳宫位置平面示意图

3.2.3 江都离宫

江都城即今江苏省扬州市。隋仁寿四年（604 年），隋炀帝改扬州为都江郡。大业元年（605 年），“发河南、淮北诸郡民，前后百余万，开通济渠”。发动百余万民工开通南北大运河，大运河的修筑，使得长安、洛阳到富足繁华的江淮的水路交通十分便利，同时也使江都成为隋炀帝常巡幸之地。隋炀帝在江都营建的离宫正史中语焉不详，但从一些间接的史料中描述，每次隋炀帝巡幸，各地官员就大兴土木以迎合帝意，以得到提拔。

3.3 私家园林

【扫码试听】

隋唐时期的私家园林较魏晋南北朝私家园林又有了长足的发展，无论是数量还是造园艺术水平上，远胜于前朝。首先，隋炀帝“无日不治宫室”[①]，其营造的宫苑缔造了皇家园林辉煌时期。“上有所好，下必甚焉”，加之随后盛唐之世、政局稳定、经济繁荣、文化交流频繁等提供的安定社会环境及充实物资基础，民间开始注重生活与审美的享受，治园营宅蔚然成风。其次，隋炀帝即位后“土木之功不息”[②]，修筑大运河，开辟了沟通南北经济甚至通往全国各地的水陆交通系统。各地的物质交流转运十分顺畅，江南的湖石、西北的珠玉、异国的珍宝、巴蜀的巨木等可以迅速地送往长安、洛阳甚至全国各地，为私家园林提供丰富的建筑装饰材料。最后，隋唐初年实行均田制，但随着均田制瓦解，土地的买卖与兼并开始盛行，富豪之家“富者万亩”有土地可以营建园林。另外，唐朝官员除了俸禄之外政府还会颁给职分田和永业田，职分田一至九品官员都有，永业田则是自五等爵下至职事官以及五品以上的散官均颁给，而这些土地不但可以自由买卖还可以由子孙继承，使官吏有了可以营建园林别业的最根本的土地，为私家园林的兴盛提供基础的物资条件。

综上所述，隋唐以前营建园林的多为帝王贵族、豪商巨贾，多分布在政治经济发达的城市。但到了隋唐时期，社会生活水平极大地提高，私家园林的分布范围较之以往地域大为扩展。根据私家园林所处地理位置，将其分为城市私园与郊野私园两大类。

3.3.1 隐于园——士大夫的精神家园

隐逸文化是中国历史上一种奇异的文化现象，尽管从未占据过主流，但却代表了古代士人中一种很重要、很有意味的生存方式和生存理念[③]。科举制度的确立，政府机构已经不再由士族门阀所掌控，广大庶族地主知识分子可以通过科考成为政府的官吏，有了进身之阶。但这种入仕却不同于原来士族世荫制，没有世袭的保障，宦海浮沉、升迁或贬谪无常，常常因一言之失而丢官甚至性命。不同于魏晋隐士的厌恶官场的浑浊不堪，为保留独立的人格，为愤世与避世而归于山林。唐代作为化解仕与隐、政治与山林之间矛盾的“隐于园”逐渐成为主流思想。在“达则兼济天下，穷则独善其身”思想的指导下，士大夫将眼光投向园林，使之可从园林中找到精神世界的自由，以自由的人格融入宦海沉浮之中，使仕与隐的矛盾得到巧妙的化解。士大夫既可以居庙堂而寄情于泉林，又能够居泉林而心系庙堂。隐于园的隐逸使士大夫不用身体力行地隐于山林，“朝隐”使文人士大夫依然清高孤傲、不媚不俗，而“隐

①（宋）司马光 . 资治通鉴 . 卷 181. 隋纪五 [M]. 上海：上海古籍出版社，1987: 1201.

②（唐）魏征 . 隋书 · 帝纪第五 [M]. 北京：中华书局，1975: 35.

③ 史冬青 . 论隐士与中国隐逸文化 [J]. 山东社会科学，2017（6）: 177—181.

于园”则使士大夫可以在园林之中追求精神自由与高雅的审美意趣。“隐于园”直接促进私家园林的普及与发展，特别是对士人园林与文人园林的发展是一个极其重要的促进因素。

3.3.2 城市私园

唐朝长安、洛阳城私家园林极其兴盛，唐朝实行两京制，长安与洛阳皇亲国戚和高官显贵云集，攀比之风盛行，私家园林数量之多、规模之大、营造之华丽为前朝所少见。唐中宗二年（708 年），据《资治通鉴》载：“竞起第舍，以侈丽相高，拟于宫掖，而精巧过之[①]。”描述的是安乐公主与长宁公主营园攀比情景。安乐公主甚至曾想将皇家禁苑内的昆明池纳入私园，被唐中宗拒绝后更侵占民田，引水造景欲胜昆明湖。“乃更夺民田作定昆池，延袤数里，累石象华山，引水象天津，欲以胜昆明[②]。”这些皇亲国戚与高官显贵在坊里兴建园林，园中堆石为山、引水为池、筑山理水、遍植花木、建亭台楼阁，刻意模仿自然山林以求呈现出一种以小观大的意境。

洛阳私家园林兴建丝毫不亚于长安，正如李格非在《洛阳名园记》中所载：“方唐贞观、开元之间，公卿贵戚开馆列第于东都者，号千有余。”[③]与“园圃之废兴，洛阳盛衰之候也。且天下之治乱候，于洛阳之盛衰而知，洛阳之盛衰，候于园圃之废兴而得。”[④]甚至有的园林主人在园林造成之后都未居住过一日，正如白居易所言：“试问池台主，多为将相官。终身不曾到，唯展宅图看。”[⑤]洛阳园林中，其中白居易的履道坊宅园最具有代表性。

江南地区的园林兴建在六朝时期就十分兴旺，但随着隋文帝定都长安，政治中心北移，江南地区逐渐萧条。但随着隋炀帝修建大运河以及三下扬州修建离宫，使扬州成为江淮交通运输的枢纽并带动私家园林兴建热潮。同时，随着四川地区的经济发展，尤其是唐玄宗避难入蜀地之后，许多的宗亲贵族与文人官绅也随之入蜀，各自营建自己的宅邸，也促使了以成都为中心的私家园林的兴建热潮。如唐代大诗人杜甫为避安史之乱，流寓成都所建的浣花溪草堂，其遗址至今尚存。

1. 履道坊宅园·白居易

白居易（772—846），祖籍山西太原，字乐天，号香山居士，又号醉吟先生。他不仅是唐代三大诗人之一，也是一位居必营园的造园大师。白居易在洛阳的履道坊宅园与江西的庐山草堂都是当世的名园，而在其关于园林化实践的诗文中，都诠释其丰富构园美学思想。他提出的“中隐”思想，对后世士人园林产生巨大影响。

太和三年（829 年），58 岁的白居易，百日假病，罢刑部侍郎，由长安返洛阳，居履道里，

---

①（宋）司马光 . 资治通鉴 . 卷 209. 唐纪二十五 [M]. 上海：上海古籍出版社，1987: 1411.

②（宋）司马光 . 资治通鉴 . 卷 209. 唐纪二十五 [M]. 上海：上海古籍出版社，1987: 1411.

③（宋）李格非 . 说郛卷二十六 · 洛阳名园记 [M]. 北京：中国书店，1986: 76.

④（宋）李格非 . 说郛卷二十六 · 洛阳名园记 [M]. 北京：中国书店，1986: 77.

⑤（唐）白居易 . 洛阳名胜诗选 · 题洛中第宅 [M]. 北京：中国旅游出版社，1984: 46.

至此，不复出任。履道坊宅园位于坊里的西北角，是“风土水木”最胜之地：“东都风土水木之胜在东南隅，东南之胜在履道里，里之胜在西北隅，西闬北垣第一第，即白氏叟乐天退老之地。”[①] 白居易主张“量力置园林”[②]、“不斗门馆华，不斗林园大”[③]。他更在《池上吟二首》中云：“非庄非宅非兰若，竹树池亭十亩馀。非道非僧非俗吏，褐裘乌帽闭门居。梦游信意宁殊蝶，心乐身闲便是鱼。”他的宅园不是一般的庄园、宅园及佛寺，而一片竹林与池水构成的十亩大小的园林，也不是什么道士、僧人或官吏，只是一个穿着麻布衣服戴着黑色帽子闭门闲居的居士。最后通过蝴蝶梦与知鱼乐的两个典故，强调自身可以在园林之中打破时空界限、主客界限、天人界限，实现物我两忘、物我同一的境界，从而得到精神自由与审美意趣。

白居易一直认为在园林之中可以实现“以泉石竹树养心，借诗酒琴书怡性”。更专门为履道坊宅园写了一篇韵文《池上篇》，用以描述园林内容及抒发其园林审美意趣。据《池上篇并序》载：“地方十七亩，屋室三之一，水五之一，竹九之一，而岛池桥道间之。”履道坊宅园占地 17 亩，是唐亩折算下来是 13.4 亩，住宅及景观建筑占园林 1/3，水景占全园的 1/3，且池中筑三岛通过架设的池桥联系，白居易好竹，有园必有林，故竹占园林的 1/9。交代了“虽有台池，无粟不能守也”遂于池东筑粮仓；“虽有子弟，无书不能训也”遂于池北筑书库；“虽有宾朋，无琴酒不能娱也”遂于池西筑琴亭，这些满足生活及文人所需的建筑景观构筑物。

唐人嗜石，白居易尤爱石与赏石，作为诗人的白居易，写了大量咏石以及赏石的诗文，流传千古，诸如：《盘石铭并序》《双石》《北窗竹石》《太湖石记》《太湖石》等。白居易在赏石过程中注入了人为对形状的联想与意境的想象，在赏石的过程中引发种种人生感悟，使赏石上升成为一种精神层面的审美享受，他的石诗、石记，对后世赏石活动的开展以及审美意趣均影响深远。在诸多石头中，白居易尤爱太湖石，千万年湖水的冲刷，自然天工造化，在太湖石身上留下时间的印记，使得太湖石以千奇百怪与百孔千疮的面貌呈现在世人面前。他在《太湖石记》就言牛公（牛僧孺）将石头分四品，其中太湖石为甲等，罗浮石、天竺石都次之。“石无文无声，以甲乙丙丁品之，其数四，罗浮、天竺之徒次焉。”更云：“三山五岳，百洞千壑，覼缕簇缩，尽在其中。百仞一拳，千里一瞬，坐而得之。”三山五岳，百洞千壑，千沟万壑，尽在一块石头之中。自然中百仞的高山就浓缩一块拳头大小的石头之中，千里景色，一瞬间就可以观赏到，这些坐在家里就都能享受得到。而他所写《池上篇并序》中清晰地记载其履道坊宅园中石头的数量、出处。乐天罢杭州刺史时，得一天竺石；罢苏州刺史时，得四太湖石；以及“弘农杨贞一与青石三，方长平滑，可以坐卧”。白居易不仅爱石，还注重石与花木的配置，石为刚，花木为柔，以实现刚柔相济。他觉得窗前置石，旁边再种植

① 旧唐书 · 白居易传 . 卷一六六 .

② 白居易 . 闲居贫活计 . 见朱金城 . 白居易集笺校 [M]. 上海 . 上海古籍出版社，1988: 2586.

③ 白居易 . 自题小园 . 见朱金城 . 白居易集笺校 [M]. 上海 . 上海古籍出版社，1988: 2475.

以竹，与主人朝夕相伴，即他最爱的竹石窗。就如《北窗竹石》云："一片瑟瑟石，数竿青青竹，向我如有情，依然看不足。"后世李渔的"尺幅窗"之美也源于此。

2. 浣花溪草堂·杜甫

杜甫（712—770），唐代伟大的现实主义诗人，与李白合称"李杜"。唐肃宗上元元年（760 年）为避安史之乱来到成都，于城西浣花溪畔建"草堂"，并在草堂居住了四年。据杜甫《寄题江外草堂》描述"诛茅初一亩，广地方连延。经营上元始，断手宝应年"，可知草堂最初占地面积并不大。浣花溪草堂选择也是很讲究的，从《卜居》："浣花流水水西头，主人为卜林塘幽"，可知草堂傍山依水、岩峦峻秀、佳木林立。由《江畔独步寻花七绝句》："江深竹静两三家……黄四娘家花满蹊，千朵万朵压枝低"可知草堂处于一片宁静优美的山水田园之间，建筑周围点缀竹丛和花木，简朴憨实。

杜甫除了浣花溪草堂外，还另外建了夔州草堂（重庆奉节县）和梓州草堂（四川省绵阳市三台县）两座草堂。由于杜甫在诗坛的崇高地位，吸引了后世大量文人墨客到访，经历数十次的重修改建，使草堂更富有人文气息。而清嘉庆十六年（1811 年）的重修，基本上奠定了现今"杜甫草堂"的大致格局。

3.3.3　郊野私园

1. 平泉庄·李德裕

史书载："天宝中，贵戚勋家，已务奢尘，而垣屋犹存制度。然卫公李靖家庙，已为嬖臣杨氏马厩矣。及安史大乱之后，法度堕弛，内臣（宦官）戎帅（军阀），务竞奢豪，亭馆第舍，力穷乃止，时谓木妖。"[①] 可见奢豪园林风气之胜。

李德裕（787—850），字文饶，唐代著名政治家与战略家，牛李党争中李党领袖。早年以门荫入仕，历仕四朝一度入朝为相，宣宗即位后，因党争倾轧，被贬崖州，卒于任所。李德裕作为门阀士族的代表，生活奢侈："武宗朝，宰相李德裕奢侈极，每食一杯羹，费钱约三万，杂宝贝、珠玉、雄黄、朱砂煎汁为之。至三煎，即弃其滓于沟中。"[②] 李德裕早年随父官遍览名山大川，见洛川山水之美，随即有"退居伊洛之志"，在距洛阳城三十里外，建平泉庄。李德裕作为位高权重的权臣，他所营建的平泉庄与一般文士所建的私家园林在风格和内容上还是有着很大的区别。李德裕嗜好花石，喜好搜罗奇珍异宝、外方异珍，"采天下珍木怪石为园池之玩"。"得江南珍木、奇石，列于庭际"[③]，再加上下级官吏投其所好奉献的异物，"陇右诸侯供语鸟，日南太守送名花"[④] 可以说是"天下奇花异草，珍松怪石，靡不毕具"[⑤]。

①（唐）李肇．唐国史补．唐五代笔记小说大观本 [M]. 上海：上海古籍出版社，2000，卷上．

②（唐）李冗．独异志．卷下．唐五代笔记小说大观本 [M]. 上海：上海古籍出版社，2000.

③（唐）李德裕．全唐文·平泉山居诫子孙记 [M]. 上海：上海古籍出版社，1990: 3220.

④（唐）无名氏．唐详注全唐诗·句 [M]. 大连：大连出版社，1997: 3049.

⑤ 车吉心，王育济，孙家洲．中华野史唐朝卷·贾氏谈录 [M]. 济南：泰山出版社，2000: 680.

园中还营建书楼、瀑泉楼、流杯亭、钓台等"台榭百余所"，驯养各种奇珍异兽，真真是康骈《剧谈录》中的"若造仙府"。

平泉庄怪石名品甚多，搜罗来自全国各地的太湖石、泰山石、巫山石、罗浮山石等，被精心设置于园林的各个角落。"台岭、八公之怪石，巫山岩湍，琅琊台之水石，布于清渠之侧，仙人迹、鹿迹之石，列于佛榻之前"①、"竹间行径有平石，以手摩之，皆隐隐见云霞、龙凤、草树之形"② 从描述可知这是一种隐纹石，这种石头放到现今亦是精品。在鉴赏奇石的同时，李德裕还留下了许多咏石的诗文，如《题奇石》《似鹿石》《海上石笋》《叠石》《泰山石》《巫山石》《罗浮山》《钓石》以及《忆平泉树石杂咏》等。他更在《题罗浮石》中写道："名山何必去，此地有群峰"。他每得一石，都会予以品题。也曾为后代立下训诫："鬻平泉者，非吾子孙也；以平泉一树一石与人者，非佳子弟也！"。而《剧谈录》中记载的礼星石、醒酒石、狮子石等，在李家落败后流于洛阳各公卿园中。据《邵氏闻后》卷二十七记载："牛僧孺、李德裕相仇，不同国也，其明则每同。今洛阳公卿园圃中石，刻奇章者，僧孺故物，调平泉者，德裕故物，相半也。"

平泉庄内所植的名贵花木数量之多、品种之全，成为权力、地位及身份的表征。在《平泉山庄草木记》中："木之奇者，有天台之金松、琪树，稽山之海棠、榧、桧，剡溪之红桂、厚朴，海峤之香柽、木兰，天目之青神、凤集，钟山之月桂、青飕、杨梅，曲房之山桂、温树，金陵之珠柏、栾荆、杜鹃，茆山之山桃、侧柏、南烛，宜春之柳柏、红豆、山樱，蓝田之栗梨、龙柏。其水物之美者，荷有苹洲之重台莲，芙蓉湖之白莲，茅山东溪之芳荪"③ 等。

2. 归仁里宅园·赏石文化（牛僧孺）

牛僧孺（公元 779 年—848 年），字思黯，唐朝宰相，牛李党争中牛党领袖。正如宋人刘克庄所言："牛李嗜如冰炭，惟爱石如一人"，二人这种共同的爱石趣味，同为唐朝的藏石大家，掀起了中唐时期开采、收集、鉴赏奇石的风潮。牛僧孺是庶族地主阶级的代表，为官清廉、不受厚赂。但"公于此物，独不谦让"僧孺在淮南任官期间，于洛阳城营建园林于归仁里，由于扬州离苏州很近，又有长江水运之便利，下属投其所好，遂"钩深致远，献瑰纳奇"。经年累月下来也收集了不少太湖石，是最早的太湖石收藏家。牛僧孺将太湖石按其大小分为甲乙丙丁四类，每类分别品评为上、中、下三等，刻于石表，如"牛氏石甲之上"之类，首开品石之先河。牛僧孺对太湖石开采与审美价值的宣扬有着巨大促进作用，后世更将太湖石誉为"千古名石"。

唐代著名赏石大家白居易就与牛僧孺有着深厚的友情，两人在苑中结同好，经常一起品

---

①（唐）李德裕．全唐文·平泉山居草木记 [M]. 上海：上海古籍出版社，1990：3220.

② 车吉心，王育济，孙家洲．中华野史唐朝卷·剧谈录 [M]. 济南：泰山出版社，2000：743.

③（唐）李德裕．全唐文·平泉山居草木记 [M]. 上海：上海古籍出版社，1990：3220.

石作文，是为石坛千古佳话。白居易就曾在《太湖石记》中描述牛僧儒对太湖石癖石的情况，“待之如宾友，亲之如贤哲，重之如宝玉，爱之如儿孙”、“游息之时，与石为伍”，在其洛阳宅邸中陈列大量太湖石峰。据载苏州刺史李道枢曾送给他一方“奇状绝伦”上品太湖石，牛僧孺激赏赋五言长诗《李苏州遗太湖石奇状绝伦因题二十韵奉呈梦得、乐天》，“似逢三益友，如对十年兄”。还邀请当时的赏石名家白居易、刘禹锡观赏唱和。白居易赋《奉和牛相公题姑苏所寄太湖石奇状绝伦因题二十韵见示寄李苏州》，“错落复崔嵬，苍然玉一堆。峰骈仙掌出，罅坼剑门开……黛润霑新雨，斑明点古苔。未曾栖鸟雀，不肯染尘埃”；刘禹锡赋《奉和牛相公题姑苏所寄太湖石兼寄李苏州》，“有获人争贺，欢谣众共听。一州惊阅宝，千里远扬舲”，石珍诗贵，已成为我国石苑的千古佳话。中国赏石史上的第一名作《太湖石记》就是白居易为牛僧孺所题写的。时光荏苒，岁月悠悠，转瞬已历千年百载，牛僧孺所藏之石，已被淹没岁月的风雨中，无人知晓，但牛僧孺与白居易共同开创的赏石理论，永远流芳石坛，千古同辉。

3. 辋川别业·王维

王维，字摩诘，号摩诘居士，是盛唐山水田园诗的代表诗人、也善绘画、通音律、爱礼佛，是一个虔诚的佛教徒，王维也被世人称为“诗佛”。开元十九年（731年）状元及第，早年仕途顺遂。天宝十四年（755年）安史之乱叛军攻占长安，王维未能出走被迫接受伪职。平叛后被定罪下狱，后被赦免还官复原职，步步高升至尚书右丞，世称“王右丞”。但王维终因这个污点，“晚年惟好静，万事不关心。”晚年对名利十分淡泊，辞官终老辋川。

王维字“摩诘”，摩诘二字出自《维摩诘经·方便品》，“虽复饮食，而以禅悦为味”，维摩诘是早期佛教著名居士、在家菩萨。梵文里“维”意为“没有”，“摩”意为“脏”，而“诘”意为“匀称”，维摩诘即为无垢，而这正是中国士大夫所推崇的典范。王维取字摩诘，是希望将自己在现实世界中的痛苦泯灭于佛教的精神王国与自然山林之中，而辋川别业就是其远离俗尘，禅思之地。

“别业”一词亦来自佛教一部极其重要的经典《楞严经》的二种妄见：“云何二见。一者，众生别业妄见。二者，众生同分妄见。”“别业妄见”即诸众生迷失真性，自起妄见。是个别的，单独所造之业，若众生不失本真，就不会看见虚妄境界。王维去世后辋川别业改为寺院，即鹿苑寺。由此可见，辋川别业超出一般的避世隐居，具有更为丰富的思想内涵，辋川别业的终极内涵是王维观照般若实相的心灵净土。

辋川别业位于今陕西省蓝田县西南10余km处的辋川山谷之中，王维在唐初诗人宋之问辋川山庄的基础上刻意营建的。据《辋川志》载：“辋川形胜之妙，天造地设”，其选址在具有山林湖水之胜的天然山谷，草堂下有天然的辋川，水中有竹洲花坞，四周更是山峦环抱。王维应天然山水地貌，相地筑宇屋亭馆，就植被和山川泉石之景题名设辋川20景：孟城坳、

图 3-16　辋川别业图局部

华子岗、文杏馆、听竹岭、鹿柴、木兰柴、茱萸沜、宫槐陌、临湖亭、南垞、欹湖、柳浪、栾家濑、金屑泉、白石滩、北垞、竹里馆、辛夷坞、漆园、椒园等（图 3-16）。辋川 20 景顺山峦的高低起伏、因地设景，山景就有坳、岗、岭、坞，水景也有沜、湖、泉、滩，局部更以树木花卉单独成景或将植物与建筑搭配成景，将人工所筑之景与自然山林的湖光山色融为一体。

4. 嵩山别业·卢鸿一

唐朝文人酷爱山水，文人士大夫大多游历名山大川与读书山林的经历，在山林寺院隐居读书以及结庐名山是当时的社会风尚。其中又以杜甫的浣花溪草堂、李白庐山五老峰下草堂、卢鸿一的嵩山别业、白居易的庐山草堂等为其中的佼佼者。

卢鸿一，一名鸿，字颢然，又字浩然，是与王维名望相当的画家与诗人，是位终身隐逸名山的著名高士。“何谓清风全扫地，世间今复有卢鸿一”可见卢鸿一在众多的隐士中如何备受推崇，他知识渊博、能诗会画善书，擅长篆、楷、隶等体书法，曾三辞皇封。唐玄宗三次召卢鸿一进宫为官，开元五年（717 年）唐玄宗第三次下诏：“（卢鸿一）穷太一之道，践中庸之德，确乎高尚，足侔古人。故比下征书，伫谐善绩，而每辄托辞，拒违不至。使朕虚心引领，于今数年，虽得素履幽人之贞，而失考父滋恭之命。岂朝廷之故与生殊趣耶？将纵欲山林不能反乎？礼有大伦，君臣之义，不可废也！今城阙密迩，不足为难，便敕赍束帛之贶，重宣斯旨，想有以翻然易节，副朕意焉！”称赞其不仅通晓老子的玄学，而且真正地做到了儒家的中庸之道，品德又高尚，是可与古代圣贤媲美的治国安邦人才……遂派人带着丝帛前去请他，恳切希望他可以出山赴任，以满足帝王的心愿。卢鸿一盛情难却，只得应召前往，但却不去朝拜谒见玄宗。宰相派舍人问其缘由，答曰：“礼者，忠信所薄，臣敢以忠信见。”即忠信之人并不重视虚礼，我是以忠信之心来朝见皇上的。玄宗被其人格魅力所折服，特意邀请卢鸿一进内殿，设宴款待，并授他做谏议大夫，最后卢鸿一还是坚决辞谢。最终玄宗：“宜以谏议大夫放还山。岁给米百斛、绢五十匹，充其药物，仍令府县送隐居之所。若知朝廷得失，具以状闻。将要返回山中，又赐隐居之服，并其草堂一所，恩礼甚厚。”

卢鸿一回到嵩山隐居，营建嵩山别业并将自己的屋室命名为“宁极”。修建学庐以收徒办学为业，广招天下学子，学子闻讯而来投师卢鸿一门下，鼎盛时学徒五百人。卢鸿一曾画一组《草堂十志图》用以描绘别业及附近较为有特色的 10 处景致：草堂、倒景台、樾馆、枕烟庭、云锦淙、期仙磴、涤烦矶、罩翠庭、洞元室、金碧潭，每幅各书景名并题咏。谓之《嵩山十志十首》，赞美山林隐逸的生活，诗中对别业的建筑、周边自然环境、如何处理人工景观与自然环境等方面都有描述。诗与图的同时问世，从侧面也反映唐代诗、画、园林三者在唐代文人心中共融共生的密切关系。

“草堂者，盖因自然之谿阜，前当墉洫；资人力之缔构，后加茅茨。将以避燥湿，成栋宇之用；昭简易，叶乾坤之德，道可容膝休闲。谷神同道，此其所贵也。及靡者居之，则妄为剪饰，失天理矣。”可知卢鸿一反对“妄为剪饰”，草堂依天然山林景致而筑，面积也不大，茅茨土覆顶，朴拙无华（图 3-17）。草堂作为卢鸿一修身养性之地，强调实境之外的“谷神同道”意境之美，意境是实境加上虚境，是超然于外物的隐约可感知的空灵境界，这种审美理想与境界，表现出唐代园林美学思想上的重大转变。

图 3-17 （清）王原祁《卢鸿草堂十志图·草堂》29cm×29.5cm 卢鸿一原作已失传，今尚存宋代的临本，此图为清代王原祁据《草堂十志图》图意，仿宋代及元代诸家笔意，重新创作而成。

5. 庐山草堂·白居易

唐宪宗元和十年（815 年），白居易被贬江州司马，心情十分抑郁，“从此万缘都摆落，欲携妻子买山居”[①]，任上第三年，选址于香炉峰之北建草堂、遗爱寺之营建草堂，次

①（唐）白居易 . 白居易选集 · 端居咏怀 [M]. 上海：上海古籍出版社，1975: 1083.

年建成。在《草堂记》中，白居易记述园林的选址、建筑、环境、景观、游园、赏园的感受。“白石何凿凿，清流亦潺潺。有松数十株，有竹千余竿。松张翠伞盖，竹倚青琅歼。其下无人居，惜哉多岁年。有时聚猿鸟，终日空风烟。”①可见草堂选址绿树环绕、泉水出露、清澈冰凉，环境十分清幽。

草堂地处山谷之中，四周风光优美“南抵石涧，夹涧有古松老杉……堂北五步，据层崖积石，嵌空垤堄，杂木异草，盖覆其上……堂东有瀑布，水悬三尺……堂西依北崖右趾，以剖竹架空，引崖上泉”②。一年四季，季季有景可赏，“春有锦绣谷花，夏有石门涧云，秋有虎溪月，冬有炉峰雪”③。相较于草堂外围的景致，草堂建筑与内部则简陋得多，“三间两柱，二室四墉……木，斫而已，不加丹；墙，圬而已，不加白；砌阶用石，幂窗用纸，竹帘纻帏，率称是焉。堂中设木榻四，素屏二，漆琴一张，儒、道、佛书各三两卷”④。室内的陈设十分素雅，符合白居易贬官后隐于山林的心态，他需要山水泉石作为精神的寄托。“乐天既来为主，仰观山，俯听泉，旁睨竹树云石，自辰及酉，应接不暇。俄而物诱气随，外适内和。一宿体宁，再宿心恬，三宿后颓然嗒然，不知其然而然”⑤。三年任期有一半的时间在草堂度过，白居易修筑的不仅仅是一个住宅，而是将全部情感及审美意趣寄托在人工营建却与自然环境完美融合的园林及园林意境之中。“外适内和”具有深刻的园林美学意义，“外适”即山水林泉、花草树林，“内和”即山水林泉、花草树木给人带来的审美感受与感悟。园林之美无法离开人，需要通过人的审美体验来得到。而这种审美体验包括生理和心理两个方面，只有在生理和心理两个方面都得到审美愉悦才是一种身心和谐的园林审美体验。“体宁”、“心恬”、“颓然嗒然，不知其然而然”正是审美体验由生理到心理渐进的过程。

①（唐）白居易．白居易选集·香炉峰下，新置草堂，即事咏怀，题于石上 [M]. 上海：上海古籍出版社，1980: 184.

②（唐）白居易．白居易选集·草堂记 [M]. 上海：上海古籍出版社，1980: 365.

③（唐）白居易．白居易选集·草堂记 [M]. 上海：上海古籍出版社，1980: 365.

④（唐）白居易．白居易选集·草堂记 [M]. 上海：上海古籍出版社，1980: 365.

⑤（唐）白居易．白居易选集·草堂记 [M]. 上海：上海古籍出版社，1980: 365.

【扫码试听】

3.4 寺观园林

3.4.1 佛教和道教的兴盛

隋炀帝时，就奉行佛、道并重的宗教政策，到唐代更是形成儒、道、释三家并尊的局面。唐高祖李渊认老子李耳为始祖，道教因而备受尊崇。据《隋书•本传》记载："李士谦曰：佛，日也，道，月也，儒，五星也"。唐朝20位帝王中，大多提倡佛教或是佛教信徒，以唐太宗为例，据《贞观政要•慎所好》记载："朕今所好者，惟在尧、舜之道，周、孔之教"，可见太宗尊崇儒家，但他同时又将道士成玄英召到长安，服食丹药追求长生不死，还资助玄奘去印度取经。可见到隋唐，帝王出于君权神化的目的，崇道崇佛并在思想和政治上都对其加以扶持和利用。实现以儒为主，调合吸收佛道的有用内容治理天下，"以佛修心，以道养身，以儒治世"，儒、道、释三家逐渐融合。

从佛教传入中国开始，佛教最初仅是被当作神仙方术一类来看待，至魏晋南北朝，形成玄佛合流现象，佛教逐渐为贵族阶层所接受并向民间普及，贵族富商开始"舍宅为寺"，这又使汉传的佛寺与本土建筑结合紧密，逐渐摆脱了印度佛寺的廊院和塔院式的布局特点。南北朝晚期佛教宗派出现，至唐武宗"会昌废佛"的宗派分立期，隋唐时期中国佛教天台、华严、禅、法相、净土等13个宗派已经完全确立。佛教各宗派鼎盛而立，佛教已同中国传统文化全面契合。汉传佛教开始区别于印度佛教，佛祖逐渐由印度佛教中"智者"转换成为无穷法力、变化无方与中国本土宗教中所描述的神仙一样的"福者"。印度佛教中所尊崇的"佛"逐渐转变为中国人所崇拜的"佛"，汉传佛教完成其信仰的世俗化进程。

寺、观的建筑制度已趋于完善，大的寺观甚至用于大量田产，形成一个巨大的庄园经济实体，主要包括殿堂、寝膳、客房及附属园林四个功能区。在封建社会，民众居住在相对封闭的坊里，缺乏公共活动的场所。而寺观园林在满足僧侣、道士修行需求的同时还是民众烧香礼佛的公共活动场所，因此，寺观园林又兼具宗教和公共园林的双重功能。寺观成为社会各阶层平等交往的公共中心，随着讲经、倡导的日趋世俗化，每到宗教节日或特定的日子，寺观还会举行法会、斋会，还有杂技艺人、舞蹈表演、摊贩做买卖等，吸引大量的民众。寺观同时也是文人以诗会友、吟咏、赏花之处，如起于唐神龙年间的"雁塔题名"就被誉为中国文化风流佳话。当然，宗教功能仍是寺观园林的主要功能，作为提供民众游览的公共功能则处于从属地位。

3.4.2 寺院等级及布局

1. 寺院等级

自唐代佛寺已经有对应不同社会层次的等级差别，同时寺院在性质上也出现了官、庶之分。正式的官方佛寺又有皇帝敕建和奏请赐额两种，两者官方均会赐田产、财物，经济上有保障，敕建佛寺更是所有供给由国家出。而非官方的私营佛寺则主要有三种，即兰若、山房与招提、佛堂。兰若原意为远离、清净之处，多为僧人所建，意指僧人远离城市、入山修行、说法的方式；山房与招提多指由富贵人家供养的私立佛寺；佛堂则是设立在里坊、村落之间，社会底层人民供养的基层佛教组织。

2. 寺院布局

佛教作为外来宗教，在刚传入中国时，就沿袭印度形式建造“塔院”和“石窟寺”。隋代佛塔仍在佛寺中保有至尊地位，但此时佛塔的形制已经有所缩小，位置也不居中。自东晋起就由最初的塔寺一体、塔居中的“立塔为寺”逐步转向以寺门、佛塔、讲堂、佛殿、僧房等围合成院落的廊院式。至晚唐，寺内不立塔的情况就比较多见了。与此同时，至隋唐中国佛教僧人对佛寺布局上表现出一种追求正统和完美的倾向。并以释迦牟尼曾居住过 25 年的祇园寺为蓝本，提出关于佛寺理想规划方式（图 3-18）。著有《关中创立戒坛图经》与《中天竺舍卫国祇园寺图经》，两本以“图经”形式，附图与文字相对应的关于佛寺布局的著作。可见至唐朝佛寺规划已经进入成熟阶段，并呈现出规制化的趋势。

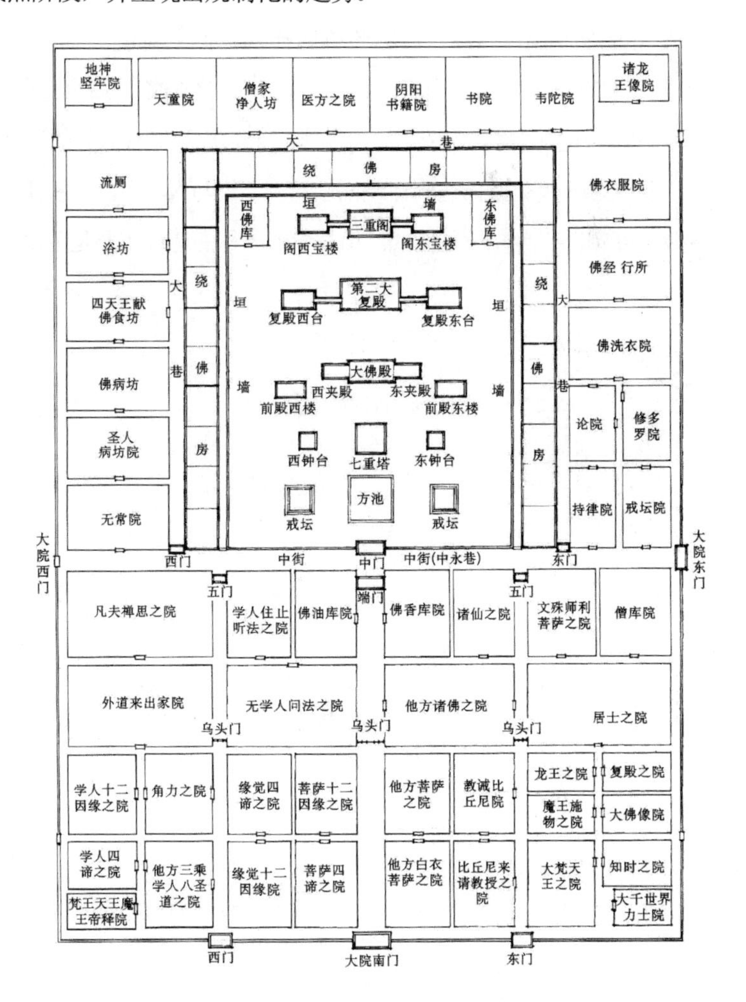

图 3-18 据《祇园寺图经》绘制佛院平面示意图

中国帝王都爱标榜受命于天，也希望佛祖能庇佑其江山永固，敕建众多的皇家寺院，也导致佛寺“楼阁台殿，拟则宸宫”与帝王宫殿趋同。而经书中提到的祇园寺的原始形象，很明显就与中国传统都城的规格布局趋同。《关中创立戒坛图经》与《中天竺舍卫国祇洹寺图经》提出的关于佛寺布局主要有以下几点：①佛寺布局具有明显的中轴线，且寺内主要建筑均位于轴线之上；②以中院为中心，周围分布大量的别院，整体布局主次分明；③中院南侧有一条贯穿东西的大道，将寺院分为内外两个功能区。道北为寺院内部僧侣生活区，道南为对外接待或信众礼佛区。两经虽然描述的是理想中的佛寺格局，实际建设与经中描述有一定的差别，但却达到了“致诸教中，树立祇园”的目的，所以当时的佛寺的建设大多都在一定程度上受其影响。

3.4.3 寺观的选址

随着佛教与道教的兴盛，寺观园林的选址相对于皇家园林和私家园林来说有着更广阔的选址空间。它可以藏于闹市之中，也可以随形就势而建隐于山林之间。相较于城市中便于宗教的推广与传播，筑于山林之间可以修养心性，更得魏晋以来的山林之趣。山林寺观相较于城市寺观最大的不同在于，其选址既要解决现实生活问题又要突出神域仙境宗教特色，能够更好地反映出风水这一自然环境选择观。据《阳宅十书》记载：“凡宅，左有流水、谓之青龙，右有长道，谓之白虎，前有汙池，谓之朱雀，后有丘陵，谓之元武，为最贵地。”[①] 即通常所说的前朱雀、后玄武、左青龙、右白虎。寺观园林的选址往往即在这种堪舆观念影响下，因地制宜变化继而达到体现宗教精神，又与人、山、水象征意境统一，宗教景观同自然山林风貌的和谐共生的营构图式。山林寺观园林的选址主要是山顶、山麓、山坡三种（图 3-19）。

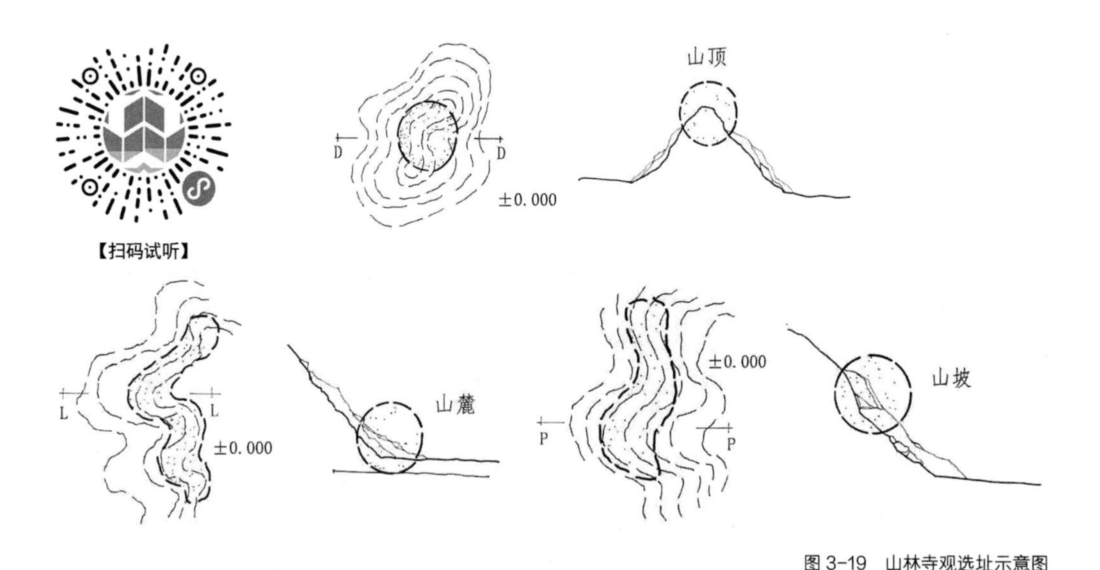

图 3-19　山林寺观选址示意图

① 陈鸣．古今图书集成．堪舆部．宗教园林与旅游文化 [J]. 东南文化，1991（6）：286—290.

建于山坡的寺观往往是出于交通方面来考虑，一般山坡取地势平坦、视野开阔临近江河湖海方便取水的地域；建于山麓的寺观则往往掩映于山林之中，可尽收山下田野风光，信众需要沿溪溯源而上，将游览与礼佛结合在一起；建于山顶的寺观就是上摩苍穹、居高临下、显示宗教尊严。三者很好地将寺观超脱物外、不入尘世、宣扬佛法的兴建理念同自然山林有机结合呈现一派清静无为之境。此外，还有一部分寺观会选择断壁山顶甚至筑窟于山崖，是僧侣们承继印度佛徒们的隐修苦行之志，远离尘世、安心静修、苦行心性以修正果、度化众生而有意择之。同时，寺观在风水学中又具有"镇物"之意，寺观选址择形煞之地以化煞，将原本的煞气之地转化为福地吉地，成为造福一方的善举。

3.4.4　寺观园林植物审美

宗教植物景观为烘托其宗教氛围及"寺因木而古，木因寺而神"，达到宣扬出世、无欲、无为、遁世、修仙问道等宗教信条，隋唐寺观园林特别强调花木的种植，推崇"草木皆有性、花叶总关禅，事事皆存慈悲"。植物不仅能远隔尘世、营造一种肃穆与庄重的宗教氛围，名刹古寺里翠色耸天的植物也能产生静谧幽深的环境，使修行者、僧侣静坐敛心，专注参禅、礼佛。寺观园林里的植物栽植，不仅有满足僧侣、修士对清修环境的需求，同时也有特定的"宗教底蕴"的文化属性。往往将植物自然生长、形态之美、花叶之美、季相之美的美学特性，与古代社会的出世思想、人生价值和伦理道德观念融为一体，使某一植物成为某一文化理念的象征物。

1. 寺观园林植物品种的选择

佛教中有"三宝树"之说，三宝树即无忧树、菩提树、娑罗树，根据佛祖释迦牟尼从出生、悟道、圆寂三个节点提出。相传释迦牟尼佛诞生在无忧树下，在菩提树下悟道成佛，在拘尸那迦（今印度联合邦迦夏城）的娑罗树林中圆寂。"一花一世界，一叶一菩提"，这是佛学对树木花草最为凝练的概括，就佛教徒而言，相对于佛教徒内心虔诚的信念承载，树种的生物学属性就显得不是那么重要了。娑罗树属于热带植物，在中国北方地区就用七叶树代替种植而冠名娑罗树，也用椴树和暴马丁香来替代菩提树。佛教中还有"五树六花"之说，即佛经中规定寺院里必须种植的五种树、六种花。五树为菩提树、高榕、贝叶棕、槟榔和糖棕，六花为荷花、文殊兰、黄姜花、鸡蛋花、缅桂花和地涌金莲。其中佛教上赫赫有名的"贝叶经"就是用贝叶棕之叶片制作而成的。

寺观园林除以上论述的宗教色彩浓重的植物之外，往往也会搭配种植罗汉松、南天竹、桂花、香樟、银杏、松、柏、楠木、茉莉花、栀子花、紫竹、朴树、枇杷、结香、瑞香等植物，下面将挑选其中具代表性的品种展开论述：

银杏，树生长较慢，寿命极长，属于落叶乔木，素有"活化石"之称。银杏既具有较高的审美价值又富有深厚的宗教文化属性，使它在宗教植物中备受推崇。由于其独特叶形、长达千年的树龄、盘曲如龙枝条生长形态，与佛教尊崇的长生不死、轮回转世的教义相符，被佛教奉为“圣树”、“佛树”。同时，银杏千年树龄，果、树根、树皮都是很好的药材，银杏茶、银杏果富含营养，具平喘润肺的功效，为养身食疗之良品，又被道教视为长生、延年益寿的象征。在道观景观中传达“寿、富”美好之意。据《本草纲目》记载：“需雌雄同种，其树相望，乃结实”正应了“阴阳相感之妙如此”。由于僧侣与修士的推崇、培植与保护，现存的千年古银杏树，十之八九位于寺观之中。如潭柘寺大殿旁金黄的色泽、枝条繁茂的银杏，就很好地呈现出法轮常转、不受凡尘干扰的佛教教义中的仙境；每年许多香客游人就在山东泰安岱庙两株古银杏树下等风吹落的银杏果，视为福报。

菩提树，是桑科、榕族、榕属的大乔木植物，又名思维树，是佛教的“神圣之树”。其名字就具有浓浓的宗教意味，菩提是梵文 Bodhi 的译音，意为智慧、觉悟。菩提树同银杏一样具有很长的树龄，被誉为“不死树”，而菩提子也往往是佛教念珠的首选，因为僧侣相信菩提树可以得到释迦牟尼佛无边法力的加持。相传 2500 多年前，古印度迦毗罗卫王国的王子乔达摩·悉达多，为解救受苦的众生、摆脱生老病死轮回之苦、寻求人生的真谛毅然放弃舒适的王族生活与王位出家修行。在菩提树下静坐冥想七天七夜后大彻大悟，修炼成佛陀。可见，菩提树在佛教中的地位，故南方地区佛寺多种植榕树为风水林。岭南最早的菩提树是在梁武帝天监元年（502 年）由智药三藏大师从西竺国印度带回，并亲手植于王园寺（光孝寺）。云南地区更是如此，几乎每个佛寺都会种植菩提树。每到佛节信众还会专门到菩提树下拜佛以求福报，菩提树更被认为是平安吉祥的象征。

竹子，名竹，多年生禾本科竹亚科植物，茎为木质，品种繁多，有的低矮似草，有的高如大树，生长迅速。同时兼具色彩美、姿态美、音韵美和意境美，在中国文人士大夫精神信仰中有着不可撼动的地位，古人常说“未出土时先有节，得凌云志尚虚心”，赋予其谦虚、正直的品格，并慢慢演变成为中国文化一种特有的精神象征。白居易在《养竹记》云：“竹似贤、竹性直、竹心空、故号君子。”竹更是与松、梅并称岁寒三友，植于文人墨客的庭院曲径、池畔、山坡、石际、天井、景门或室内备受推崇。在民间由于竹又谐音“祝”，饱含祝福的吉祥寓意，爆竹最初就是以竹为原料制成，古人认为爆竹爆响的“砰砰”之声可以驱魔逐鬼，故民众也会在屋前屋后种植竹子以驱魔求得幸福吉祥。

竹与菩提一样都与佛教有很深的渊源，据佛经记载，释迦牟尼佛在悟道后，在鹿苑说法，在摩揭提国王舍城普度众生过程中，居住于迦陵的竹园中，迦陵归佛后即以竹林奉佛，成为如来说法之地，迦陵竹园又称“竹林精舍”，是古天竺的五大精舍之一。竹林既是佛祖的说法之地，僧侣们更是推崇，“青青翠化皆是法身”竹即是佛，佛亦是竹，更认为在紫竹林下方可修成正果。竹子在道观中同样应用广泛，道观周围翠竹茂密更显山林奇秀，杭州黄龙洞由头山门到二山门为一条平缓曲直的坡道，两边就翠竹茂密形成山道的行道树，加以坡边潺潺的溪流声，意境深远，充分展现道教的宗教情趣氛围。

莲，多年水生草本，又称荷花、芙蕖、水芝、水芙蓉等，莲花出淤泥而不染，在中国被作为纯洁的象征。莲花自古就有，从《诗经》“灼灼芙蕖”就可以知道，但这都是野生的莲花，唐代凭借繁荣的国势与开放的外交姿态，引进大量外域的物种，并且开始人工培育莲花品种。莲花在宗教中喻意是一切纯洁美好的理想之物，人在世俗烦恼中而不被邪魔所污染。“花开见佛性”这里的花指的就是莲花，佛教借莲花来弘扬佛法，莲花指代智慧的境界，花开即指修者达到一定智慧的境界。菩萨足踏莲花而行、手拈莲花印记、端坐于莲花座上，更有众多与莲花有关的术语。佛经《妙法莲花经》简称《法华经》，以莲花象征佛教教义的纯洁高雅；佛座称为莲座或莲台；佛寺称为莲刹，“刹”在梵语中意为净土，又以莲花为往生之所托，故称莲刹；释迦牟尼的手称为莲花手；僧尼之袈裟称莲花衣，表示清净无尘之义；僧尼受戒称莲花戒；东晋东林寺慧远大师创立的我国最早的民间佛教结社称为“白莲社”。道教中也是如此，如八仙中的何仙姑就手持莲花，道观中更可以见到大量的莲花塘、莲花缸。位于鞍山市千山无量观，又被称为千朵莲花山。

桃树，落叶小乔，木蔷薇科、桃属植物。《诗经·国风》中就有“桃之夭夭，灼灼其华”之说。桃树多见于道观，中国古代最著名的打鬼神仙门神就居住桃花林之中，道士往往随身携带桃树枝、桃木刻成的木剑用于驱魔打鬼，也用桃叶煎汁来辟邪。同时，农历三月三王母娘娘寿辰的这一天，会举行“蟠桃会”宴请众仙于瑶池赴宴，品尝仙桃。道教相信人吃了仙桃就能延年益寿，成仙成神，而这也成为道观种植桃树的缘由之一。而桃树的繁茂花姿也使得道观的观赏价值大大提高。

松柏，常绿乔木，喜温抗寒，对土壤酸碱度适应性强。古人常用松柏象征坚强不屈的品格，更对松柏怀有一种特殊的感情。松柏树形高大挺拔、气魄雄伟，道士认为松柏是健康长寿的象征，是道观仙境的一个重要标志，故我国古老的道观均可以见到松柏摩天，荫翳蓊郁。相传汉武帝就曾在泰安岱庙手植至今有两千多年树龄的汉柏；四川青城山道观中，据传有张三丰真人手植的一株590岁的古柏，树高31m，胸围1.5m，枝繁叶茂、气势庄严、古朴壮观；位于辽宁鞍山市千山无量观三官殿东侧，尚有名为“正直松”、“不完松”、“探海松”等多株万年松。

石榴，落叶乔木或灌木，单叶，通常对生或簇生，无托叶。原产于伊朗地区，在汉代与佛教、佛经一同传入，西汉上林苑就种植数十株外藩进献的石榴树。至唐代，西域国家陆续进献新的品种，石榴又名海石榴、安石榴、金罂、沃丹、丹若等。在历代的神话传说与宗教故事中，石榴集圣果、忘忧果、子孙满堂、富贵、爱情等吉祥寓意于一身。

其他寓意植物：槐在道教中寓意韬略、富贵、长寿，象征“福禄寿喜”中的“禄”；桂花，树姿优美、花香浓郁、金黄色的花象征尊贵高纯；梧桐树树形高大挺拔，为树木中之佼佼者，传说百鸟之王的凤凰最乐于栖在梧桐之上，故梧桐树往往具有引凤的文化涵义。梧桐树代表吉祥、富足、安康，是祥瑞的象征；梅花和杏花象征着快乐、幸福、长寿、顺利、和平；山茶和蜡梅则象征着傲寒、坚贞；牡丹象征着国色、花王、富贵、坚贞、不辱；黄杨寓意长青，永恒；紫薇在全真道华山派的道观中多象征着门派；海棠，道教寓意相思。据《重阳宫与全真道》记载，王重阳曾在其位于南时村“活死人墓”四角各植海棠一株，人问其故，他答:“吾将来使四海教风为一家耳。”因此，海棠树也就成为全真教的一种象征。

2. 寺观园林植物的配置

佛教和道教两者的教义都包含尊重大自然的思想，僧侣、道士修行都需要修行者静坐敛心，从而达到身心“清安”与观照“明净”的状态，而植物能过滤噪声、隔离尘世，产生静谧幽深的山水环境，从而给修行者以一种精神的慰藉与神性的启迪。在宗教意识和环境意识的共同作用下，僧侣及修行者都特别重视对寺观周边植物的保护与培育，甚至将植树造林视为一种功德无上广种福田的行为。相较于木结构庙宇建筑经历风雨剥蚀，不断地修葺与重建，少有古意。而古木名树，松柏葺翠，峥嵘簇立给人以幽深古远的历史沧桑感，凸显寺观的发展历史。故名刹古寺皆翠色耸天，可以说是树以寺贵，寺以树传，相辅相成。寺观园林常用的植物配置手法以树木数量的多少分为群落、丛植和孤植等三大类。

群落，山林寺观大多选址在自然环境优美的地区，而寺观周围的山林自然成为寺观园林植物景观的重要组成部分。同时出于宗教教义的引导，寺观周围往往会有大面积的绿化，形成郁郁葱葱的山林，达到“深山藏古寺”远离尘嚣的宗教神秘感，而寺观的整体气势也会随着植物群落的延伸而扩大，产生恢宏的效果。

丛植，寺观内部，丛植植物在营造景观氛围、分割景观空间上具有不可忽视的作用。丛植按植物品种的组合方式可分为单种和杂植两类，寺观根据所处地区的不同，所选用的植物往往是最能反映该地域自然景观特色的本土植被，特别是由单一树种的成片种植所产生的整体景观效果，使众多寺观因某种植物而闻名遐迩。而寺观植被采用阔叶与针叶相间的杂植方式，则能形成自然错落的林冠，与寺观中的宗教建筑的规整线条，产生形式上的对比。如唐朝位于崇业坊的元都观，就以道士手植桃花而名冠长安，当桃红盛开时，整个道观犹如清披红霞。

孤植，寺观园林中孤植植物，往往可以起到点景的作用。而孤植树种的选择往往会考虑树姿、花香、花色及树龄等因素，特别偏爱树龄较长的长寿树种，这些树龄与修行者所追求的长生不死、轮回转世的宗教信念不谋而合。寺观中这些树木往往会被神化，也因此免遭摧残，继而保存至今成为一种独特的自然景观，如岱庙宋天贶殿前甬道上的“孤忠柏”，相传在武则天怀疑其子李旦谋反时，忠臣安金藏为保护太子李旦，以刀刺入剖开腹部，五脏并出，当场气绝身亡。死后泰山神感其忠贞，将其化作松柏，并命名为“孤忠柏”。

3.4.5 寺观园林实例

据《长安志》和《酉阳杂俎·寺塔记》记载，唐长安城内的寺、观共计 152 所，遍布长安城的个坊里，其中就包括最负盛名的大慈恩寺。这部分寺、观多是皇室、贵族、士大夫的宅舍改建而成，故世俗色彩浓重，如建于唐长安城开化坊内大荐福寺，就是襄城公主的旧宅园改建而成，园林雁塔晨钟，古柏参天。寺观园林不仅分布于城市之中，“天下名山僧占多”遍及郊野及山水名胜区，如长安城南的樊川，靠近终南山的一片平川，此地多溪涧、襟山带水、风景秀丽，建有著名的“樊川八大寺院”兴教寺、华严寺、兴国寺、牛头寺、法幢寺、禅经寺、洪福寺和观音寺等；长安周边名山上兴建的楼观台、胜寿寺里翠竹崇从、松柏阴郁；秀峰耸峙峨眉山上的“八宫两观一拜台”八宫是斗姆宫、玄都宫、南海宫、玉虚宫、紫宵宫、灵应宫、万寿宫、遇真宫，两观是群仙观、回龙观，以及一山门拜台；清凉圣地、中国佛教四大名山之首的五台山上的南禅寺、佛光寺更是寺庙林立、僧侣如云。

1. 大慈恩寺

唐高祖与唐太宗时期，佛教的发展较为缓慢。唐太宗晚年，由于与高僧玄奘交往密切对佛教的态度有所转变，初唐佛寺多为隋代佛寺的延续。自唐高宗李治始，李治为太子时就崇信佛教，佛寺开始兴盛。大慈恩寺位于长安城的东南角原为隋代的无漏寺，唐高祖武德年间就已经荒废了。贞观二十二年（648 年），太子李治为报答慈母恩德“思报昊天，追崇福业”，为其生母文德皇后祈求冥福，修建并取名慈恩寺，寺成之后又请玄奘由弘福寺移居慈恩寺主持寺务及翻译佛经。大慈恩寺是唐代规模最大的皇家佛寺和国立的译经院，面积占当时晋昌坊一半，共有 13 庭院、屋宇 1897 间（包括译经院），重楼复殿包括大雁塔、禅房、佛像等，使得大慈恩寺成为长安城内最著名、最宏丽的佛寺，也成为城市中民众公共游玩的场所。

唐高宗永徽三年（652 年）玄奘法师奏请于寺内修建一座“仿西域制度”的石塔，保存从西域请回来的佛经、佛像、舍利。按玄奘的设想是立一座高约三十丈的石塔于佛寺的正门前方，但唐高宗并未接受玄奘的设想，而是提出“恐难卒成，宜用砖造”、“改就西院”，这与玄奘的设想大相径庭。故玄奘又另为保存佛经修建经塔，并将唐太宗为玄奘译经所写序《大唐三藏圣教序》及唐高宗读序后所写《述三藏圣教序记》刻于塔上。最初的塔只有五层，层层供奉舍利，上层为石室用以保存佛经、佛像，是祠堂与窣堵坡结合的法身舍利塔。该塔建成不到 50 年就塌毁，武则天在位期间进行一次改建，将塔由西域形制变为楼阁式佛塔，塔高增加了一倍，内设木梯可以登塔。

伴随大雁塔形制改变，表明塔已经开始远离原有的宗教性，成为长安城东南角风景区的一个典型的视觉景观，并逐渐参与到世俗的民众生活之中。中和、上巳、重阳三令节，会有登塔赋诗的公共娱乐活动。而从神龙年间开始，新科进士为庆祝金榜题名的“曲江游”与“杏园宴”等活动之后，会来到慈恩寺大雁塔下进行题名活动，即“雁塔题名”，并逐渐演变为一项社会习俗延续至明清。

3.5 其他园林

隋唐时期的盛世文明，壮丽和清旷的皇家山上园林，给后世的皇家园林奠定了基本美学风貌。其他园林类型也开始出现并得以发展，如作为城市公共园林的芙蓉苑与乐游原以及政府衙署内园林。

3.5.1 城市公共园林

1. 芙蓉苑·曲江池

曲江位于长安城东南角，在隋初兴建大兴城时，整体地势东南高西北低，风水倾向东南，故不宜设置居住坊巷而是将曲江池挖成深池营建园林以“厌胜”，以此保证帝王之气不受威胁。秦代，秦始皇曾在此修建离宫“宜春苑”，汉武帝又对曲江水源进行了疏浚，并建“宜春后苑”和“乐游苑”。开元三年（583 年），隋文帝以“曲名不正”诏改之，并对曲江进行疏浚修挖，疏通被堵泉眼，使泉水流入城东南各坊，更名为芙蓉池，称苑为“芙蓉园”。唐代对芙蓉园进一步修筑扩建，唐玄宗时恢复“曲江池”名，而苑名还为芙蓉园（图 3-20）。

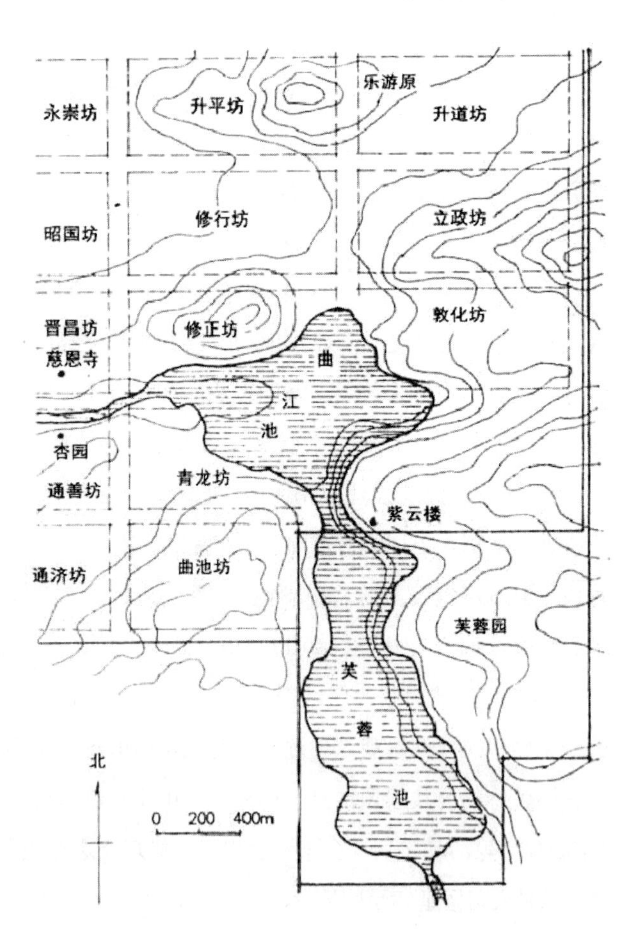

图 3-20 唐长安曲江位置平面示意图

至唐代已经形成一个以曲江池为中心的公共园林区。以曲江池为中心，在其周围修建许多亭台楼阁，在其南侧有紫云楼、芙蓉园；西侧有杏园、慈恩寺、乐游园、青龙寺等。池岸云台亭榭、宫殿楼阁、垂柳如烟、四季竞艳，景观建筑隐于花木之间，一派花卉环周、烟水明媚之景。早在隋炀帝时代，就在曲江池中雕刻各种精美装饰，君臣仿魏晋南北朝文人曲水流觞在曲江之畔曲江流饮。唐代继续继承发展"曲江流饮"的传统，曲江更成为皇家游宴的首选。帝王曲江赐宴，除了品尝美食、听歌看舞还有诗酒酬唱，其中依韵赋诗是一项重要的活动，皇帝赐御制诗于臣僚，群臣则依韵相和，曲江赐宴、君臣赋诗这一活动一直延续到中唐时期。每逢农历三月初三上巳日，正赶上唐代新科进士放榜，赐新科进士大宴于杏园，曲江岸边的亭子中，宴称"曲江宴"、"杏园宴"。新科进士及第时就会在曲江乘兴作诗，然后众人对诗作进行点评，称为"曲江流饮"，后期逐渐演变成为文人雅士的"文坛聚会"。

2. 乐游原

乐游原在长安的南部，在曲江池东北，是长安城内地势最高的地方。登临原上可俯瞰长安街市、坊里、宫殿，眺望四野，成为文人重阳登高、览景抒怀的佳处。秦代是宜春苑的一部分，汉代定名乐游苑"神爵三年，起乐游苑"，"苑"音同"原"后世被传为乐游原。唐代太平公主曾在乐游原上兴建亭阁，大为丰富了乐游原的游览内容。唐玄宗又将乐游原上的私家园林赐给诸王，诸王又大兴土木，进一步丰富乐游原的游玩之处。隋开皇二年（582年），在原上制高点建灵感寺，后多有废改。唐睿宗景云二年（711年）改名青龙寺，中外僧侣信徒络绎不绝。乐游原地势高爽，是登高赏景的佳处，加上青龙寺这样名寺点缀，形成一个以佛寺为中心的城市公共游览胜地。

3.5.2 官署园林

隋唐时期，文人多入仕。他们在谋求政治抱负的同时，也将自身的审美意趣带入各处地方政府衙署，在其中点缀山池花木，个别甚至还有独立的小园林。由于官署园林是官衙宅邸的附属园林，主要是供官员及其亲眷休息、居住及生活的地方，通常置于官署后部，所有权属于朝廷，这是官署园林区别于皇家园林和私家园林之处。

1. 绛守居园

绛守居园位于山西省新绛县城西部高垣上，又名隋代花园、隋园、莲花池、新绛花园、居园池等，始建于隋开皇元年，后历经改建与增饰，自唐代已成为晋中名园。唐穆宗长庆三年（823年）绛州刺史樊宗师写《绛守居园池记》一文，详细记述园内景观风貌。绛守居园位于绛州古衙署后部，与官舍相连，园平面图呈长方形。全园以水为中心，水面面积占全园四分之一（图 3-21）。据《绛守居园池记》载："宜得地形胜，泻水施法。"隋代绛州井水碱咸，既无法用于农业灌溉也无法饮用。于是梁轨为民生计，通过十二条灌渠道将三十里外九原山的鼓堆泉的泉水引入城内，解决农业灌溉和居民饮用水源问题。其中一小部分流入衙署，横贯园之东西，形成两个水池若大若小，大的名苍塘，小的名西水池。池岸石砌池岸并围以木栏，池边种植桃、李、兰、蕙有若自然。园中洄涟亭、香轩、堂庑皆临水或跨水面池，深得借景之妙，建筑与水景巧妙结合。

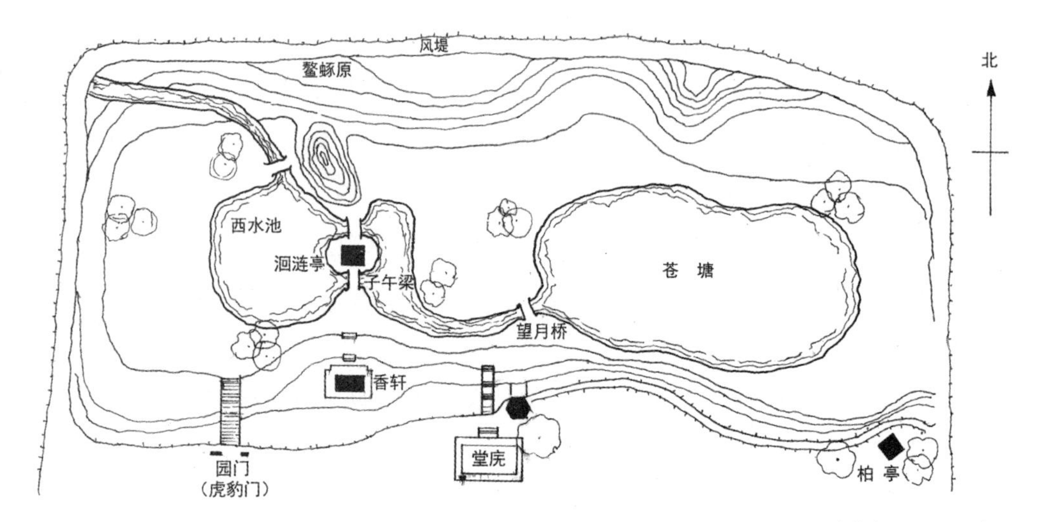

图 3-21 唐绛守居园平面示意图

3.5.3 唐代皇陵

魏晋南北朝三百多年，国家四分五裂，政权更迭频繁、战乱迭起、民不聊生、经济衰败、薄葬之风盛行，帝王亦是如此。至唐代国力强盛，是中国古代一个空前昌盛的时期，国力强盛前所未及。盛行厚葬，墓葬追求高敞，唐代帝陵较之前代帝陵有了较大的改观，帝王多以山为陵成为主流。因山为陵是指在山腰修建地宫，以自然山丘为帝陵的坟头而不再另起封土。自唐代起，中国的帝陵也进入崭新的时期。

唐太宗于贞观时期，确定因山为陵的帝陵制度，诏命后代子孙“永以为法”。关中 18 座唐代帝陵之中就有 14 座依太宗诏因山为陵。它们散布于东起蒲城西到乾县近二百里地的渭北高原上，气势恢宏。其中，太宗的昭陵、高宗与武则天合葬的乾陵最为壮观，不仅是山势雄伟，陪葬之墓众多，其陵园面积之广阔、石雕之精美、壁画陶俑之精湛，在历代帝王皇陵之中都是非常少见的。需指出的是除唐高宗的献陵之外，尚有三座帝陵：敬宗庄陵、武宗瑞陵、僖宗靖陵，没有遵诏因山为陵，而是采用秦汉堆土为冢。由于因山为陵毕竟过于受地形的限制，且陵寝工程施工的难度也往往会很大，必须要有强盛的国力来支持。故到五代十国和北宋时期，又恢复堆土为陵的传统做法。

第4章

宋时期园林（960—1271年）

图注：清·院本《十二月令图轴》之五月

4.1 时代背景

4.1.1 封建社会已经发育成熟

至宋朝中国封建社会已经完全发育成熟，在农业、商贸、工业、文化、教育、科技、都市化水平等方面都有长足的发展，进而达到了中国封建社会的最高阶段。正如著名历史学家陈寅恪所说："华夏文化，历数千载之演进，造极于赵宋之世。"①

土地不论官田还是私田均可以买卖，封建租佃制已经在占主导地位，农民有了更多自主权，可以自主经营各项生产，提高农民生产的积极性，垦田面积较唐进一步扩大。园林植物种植培育技术在唐代的基础上又有了进一步的发展，甚至出现了引种驯化及嫁接等培植方式；宋朝开始出现"工商亦为本业"的思想，像东京、临安这样的大都市，商业已以空前的规模占据了城市的市场、街道、坊里并积极拓展对外贸易，传统的坊里制已经被繁荣的商业大街所取代；宋人普遍追求一种生活的品味，因此不管是私人工业还是官营工业及手工业，如纺织、冶炼、铸铁、造船等都得到进一步的发展；宋朝在继承了唐代文化的精髓的基础上，逐步形成自己的一套文化体系。具体表现为宋初儒学的复兴、佛学的衰退、易学的兴起，至宋中期儒、佛、道进一步融合，产生以程颐、程颢、朱熹为代表的新儒学。通过意象创新，饱含深刻寓意的宋词，以其柔美、婉约、细腻、豪迈等不同风格，在中国文学史中占有一席之地；宋朝不设官学，而是鼓励天下州县均可办学，直接推动了书院的兴起，不同学派文人、学士入书院讲学之风盛行，学术发展迎来了百花齐放的辉煌时期；中国著名的四大发明之中的指南针、火药、印刷术三者皆出自宋朝；城市形态上，都城已不再是以满足统治者的需求和彰显皇权为中心，经济活动开始占有重要的地位，坊里制瓦解表现出平民百姓在城市中地位的提升。

4.1.2 山水画与园林营造

山水画与园林营造的关系是不言自明的，两者拥有同根同源的思想与文化基础，相互渗透与影响，山水画对园林营造的影响，学界多有论述。如陈从周先生就提出"不知中国画理，无以言中国园林"；刘敦桢认为"唐中叶遂有文人画的诞生，而文人画家往往以风雅自居，自建园林，将'诗情画意'融贯于园林之中。"② 彭一刚先生提出："从一开始就是按照诗和画的创作原则行事，并有意追求诗情意一般的艺术境界 ③。"；潘谷西先生也曾提出："山水风景园和山水诗、山水散文、山水画是在共同的观念形态根基上开出的四朵奇葩，他们之间互相资借影响，互相交流融会 ④。"山水画与园林营造都根植于华夏文化这一土壤之中，两者

① 陈寅恪．金明馆丛稿二编．

② 刘敦桢．苏州古典园林 [M]. 北京：中国建筑工业出版社，2005: 11-12.

③ 彭一刚．中国古典园林分析 [M]. 北京：中国建筑工业出版社，1999: 11.

④ 潘谷西．中国美术全集・建筑艺术编・3・园林建筑 [M]. 北京：中国建筑工业出版社，1988: 1.

相互交融。中国园林营造起源早于山水画，但其随后的发展、转折、全盛、成熟基本与山水画的发展历程对应。正如黄长美所言："山水画和园林的发展虽然并非全然吻合，抑或有相违异之处，然而因为二者需要的文化背景相似，义理相通，故大致发展趋势相近。"①

东汉末年，社会动荡、纷争及战乱不断，寄情山水和崇尚隐逸成为这一时期的社会风尚，山水诗开始流行，山水题材的绘画也随之出现，但当时的绘画主要还是为儒家的"礼乐教化"服务，山水题材画并不受重视。从南朝谢赫将山水画家宗炳与王微排在《古画品录》中的末品与四品可得以佐证。魏晋时期山水题材开始被重视，但还是未能独立成科。直至南朝宗炳在《画山水序》中提出："山水以形媚道"可视为中国山水画论的起源。东晋顾恺之关于其山水画心得笔记的《画云台山记》则可看为是中国早期的山水画论之一。

据张彦远《历代名画记》中记载："魏晋以降，名迹在人间者，皆见之矣。其画山水，则群峰之势，若钿饰犀栉。或水不容泛，或人大于山，率皆附以树石，映带其地。列植之状，则若伸臂布指。详古人之意，专在显其所长，而不守于俗变也。国初二阎擅美，匠学杨、展精意宫观，渐变所附，尚犹状石则务于雕透，如冰澌斧刃；绘树则刷脉镂叶，多栖桔苑柳。功倍愈拙，不胜其色。吴道玄者，天付劲毫，幼抱神奥。往往于佛寺画壁，纵以怪石崩滩，若可扪酌。又于蜀道写貌山水。由是山水之变，始于吴、成于二李。"② 可见魏晋南北朝至唐朝中国山水画的发展历程，并指出杨子华、展子虔、吴道子、李思训与李昭道父子在山水画发展中所作出的贡献。而"始于吴、成于二李"则成为学界研究中国山水画发展的重要史料，认为隋唐之际是中国山水画演变的一个重要阶段，山水正是此时开始独立成科。

发展到宋代，山水画在继承唐代青绿山水基础上，出现各种不同的山水画样式，更形成一套勾、皴、染、点等完整的笔墨形态技法，衍生出极具东方特色山水画的基本艺术形态。唐代张彦远《历代名画记》中对山水画中的山、水、树、石的技法有具体的论述。至五代山水的概念开始进一步扩大，并开始具有一定的文人色彩。荆浩的《笔法记》中记载："似者，得其形，遗其气。真者，气质俱盛。凡气传于华，遗于象，象之死也。"则开始强调象外之境，即山水具象形态之外的气韵、意境。宋代郭熙的《林泉高致·山水训》中记载："君子之所以爱夫山水者，其旨安在？丘园，养素所常处也；泉石，啸傲所常乐也；渔樵，隐逸所常适也；猿鹤，飞鸣所常亲也。尘嚣缰锁，此人情所常厌也。烟霞仙圣，此人情所常愿而不得见也。直以太平盛日，君亲之心两隆，苟洁一身出处，节义斯系，岂仁人高蹈远引，为离世绝俗之行，而必与箕颖埒素黄绮同芳哉！……此世之所以贵夫画山之本意也。"③ 可知山水已经不再仅仅是一个绘画题材，而是文人的文化精神的载体。完成由唐代的形而下的山

① 黄长美．中国庭园与文人思想 [M]. 台北：明文书局，1985.

②（唐）张彦远，秦仲文，黄苗子点校．历代名画记·．卷一 [M]. 北京：人民美术出版社，1963: 15-16.

③（宋）郭熙．林泉高致·山水训．永瑢，纪昀等编著．钦定四库全书·子部．清代，1a-b.

水画题材向形而上的人文情怀载体的转换。

五代、北宋出现“荆关董巨”山水四大家，并开创南北画派，对中国山水画发展具有里程碑式的意义。其中以荆浩与关仝为代表的北方画派，北派山水画家多为终日与山水为伴的隐士，山水、树石自然就成为他们作品的主题，开创了独特的构图形式——全景式构图，作品往往气势宏大、雄浑。北宋的李成、范宽也是北派山水的代表人物，山水画成就极高。郭若虚《图画见闻志》记载：“唯营丘李成，长安关仝、华原范宽，智妙入神，才高出类，三家鼎峙，百代标程。”之中的“百代标程”即李成、关仝、范宽三人。北派的代表作有：五代后梁，荆浩《匡庐图》（图 4-1）；五代后梁，关仝《关山行旅图》（图 4-2）；宋，李成《读碑窠石图》（图 4-3）；宋，范宽《溪山行旅图》（图 4-4）。而董源与巨然则为南方画派的代表，善于表现江南细腻的景致，用细致的笔法体现风雨的变化。南方山水画派是中国影响最大、年代最长、涉及地域最广、支派最多的画派。其代表作有：五代，巨然《秋山问道图》（图 4-5）；宋，董源《潇湘图卷》（图 4-6）。

图 4-1 （五代后梁）荆浩《匡庐图》绢本水墨画 尺幅为 85.8cm×106.8cm 现藏于台北故宫博物院

北宋宫廷中设立了“翰林书画院”，培养和教育了大批的绘画人才，推动了宋代绘画的发展，其中就有郭熙与王希孟为代表的宫廷山水画，郭熙在《林泉高致》中提出：“山有三远：自山下而仰山巅谓之高远，自山前而窥山后谓之深远，自近山而望远山谓之平远。”即三远法，预示着中国山水画的空间审美意识趋于成熟。代表作为：北宋，郭熙《早春图》（图 4-7）；北宋，王希孟《千里江山图》绢本青绿设色，尺幅为 51.5cm×1191.5cm，现藏于故宫博物院。

①（宋）郭熙．林泉高致·山水训．永瑢，纪昀等编著．钦定四库全书·子部．清代，11a.

图 4-2　（五代后梁）关仝《关山行旅图》绢本水墨 尺幅为 144.4cm×56.8cm 现藏于台北故宫博物院

图 4-3 （宋）李成《读碑窠石图》绢本墨色 尺幅为126.3cm×104.9cm 现藏于日本大阪市立美术馆

图 4-4 （宋）范宽《溪山行旅图》绢本水墨 尺幅为 206.3cm×103.3cm 现藏于台北故宫博物院

图 4-5 （五代）巨然《秋山问道图》
绢本墨笔 尺幅为 165.2cm×77.2cm
现藏于台北故宫博物院

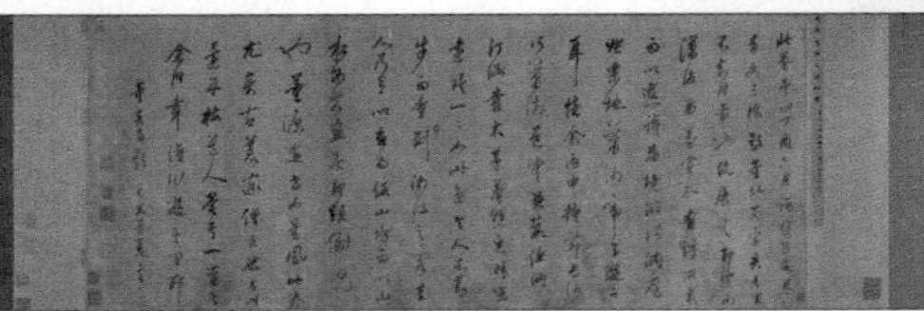
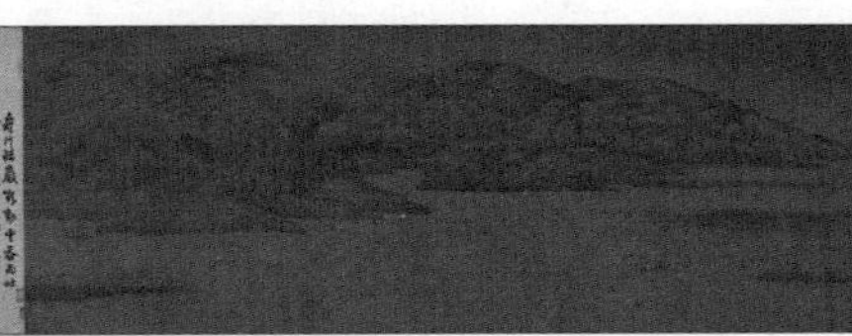

图 4-6 （宋）董源《潇湘图卷》绢本设色 尺幅为 50cm×141.4cm 现藏于故宫博物院

图 4-7 （北宋）郭熙《早春图》绢本浅设色 尺幅为 158.3cm×108.1cm 现藏于台北故宫博物院

北宋中后期，水墨山水开始大放异彩，“不求形似，但求意达。”重笔墨而轻设色，并逐渐取代唐初以来的青绿山水成为中国山水绘画样式的主流。以苏轼、黄庭坚、米芾为代表的一批文人竭力推动“文士画”发展，他们推崇王维：“画道之中，水墨最为上。肇自然之性，成造化之功。”[①] 力求将自己的审美情趣和理想生活融入画中。其代表人物米芾与米友仁父子，创造出“点滴烟云，草草而成，而不失天真”自成一派的米家山水。代表作为：米友仁《云山图卷》（图 4-8）、米芾《云起楼图轴》（图 4-9）。

图 4-8　米友仁《云山图卷》画心部分 绢本设色 尺幅为 21.4cm×195.8cm 现藏于美国克利夫兰艺术博物馆

明代王世贞在《艺苑卮言》记载：“山水：大小李（李思训、李昭道父子）一变也；荆、关、董、巨，又一变也，李、范又一变也，刘、李、马、夏又一变也；大痴、黄鹤（黄公望、王蒙）又一变也……”其中的“刘、李、马、夏”即是南宋四大家，李唐、马远、夏圭、刘松年，他们开创了山水画“水墨苍劲”的新风格。李唐作为南宋山水画新风格的开创者，其“斧劈皴”开创南宋院体山水画的先河。而马远与夏圭放弃以往的全景式构图，大胆取舍采用边角式构图留出大片空白，使中国山水画产生新的意境。代表作品有：南宋，马远《踏歌图》（图 4-10）；南宋，刘松年《四景山水图卷》（图 4-11）。

“善画者善园，善园者善画”。山水画家参与园林营造，为中国古典园林的发展增添了浓墨重彩的一笔。正如杨慎诗句：“会心山水真如画，巧手丹青画似真”，大到园林的布局、构图、建筑的规划、山石的选材，小到花木栽植、一块石头的摆放位置都受山水画论的启发。山水画与园林营造创作手法及思想的相互交融，力求将园林做到“宛如画本”一直是中国文人孜孜以求的最高境界。

①（唐）王维．山水诀．余剑华编著．中国古代画论类编·上卷 [M]. 北京：人民美术出版社，1998: 592.

图 4-9　米芾《云起楼图轴》尺幅为150cm×78.8cm 现藏于美国弗利尔美术馆

图4-10　绢本（南宋）马远《踏歌图》水墨谈设色 尺幅为191.8cm×104.5cm 现藏于故宫博物院

刘松年 四景山水图 春景

刘松年 四景山水图　夏景

刘松年 四景山水图 秋景

刘松年 四景山水图 冬景

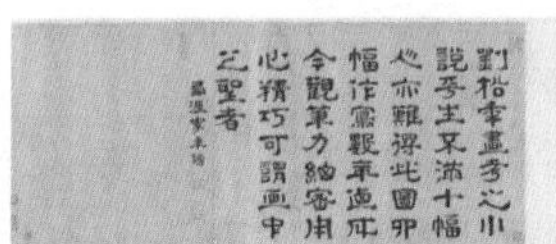

图 4-11　（南宋）刘松年《四景山水图卷》绢本设色 四幅每幅为 41.3cm×67.9cm~69.5cm 现藏于故宫博物院

4.2 皇家园林

【扫码试听】

4.2.1 东京·开封

东京原为唐代汴州城，907 年梁太祖朱全忠“升汴京为开封府，建名东都”，开启五代时期除后唐外的梁、晋、汉、周均定都开封历史进程。北宋东京是在后周都城基础上建设的，形制基本保留。直至宋室南迁定都临安，北宋在东京建都共历时 167 年。

北宋的东京采用的三套城的城市结构即宫城、内城和外城（图 4-12）。宫城也称皇城，由于东京是在唐代汴州城基础上扩建而成，而州衙城居中是州城的形制特点，故宫城位于东京城中央偏西北方位。宫城共七门，东侧两门、南侧三门、西侧两门、北侧一门，南侧的宣德门为皇宫的正门。由宣德门向南直通外城南门，一条宽 200 步（约 300m）的御街，在强化

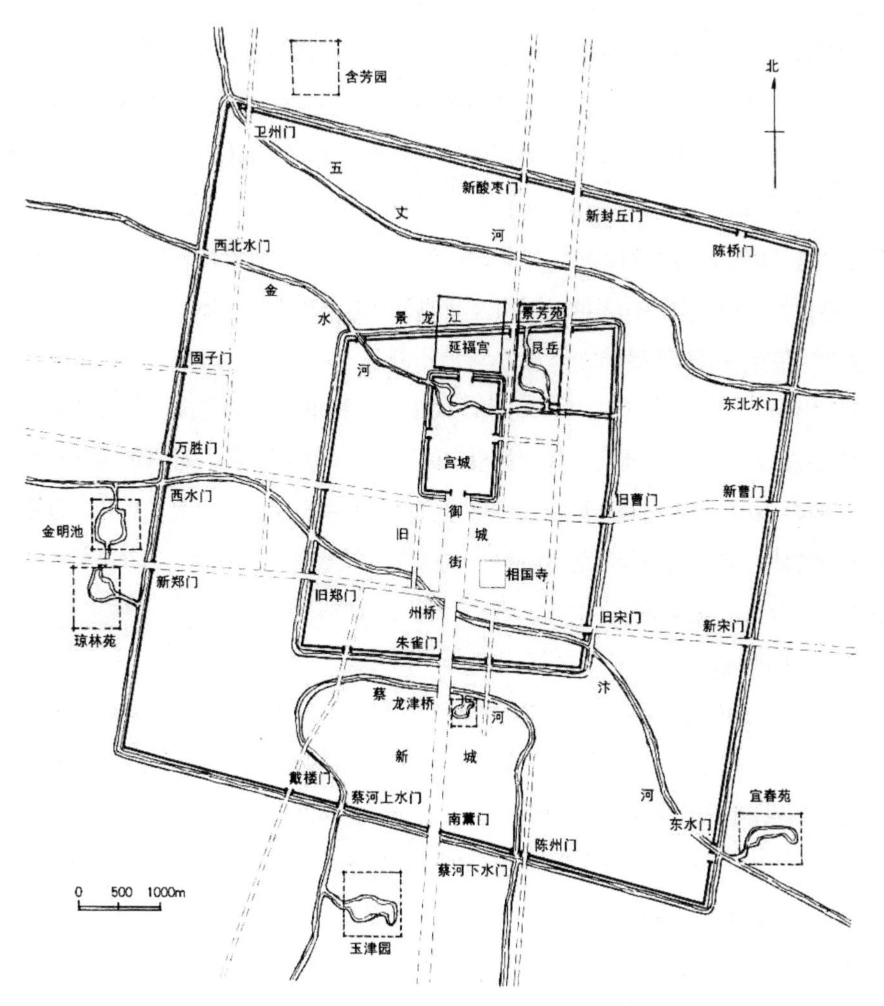

图 4-12　北宋东京城平面示意图及主要宫苑分布图

宫城皇权至上的主导地位，同时也是城市的中轴线。内城是唐代的汴州城，故又称旧城。共十门，东西侧各两门，南北侧各三门。外城作为东京城主要防御屏障筑于后周时期，城市形制近似菱形，考古初步勘探周长约58里。共十五门，东侧四门、南侧三门、西侧四门、北侧四门。东京地处中州大平原，三套城的城市结构可以强化防卫的纵深，满足皇城的城防需求。同时，这种宫城居中，以御道为城市的主干道向四周扩散的布局方式也吻合中国传统以“中”为尊的文化思想。这种宫城、御街、城市的结构，也反映出宋代帝王对传统礼制、皇权至上的追求。

东京虽是一个位于北方的平原城市，陆路运输方便，但在宋代东京却是一个不折不扣的水城。汴河、五丈河、金水河、蔡河与两套护城河相互联系，形成东京城的城市水网系统。四条河道组成的水网承担全国各地水路运输的重任，既解决城市供水及宫廷、园林用水问题，又可以与两套护城河相互之间调节水位排除水害。城内桥梁众多，有虹桥式、木拱桥、石梁桥等多种形式。

至宋代随着商业经济的发展，原有的坊里制已经不能适应城市居民的经济生活需求。都城的功能由以往单纯的政治中心逐渐演变为政治、经济兼具的城市。宋朝的统治者虽一直试图恢复以往的城市管理方式，但城市经济的发展是不可逆的。取代唐代坊市制的以“厢”和“坊”作为行政管理单位，内城设4厢46坊、外城设6厢75坊，合计10厢121坊。需要说明的是宋代的“坊”与唐代的“坊”有本质区别，只是一个行政管理的基层单位。唐代封闭的坊里制最终被废除，取而代之的是遍布全城的商业街市及各类集市。

4.2.2 东京·皇家宫苑

宋代皇家园林规模、气度远不如唐代，但宋代园林审美情趣之高雅、营造的精致则达到一个相当高的水平，远超前代。宋代的皇家园林也只有大内御苑与行宫御苑两种形式，园林的内容更接近私家园林而缺少隋唐那种皇家气度。其中位于皇城之北的后苑、延福苑、艮岳属于大内御苑，而著名的“东京四苑”即琼林苑、玉津园、金明池、宜春苑则属于行宫御苑，以及其他分布与城内外的园林。

1. 艮岳·华阳宫

寿山艮岳简称艮岳，按后天八卦方位“艮”字起名，艮为山，卦形“☶”，字面之意为城之东北的山岳。据张昊《艮岳记》记载：“山在国之艮，故名之曰艮岳”，又因园林匾额题名“华阳”也称华阳宫，为北宋末年宋徽宗赵佶亲自参与修建的一座皇家御苑（图4-13）。虽园林规模不大，但由于宋徽宗是一位极具艺术修养的艺术家，因此艮岳在造园上所取得的成就远超前代，是北宋东京城众多宫苑中一件精美艺术品。

宋徽宗赵佶笃信道教，据南宋人张昊《艮岳记》记载：“徽宗登极之初，皇嗣未广，有方士言：‘京城东北隅，地协堪舆，但形势稍下，傥少增高之，则皇嗣繁衍矣’。”故于政和七年

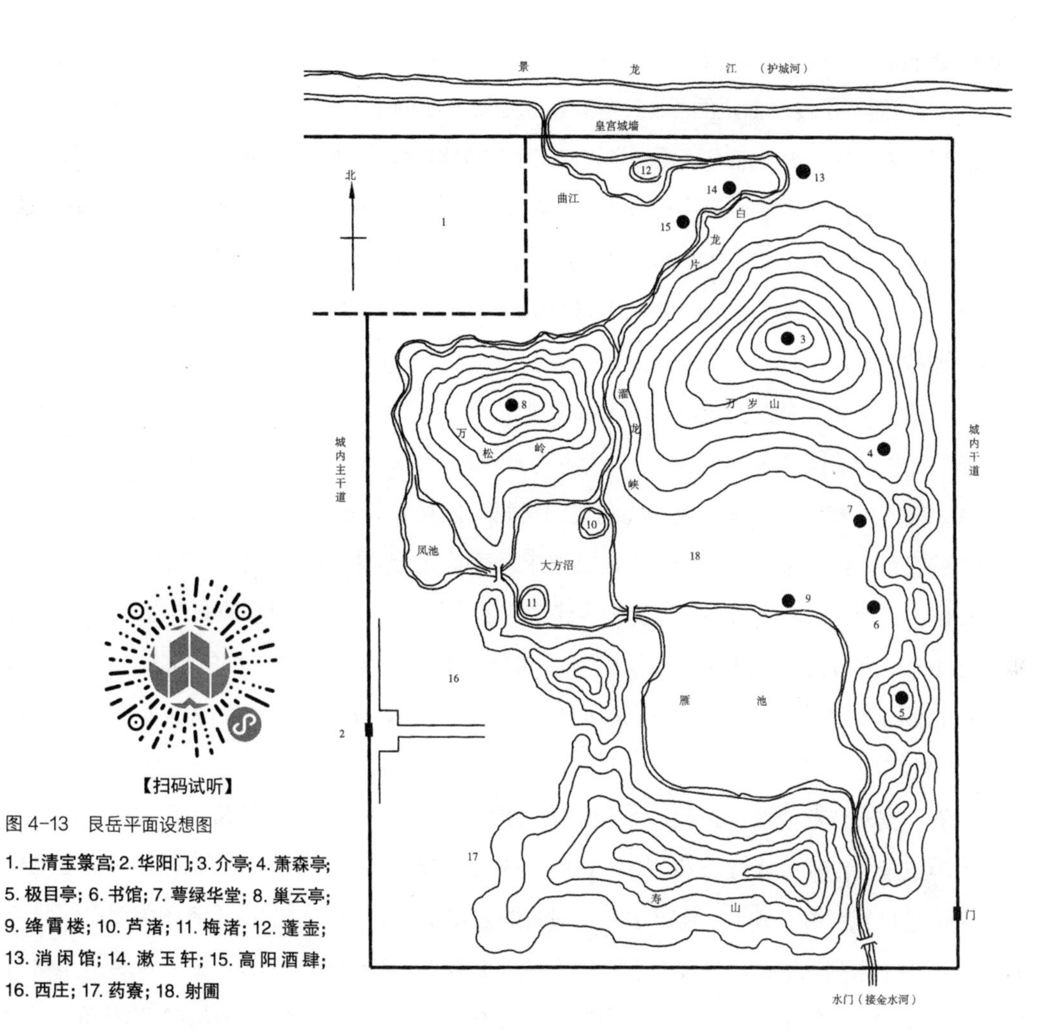

【扫码试听】

图 4-13 艮岳平面设想图

1. 上清宝箓宫; 2. 华阳门; 3. 介亭; 4. 萧森亭; 5. 极目亭; 6. 书馆; 7. 萼绿华堂; 8. 巢云亭; 9. 绛霄楼; 10. 芦渚; 11. 梅渚; 12. 蓬壶; 13. 消闲馆; 14. 漱玉轩; 15. 高阳酒肆; 16. 西庄; 17. 药寮; 18. 射圃

（1117 年），命人在上清宝箓宫之东筑土山即万岁山，万岁山山水格局上参考余杭的凤凰山，建成后更名为艮岳。山成果有多男之应，宋徽宗更加沉迷道教。艮岳建成后又“因地制宜，因材布景”收罗奇花异草、兴建亭台楼阁、引水凿池，历时五六年于宣和四年（1122 年）建成这座北宋历史上最负盛名的皇家园林。

艮岳兴建前，宋徽宗就与主持修建负责人宦官梁师成详细规划——“按图度地”。宋徽宗更为建艮岳专门设立“应奉局”搜罗石料及奇花异草，任命朱勔负责应奉及“花石纲”事务。“纲”为宋代负责水路运输货物的机构，负责从全国各地运来的物资进行编组，一组即为一“纲”。宋徽宗是一位极具艺术修养的帝王，使得艮岳具有浓郁的文人园林意趣。

布局，艮岳的营建突破了东京平原城市地势限制，采用引水凿池与人工堆筑山的方式，形成东部以山为主，西部以水为主的“左山右水”园林格局。布局讲究“画境”，充分体现李成《山水诀》中:“凡画山水，先立宾主之位，次定远近之形。然后穿凿景物，摆布高低”。万岁山在整个园林构图中处于主位，西侧的万松岭则是侧岭，隔雁池与万岁山互为对景的寿山则处于宾位。以土堆筑的万岁山主峰高约九十步（约 45m），为全园的最高点，顶上建“介亭”，与西侧万松岭顶上筑的“巢云亭”互为对景。万岁山与有若万岁山的余脉位于其东南的芙蓉城，南面的寿山，形成从北、东、南三个方位将水体环抱的“山嵌水抱”的形胜格局。

同时，它源于自然，又高于自然。园林水系，对大自然中的河、湖、沼、溪、涧、瀑、潭等大自然山水中最理性的地貌，中央辟了两个方形的大水池，另有蜿蜒曲折的溪流穿插于山林之间。艮岳对自然山水景观予以高度概括、提炼、典型化的园林呈现，真正做到了“山脉之通按其水径，水道之达理其山形”①。

建筑及花木，从艮岳建成后，宋徽宗御制《艮岳记》可知，建园是为“放怀适情，游心赏玩”而作。造园目的非常纯粹，只为游憩园内的山水景观，因此它不同于前朝的建筑宫苑形式，园内没有朝会、仪典或居住功能的建筑，园林建筑退居二线，除了少数为满足特色功能的建筑，绝大多数完全服务于游赏需求。建筑充分发挥其在园林中“点景”和“观景”的作用，山顶与水岛上筑亭、池畔则多建观景的台与榭、山坡上则修楼阁点缀。据文献载，园林中有大约七十余种植物，囊括乔木、灌木、果树、藤本植物、水生植物、药用植物、草本植物、木本花木及农作物等诸多品类。更有以山、水、花、木、建筑而得名的景点一百多处。

石，据《癸辛杂谈》记载：“前世叠石为山未见显著者，至宣和艮岳始兴大役。连舻辇致，不遗余力。其大峰特秀者，不特封侯，或赐金带，且各图为谱。”可知在艮岳营造过程中无论是特置或叠石成山，均已达到相对高的艺术水平。石被人格化，“各图为谱”即将其形态描摹下来列入石谱，重要的石峰均有名，更有“不特封侯”。万岁山上大量运用单块石头来进行“特置”，可谓之集天下诸山之胜于假山，对收集来的石料，按图样加以选择。

囊云，云雾本是山川之气，本是一种自然物象。在中国的文化传统中逐渐染上神仙道化色彩，广受道教徒的喜爱。笃信道教的宋徽宗，艮岳是展现其满足其神仙梦想的场所。如何将原本存在于山川的白云囊住，用于营造云烟缭绕的人间仙境，如苏轼的“攓云”即成为后世仰慕的风雅之举。

据南宋周密《齐东野语》卷七《赠云贡云》记载：“宣和中艮岳初成，令近山多造油绢囊，以水湿之，晓张于绝岩危峦之间，既而云尽入，遂括囊以献，名曰贡云。每车驾所临，则尽纵之。须臾，滃然充塞，如在千岩万壑间。然则不特可以持赠，又可以贡矣，并资一笑。”可知艮岳初建成，为满足宋徽宗对教主道君皇帝的高情逸致，曾于汴京附近山峰用水打湿的油绢囊，在清晨云气蒸腾之时，在绝岩危峦之间，囊云气于油绢囊中。待宋徽宗车马经过之时，则将囊中云气放出，达到“须臾，滃然充塞”云雾缭绕的仙境效果。

---

① 笪重光：《画筌》

以上记载虽不知是否真的实施过，但“按图度地”的艮岳，不可否认是一座充满诗情画意、文人气息、道教氛围浓厚的人工山水园林。艮岳突破秦汉以来的“一池三山”皇家宫苑的形制，将诗情画意融入园林之中，全景式山水宫苑将山、水、植物及建筑四大园林要素完美结合，代表了宋代皇家园林的造园艺术的最高水平。

2. 后苑

后苑是位于大内宫城西北侧的皇家御苑，为后周旧苑。后苑面积不大，却筑有轩馆亭阁，遍植名贵花木，山石林立与沼池流水相得益彰，是帝后的游憩之所。宋代皇帝都非常具有文人气息，赏石文化盛行于唐代，至宋代已到达巅峰，这在后苑中也有体现。据文献载，园中有小溪萦绕，溪中可行龙舟，溪上建桥。步过小桥即可见仁智殿，殿前有两块巨石，将宋徽宗御书刻石填金，东侧上刻“敕赐昭庆神运万岁峰”，西侧上刻“独秀太平岩”，殿后有高达百尺的石垒之山，名香石泉山。

3. 延福宫

延福宫位于宫城之北，地处东京宫城北墙和内城北墙之间，在东京城中轴线上形成一个前宫后苑的格局。延福宫由五位大宦官分区负责监修，形成景致不同的五个区，号称延福五位。后又在内城北墙护城河附近扩建一区，称延福六位。据《宋史·地理志》记载，园中设延福殿、蕊珠殿、穆清殿、成平殿、会宁殿、睿谟殿、凝和殿等的殿堂，东西两阁都各有十几处景点，命名也多与植物相关。更有对植物造景的描述如“筑土植杏，名曰杏冈”、“覆茅为亭，修竹万竿”、“嘉花名木，类聚区别，幽胜宛若生成”等描述，足见植被在园林造景中的重要地位。

4. 琼林苑与金明池

琼林苑与金明池均位于宫城西墙新郑门正对的主干道之上，两座行宫御苑遥遥相对，南为琼林苑，北为金明池。琼林苑始建于宋太祖乾德二年（964 年）直至宋徽宗时期才建成。琼林苑是一座以植物造景为主的园林，以树木与花草取胜，园内有各地进贡的名贵花卉，入园便可见牙道旁的古怪松柏，两边更是修筑亭与榭，更以植物命名石榴园及樱桃园。更在园内的射殿以南，开辟球场用以娱乐。园的东南角筑有一座高约十丈的高山，名“华觜冈”，山上更筑有观层楼。同唐代的曲江“杏林宴”一样，每年殿试之后，皇帝都会在琼林苑赐宴新科进士，称“琼林宴”。

太平兴国元年，宋太祖建神卫水军，引金水河之水凿池注之，以练习水战。因此，他的规划不同于一般的宫廷格局，呈现为规整的四边形，池中央筑有一个十字形大平台，上建水心殿由圆形的游廊环绕便于观赏（图 4-14、图 4-15）。至澶渊之盟落定，幸观水战慢慢演变为“水嬉”即龙舟竞赛的斗标表演，成为东京城最热闹的去处（图 4-16）。金明池“岁以三月开”，即于每年的三月一日至四月八日“开金明池”，士庶平民皆可入园游览，琼林苑亦同期开放，并允许百姓设摊点做买卖，更有杂乐百戏等表演，君民同乐，俨然具有公共园林的性质。

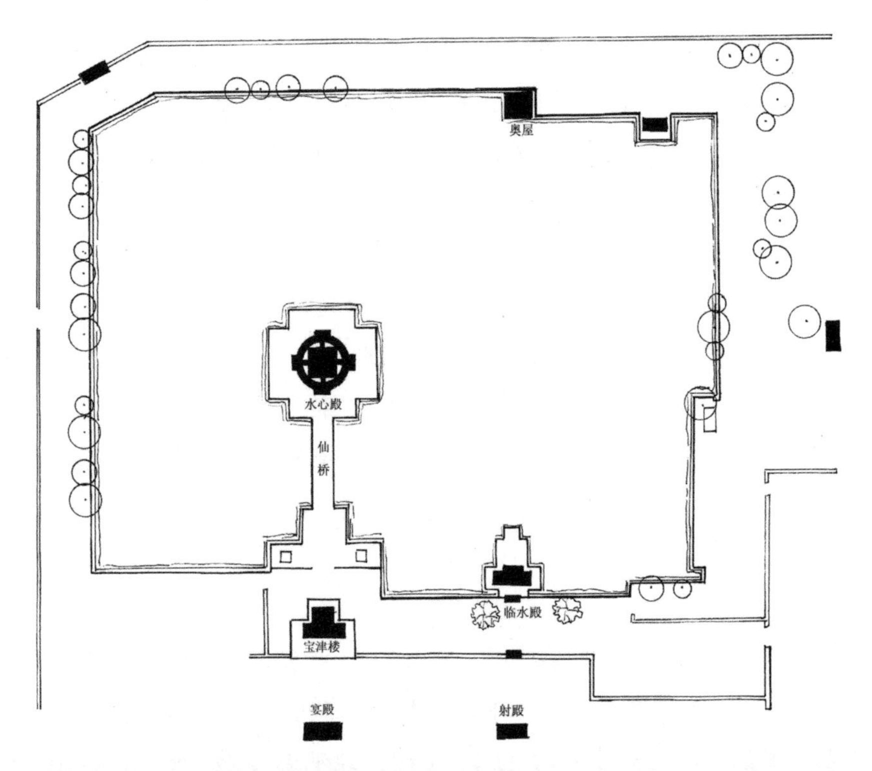

图 4-14　金明池平面设想图

图 4-15　（宋）张择端（传）《金明池夺标图》绢本设色尺幅为 28.5cm×28.6cm 现藏于天津博物院

图 4-16 元 王振鹏《宝津竞渡图卷》局部 绢本 尺幅为 36.6cm×183.4cm 现藏于台北故宫博物院

5. 玉津园·东都

玉津园位于外城南墙的熏门外，是在后周旧园的基础上扩建而成。是帝王举行宴射礼之处，园内仅有少量建筑，林木与以麦为主的农作物，构成一派幽静的田园风光。皇帝每年夏天巡幸玉津园，察看农作物生长情况，园内种植的麦，均进贡予内廷。园内的东北角设有专门用于饲养珍禽异兽的养殖场，与琼林苑、金明池一样每年春天定期向士庶开放，供平民踏春游览。

6. 宜春苑

宜春苑位于外城东墙新宋门旁，原为宋太祖之弟秦王赵廷美的别墅园。秦王被贬之后收为行宫御苑。为秦王别墅园时，就广植奇花异草，以栽培花卉而闻名京师，被誉为皇家的“花圃”。同琼林苑一样，皇帝每年会在宜春苑为新科进士赐宴，故又名迎春苑。

7. 其他园林

除上面介绍的园林之外，还有芳林园和含芳园。芳林园为宋太宗为皇帝时的私园，太宗即位后更名为潜龙园，随后扩建，改名奉真园，天圣七年（1029 年），改名芳林园。芳林园朴素淡雅，一派山野风光，太宗曾在水心亭中看众臣竞射，凡射中者太宗即会亲自与之把盏，君臣同乐。含芳园城北墙外东侧，园内因种植竹子而闻名，又因园内供奉“天书”，改名瑞圣园。

4.2.3 临安·南宋

杭州作为六大古都之一，五代时期吴越王钱镠定杭州为都城，对唐代旧城加以扩建，筑成包含子城、内城、罗城的三套城机构，罗城周围达 70 里，面积较隋唐扩大近一倍。宋室南迁之后仍沿用吴越之旧，宋高宗建炎三年（1129 年），以原州治为行宫，升杭州为临安府，称“行在所”，意在时刻不忘恢复中原之意。

宋室南迁之时，正是“时危势逼，兵弱财匮”，故以“因旧就简，无得骚扰”为原则，在修缮基础上基本维持原有格局为主。自绍兴十一年（1141 年）与金人议和局势趋于稳定

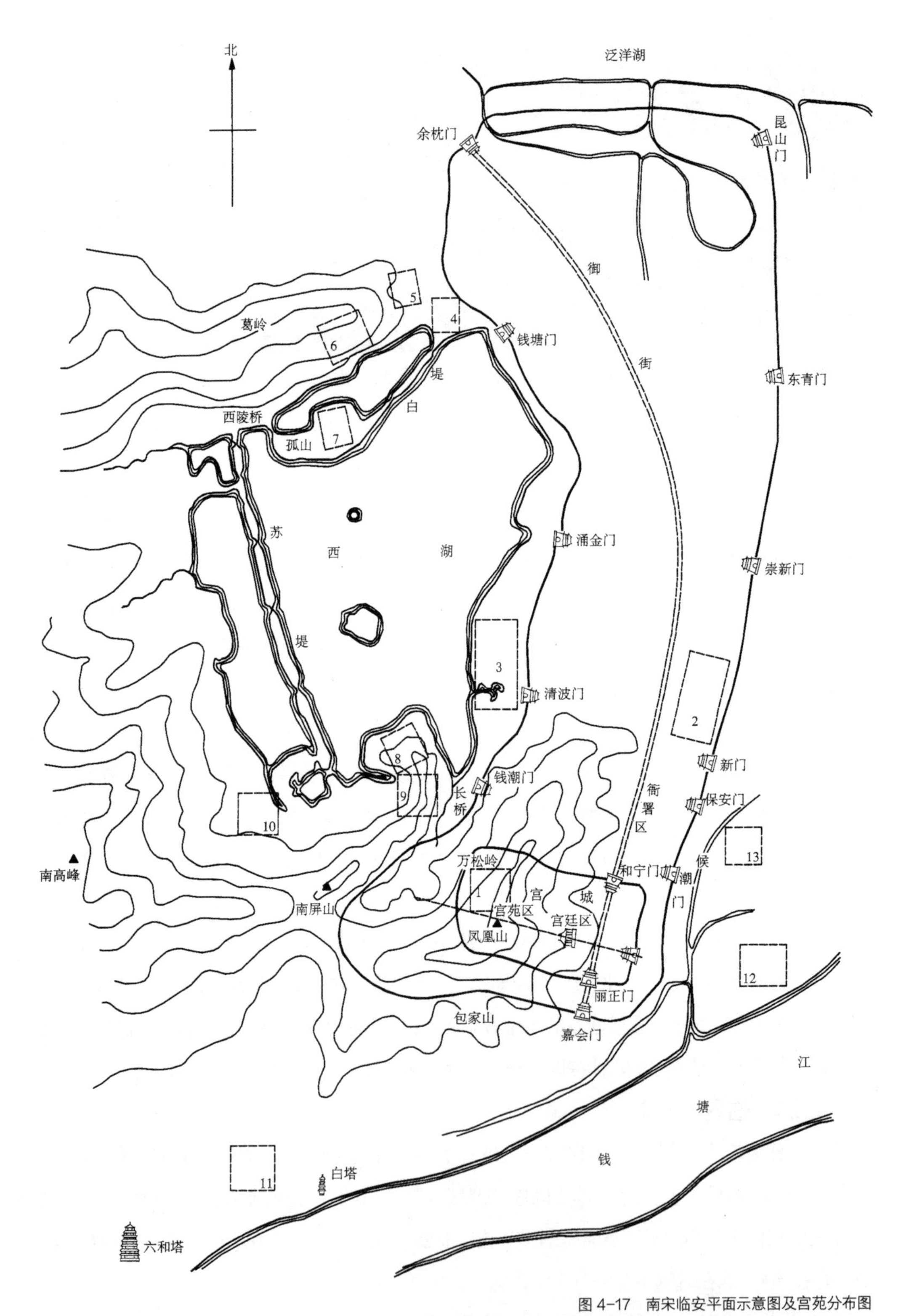

图 4-17　南宋临安平面示意图及宫苑分布图

1. 大内御苑; 2. 德寿宫; 3. 聚景园; 4. 昭庆寺; 5. 玉壶园; 6. 集芳园; 7. 延祥园; 8. 屏山院; 9. 净慈寺; 10. 庆乐园; 11. 玉津园; 12. 富景园; 13. 五柳园

后，即开展都城的建设工作，主要包含两个方面：一方面以皇室建筑为主，历时十几年行都所必备的宫省郊庙等设施才慢慢就绪，更于绍兴三十二年（1162年），兴建规模庞大的北内即德寿宫。还开始着手经营园苑，不仅仅是大内御苑，还有玉津园、延祥园、富景园等行宫御苑（图4-17）。一方面，着手城市的建设，首先是修建御街对城市格局进行调整。在原杭州城主干道基础上加以改造成为都城的南北主干道——御街，南起皇城北门和宁门，北至景灵宫，整个临安城以之为主轴线展开布局。皇城位于主轴线的南侧，市坊居于皇城以北，“前朝后市”这一传统都城规划方式，只是受限于具体的地形，形制不是那么的规整，方向正好相反，又称为“倒骑龙”。对旧杭州城的改造除了以上出于政治因素的改造之外，更重要则是经济方面的改造，废除集中之市集制，分各行业设街市及坊巷商业网点，改进城市商业布局。临安已经彻底打破以往市、坊分立的城市布局方式，而是按坊巷制来规划居住区，坊巷不仅是城市居民居住的场所，也分布各种商业网点，形成市、坊结合的城市居住区。

临安城内外河道纵横，东南临江，西侧滨湖，航运四通八达。临安城主要的水源一个是西湖，另一个是钱塘江。筑海塘防范钱塘江江潮的冲击一直都是历代杭州城的水利的重中之重。唐代李密引湖水入城并开凿六口水井，解决城内居民的饮用水问题；白居易任杭州刺史时，筑堤分隔西湖在利用湖水灌溉农田，同时注重景观营造，筑亭造景组织种植大量树木及花卉，使杭州城成为一个闻名天下的风景城市；五代吴越同样也重视城市风景的营造，加宽加深河道发展水运，更设立“撩湖军”专门解决城内诸多河流的泥沙淤积情况，建龙山、浙江两闸，控制水流，开涌金池，引湖水入城等水利工程；至北宋，虽废撩湖军，但历任地方官都非常重视对西湖的整治。其中苏轼影响最大，不仅重修堰闸阻挡江潮，更采用根治的办法，将西湖的葑草打捞干净，用于调节城内诸多河流，并利用打捞的葑草和淤泥修筑河堤，遍植柳树形成一条风景优美三里长连接南北交通的堤岸——苏堤。经过历代的整治，杭州城著名的“西湖十景”，终于南宋形成。

随着政局的稳定及城市建设的发展，临安城内的园林营建也逐渐盛行起来。皇家、权贵、富商及寺院纷纷营造园林，使临安园林盛极一时。杭州城本来就因山灵水秀、风景优美而闻名于世，既有西湖这一掌上明珠，又有南北两山将其环抱，湖光山色、层峦叠嶂。而临安城内各园林都因地形随景色而造景，园林选择往往要求可以与自然山水景色互为因借，力求借景自然湖山风貌扩展园林的意境，以取得相得益彰的效果。

1. 后苑

后苑是临安城唯一的一座大内御苑，位于宫城北半部的苑林区，凤凰山的西北部，是一座典型的山地园林。后苑地势较高，利于形成宜人的小气候，夏季钱塘江凉爽的江风吹过，较其他地方凉爽，是帝王在宫城内的避暑之地。园中景致仿效东京艮岳，丛植各种花木，并以之命名颇具意境。

2. 德寿宫

德寿宫位于宫城之外望仙桥以东，独立于宫城之外。宋高宗晚年在秦桧府邸的基础上扩建而成，移居于此并处理朝政，故又称“北内”。德寿宫造景上将其后苑划分为东、南、西、北四个区域，每个区域形成不同的景致。如东区以花木取胜，种植各种名贵花木，最有代表性的是香远堂旁的梅花、清深堂的竹子、清新堂的木樨等；南区则主要是文娱活动区域，负责宴请功能的载忻堂、射厅、跑马场、球场等；西区则注重山水自然风景的营造，蜿蜒曲折的溪流汇入大水池；北区则设置各种景观建筑亭台楼阁等，如绛华亭、倚翠亭、春桃亭、盘松亭等。园林中部人工凿池并引西湖水注入，池中遍植荷花，可乘船游览，有意将西湖的自然景观如冷泉亭、灵隐飞来峰、芙蓉冈、浣溪缩移入园中，故又有“小西湖”之称。德寿宫中缩移的西湖之景，被誉为“孰云人力非自然，千岩万壑藏云烟。上有峥嵘倚空之翠碧，下有潺漱玉之飞泉”绝对不是简单的“缩景”，而是介于“似与不似之间”的写意式的园林造景艺术创作。

3. 玉津园•临安

玉津园原名沿用北宋东都之旧名，位于嘉会门外以南四里处。同北宋御苑玉津园一样也是帝王举行宴射礼之处，据《西湖游览志》记载：“绍兴四年金使来贺高宗天中圣节，遂射宴其中。孝宗尝临幸游玩，曾命皇太子、宰执、亲王、侍从、五品以上官及管军官讲宴射礼[①]。”园名与功能一样，也表明南宋皇室不忘旧苑之意。随着后期帝王临幸减少，园林逐渐荒废衰败。

4. 集芳园

集芳园为张婉仪的私园，后收属官家。园内装饰绚丽，园内的蟠翠、雪香、翠岩、倚绣、挹露、玉蕊、清胜等皆为宋高宗御题匾额。而匾额往往将景、文、书三者融合于一体，意境深远，很多更是直接截取诗文名句之意。如蟠翠指的是古松、雪香则是梅香、翠岩比喻奇石、倚绣形容杂花、挹露表示海棠、玉蕊为茶蘼、清胜意味假山等[②]。更有“风月无边”、“见天地心”、“琳琅步”、“归舟”等一系列意境深远的提名，这种将景、文、书三者融于一体的园林命名方式对后世影响深远。

5. 其他园林

南宋皇帝经常将御苑赐给下臣，而私园也时有收回为御园的惯例，皇家园林文人化色彩明显。除了以上介绍的园林以外，还有位于钱塘门外的玉壶园，也是由私人园林收归御前；以西湖十景“柳浪闻莺”而闻名于临安城的聚景园；位于钱湖门外南新路口，正对南屏山的屏山园以及延祥园、南园等一系列的皇家园林。

---

① 田汝城．西湖游览志．

② 夏咸淳，曹林娣．中国园林美学思想史－隋唐五代两宋辽金元卷 [M]．上海：同济大学出版社，2015.

4.3 私家园林

4.3.1 园林美学思想

1. 仕隐——由造景到造境的转变

隐逸作为中国一种特有的文化现象，每个时期具有不同的精神内涵，隐逸观念内涵的变化会直接折射在其物质载体园林之中。从老子的“道隐”及庄子的“心隐”，至魏晋南北朝时期，出于对抗黑暗的政治氛围，文人雅士选择远离俗世，将人迹罕至的山林作为自己隐居之所的“林隐”。世人开始发现自然山水之美，并衍生出“林泉之隐，山水之美”的隐逸情思，最终促成园林隐逸的产生。在这种隐逸观念的影响下，文人开始将园林营造同山水相结合起来，隐士隐居环境也由简陋石舍转变为集游乐赏析、修身养性、农耕于一体的庄园，园林建筑布局紧密结合山川风光，追求延纳大自然的天然清纯之美。园林成为士族文人寄情山水，抒发仕途不得志的愤懑，享受精神上的怡然自得场所；至唐朝，外部政治环境得以改善，文人士大夫无需在用身体力行的“林隐”来与之对抗。以仕求隐的“中隐”，即将隐逸生活由山林转换到城郊园林之中，成为士人最为理想的隐居方式。身仕而心隐，既可以身处朝堂参与理政，又可以退居园林享受悠闲舒适的出世岁月。士大夫竞相搬移凝缩的城郊园林，既满足他们对自然山水的喜爱之情，又给他们提供了一片远离尘嚣的心灵栖息之所，有效地化解了仕与隐、政治与山林之间的矛盾。文人隐逸的观念的变化，园林也成为调节士大夫出仕与归隐矛盾的场所，园林营造方式开始由最初的写实转变为写意，力求表现出遗世出尘、清幽淡雅的意境，满足他们对山水思慕之情，感悟各人的隐逸人格精神世界；到宋朝，政治环境再次变化，党争激烈以及三教和流思潮的影响下，士大夫将自我人格修养的完善视做人生的最高目标，强调“以儒治世、以佛静心、以道修身”力求通过对自己的自审达到理想人格的塑造。苏轼逐渐将白居易的“中隐”转变为“仕隐”，并得到北宋士大夫文人的普遍认同。与唐人相比，宋代文人的生命范式更加冷静、理性和脚踏实地，超越了青春的躁动，而臻于成熟之境，而以平淡美为艺术极境①。宋人将优雅审美文化发展到极致，审美的态度也更加生活化和世俗化，园林的价值更在于其思想性。园林不再是对自然单纯的模仿，而是在于真切的表现出园林主人的心灵的内省。园林隐逸观念再一次发生转变，园林真正成为文人世俗生活的载体。通过“缩移摹拟”的园林营造手法力求在咫尺的有限空间中体现园林主人浩瀚广大的精神世界，力求在有限的物境中营造出无限的意境。

2. 以画入园

宋代的士人大都是身兼官僚、文士、学者多重身份于一体的复合型人才，故他们所营建

① 袁行霈．中国文学史．第二版第三卷 [M]. 北京：高等教育出版社，1999：10.

的园林往往会出现诗、画意境情趣，“以画入园”成为文人写意山水园林重要审美标准。以画入园就是大到园林布局、造景，小到匾额、楹联，都运用山水画的原理与手法来造园[①]。造园与绘画同理，园林不过是一幅立体的画卷，山水画论对文人造园起着显而易见的影响。在文人造园的过程中，画论中的“画理”通过园主人这一载体，非常自然转换为“园理”并直接投射到园林营建过程中。

首先，宋代出现大量的美学理论，成为园林造园的重要理论依据。通过对中国山水画与园林营建脉络的梳理，即可发现不管是山水画还是园林都经历着从写实到写意的转变。意境即心境，两者的审美标准都不再是对现实物象的再现或模仿，而是在于是否表现出真切的来自心灵的内省。从唐代张璪的“外师造化，内得心源”，到北宋欧阳修的“画意不画形”，再到南宋米友仁的“画心”，都直接投射到园林营建之中。园林营建的终极审美标准即是否凸显园主人的精神世界的心境，并通过在园林中的赏玩活动反过来影响审美主体的性情与修养，甚至是其对道的体悟。园林意境的营造，其实就是从具象的园林景致，经过观者的审美感悟，转换为虚幻的境象，内化于观者内心。观者经历了由视觉到心觉，由观到悟审美境界的提升，最终实现思与境协，天人合一的至美境界。

其次，画理的构图原则对园林布局的影响。唐代王维开创了中国文人画派，在其《山水诀》中就云：“主峰最宜高耸，客山须是本趋”；北宋郭熙在其《林泉高致》中也云：“大山堂堂，为众山之主，所以分布以次冈阜林壑，为远近大小之宗主也”；均指出山水画的构图须有主次之分，只有主次分明，才能使画面具有凝聚力，在配以其他的花、石、树木等元素，即可构成一个完美的构图。上文提到的艮岳整体布局就是按画理展开的，它以万岁山为主山，西侧的万松岭为客山，水体萦绕其间的山水园林。

最后，画理对园林细节景观营造的直接影响。山水画与园林两者都是在咫尺空间中体现浩瀚广大的自然山水，均需要在有限的空间体现无限的意境。郭熙《林泉高致》中提出：“山欲高，尽出之则不高，烟霞锁其腰则高矣。水欲远，尽出之则不远，掩映断其流则远矣。盖山尽出不唯无秀拔之高，兼何异画碓嘴？水尽出不唯无盘折之远，兼何异画蚯蚓？”指出绘画中“藏”与“露”微妙的关系。而计成在其《园冶》中也提出：“见其片断，不逞全形，图外有画，咫尺千里，余味无穷”，则是营造园林空间层次的造园法则；中国山水画讲究“知白守墨”，园林讲究“空灵”；中国山水画中的“山有三远”与园林中的“借景”造园手法；中国山水画中的“虚实相生”与园林中的“曲径通幽”；而中国绘画中对植物的主次关系、位置选择、树形选择、四时变化的画理论述更被直接移植到园林植物配置造景之中。

---

① 刘晓陶，黄丹麾．试论以画入园在中国古代文人写意山水园中的体现 [J]. 中国园林，2006(5): 60—64.

3. 化诗为园

陈从周先生在其《园林谈丛》中说："中国园林与中国文学盘根错节，难分难离，研究中国园林，应先从中国诗文入手。求其本，先究其源。许多问题便可迎刃而解，如果就园论园，则所解不深。"① 纵观中国古典园林历史，诸多经典名园在时间的流逝过程中逐渐消亡，只有很小的一部分得以保存下来。但众多的文学巨匠以其诗文、园记生动记录着那些名噪一时，但却不复存在的园子。诗文与园记中对当时园林造园的初衷、手法、理论及心得体会进行详实的记录与描述，甚至已经达到了非常高的园林美学及艺术审美水准。故中国园林又有"园因文传"这一说，很多园林如《上林苑》中皇家园林、《阿房宫赋》中的皇家宫殿、《桃花源记》所描述的世外桃源，正是通过历代文人墨客对以上诗篇的吟诵记述得以流传至今。至唐宋，更有大量的唐诗宋词作品用来描述园林景致，甚至出现以自己擅长的诗文营造园林，化"诗意"为"园境"，将诗文进行三维立体化的呈现，以表达园主人对诗文意境的神往之情，最终产生与文学作品一脉相承的"文本"佳园。

在宋代之前，园林的园名、景点名多为一个识别的符号，多以地名、人名来命名，并不注重园林题名意境的表达。如石崇的金谷园、白居易的庐山草堂、张伦宅园等。但到宋代，由于上文介绍的隐逸观念的转变，园林成为园林主人理想人格乃至精神世界的物质载体，园名与景名也就不能简单地以"物固有形，形固有名"思路来命名了。文人营园强调园林景观营造之前需先立意，往往会择取古代经文中的文字或词汇为原型，作为诗性品题来触发观赏者的精神共鸣。更指出无诗心而造园，即便是精工细作也会因无美学内涵而缺少韵味，落为园林造景中的次品。园名与景名更往往被园主人赋予深刻的内涵，它们或是特殊的诗文小品或是出于典故，可以说是园林主人智慧的结晶，用以表达园林主人美好的愿望或标榜园主人对古人的仰慕之情。如苏舜钦的沧浪亭，就是由于苏舜钦在"卖故纸钱"以助宴会被李定构陷，为避谗畏祸不得已远离政治中心，在吴中所建之园。沧浪二字就取自《楚辞·渔父》中的《沧浪之歌》："沧浪之水清兮，可以濯吾缨，沧浪之水浊兮，可以濯吾足！"。沧浪具有双重的含义，第一层是反映士大夫在"仕"与"隐"之间的一种选择，以水比德"上善若水，水善利万物而不争"，统治者清明时就出仕为百姓谋福利，统治者昏庸无道就适时隐逸避祸。而另一层则是借沧浪表达"不同流合污"之志。"沧浪之水清兮，可以濯吾缨，沧浪之水浊兮，可以濯吾足！"是渔夫对屈原的劝告，劝他可以随波逐流。但屈原的答复是："举世皆浊我独清，众人皆醉我独醒，是以见放"，最终选择投江葬身鱼腹之中以死明志。袁枚在其《诗文全书》中云："一身灵动，在于两眸，一句精彩，生于一字。"②"诗眼"成为中国诗学的一个重要的概念，具有点题的功能。而园名乃至园林中匾额与楹联它们以凝练的词句点出

① 陈从周．园林谈丛 [M]. 上海．上海文化出版社，1980: 67.

② 袁枚．诗学全书．袁枚全集·外编 [M]. 南京：江苏古籍出版社，1993: 241.

园林景观的深远意境，也具有点景功效，它引导观赏者领略园林景观背后的深层语义，与观赏者产生精神层面上的交流。

4. 雅致之美

至宋代，根植中国农耕社会土壤中的雅致文化被发展到极致。园林的审美情趣已经趋于成熟，园林美学同诗画美学共融互生，园林之美在于其思想性，诗情画意成为园林最高的审美准则。园林审美开始出现一种“人格化”倾向，即赋予园林之中的自然景物特殊的象征意义。在“人格化”的园林空间中，通过象征意义使观赏者与园林景物产生精神共鸣，获得“源于生活但高于生活”的远高于自然景物自身价值的审美感受。如宋人爱梅，苏轼就特别爱梅，因为梅格与其人格就极其相似。梅品“淡雅”，梅格“孤高”，他就爱梅的“寒心未肯随春态”清韵高格；宋人林逋（林和靖）特别爱梅，更留下了“梅妻鹤子”的佳话，《诗经》中就有：“鹤鸣于九皋，声闻于野”的记载，鹤虽在沼泽深处鸣叫，但很远也能听到它的声音，加之鹤孤高独行、静立、闲放姿态，就如贤者虽隐而名犹著；周敦颐世人称濂溪先生，写下《爱莲说》的传世名作，赞美莲花的清香、洁净、飘逸、脱俗等神采，并将其人格化为人性的至善与至纯。《爱莲说》对中国园林影响深远，拙政园中的远香堂、怡园的藕香榭、避暑山庄的曲水荷香、圆明园的濂溪乐处等景点意境均出于此；唐人爱石宋人犹胜之，宋代书画大家米芾就爱石成癖，人称“米癫”。米芾整日醉心于品赏奇石，以至于荒废公务，好几次遭到弹劾贬官而不悔，更有“米芾拜石”的典故。《渔阳石谱》中就记载了米芾品评太湖石的标准：“元章相石之法有四语焉，曰秀、曰瘦、曰雅、曰透”。激烈的党争，进与退都不能以自身意志为转移。园林中“仕隐”与“雅致”审美情趣追求成为知识分子逃避现实的一种精神寄托方式。以上介绍这些人格化的园林景物，都包含着宋人特有的“雅致”文人审美理想与情趣。

4.3.2 中原私家园林

宋代经济与文化的繁荣促进了私家园林兴盛，东京作为北宋的政治中心，而洛阳作为北宋的西京，汉唐的旧都，更是历代名园荟萃。上文提到中国园林“园以文传”的特点，由于中国园林建筑多采用木质结构，实物保存较难也较少，更多的历史名园是以文献、诗歌、游记、园记的形式得以流传下来。

下文就以宋代李格非所写的《洛阳名园记》为基础对洛阳私家园林展开梳理。《洛阳名园记》记载了李格非本人亲历的 19 座园林，文中如实记录了当时园林的盛景。由于洛阳为汉唐两朝的旧都，故大多数的私家园林是在唐代废园的基础上兴建的。19 座园林中 18 座属于私家园林，依附于住宅具有宅园性质的园林有：富郑公园、环溪、湖园、苗帅园、赵韩王园、大宇寺园（公隐园原白居易履道坊宅园）6 座；单独建置的园林有：董氏西园、董氏东园、独乐园、刘氏园、丛春园、松岛、水北胡氏园、东园、紫金台张氏园及吕文穆园 10 座；

还有2座园林则以花木取胜即归仁园（原牛僧孺归仁里宅园）与李氏仁丰园[①]。下面在以上园林中选取部分展开介绍：

1. 富郑公园

富郑公园为宋代名相富弼的宅园，是洛阳名园之中少数几个不利用旧址而全新营建的园林（图4-18）。园林整体布局呈规整的四边形，园门位于园林东侧。自东北角引活水入园，形成一个大水池位于中部偏东的部位，主体建筑四景堂位于池岸的北面，其前面是一个突出的临水平台月台。登四景堂即可一览全园景致，于池南岸的卧云堂隔水相对形成对景。卧云堂南侧为一座土山，山上遍植梅花与竹林，山间建梅台赏梅，山顶建天光台以便登高望园外之景。四景台北侧亦有一座土山，土山开凿一横三纵四个洞口，分别名为土筠、水筠、西筠、榭筠。四个洞中均以大竹引水，洞的上面分布小径。山的北侧种植一大片的竹林，竹林之中错落

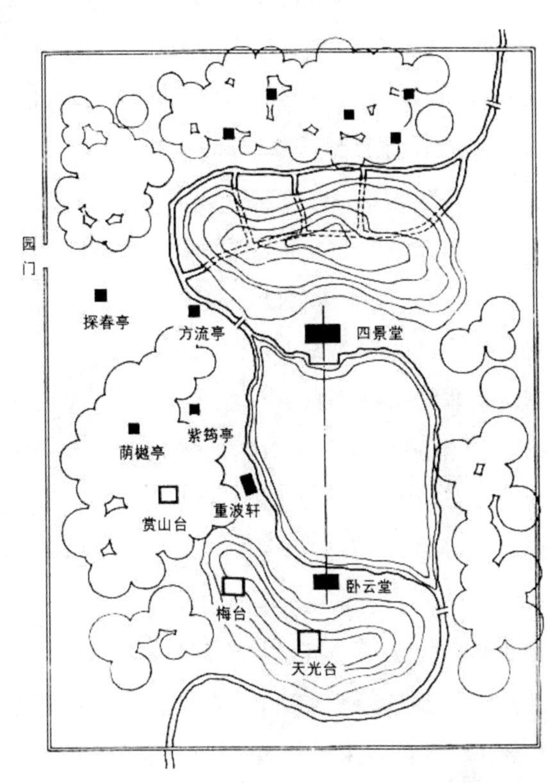

图4-18　富郑公园平面设想图

分布丛玉、披风、漪岚、夹竹、兼山五座小亭。综上所述，全园大概可以分为南、北两个区域，北区以静谧的山景为主，南区以开阔的水景为主。

2. 环溪

环溪是宣徽南院使王拱辰的宅园（图4-19）。环溪的平面布局非常有特色，分别在南、北两侧均人工开凿水池，通过位于水池的东、西两侧的小溪连接在一起。形成一个溪流与水池环绕中部大岛的布局，故名环溪。主要建筑多景楼位于岛中央，岛的南侧为洁华亭，岛的北侧为凉榭。凉榭北侧筑有风月台，登上风月台北望，可尽览洛阳城内的宫殿建筑群。凉榭西侧有锦厅和秀野台，台下可同时容纳百余人。环溪园内遍植松树、桧树，各种花木与水景相映成趣。

3. 独乐园

独乐园是司马光的宅园。司马光作为北宋新旧党争的核心人物，由于宋神宗即位后大力

① 郭黛姮.中国古代建筑史.卷五宋、辽、金、西夏卷[M].北京：中国建筑工业出版社，2009: 568.

支持王安石推行“新法”，司马光则持有异议，“自伤不得与众同”只得远离政治退居洛阳，求得西京御史台的闲职，主编《资治通鉴》。熙宁六年（1073 年），司马光在洛阳的尊贤坊买二十亩地，着手经营独乐园，并写《独乐园记》记载园林兴建的过程。

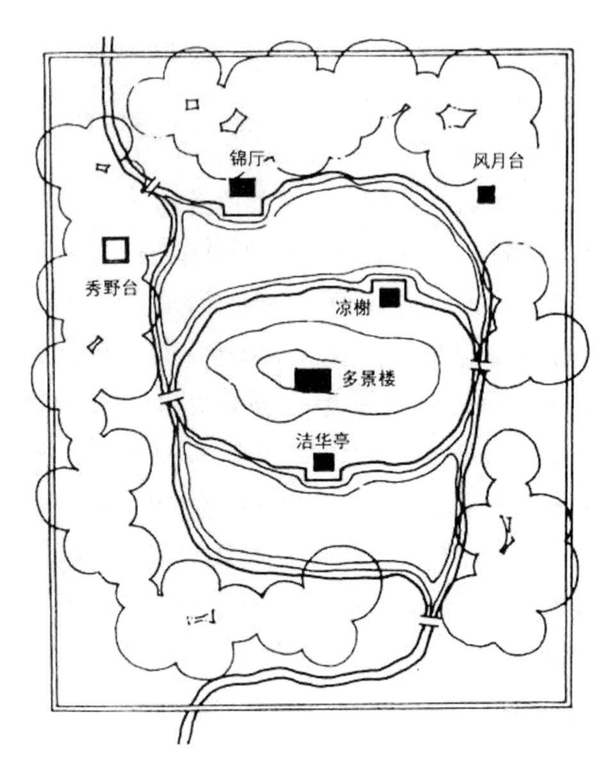

图 4-19　环溪平面设想图

独乐园中的“独乐”便是取意“独善其身”。更在其《独乐园记》中明确指出，“独乐”既非王公大臣之乐，也非儒家提倡的圣贤之乐，而是如庄子《逍遥游》中描述的小鸟筑巢、偃鼠河中饮水饱腹之乐。独乐指的是“各尽其分而安之，此乃迂叟之所乐也”，即人之乐在于尽自己本分，相安无事之乐。故独乐园相对于洛阳其他名园的朴素、平淡是司马光有意为之。园林名不仅折射出园主人的人生轨迹，还饱含哲理寓意，园中景点命名也多取自古代圣贤典故、诗句、隐逸相关。从司马光的《独乐园七题》可知每个景点对应一位圣贤：读书堂对应董仲舒、弄水轩对应杜牧之、钓鱼庵对应严子陵、采药圃对应韩伯休、见山台对应陶渊明、种竹斋对应王子猷、浇花亭对应白居易（图 4-20）。

读书堂作为园林的主体建筑位于园林中部，堂内有司马光的 5000 多卷藏书。读书堂之南为弄水轩，从轩的南面引水，分为五股形状就如虎爪，注入一个四边长与池深均为三尺的方形的水池之中（图 4-21）。水向北流出轩外，其形如象鼻，到轩处又一分为二，环绕龙水轩的四周，自西北而出。读书堂之北有个大水池，水池中部有一岛，岛上种了一圈周长为三丈的竹子，将竹子简单地捆绑在一起就好像一个渔夫休息的庐舍，即名钓鱼庵。池之北有个六开间的横屋，土墙茅顶，东侧开门，屋前屋后遍植竹林，故名种竹斋。池东南侧有 120 畦（古代称田五十亩为一畦）的药田，分门别类标注每种草药名称。药田以北种一方丈如棋盘一样四方的竹林，将其顶部捆扎就如房屋一般，即名采药圃。药田以南为六个花坛，芍药、牡丹、杂花各两个花栏，花栏之北建一亭，名浇花亭。池之西有一土筑小山，山上筑一高台，名“见山台”，登台可以远眺万安、轩辕、太室诸山。综上所述，独乐园的园名与各景点名都十分考究，具有明显由造景向造境的过渡倾向，通过景点题名的点题引发观赏者的联想，从而达到深层次的审美感受。

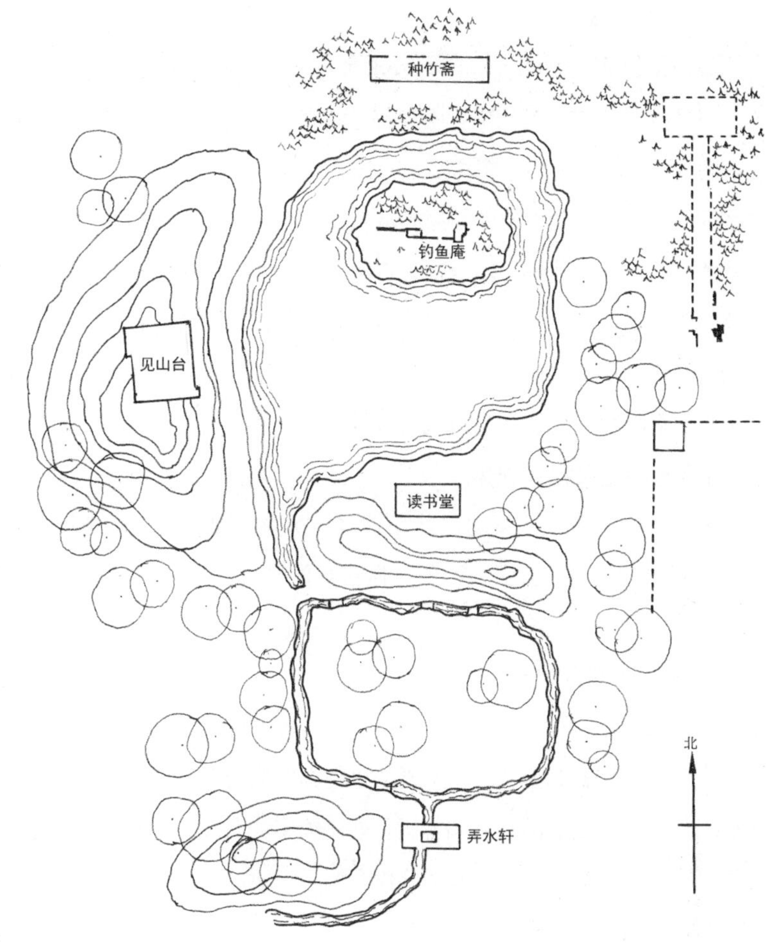

【扫码试听】

图 4-20　独乐园平面设想图

图 4-21　（明）仇英《独乐园图》局部 龙水轩 藏于美国克利夫兰美术馆

4. 其他园林

除以上介绍的园林外，还有以水景为主唐代宰相裴度的湖园；节度使苗授的宅园苗帅园；以华丽著称的宋代开国功臣赵普之的赵韩王园；白居易履道坊宅园大字寺园；工部侍郎董俨的东园与西园二园；园林建筑尺度合宜，花木配置精巧的右司谏刘元瑜的刘氏园；以植物搭配成景取胜的门下侍郎安焘的丛春园；由古松而闻名的北宋宰相李迪的游憩园松岛；随形就势，善于利用地形环境与周边自然风光的水北胡氏园；由药圃改建而来的仁宗朝宰相文彦博的游憩园；以水景取胜的太宗朝宰相吕蒙正的游憩园；唐代宰相牛僧孺归仁里宅园，宋代归中书侍郎李清臣所有，是当时洛阳城内最大一座私人园林；李氏仁丰园则是以园中名目繁多的花木取胜，专为赏花而筑有五亭。

4.3.3　江南私家园林

宋代关中经济文化衰退，江南地区一跃为全国经济文化之首。经济文化的发展必然促进私家园林的兴建，除了“行在”临安城外吴兴、润州、平江、绍兴等地也有很多的私家名园。

1. 临安私家园林

自唐末以来，临安所处之地的吴越国一直维持着安定承平的局面。北宋时期江南地区的经济、文化也得以发展，宋室南渡，更使临安成为全国的政治与经济中心。故临安也是名园荟萃，各类文献提到的私家园林近百处，大多分布在西湖附近，其余则多在临安城内及城东南郊的钱塘江附近，下面选取部分作介绍。

（1）南园·韩侂胄

南园位于西湖东岸的长桥附近，是南宋权臣平原郡王韩侂胄的别墅园。这座园林作为当时的名园，故有“自绍兴以来，王公将相之园林相望，皆莫能及南园之仿佛者”的评价。陆游撰写一篇《南园记》，对此园有较为详细的记述，园址选择在武林山的东麓，西湖之水汇聚于此，极山水风光之美，园林营造随形就势，并给出了“因其自然，辅以雅趣”的评价。园中所有的厅、堂、楼、阁、榭、亭、台均有命名，且均取自先侍中魏忠献王韩琦的诗句命名。如最高的堂名许闲、射厅名和容、台名寒碧、门名藏春、阁名凌风、石山名西湖洞天等。

（2）贾似道三座名园

水乐洞天、水竹院落、后乐园都为宋朝权相贾似道的别墅园。水乐洞天位于满觉山，园中山石奇秀，石山中有“一洞嵌空有声”，故得名水乐洞天。园林主要有胜在堂、界堂、爱此流照、独喜玉渊、漱石宜晚、金莲池等景点；水竹院落位于葛岭路西冷桥以南，园内有奎文阁、秋水观、第一春、思剡亭、道院等景点，园内登高又可尽览西湖、孤山、苏堤等著名的自然风光；后乐园是帝王赐给贾似道的，原为皇家御苑集芳园。

（3）其他园林

除以上介绍的园林外，还有同样位于葛岭路上的廖药洲园；位于北山路，杨和王府园云润园，以及水月园、环碧园、湖曲园、斐园、云洞园等。临安城内的私家园林多为宅园，临安城东南郊的山地及钱塘江一带气候凉爽，也有许多私家园林，在此就不一一介绍。

2. 吴兴私家园林

吴兴临近太湖，今湖州是江南主要的城市之一。南宋人周密撰写《吴兴园林记》中描述其亲历的 36 处园林，下面选取部分作介绍。

（1）南沈尚书园和北沈尚书园

南、北沈尚书园均为南宋绍兴年间尚书沈德和的园林。南沈尚书园为宅园，园内遍植果树，主要建筑为聚芝堂及藏书室，均位于园林的北半部，聚芝堂前有一大池，池中筑岛名蓬莱。池之南岸立有三块太湖石特置，湖石“各高数丈，秀润奇峭，有名于时”，以山石见长。

北沈尚书园为一座别墅园，在城北的奉门外，又名北园。园内主要景点有灵寿书院、怡老堂、溪山厅，体量也不大，以水景取胜。“三面背水，极有野趣”，园内开凿五个大水池与园外的太湖相连，园内建对湖台，登台即可眺望太湖自然山水风光。

（2）叶氏石林

自唐宋以来，弁山石林即是湖州名胜，北宋尚书左丞叶梦得在此修筑别墅园，“在弁山之阳，万石环之，故名”，自号石林居士。弁山历来就盛产奇石，色泽类似灵璧石，置于山间就如森林。据记载园内有众多景点有“正堂曰兼山，傍曰石林精舍，有承诏、求志、从好等堂，及净乐庵、爱日轩、跻云轩、碧琳池，又有岩居、真意、知止等亭”。叶梦得于别墅中藏书十万卷，四方学士纷至沓来，一时成为吴兴名园。范成大更撰写《骖鸾录》记录其游叶氏石林所见所闻。

（3）其他园林

除以上介绍的园林外，《吴兴园林记》中还记载其他名园。如以“假山之奇，甲于天下”的刑部侍郎俞澄的宅园俞氏园；以莲花为主景的莲花庄以及赵氏菊坡园、韩氏园、丁氏园、倪氏园、赵氏南园、王氏园、赵氏瑶阜、赵氏绣谷园、赵氏苏湾园、钱氏园等。

3. 平江私家园林

平江即今苏州，北宋修建艮岳时，就曾在此设“应奉局”专门收集奇花异石。平江城经济文化发达是典型的江南水乡，紧邻太湖，大运河绕城而过是南北水陆交通的要道。同时，城内河道纵横，加之气候宜人，易于花木生长，附近更是太湖石与黄石的产地，为园林的营建提供优越的自然条件。因此，大批的官僚、富商、文人、地主选择定居于此兴建园林。

（1）沧浪亭

北宋庆历四年（1044 年），苏舜钦由于“进奏院狱”案，为避谗畏祸，不得已远离政治中心，于苏州三元坊附近，以四万钱购之建园，并作《沧浪亭记》。于水旁筑亭，名沧浪亭，为苏州现存最古老的园林，园林面积 16 亩（图 4-22）。清康熙三十五年（1696 年）重建，改沧浪亭于土山之上，建石桥跨水为入口，建馆、堂、楼、廊等建筑，奠定今天沧浪亭的基本格局。

上文已经介绍了沧浪亭园名的由来。苏舜钦死后，沧浪亭屡屡易主，现存沧浪亭已非宋时原貌。沧浪亭原址就"积水弥数十亩"，因此在园林布局就极具特色，借景园外葑溪，未进园就先赏景，渡桥入园，园内以山林景色为主，建筑环山而建，形成外水内山景观格局，在苏州园林中极为少见。渡桥入园，现存园门楼上为文征明隶书"沧浪亭"，迎面即可见湖石假山作为影壁。入园东行至面水轩，此轩双面临水，轩前古木掩映，轩名取自杜甫诗句"层轩皆面水，老树饱经霜"。自面水轩东行经一条外临清池，内傍假山的复廊，即可到观鱼台，透过复廊的漏窗可同时观赏园内外景致。观鱼台为一座三面临水的四角攒尖方亭名为观鱼台，又名濠上观，亭名出自"庄子与惠子观鱼于濠梁之上"的典故。

园林中部为一土石结构的假山，山体的东段由黄石堆叠而成，为宋代遗物，山体的西段为后人以湖石相补而成。假山顶上一石构梁柱，四方翘角的沧浪亭，亭柱上镌有道光年间布政使梁章钜集句而成的对联"清风明月本无价，近山远水皆有情"。假山的南侧为两组建筑院落，一处为明道堂与瑶华境界组成的院落，一处为清香馆、五百名贤祠、仰止亭、翠玲珑与游廊组成的景观院落。明道堂为文人讲学的场所，堂名取自苏舜钦《沧浪亭记》"观听无邪，则道以明"，是整个园林中面积最大的建筑。五百名贤祠建于道光七年（1827 年），因祠内有 594 位为苏州作过贡献的明贤而得名。翠玲珑与五百名贤祠相对，是一个以竹为主题的小院，翠玲珑之名取自苏舜钦"秋色入林红黯淡，日光穿竹翠玲珑"的诗句。仰止亭为一座六角半亭，前后皆可通过游廊与五百名贤祠及翠玲珑相连，园名取自《诗句》："高山仰止，景行行止"。全园的最南端为一座三层高的看山楼，名源自卢集诗句"有客归谋酒，无言卧看山"。登楼即可远眺园外美景，返身在茂林幽竹之间可回看沧浪亭。沧浪亭布局得山水之利，复廊漏窗更将外水内山联系在一起，林木葱郁，使得沧浪亭别具风格（图 4-23、图 4-24）。

（2）网师园·渔隐

网师园位于苏州东南阔家头巷，沧浪亭之东，又称"苏东邻"。网师园始建于南宋淳熙初年（1174 年），由当时的侍郎史正志所建。初建时名渔隐，清代更名为网师园，网师即渔隐，仍是标榜隐逸清高之意。网师园是一个典型的住宅园林，宅园面积约 9 亩，包括住宅万卷堂和花圃渔隐两个部分组成，其中花圃渔隐部分约占 5 亩。网师园以水为主，主题突出、布局紧凑、小巧精雅，以以少胜多、迂回有致而著称。

（3）乐圃

乐圃园位于平江城内西北雍熙寺西侧。园主人朱长文为嘉祐年进士，不愿为官以教书为生，在园内著书阅古。园名"乐圃"取自孔子"乐天知命故不忧"及颜回"在陋巷……不改

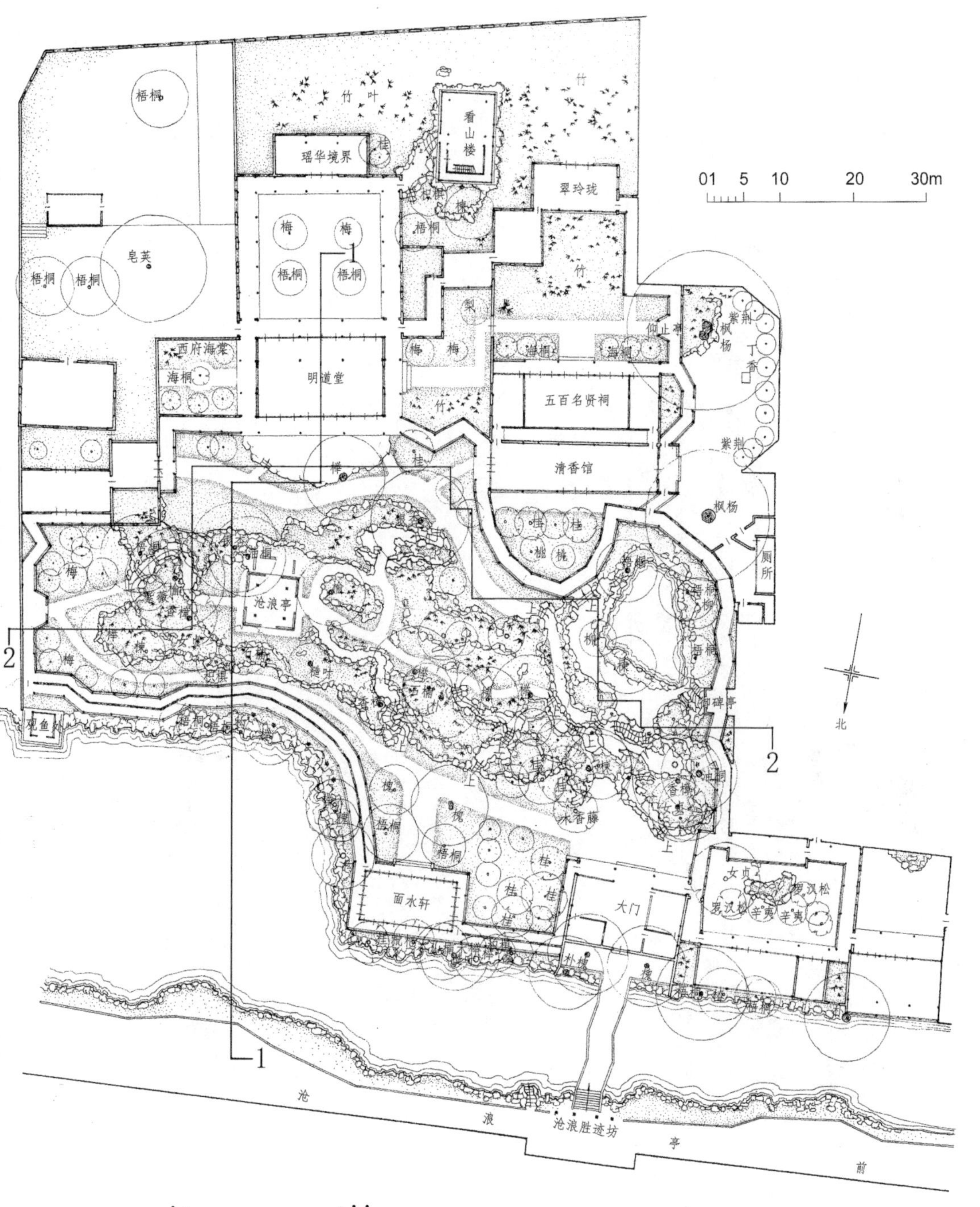

图 4-22　沧浪亭平面图

【扫码试听】　【扫码试听】

图 4-23　沧浪亭剖立面图 1-1

图 4-24　沧浪亭剖立面图 2-2

其乐”之意。此园极富野趣，有若山谷之间，颇具城市山林园之趣。

4. 润州私家园林

润州即今镇江，与扬州隔江相对也是江南名城。同样是依水路交通的便利，经济文化发达，私家名园荟萃，其中最具代表的就是米芾的砚山园与沈括的梦溪园。

（1）砚山园·米芾

南宋著名书画家米芾曾用一方山形的砚台与苏促恭换得甘露寺，以为宅园名海岳庵。嘉定年间，润州知府岳珂购得米芾旧园遗址，改建为砚山园。园内借物寓景，山石花木，皆以诗中经典名句点出其胜概之处。

（2）梦溪园·沈括

梦溪园位于润州城的东南角，为嘉祐年间进士沈括宅园。据传沈括在其三十岁就梦见一处山水风光优美之地，且不断在其梦中出现。十余年后，偶有一道人向其推荐一园林，遂花钱三十万购得，但不知其所。之后六年，得见此园就如梦中山水风光优美之地，即决定以此园为终老居所，名“梦溪园”，并撰写《梦溪园记》对园林加以描述。

5. 绍兴私家园林

（1）沈园

现浙江绍兴的沈园，为宋代名园遗址，因园主人姓沈故名沈园。由于年代久远，目前只有些许假山、水井、葫芦形水池、照壁残墙留存。园内池水波光粼粼，林间点缀假山、亭台楼阁、小桥流水，为当时绍兴名园。由于此园为南宋著名诗人陆游与唐婉爱情见证之地，陆游分别于27岁、75岁、84岁三次游园，并三次作诗，其中就有千古传诵的《钗头凤》，故在原有园林遗址基础上加以扩建为以纪念陆游为主题的具有宋代私家园林风格特征的古典园林。

4.4 寺观园林

4.4.1 道观园林

宋太祖赵匡胤在谋取政权时，一些饱受压抑的僧侣与道士，拼命地为其夺得天子之位制造舆论，以期望赵匡胤为帝后对佛、道两教的奉尊。而宋太祖取代后周，继承了唐代儒、道、释三教共尊，对佛、道两教加以扶持。宋太宗被尊为“法天崇道皇帝”先后建北帝宫于终南山、太乙宫于苏州、上清宫、太一宫、洞真宫于都城等。其继任者宋真宗更过犹不及，一心入道修真，多次编造神话，大搞“天书”接还活动，以确认赵氏皇权的“君权神授”性质。宋真宗曾在京城建玉清昭应宫以供奉“天书”，又建景灵宫、太极宫于曲阜寿丘、茅山建元符观、亳州建明道宫以供奉老子。但宋真宗最终死于服食丹药，其后道教发展萎靡不振。直至宋徽宗自诩为“教主道君皇帝”，道教再次复兴，甚至改佛寺为道观，皇家御苑艮岳就带有浓郁的道教色彩。南宋政权吸取了北宋亡国教训，重儒、佛而轻道，道教日益没落。

佛、道两教发展，教义上均驱使僧侣与道士远离城市，在山林荒野之中建佛寺与道观，促成了继魏晋南北朝以来第二次全国范围内的山水风景名胜区开发的热潮。基于三教合流背景，道观建筑的形制受佛教伽蓝七堂制度影响，形成传统一正两厢的多进院落格局。道观园林景观进一步世俗化、文人化，除了基本的宗教色彩神仙功能外，基本与私家园林趋同。

1. 岱庙·泰庙·岳庙

岱庙位于泰山南麓，是我国古代最为著名的祭山的祀庙之一，历代帝王均到此举行封禅大典。“泰山有庙秦既作畤，汉亦起宫”创建于秦汉，后经历代不断增修，为道教主流全真教圣地。宋徽宗宣和四年（1122 年），建有殿、寝、堂、阁、门、亭、库、馆、楼、观、廊等建筑共计 813 楹，虽后朝又有修缮，已失去宋代原貌，但总体规模格局一直延续至今，其中庙内的玉皇殿（凌霄殿）就为宋代所建。

岱庙整个建筑形成一条由南至北的中轴线，轴线上建筑由南至北分布为：双龙池、遥参亭大殿、岱庙坊、正阳门、配天门、仁安门、天贶殿、中寝宫、厚载门、岱宗坊、登山盘路（图 4-25）。岱庙建筑排列布局采用的是帝王宫城布局方式，纵横扩展充分展示儒家礼制观念。南北轴线上是一个五进的院落，形成一个以天贶殿为主体，在东侧分布汉柏院、东御座、东道院，西侧分布唐槐院、雨花道院的整体道观园林格局。天贶殿为第三进院落的主体建筑，创建于宋代，后代又有修缮，现存为康熙年间重建。天贶殿与故宫的太和殿、曲阜孔庙大成殿并称为中国三大殿。

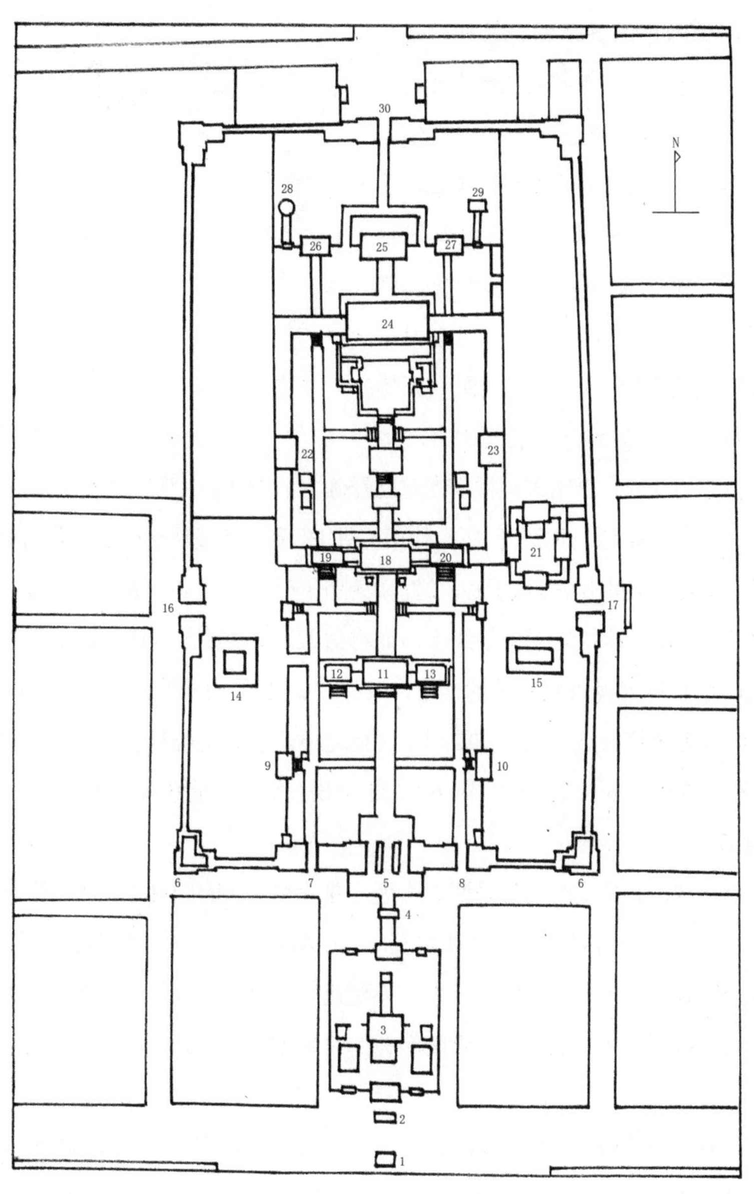

图 4-25 岱庙平面图

1. 双龙池; 2. 遥参亭; 3. 元君殿; 4. 岱庙坊; 5. 正阳门; 6. 角楼; 7. 仰高门; 8. 见大门; 9. 祥符碑; 10. 宣和碑; 11. 配天门; 12. 太尉殿; 13. 三灵侯殿; 14. 唐槐院; 15. 汉柏院; 16. 西华门; 17. 东华门; 18. 仁安门; 19. 神门; 20. 神门; 21. 东御座; 22. 鼓楼; 23. 钟楼; 24. 天贶殿; 25. 正寝宫; 26. 西寝宫; 27. 东寝宫; 28. 铁塔; 29. 铜亭; 30. 厚载门

4.4.2 佛寺园林

宋太祖赵匡胤取代后周以后，采取的是“佛、道并用，而重在佛教”的政策。建立译经院、印经院，还亲自参与宣传。宋真宗也信佛教，只是到宋徽宗时，受道士林灵素蛊惑，下诏书并佛入道。至南宋诸帝更是吸取北宋亡国教训，均对佛教采取鼓励的政策。

到宋代，佛教内的各宗派开始融合，其中禅宗和净土宗开始成为佛教的主要宗派。特别是禅宗与传统儒家学说进一步结合产生新儒学——理学。早期禅宗强调“直指本心，见性成佛”，对文字论著并不重视，但发现这样不利于传播。故后期禅宗进一步汉化，强调“禅”不仅是“参”与“悟”，讲说也很重要，于是文字记载的“灯录”与“语录”开始出现，大量的文人参与到灯录撰写中来，更进一步促进禅宗的发展。至南宋，禅宗寺院已经确立了“伽蓝七堂”制度，即由山门、佛殿、法堂、僧房、厨房、浴室、西净（便所）构成（图 4-26）。佛殿居于中心，作为僧人日常坐禅修行的场所，僧人于此将佛法了然于心，进而成佛正应了禅宗“心印成佛”之意。伽蓝七堂制度将主要的宗教礼仪性建筑置于中轴线上，而将僧人日常活动的场所则置于中轴线两侧。至宋代，寺院已经非常重视景观环境的塑造，特别是通过片植植物，对院前空间进行人为加工，使得寺院景观环境符合宗教氛围的超尘脱俗之境，引导及培养信徒对宗教的虔诚纯净的心态。王安石就曾在游览天童寺时，写下“二十里松行欲尽，青山捧出梵王宫”的诗句。

	法堂（头）	
僧堂（右手）	佛殿（心）	厨房（左手）
西净（右脚）	山门（阴）	浴室（左脚）

图 4-26　伽蓝七堂图解

1. 灵隐寺

灵隐寺位于杭州北高峰南麓，是西湖附近一带著名的古刹园林之一。灵隐寺与同在西湖附近的静慈寺，均为东南著名的佛教禅宗五山（五刹）之一。同西湖周边的私家园林一样，佛寺基本选址风景优美的地方，依山就水，寺院建筑、园林布局紧密与之结合。正是因为历来地方官对西湖水利、风景的整治及寺院园林的建置才使得西湖得以变为闻名全国的风景名胜之地。

灵隐寺创建于东晋咸和元年（326 年），距今有近 1700 年历史。印度高僧慧理游历至杭州，看到现今的飞来峰，感觉非常像印度释迦牟尼说法之地王舍城灵鹫峰，以为“仙灵所隐”继而在此建寺，并命名“灵隐寺”。历代以来，屡毁屡建，五代时期吴越王崇信佛教，予以扩建。宋代，灵隐寺更被朝廷封为禅宗的五大宗派之一的临济宗，被佛教视为“祖庭”。灵隐寺天王殿“云林禅寺”的匾额为清代康熙手写。天王殿中供奉的弥勒佛，佛身采用香檀木镶嵌而成，为南宋遗物。

灵隐寺内古木参天，宗教氛围浓郁（图 4-27）。寺前有冷泉，为唐中期时发现，宋代又予以疏浚。唐中期曾在池中心建冷泉亭，明代将其移建于岸上。天王殿前左右各有一经幢，也为宋代遗物，由别处移至此处，是目前西湖佛寺中仅存的一对完整的经幢。过天王殿就到大雄宝殿，大雄宝殿重建于清光绪年间，为仿唐代的单层重檐建筑。大雄宝殿前有北宋年间的遗物，塔身八面九层为楼阁式双塔，造型优美。此外，寺内还有一座六面六层据传为慧理大师埋骨之所的墓塔，名理公塔，又名灵鹫塔。园内还有一海拔 200 多米的石山，名飞来峰。飞来峰低矮瘦削，满山秀石玲珑，过去更曾有 72 洞，与周围灵隐寺、天竺山景致不同。自古以来飞来峰就是文人墨客赏景的佳处，其中烟、雨、雪、月最有情趣，飞来峰雪景更被誉为西湖八大雪景之一。

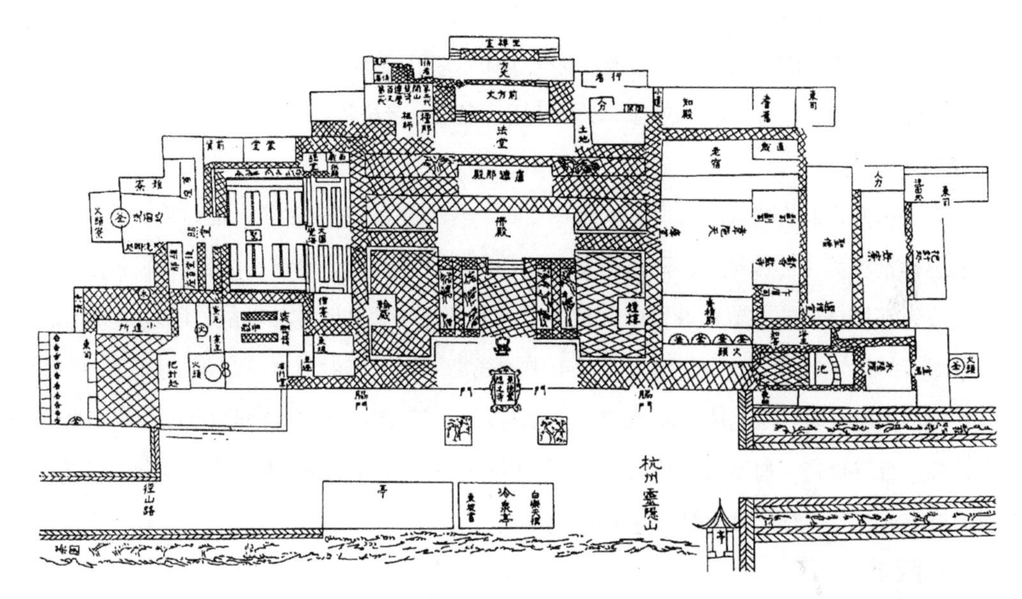

图 4-27　南宋时期灵隐寺平面示意图

4.5 其他园林

4.5.1 城市公共园林

两宋时期，经济繁荣、手工业、商业发达、人口激增，而一般居民无法自己营建私家园林，只能去近郊的自然山水林泉中去满足自然美的审美需求，于是城市公共园林应运而生。城市公共园林一般没有特定的服务对象，但按所处位置一般可以分为两大类，一类是位于城市近郊山水风光明媚的风景名胜之地，称之为山水名胜园林；另一类是城市内具有较高文化价值的名胜古迹，称为名胜古迹园林，如名楼、名泉、名桥等。

1. 东京

东京作为北宋的都城，由于整体地势较低，城市之中有很多池沼，而政府会出资对这些池沼进行景观美化。种植菰、蒲、荷花及柳树，并在池岸建置亭、榭、台、桥等景观建筑，使之成为都城居民的游览踏春赏景之地，具有初级城市公共园林的功能。除以上介绍之外，东京城市的街道的绿化也十分出色，城市中轴线御街为城市街道宽度之最 200 步，由御路、人行道、水沟及绿化带构成。水沟位于御路与人行道之间，池中尽植荷花，池岸边便植桃、李、梨、杏等植物。而城市的其他街道则采用柳树、榆树、槐树、椿树等乡土物种作为行道树。护城河河岸政府更明令种植榆树与柳树。

2. 西湖

南宋临安西湖，历经秦汉、魏晋南北朝、隋、唐、北宋的开发水利疏浚，其中最早的疏浚工程可追溯到汉代华信筑钱塘；中唐李泌开挖六井；白居易水利建设，环湖筑堤种植竹林、筑白堤；宋代苏轼进一步治理西湖，筑苏堤、修六桥、建三潭等景观，使西湖初具规模。伴随大量的私家园林、行宫御苑及寺观园林点缀，俨然成为一个开放性山水园林性质的城市风景游览胜地。西湖平湖似镜又花木繁茂加之南北两山的环绕，沿湖周边穿插点缀亭台楼阁，视觉层次丰富，更与自然界中的风雨雷电、天光云影、朝暮晨昏、四季更迭结合形成实景与虚景的交相呼应，动静结合于自然山水风景园林之中。

祝穆的《方舆胜览》卷一临安府中记载：“好事者尝命十题，有曰平湖秋色、苏堤春晓、曲院风荷、断桥残雪、雷峰落照、柳浪闻莺、花港观鱼、两峰插云、南屏晚钟、三潭印月。”苏堤春晓赏的是春季晨曦中的湖中苏堤及堤上烟柳新绿；曲院风荷赏的夏季凉风吹过荷叶，荷叶随风摇曳的风姿及清香；平湖秋色赏的是中秋之夜明月于湖中沉浮的美景；断桥残雪则是基于山河破碎大背景下，在隆冬腊月欣赏古桥雪景；柳浪闻莺与花港观鱼赏的是动物、植物、景观建筑之间相互衬托；三潭印月与两峰插云赏的是园林小品、月、山、云自然风光的搭配；雷峰落照赏的园林建筑同晚霞夕阳的结合；南屏晚钟赏的西湖周边佛寺钟声同湖水之间通过听觉与视觉有机结合的审美感受。十景之名一一对偶，犹如画龙点睛之笔，使精神上的诗意与臻于画意的视觉效果相映成趣，引导游览者的审美由视觉层面提升至精神层面（图 4-28）。

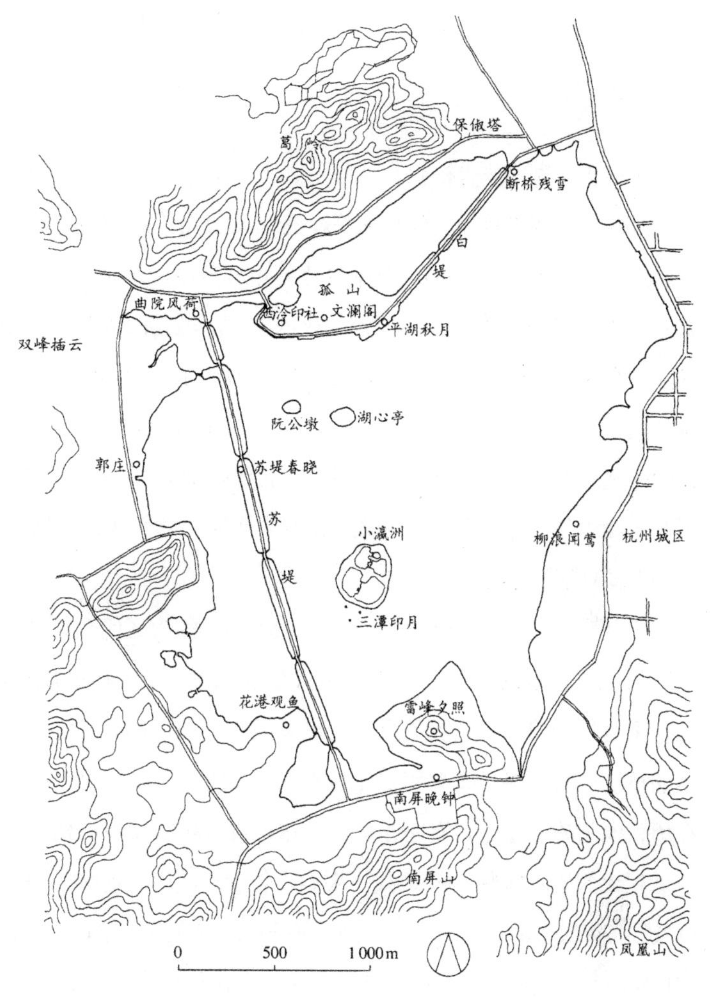

图 4-28　杭州西湖平面图

4.5.2　其他园林

中华民族有非常强的宗族观念，民间历来就十分重视对祖先的祭祀活动，而“祠堂”即古人从事祭祀活动的场所，相当于民间的祖庙，仅建筑的级别较低而已。古代为了纪念某一重要人物，就会为其设立祠堂，祠堂建筑会与周围环境相结合进而形成“祠堂园林”。晋祠就是现存历史最悠久、规模庞大、园林氛围浓郁的祠堂园林。位于山西距太原市 25km 悬瓮山下晋水发源地。始建于北魏或更早，为纪念周武王之子叔虞而建。北齐曾改为大崇皇寺，后晋又更名兴安王庙，北宋再次修缮建圣母殿，金代建献殿，明代又增建牌坊、钟鼓楼及水镜台，形成现今的基本格局。晋祠的布局不同于一般祭祀建筑规整布局，由大门、水镜台、会仙桥、金人台、对越坊、钟楼、鼓楼、献殿、鱼沼飞梁和圣母殿自西向东形成一条不太明显的轴线，采用散点式布局方式，殿堂、亭台楼阁、桥池结合山坡、泉水、古树散布于轴线两侧，景观空间中既有开阔的空间又有曲径通幽的雅趣。整体布局充分结合悬瓮山的自然地势，善于借景，形成疏朗清幽的祠堂园林。

除祭祀祖先的祠堂园林外，随着小农经济在宋代的完全成熟，农村的聚落作为最基层的行政组织也出现了公共园林，如浙江楠溪江苍坡村。继唐代以后，宋代不管是中央官署还是地方衙署的园林营造则更为普遍，在《东京梦华录》《梦粱录》《景定建康志》中都有记载。

4.6 辽、金园林

4.6.1 皇家园林

916 年，契丹首领阿保机称帝，建立政权定国号契丹，后改称辽。辽代统治者曾先后建立五座都城。即上京临潢府位于今赤峰市林东镇、东京辽阳府位于今辽宁省辽阳市、南京析津府即今北京市、中京大定府位于今内蒙古宁城县西大明城、西京大同府位于今山西省大同市。金朝灭辽朝后，也效仿辽设立五座都城，东京辽阳府、南京析津府、中京大定府、西京大同府沿袭辽代名称，只是将金的位于黑龙江阿城县南白城子都城会宁府升级为上京后，改辽上京为北京。而辽代的南京析津府（位于今北京）到金又被称为燕京，更于金海陵王贞元元年（1153 年）迁都燕京，并改名中都大兴府，史称辽金五京。

1.辽·南京（今北京）

辽代南京城具体位置在今北京外城以西，作为辽代五京之一在政治上具有重要地位。唐代作为经略辽东的基地，就曾经着力经营城市，城内坊里规整，并有横贯东西的大街。在辽、宋对峙形势下南京更是重要的军事战略基地，同时又处交通要道之上，南面即辽、宋互市的榷场，北通多条重要路口还与塞外的高丽、西夏、西域都有着商业联系。因此，统治者在唐代幽州的基础上，对南京城的城市也进行相应规模的建设（图 4-29）。

辽代的皇家园林文献记载主要有，位于宫城内的瑶池与内果园、位于外城的栗园与柳庄以及行宫御苑长春宫等。瑶池园池中有岛名“瑶屿”，岛上建瑶池殿，内果园是皇帝设宴群臣的场所，长春宫则以牡丹花著称，是帝王赏花与垂钓的场所。

2. 金·中都（今北京）

金灭辽及北宋之后，于金海陵王贞元元年（1153 年）迁都燕京，并仿照北宋的东京城规制对中都燕京进行扩建（图 4-30）。中都沿袭北宋东京城的三套城方案，园林上少部分利用原有辽南京的部分旧苑，多数为新建，将金军从东京掠夺财富及技术人才用于皇家园林的建设。包括著名的芳园、南园、北园、熙春园、琼林苑、同乐园、广乐园、东园组成的“中都八苑”。除此之外，文献记载的大内御苑有东苑、南苑、西苑、北苑，行宫御苑有位于外城东北的兴德宫、位于城南郊的建春宫、位于城东郊的长春宫，离宫御苑有位于城东北郊的大宁宫、位于城北郊的玉泉山行宫、城西北角的钓鱼台行宫等。

4.6.2 其他园林

辽金时期由于统治者推行汉化政策，特别是金于大定年间与南宋议和，形成“南北朝”对峙局面，境内的经济及文化水平不断提高，涌现众多的杰出人士。北方地区的贵族、官僚、文人、地主、富商也着力营建私家园林，园林风格同样也受到北宋文人园林文化的影响，出

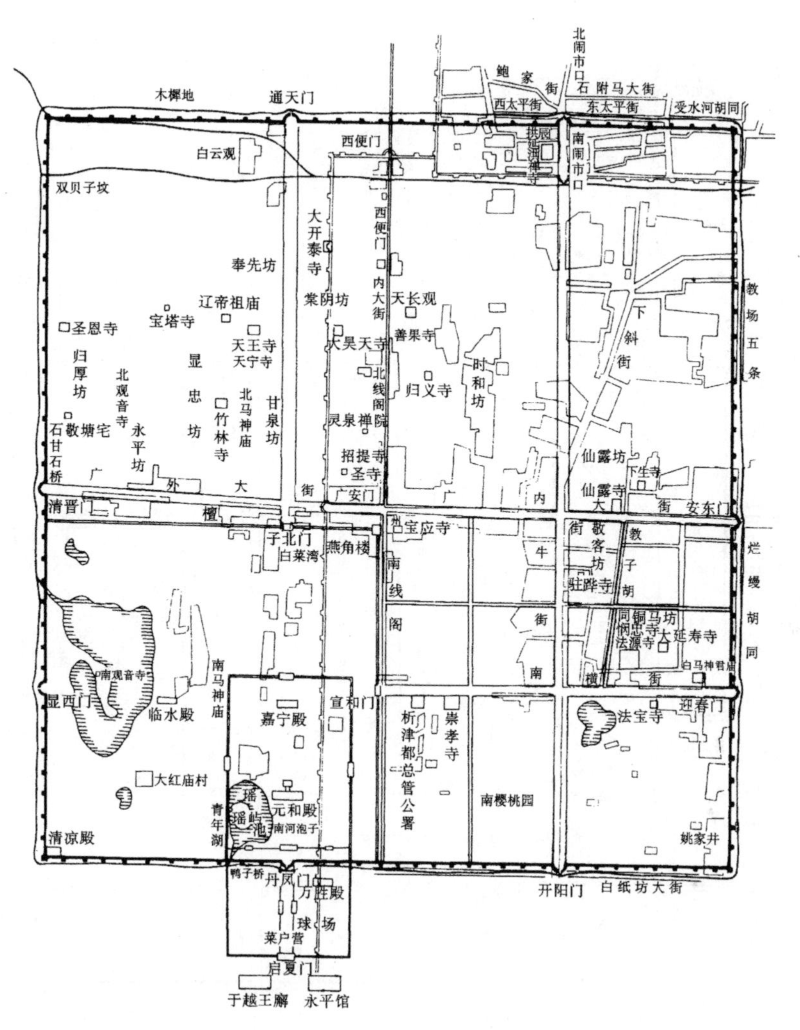

图 4-29 辽南京总体布局图

现大批名园，如中都近郊的崔氏园亭、赵园，中都城内的趣园、遂初园等。

辽金时期的帝王普遍信佛，因此辽南京、金中都城内及近郊均有大规模的佛寺与道观园林建设，如昊天寺、开泰寺、竹林寺、大觉寺、庆寿寺、香山寺等。

金王朝时期，在中都城内及近郊结合天然的河流与湖泊开发了供城市居民游览的公共园林，如西湖、卢沟桥、玉泉山等风景名胜区。更早金章宗时期，出现“燕京八景”即：太液秋风、琼岛春荫、金台夕照、蓟门飞雨、西山晴雪、玉泉垂虹、卢沟晓月、居庸叠翠。

4.6.3 宋代皇陵

宋代由于国力限制，再加之宋制规定帝王生前不建寿陵，死后七个月内建陵入葬，故很难有像秦汉那样大规模上方。而是多采用规模较小、修建较容易、不易积水的圆包形封土，在封土的底部加以石基础或挡土墙，以防水土流失。

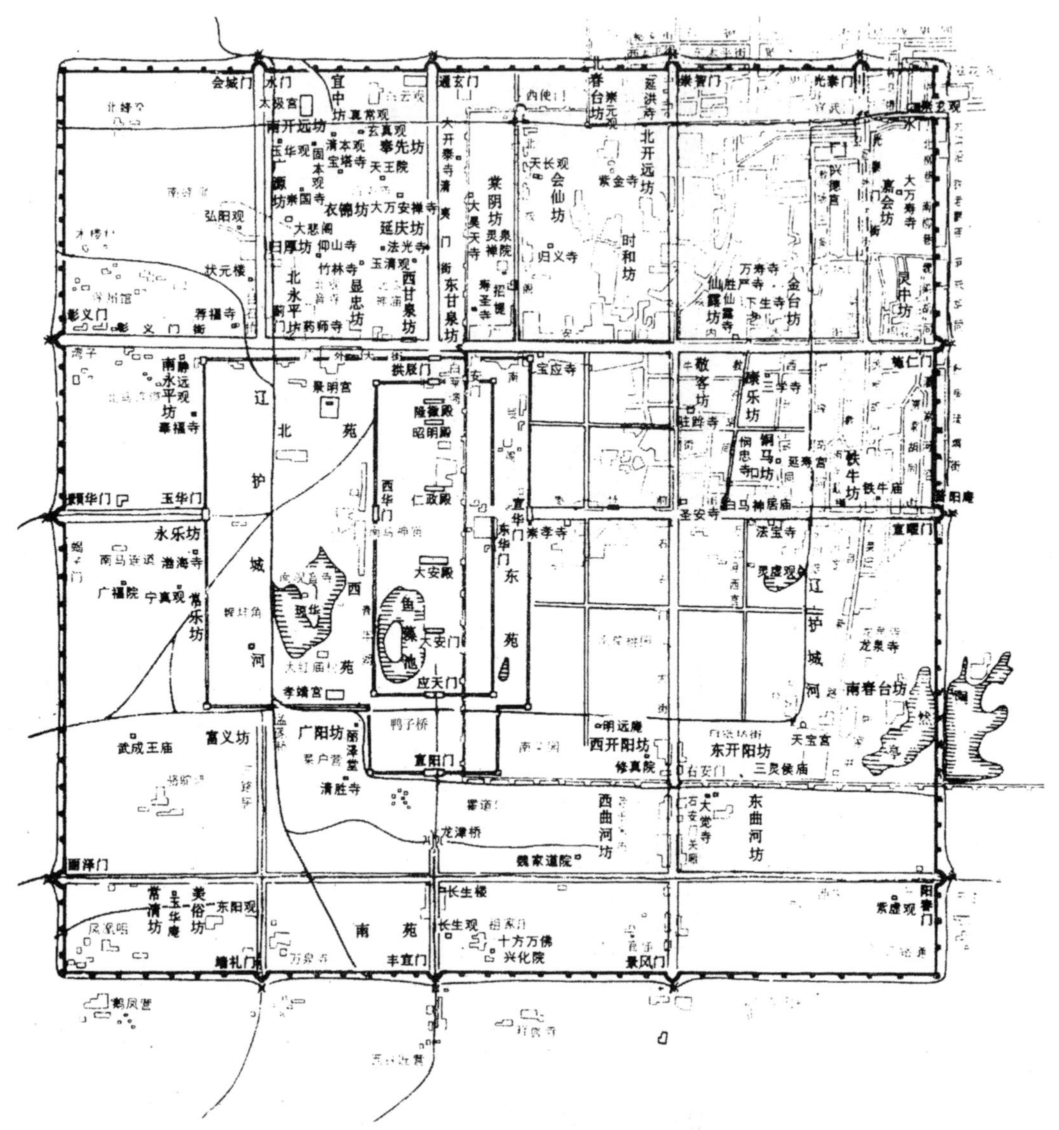

图 4-30　金中都总体布局图

北宋八陵均位于河南省嵩山北麓的回郭镇一带，北宋九个皇帝中除徽、钦二帝被金兵掳去死于五国城外，其余七个皇帝及赵弘殷（赵匡胤之父）均葬在巩义，通称“七帝八陵”。除“七帝八陵”之外还有后妃、皇亲、功臣墓约 300 座，形成一个规模庞大的墓葬群。北宋帝陵布局基本沿袭唐制，不同之处是遵循风水堪舆之说，墓葬南高北低，所以宋陵一反“背山面水”的常规，而是将陵区设置于嵩山北麓，形成入口处地面较高，封土较低的布局模式。陵园坐北朝南，平面布局呈方形，四周设神墙，四角起角楼，四面正中有神门。陵墓正中为高大的封土陵台，外形呈斗状，故又称方上，其下为地宫。南神门沿中轴线设神道，两侧列石象生。

第5章

元、明时期园林（1271—1644年）

图注：清·院本《十二月令图轴》之六月

5.1 时代背景

至元八年（1271年），蒙古灭掉了金国，忽必烈取《易经》“大哉乾元”之意定国号为元，次年迁都燕京（今北京）。至元十六年（1279年）又灭掉了南宋，统一中国。元朝总共传了五世十一帝，总共历时约98年，虽不足百年，却在中国历史上具有重要的地位，它是在中国历史上首个由少数民族建立的政权。它实现了规模空前的全国大统一，结束中国历史上长期以来的宋、辽、金、夏等政权割据对峙的局面。元朝为保障蒙古及西域各族中贵族的利益，在国内实行民族歧视政策，按政治地位由高向低将民族分为蒙古人、色目人、汉人、南人四等。蒙古人靠暴力手段实现政治上的统一，促进了多民族间的文化交流，但在文化融合过程中却往往是先进文化征服落后文化。忽必烈即位后大力推行“汉法”，在都城的规划与宫城的布置上均汲取中国传统礼制文化，但仍然保持着蒙古族游牧民族的传统特色，如在元朝后宫除了汉式的宫殿建筑外还散布着具有鲜明少数民族特色的纯蒙古式帐幕建筑。忽必烈虽然迁都燕京，但每年春季的二三月份会前往上都（开平府城）避暑，于八九月份再返回燕京，元朝的诸帝一直都执行“两京制”。元朝的两京制与唐、宋的两京制还是有很大不同的，洛阳既是唐代东都又是宋代西京，但在唐、宋两朝仅作为备用场所。受游牧民族所特有的逐夏驻冬生活习惯影响，元朝所特有的“时巡”制度使皇帝每年春夏必会去上都避暑，秋冬季再回到大都，因此上都也被称为“夏都”。蒙古人统治的元朝，民族矛盾尖锐，造园活动低迷。

1364年，朱元璋灭掉元朝称帝，定国号为大明，总共传16帝，历时276年。朱元璋称帝后废除了宰相制度，极力强化帝王的中央集权。将相权与皇权集于帝王一身。明朝不仅使中国又一次出现强大而又稳定的多民族国家，社会稳定也促使封建社会内部的商业经济逐渐发展，明末社会内部甚至孕育出了资本主义的萌芽。洪武、永乐两朝，国势强盛、经济繁荣、文化璀璨，皇家及私家园林的兴建开始活跃。明朝有三个都城分别为：应天（今南京）、凤阳府（中都）、北京，中国城市建设掀起了新的高潮。朱元璋在南京称吴王，是为西吴。至正二十六年（1366年），开始大规模的应天城建设，修筑太庙、社稷坛、天地坛及新的宫殿。但由于应天位于东南部，地理方位上又有长江相隔，非常不利于从政治及军事上控制全国。于是在洪武二年（1369年），朱元璋又决定将其故乡临濠更名为凤阳府并建中都，开始规模宏大的城市建设。但由于凤阳府的地理位置、经济、文化、农业及交通条件不便利，朱元璋于洪武八年（1375年）宣布停止中都的建设。朱棣夺得政权以后，起初仍以南京为京师，但朱棣的大本营在燕京，出于政治及军事的双重考虑，于永乐十四年（1416年）决定迁都燕京，开始了大规模的城市建设，奠定了今天北京故宫基本规模与格局

5.2 都城建设

中国都城选址历来都受儒家正统观念影响，认为都城选址首推以长安为中心的关中地区或以洛阳为中心的中原地区，以便于展开对全国的政治经济的掌控，但至元、明时期政治与军事形势已经发生根本变化。燕京地理位置恰好位于以汉文化为主的农业文明同以游牧文化为主的北方少数民族政治军事交锋的咽喉部位，双方势力的推进，燕京都是关键的枢纽及前沿阵地。因此，考虑当时特殊的政治军事形势，燕京成为中国封建社会后期都城贯穿性选择，元世祖忽必烈、明成祖朱棣如此，乃至中国最后的封建王朝清王朝也如此。

5.2.1 元・大都

元世祖忽必烈建国后次年迁都燕京，但作为金朝中都的燕京经历了战争、火灾等破坏，金中都旧城已经破败不堪，以致忽必烈最初在燕京时沿用蒙古族旧习居住于毡帐与毳殿之中。至元四年（1267 年）开始以金朝离宫御苑大宁宫为中心，在金中都旁另建全新的都城即“元大都”，这也是随后明清两朝都城的前身（图 5-1）。

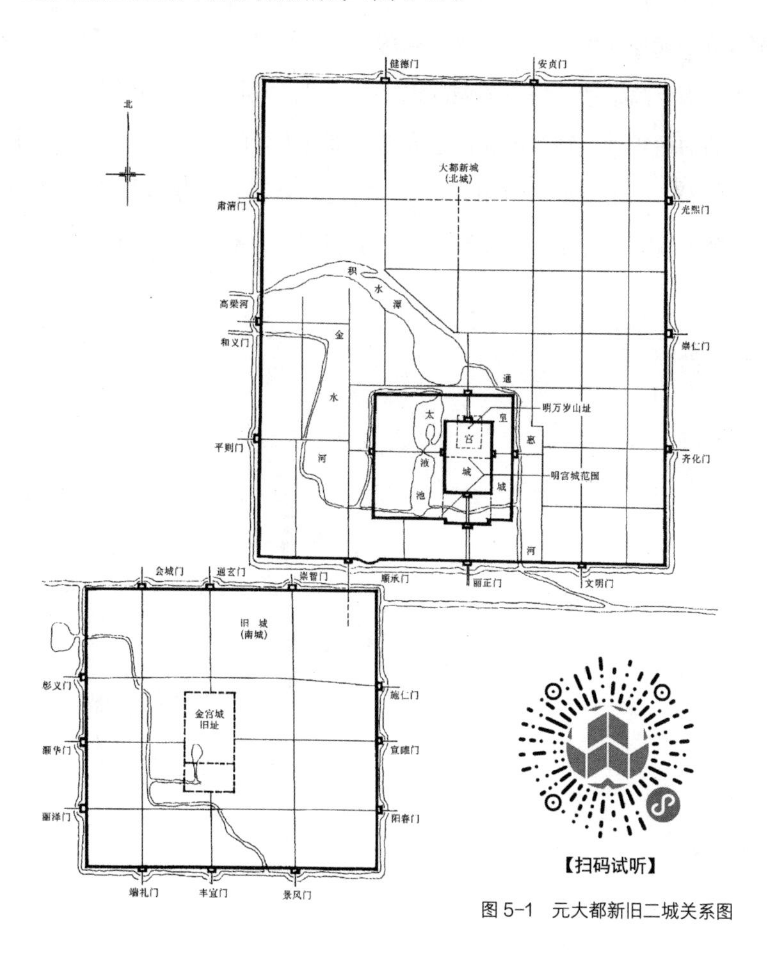

图 5-1　元大都新旧二城关系图

元世祖忽必烈迁都燕京并没有一开始就兴建新城，新都的营建过程中旧城一直也在使用，乃至旧城在历时近百年的元朝统治期间就始终未废。元大都规划布局的成功正是得益于旧城在新城建设过程中充分发挥着建设基地作用的同时，又保证新城的布局不受旧城原有设施布局的影响。同时，元大都的规划在以《考工记》为蓝本的基础上，又汲取前代都城规划布局的经验，根据当时的城市自身发展需要，充分利用原有地理条件规划出符合实际需求的城市规划布局方案。

元大都采用三套城方案，平面为一个近正方形的南北向略长的长方形。宫城共十一门，除北侧两门外，东、南、西侧均为三门，周长约 28.6km，面积约 50km^2，总体面积与宋代汴京相当，相比唐长安城较小，约为长安城面积的五分之三。元大都采用了《周礼·考工记》中经典的“面朝后市，左祖右社”古制方案，皇城位于整个都城的南端略偏西处，太液池位于皇城的中部大内的东侧，宫殿和城市中心背水面环绕，社稷坛位于皇城的西侧平则门内，太庙位于皇城东侧齐化门内。秦代的集中式的“市”概念自宋代开始到元代已经完全消亡，而是被分散于城市之中，被许多“街市”和专营类别的如米市、马市所取代，北市、东市、西市则是元大都城内的三大综合性商业集市。而受旧城北侧城墙的局限以及蒙古人“逐水而居”生活习惯影响，大内紧邻太液池，位于整个都城南侧形成“面朝后市”的格局。

元大都放弃旧城莲花池作为城市供水系统，也未选择卢沟河河水，而是将城北昌平、西山上的众泉水汇聚于高粱河，注入都城内积水潭，沿宫城向南注入城外的通惠河，连通大运河，使得南方的漕运粮食、物资可以直达大都，节省大量的人力物力。此外，将太液池与积水潭的水源完全分开，另从西山玉泉山引流，经过供水渠道“金河”，注入太液池专供大内使用。由于水源于西方，西方五行属金，故得名“金水”（图 5-2）。

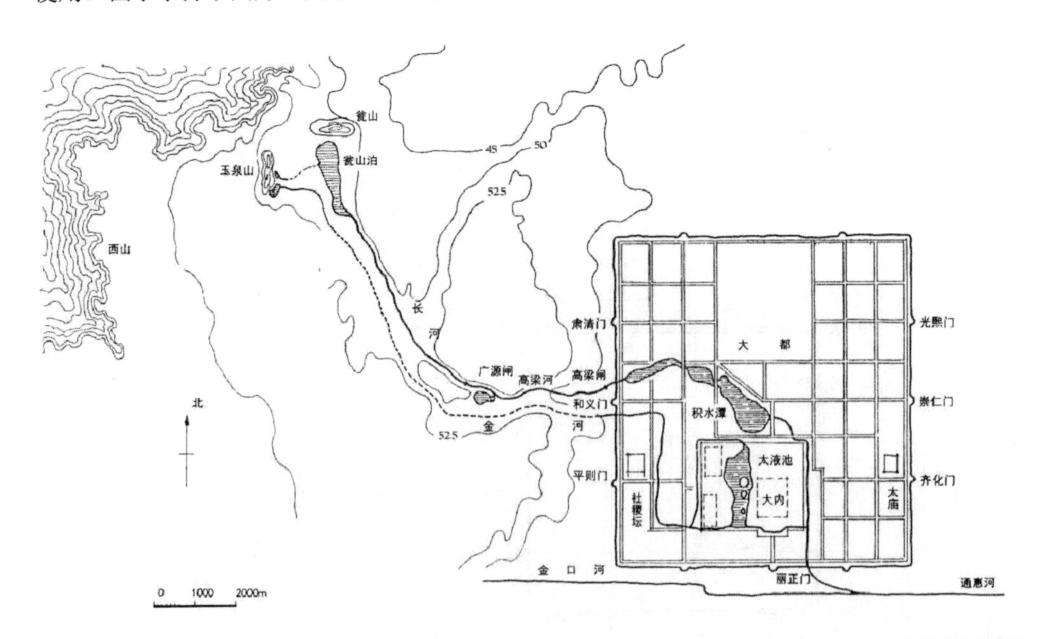

图 5-2　元大都水系示意图

元大都的规划布局不仅因地制宜、随形就势，还充分体现了汉、蒙两族文化的融合，创造出一个以广大水面为中心，又呈现《周礼·考工记》古制的整齐、庄严、宏大体现皇家威严的全新都城。

5.2.2 明·北京

明成祖朱棣即位后，初期还是以南京为都城，于永乐十四年（公元 1416 年）决定迁都燕京，直到崇祯十七年（1644 年）其间的 200 多年中，北京一直作为大明王朝的首都。北京作为朱棣的大本营，其夺得政权后首先要强调并宣扬其作为大明帝国正统继承者的地位，因此北京城在规划改造布局有意模仿南京。北京宫城北侧人工堆造的土山万岁山就是有意模仿南京宫城后的镇山而有意为之。北京城的改建在不改变轴线的基础上，放弃了元大都都城的北部约 2.8km 区域，宫城位置在永乐年间向南推进 1 里多，都城的南城墙也向南推移 0.8km 多。在五府六部布局也有意模仿南京，将五府六部的衙署布局在皇城南面千步廊两侧。成化年间出于城防考虑再次仿南京形制，在北京城南侧加筑外城，确定现今北京城的城市格局（图 5-3）。

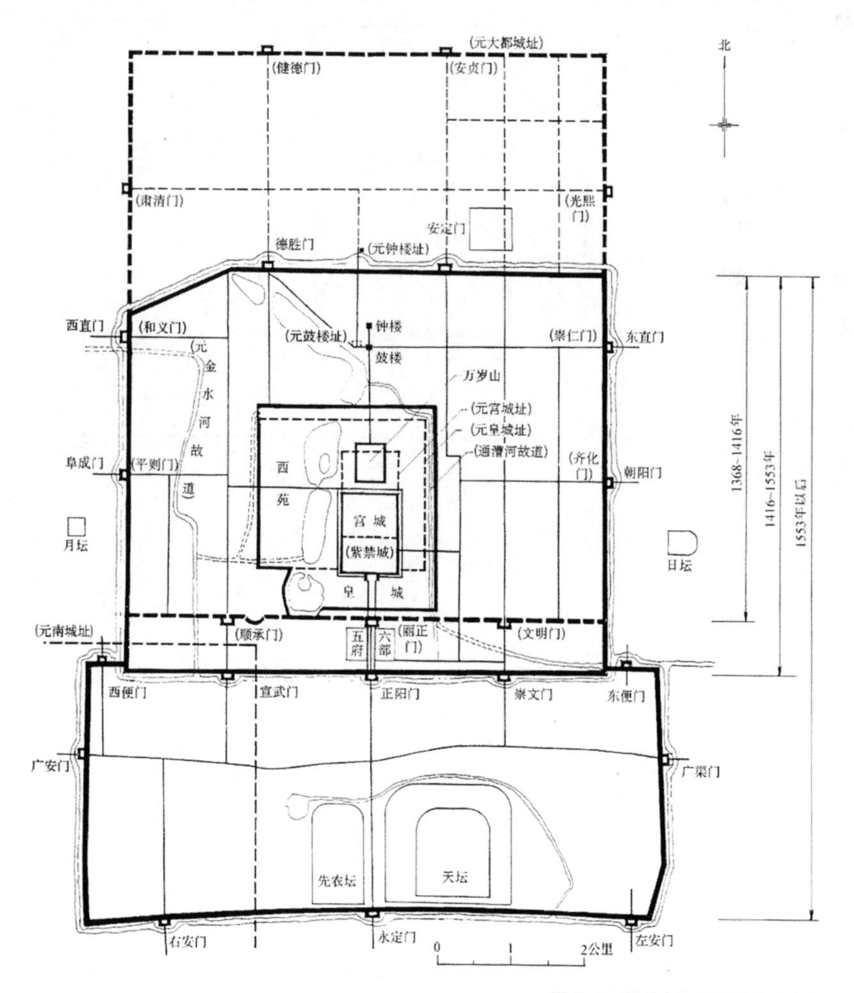

图 5-3　明北京发展三阶段示意图

宫城又称紫禁城，南北边长略长于东西边长，南北长为 960m，东西长则为 760m，外围由筒子河作为护城河围绕，共四门，东、南、西、北各开一门。宫城的南移以及外城的南扩，导致宫城的位置由元大都南端略偏西移动到北京城中心位置之上。同时，将太庙与社稷坛分布于宫城前方左右对称的两个方位上，宫城后方的万岁山成为整个宫城的制高点，又将钟鼓楼移到城市中轴线的南端，形成一个由永定门直至钟楼长达 9km 贯穿南北的城市中轴线，都城的庄严气势远胜元大都（图 5-4）。

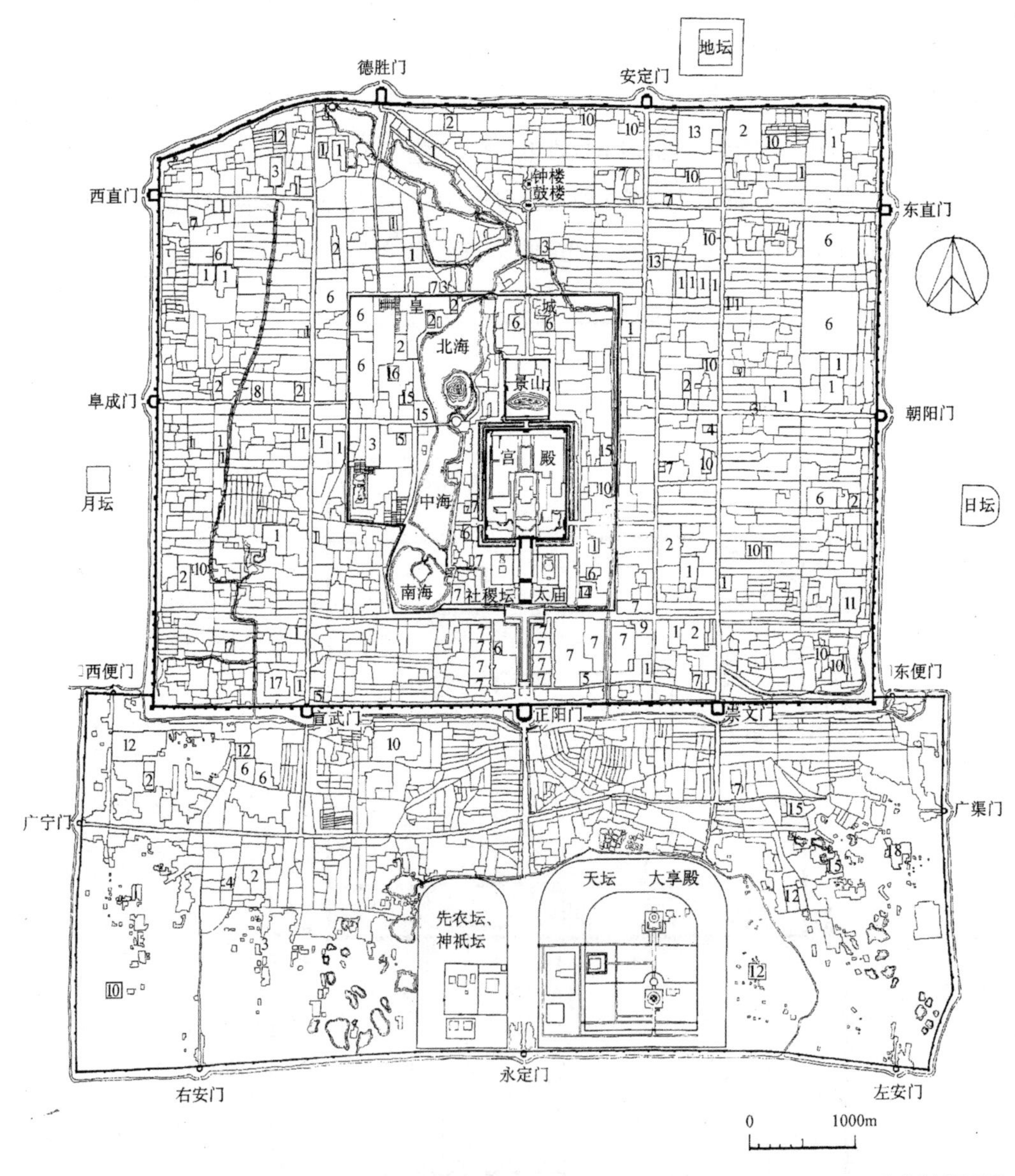

图 5-4　明清北京城平面图

1. 亲王府；2. 佛寺；3. 道观；4. 清真寺；5. 天主教堂；6. 仓库；7. 衙署；8. 历代帝王庙；9. 满洲堂子；10. 官手工业局及作坊；11. 贡院；12. 八旗营建；13. 文庙 学校；14. 皇史宬；15. 马圈；16. 牛圈；17. 驯象所；18. 义地 养育堂

明代对城市供水又进行了重新规划，由于明成祖在天寿山修建皇陵，皇陵不允许泉水穿过，导致西山泉水水源减少，无法满足城市供水的需求。元朝宫廷专供水道金水也被废止不用，明代开始改用由积水潭导入北海作为宫廷用水。漕运也不再入城，而是将之移到城南使城南逐渐成为商业中心。明代皇城围绕着皇室生活而展开，皇城内分布各种为皇室服务的内府机构，相较于前代明代的离宫多集中在皇城范围内。永乐以后园林活动逐步活跃起来。

纵观元大都和明北京城的城市布局规划方式，我们可以看出两者都是从实际的使用功能出发，对都城进行有步骤的营建，合理利用旧城及地形地势等自然条件，通过古制经典规划布局方案和强化中轴线等方式，突出皇权的至高无上，展示都城的宏伟气势，成为中国封建王朝最后七百年里，城市规划设计典范，值得我们后人学习与借鉴。

【扫码试听】

5.3　皇家园林

元代蒙古族统治不足百年，皇家园林的兴建并不多，主要皇家园林建设是在金代遗留下的大宁宫西园的基础上扩建的大内御苑。明代出现了一个园林营造的小高潮，皇家园林的建设重点在大内御苑，相较于前代规模更为宏大、造园技术更为成熟、极具宫廷色彩，皇家气派更为突出。

5.3.1　元・皇家园林

元大都修建的皇家园林主要集中在皇城以内，主要由宫城以北的御苑以及在金大宁宫西园为基础拓展的太液池和太子、皇太后和后妃居住的隆福宫西侧的西前苑三大部分构成。园林布局受蒙古族游牧生活习惯影响，皇家园林主要是在金代基础上扩建而成，开阔粗犷，元代皇帝经常宴请群臣于万岁山，并与之泛舟于太液池之上。

1. 元・太液池

元代，将金代大宁宫西园的湖泊予以扩展，并命名为太液池。太液池的整体布局规划沿袭了皇家园林历来的“一池三山”追求月宫琼楼玉宇的模式。太液池由北至南分布着万岁山（即金代琼华岛）、圆坻以及犀山台三座岛屿，呈一条直线分布，象征着传说中东海里的蓬莱、方丈、瀛洲三座有仙人居住的仙山（图 5-5）。

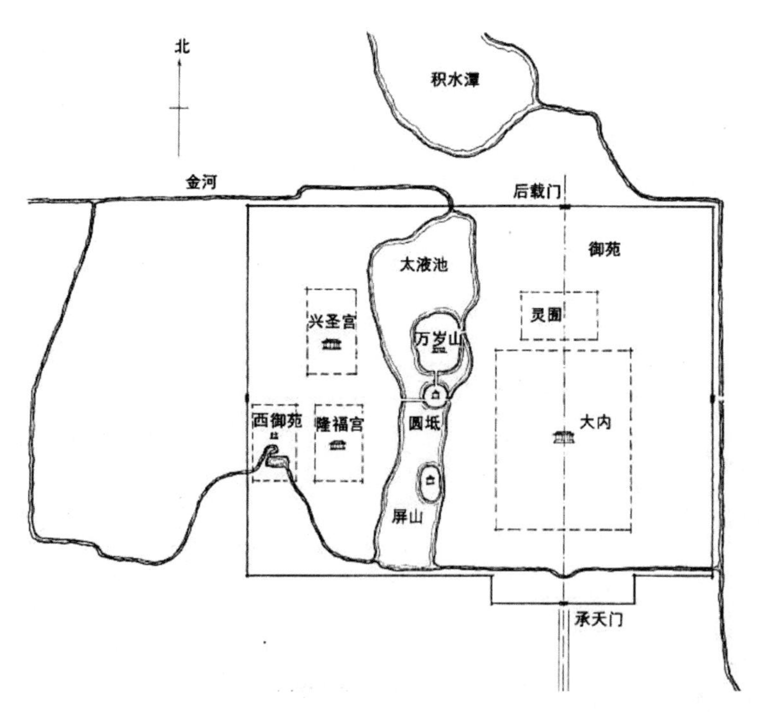

图 5-5　元大都皇城平面示意图

其中万岁山的面积最大，金代名为琼华岛，初期营建时就是仿宋代的艮岳万岁山形制而成，至元代名字直接套用艮岳万岁山之名更名万岁山。万岁山上遍布从艮岳所掠夺的石料堆叠而成的石山，元代在山顶又重建面阔七间的广寒殿，成为全岛的最高点。广寒殿与万岁山南侧仁智殿形成一条南北向的轴线，介福殿与延和殿、方壶亭与瀛洲亭、金露亭与玉虹亭等分别沿轴线东西对称分布，虽然从园林营造布局上过于严谨，但与整个大内宫殿布局协调相得益彰。除以上景点外还有可能源于阿拉伯的温泉蒸浴建筑温石浴室，以及极具游牧民族特色的牧人室与马湩室。从万岁山各主要景点的命名，就充分彰显了统治者在人间摹拟仙山琼阁的设计意图。万岁山遍植花木，四面临水，登广寒殿后顾西山，东侧俯瞰大内宫殿，四周又碧波荡漾，天宇低沉，确实营造出一种清虚之境。在万岁山上还有一个仿宋代艮岳的特殊水景，凿井汲水至山顶，通过山顶的石龙口吐水流入方池之中。岛的东侧与南侧分别筑有石桥与池岸及圆坻相连（图 5-6）。

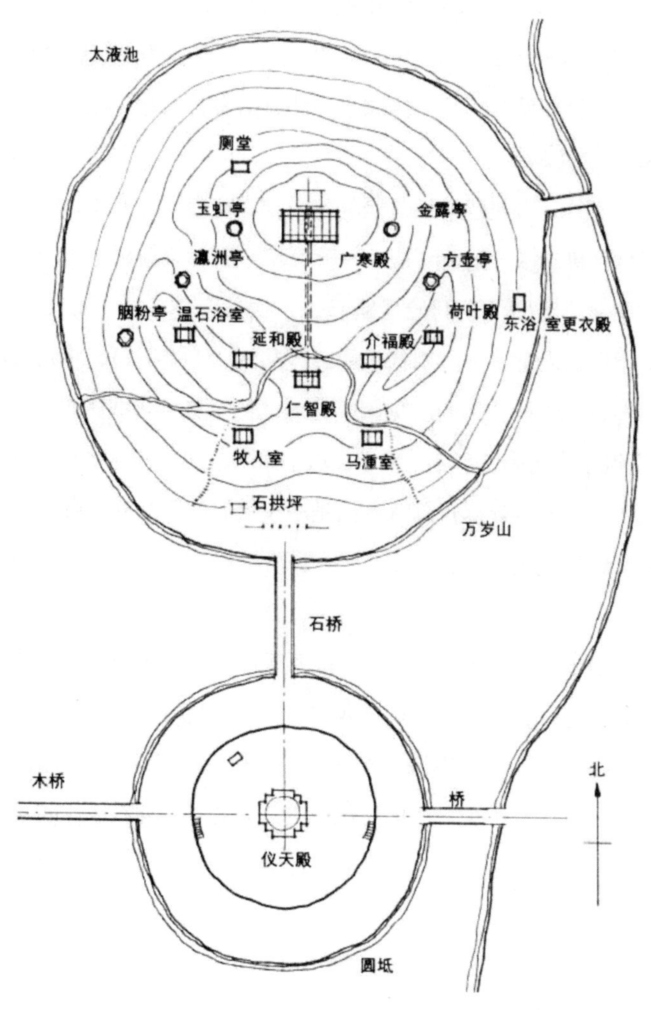

图 5-6　万岁山及圆坻平面图

万岁山以南为一个夯土筑成的圆形高台圆坻，台上修建一座形制同样为圆形的仪天殿，除北侧连接万岁山的石桥外，东西两侧均有木桥与两侧相通。圆坻再向南有一座遍植芍药的小岛及犀山台又名犀山。太液池整体布局显得疏朗清幽，三岛有效规避了狭长水系这一不利之处，丰富了太液池水体景观的空间层次感。每到夏季池内种植的荷花绽放，岸边林木茂密，泛舟池水正是赏月佳处。

2. 其他园林

西御苑，元代太液池的西岸有两组宫殿，兴圣宫位于南侧，隆福宫位于北侧，隆福宫起初为太子的居所，后改为皇太后及后妃居住。西御苑就位于隆福宫的西侧，为元代创建的一个园林。据文献记载，园中以石叠小山作为主景，登高隐约可见广寒殿。“复为台层，回阑邃阁，高出空中，隐隐遥接广寒殿。”[①] 主殿前有流杯池，池之东西对称分布流水圆亭，苑内的主要景观也呈对称分布。西御苑通过东侧木桥与万岁山相连，主要为皇后及后妃游憩的场所，所以整体布局规模上都不如太液池的万岁山。

御苑，御苑位于大内的北侧，为大内的后苑，园内以花木为主，整体风格比较质朴，宴游功能不强。相当一个种植蔬菜瓜果的圃园，元代统治者曾以此为籍田，亲自在此耕作。

5.3.2　明・皇家园林

明代开国之初，不管是宫殿建筑还是园林建设都具有较强的政治目的，统治者生活上强调简朴，故城中园林兴建不多。直至嘉靖、万历两朝，随着政局稳定、经济发展，统治者居安趋奢的倾向日益明显，造园活动开始活跃起来。明代园林多为在元代园林基础上进行扩建，园林建置也集中在大内御苑上，明代大内御苑共 6 所（图 5-7），将元代遗留太液池与西御苑合并而成的西苑、位于西苑以西的兔园、宫城北侧皇城中轴线上增建的镇山万岁山（清代改称景山）、在皇城东南角另建东苑、位于宫城中路中轴线北端的御花园，以及位于宫城西路的慈宁宫花园。明代并未修建离宫御苑，而是在皇城的南郊与东郊分别修建了南苑与上林苑，两者具有猎场及苗木、果蔬、牲畜供应基地的性质。

1. 西苑

明代将元代的太液池与西御苑合在一起统称西苑，成为明代规模最大的大内御苑。明代对西苑进行了改造和扩建：首先，将圆坻与西岸之间的水面填平，使圆坻变成一个半岛；其次，将太液池水面向南扩展，开凿南海并在海中央筑岛，形成北、中、南三海并峙的格局；最终，使西苑的水面积进一步扩大，占园林面积的二分之一，西苑整体的景观格局由元代太液池的“一池三山”变为“三海二岛”的格局。西苑的景观主体也由元代的万岁山（金琼华岛）变为太液池的“三海”。

---

① 肖洵．故宫遗录．

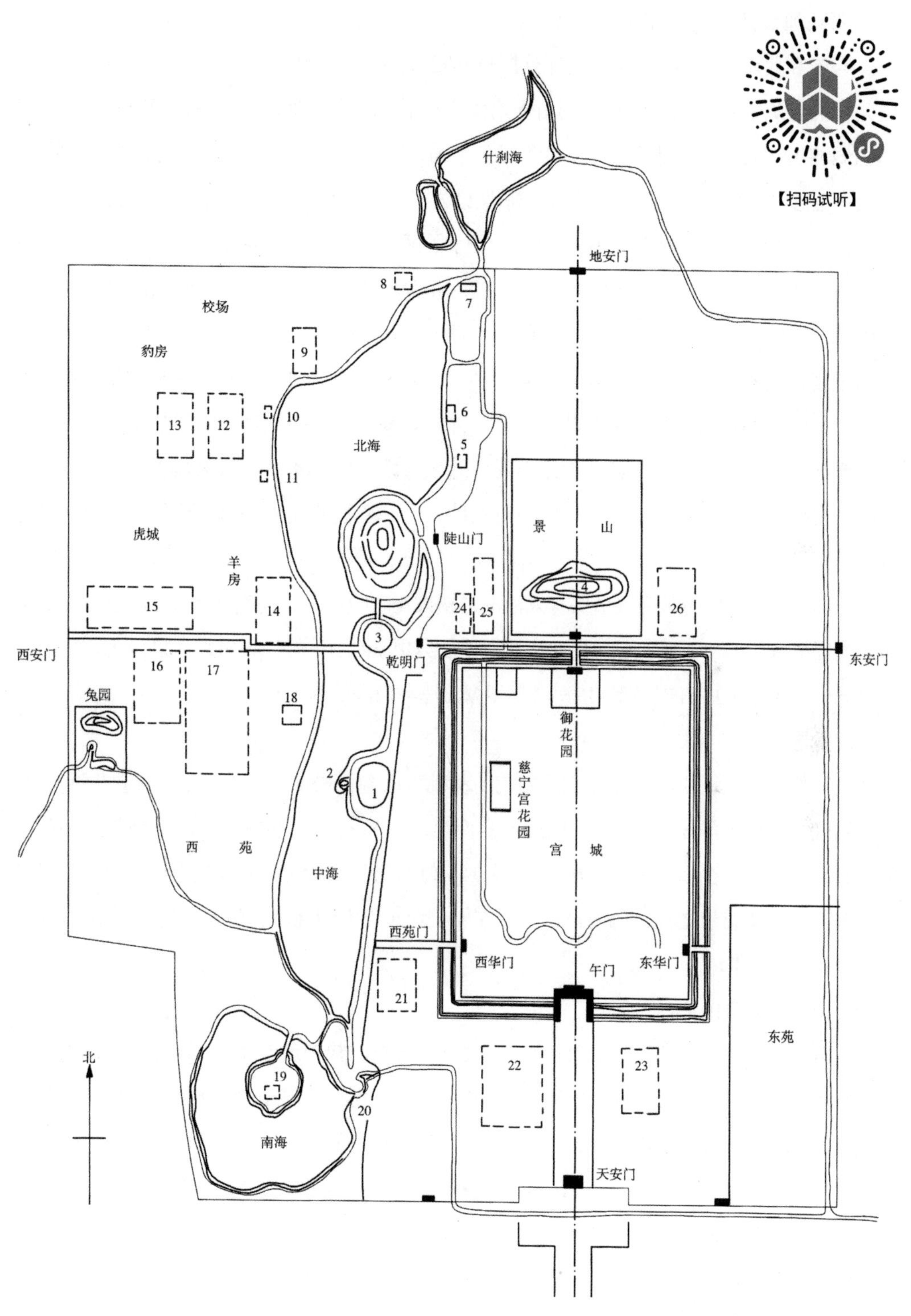

图 5-7　明北京皇城西苑及大内御苑分布图

1. 蕉园；2. 水云榭；3. 团城；4. 万岁山；5. 凝和殿；6. 藏舟浦；7. 西海神祠．涌玉阁；8. 北台；9. 太素殿；10. 天鹅房；11. 凝翠殿；12. 清馥殿；13. 腾禧殿；14. 玉熙宫；15. 西十库 西酒房 西花房 果园厂；16. 光明殿；17. 万寿宫；18. 平台（紫光阁）；19. 南台；20. 乐成殿；21. 灰池；22. 社稷坛；23. 太庙；24. 元明阁；25. 大高玄殿；26. 御马苑西苑通过西苑门、乾明门、徒步门与宫城相通。西苑主要分为：琼华岛、团城、南海、东岸和北岸 5 个景区。经徒步门过石桥即到琼华岛，琼华岛（元万岁山）整体还是保留元代的建筑景观风貌，天顺年间由于元代广寒殿损毁予以重建。琼华岛通过石桥与南侧的团城相连，石桥两端建有两个名为“堆云”与“积翠”的牌楼，故石桥又名堆云积翠桥，为西苑重要的游览路线。过堆云积翠桥即到达团城，明代在元代夯土筑成的圆形高台圆坻上修筑城墙，更名为团城，独立成为一个小景区。明成祖朱棣重修仪天殿，更名为承光殿，填平团城与东岸之间的水面，改西侧的木桥为石桥。团城以南即为明代新设的一个景区南海，南海之中筑南台，台上建昭和殿。明代帝王曾在南台亲自耕作“御田”，以示对农耕的重视及劝农之意。西苑北岸在什刹海流入三海的进水口处，专门设置阀门用以控制水流量，其上建涌玉亭，后期又在其旁建金海神祠，其西大片空地则为明代禁军的校场。西苑东岸则分别用于皇太后避暑、后妃养蚕之地太素殿，饲养水禽的天鹅房以及饲养野兽的虎城与豹房，帝王观戏的玉熙宫，跑马射箭的平台后方被改建成为供皇帝端午节用于龙舟水戏的紫光阁。

总体来看，明代的西苑还是保有太液池最初兴建时的仙山琼楼的设计意图，但通过对水系的梳理形成“三海二岛”全新景观格局，使西苑更富水乡田园的天然野趣之风貌，更为城市保留一块自然原生态的景观环境，奠定现今北海与南海的基本格局。

2. 兔园

兔园位于西苑以西，是在元代西御苑的基础上改建而成的。园中的主要景观“兔儿山”即为元代“折粮石”遗物，“元人载此石自南至燕，每石一，准粮若干，俗呼折粮石”[①]。兔儿山山势呈云龙之状，下有腹洞，可从东西两侧蹬道拾级而上。山顶筑有清虚殿，为明代帝王重阳节登高观景之处。园内设水法，在山上埋一口大铜瓮，瓮中注水使其沿山岩流下，注入殿前的方形水池。

3. 万岁山（景山）

景山在明代名为万岁山，位于北京城中轴线的北端，紫禁城以北，是一座以大型土山为主景的大内御苑。元代万岁山原是位于宫城内的，由于明代宫城南移，万岁山便位于宫城之外，明灭元后朱元璋出于厌压元代王气风水迷信考虑，将元代大都宫殿拆除，并在原址堆叠土山以镇压前朝王气。也有学者认为，万岁山为明永乐年间修建紫禁城和宫城禁垣时用挖掘筒子河的土方堆叠而成。还有传说万岁山下埋有煤炭以便围城时使用，故民间也称景山为“煤山”。但不管是哪种观点，都不可否认万岁山确实是形成紫禁城的北侧的屏障和北京城中轴线上北端的制高点。

---

①《日下旧闻考》卷四十二引《钤山堂集》

万岁山的景观布局为与紫禁城的布局相互协调，也采用了对称的布局方式，四侧建以宫墙，每侧宫墙设一门，其中南门与紫禁城北门玄武门相对。万岁山封顶上有石刻御座，盘边种植两株古松，是每年重阳佳节皇帝携带后妃登高赏景之处。山的南坡建有毓秀、寿春、长春、玩景、集芳、会景等赏景亭。万岁山北侧偏东的平地上，建有一组以寿皇殿为主殿的建筑院落，院中种植有牡丹、芍药等花卉。寿皇殿以东为观德殿，为帝王练习骑射的场地。明代万岁山上遍植众多果树，因此也称“百果园”。同时，园中还饲养了众多鹤、鹿等具有长寿吉祥寓意的动物与其万岁山之名相呼应，颇得帝王的欢心。

4. 御花园

御花园与紫禁城同时建成，位于紫禁城中轴线的最北端，充分体现了“前宫后苑”的规划布局思想，故又称后苑，是皇室成员礼佛、游玩赏花、观鱼、饲鹿的场所。自明永乐年间御花园建成后600多年，东西宽135m，南北长89m，面积约$1.25hm^2$，虽后朝历经多次的重修，但仍然保持着明代御花园的整体规划格局未变，仅是将少数建筑更名。

5. 慈宁宫

慈宁宫始建于明代，位于紫禁城的西路偏北，为明清两代皇太后及太妃的居所。慈宁宫整体平面布局呈长方形，东西长约55m，南北长为125m，面积约为$0.69hm^2$。主体建筑沿纵向两侧对称分布，空间疏朗，前后贯通。作为明代紫禁城内仅有的两座大内御苑之一，同御花园一样与紫禁城整体建筑布局相协调，慈宁宫整体也采用规整的对称布局。由于皇太后及太妃大多都信佛，慈宁宫的整体格局很像一座佛寺，其中很多建筑与景点的名称也都具有佛教寓意。

6. 东苑

东苑位于皇城的东南角，又称“南内”，为明代创设的一座大内御苑。东苑建于明永乐年间，初为帝王同大臣、外国使节共同观赏“击球射柳”的场所。园林以水景取胜，整体风格极富野趣。“引泉为方池，池上玉龙盈丈，喷水下注。殿后亦有石龙，吐水相应。”①可见园中设有水法，小桥流水、水中有鱼、河上设桥、竹篱围墙一派天然田园风光。值得一提的是园中还单独开辟了一片草舍区，园中小殿与亭斋榭多不加修饰，仅以茅草覆顶，为帝王修身养性，抚琴、读书、品茶之所。从中我们可以看到宋元文人园林对皇家园林风格的影响。

7. 南苑

南苑位于南郊，是在元代飞放泊旧址上增建的一座行宫御苑。永乐十二年（1414年），对其进行扩建并筑苑墙，设四门分别为：北大红门、南大红门、东红门、西红门。后期又陆

①《日下旧闻考》卷四十引《翰林记》

续增建衙门、提督宫署等，苑内水域宽广、草木繁盛、野兽飞禽不计其数，后期逐渐成为皇家的猎场，燕京八景之一的“南囿秋风”。

8. 上林苑

明代上林苑占地面积辽阔，位于皇城左安门以东。起初原为一片荒芜之地，明永乐年间开始在此地移植一些果蔬树木兼饲养家禽，并设有专门管理机构“外光禄”。上林苑主要作为皇室植物、果蔬、家禽的培育中心，又称“采育上林苑”。经过一段时间的营建，上林苑初具规模并形成一定景观，后也作皇帝游玩观赏之地。

5.4 私家园林

元明两代，江南诸城，如江苏、安徽、浙江、江西等地的政治、经济、文化高速发展。江南地区更以其经济发达冠于全国，都城的粮食及物资都依赖于从江南供给。经济的发达促使商业、手工业、文化水平的不断提高，江南地区文化氛围之浓厚，文风之胜为国内其他地区所不能企及。伴随江南经济发展，是建筑手工艺水平的不断提高，经历数代人的发展，江南建筑技艺逐渐趋于精湛形成自身风格。同时从自然条件上而言，江南河道纵横、湖泊罗布，加之气候温和湿润适宜人居住及花木生长，盛产造园所需湖石，这些都为江南造园活动自明代起的高峰奠定了坚实的物质基础。从明嘉靖至清乾隆 300 年间，江南大小官僚、富商、地主争相造园形成私家园林造园的高潮。

北京作为元、明、清三代的都城具有得天独厚的条件，虽然经济上仍需依赖于江南的供给，但北京作为大批文人、皇室贵族、官僚云集之地，使北方地区私人造园活动兴盛起来并逐渐形成自身风格。北京的园林主人大多受到良好的教育并享有崇高的社会地位，形成独特的文化氛围，故北京私家园林往往还保有士人园林的传统特色，而这也是江南地区富商、地主阶层建园所远不可比拟的。同时，由于北方气候寒冷的原因，北方园林建筑多较为封闭而不似南方园林那么通透，有着北方所特有的一种持重之感。园林植被也往往是采用北方的乡土物种，园林叠石也多用产于北京附近的北太湖石和青石，北太湖石较江南太湖石更为圆润，青石则偏于刚健，两者用于园林营造中更突显出北方园林区别江南园林柔媚的那份雄壮之气。

5.4.1 苏州私家园林

苏州私家园林兴建记载始于晋室南迁。后世逐步发展，苏州现存的园林中私家园林占九成以上。从年代上看，沧浪亭的营造可追溯到北宋中叶，狮子林始建于元末，而艺圃、拙政园、留园、西园、五峰园、芳草园、洽隐园等均始建于明中叶至明末之间。除以上所举城内宅园外，苏州城近郊附近也修建不少私家园林，它们或散布在山间村野间，或位于河边林下与太湖水网自然环境融为一体，如吴时雅的芗畦小筑。就现存园址来看，传世越久的名园，重修扩建的次数也就越多，因此园之原貌就越难辨析。下文就结合文献资料对具代表的名园展开分析。

1. 狮子林

狮子林建于元末明初，至正二年（1342 年）临济宗天如惟则禅师在此建寺，初名狮林寺，后更名为菩提正宗寺，又名狮子林。狮林寺得名据传为，天如惟则禅师师傅中锋明本，及明本的师傅高峰原妙，均曾在天目山狮子岩说法，故取名狮林寺。狮子林得名据说有三种：一是为上文所述体现临济宗师承渊源；二是由于狮子本来就是佛国神兽，佛教也用“狮子吼”

一说来表明佛祖说法时震摄一切的神威；三是狮子林石形如狮，但仅为“石形偶似”而已，意在通过形似狮子石峰，来传达禅宗教义。在纷嚣世道之下，禅意可使世人破除妄念。林为“丛林”之林，梵语即“贫婆那”意为寺院，故狮子林即为禅宗寺院之意。

园成后惟则曾著《狮子林即景十四首》描述狮林寺当时景致。明洪武六年（1373 年）当时主持高僧如海邀请倪云林作《狮子林图》并题词作诗，经此狮子林名声大噪。次年又邀徐贲绘制《狮子林十二景》，由朱德润为之作序，狮子林一时成为吴中文人雅集之胜地。后狮子林逐渐荒废，嘉靖年间被富豪占为私园。明万历年间又再次复建为寺，清代康熙、乾隆均到访过狮子林，康熙赐题“狮寺林”，乾隆御题匾额“真趣”于真趣亭。乾隆初，寺园分开，园林部分归川东道黄轩再次成为私家园林，取名“涉园”。又因园中有五株合抱的大松，也称“五松园”。狮子林最终于1917年被民国富商贝润生购得，历时9年修复石峰，增建贝氏家祠、燕誉堂、小方厅、九狮峰、湖心亭、九曲桥、石舫、荷花厅、见山楼等建筑，其余均遵循原貌修复奠定了今狮子林的景观格局（图 5-8）。

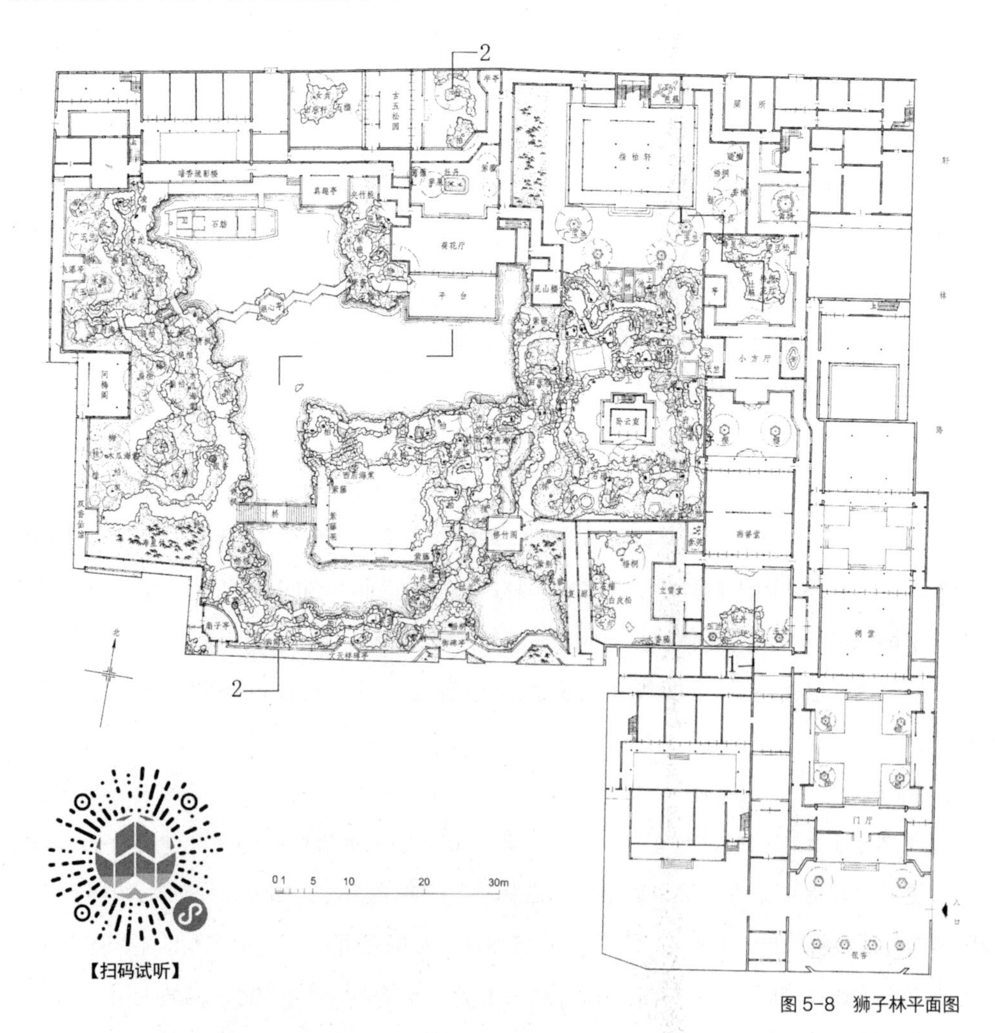

图 5-8　狮子林平面图

狮子林全园面积约为15亩，园林中部偏北侧为池，主要景观景点围池分布，石山主要分布于池东部及南部，建筑则主要分布在池之东侧与北侧，全园由200多m长廊贯通。狮子林作为苏州四大名园之一，以其假山叠石之竭尽其巧而闻名于世，承德避暑山庄的"文园狮子林"就为摹仿狮子林而建的园中园。

现狮子林由家祠东侧的门进入，入门后由祠堂西侧入燕誉堂。燕誉堂作为园林的主体建筑，为一个三间的鸳鸯厅。堂名取自诗经："式燕且誉，好而无射"，意为安闲快乐。燕誉堂南院有花台、石笋、玉兰，静观宛如一幅水墨画，与园中活泼生动的湖石假山形成鲜明对比，是苏州园林庭院处理较好的一例（图5-9)。燕誉堂北为名为"园涉成趣"的小方厅，厅北庭院立有名为九狮峰的太湖石，此院可以认为是进入狮子林核心景区空间转换的一个重要铺垫。小方厅向西即到一座三进三间重檐的楼阁指柏轩，建筑体量较大，为园内正厅。轩名取自朱熹"前揖庐山，一峰独秀"与高启"人来问不应，笑指庭前柏"的诗句。轩南正对为占地约1000m^{2}的湖石假山，假山上为一二层重檐歇山卷棚顶的阁楼卧云室。卧云室名取自元好问诗句"何时卧云身，因节遂疏懒"。卧云室处于奇峰怪石植被的掩映之间，若隐若现之间成为整个湖石假山区域的"景眼"。

狮子林以湖石假山闻名于世，假山石峰林立，洞壑穿插形成上、中、下三层空间，路线设计精妙，共计9条，石洞21个。假山间有山涧一道，修竹轩坐落于山涧的南端，山涧将假山分为东西两个部分。东部由指柏轩跨石桥而入假山，游览过程中游人路线上下起伏，既可登山又可入洞，山之高处为卧云室。西部则石洞林立，道路曲折盘旋犹如迷宫，咫尺之间却可望而不可及。纵观狮子林湖石假山，其叠山手法较为夸张，石峰造型模拟狮、鱼、鸟、鼋等动物造型，特别是狮子的各种造型，造型不求含蓄而是怪异奇巧。狮子林湖石假山叠石整体布局蕴含佛教寓意，通过湖石林立象征佛教圣地九华山的群峰，而相传的500形态各异的石狮也隐指佛教的500罗汉。

由指柏轩西去即到古五松园，前后各有小院。其中一院中东南角设石峰，采用先抑后扬的造景手法，游人入园由于石峰遮挡不得见建筑全貌，绕石入园方觉豁然开朗。其南为荷花厅与真趣亭，是园内北侧交通及景观交汇之处，面对开阔水面、假山、长廊，是园中静观山水风景的佳处。真趣亭再往西即为二层暗香疏影楼，楼名取自宋林和靖"疏影斜横水清浅，暗香浮动月黄昏"的诗句。暗香疏影楼前为石舫及池中的湖心亭，石舫以西即为近代扩园所堆土山，山上建造观瀑亭、问梅阁、双香仙馆等建筑（图5-10)。问梅阁早在建园之初即有，阁名取自王维"君自故乡来，应知故乡事，来日绮窗前，寒梅著花未"诗句。问梅阁阁内桌椅、藻井、地面、窗格均采用梅花图案，阁内隔扇上书画内容也取材梅花。由问梅阁沿长廊南行再东折即至扇子亭，亭平面呈扇形故因此得名。扇形亭位于园之西北角，亭前设一小天井配以竹石点景，空间组织生动有趣，手法虽简练但却与园中核心景区的湖光山色形成对

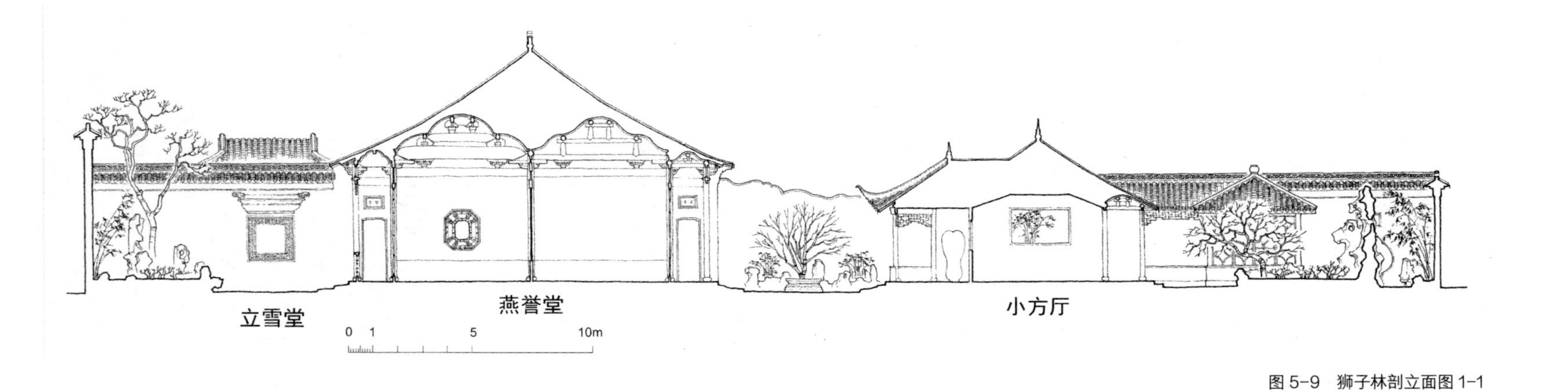

图 5-9　狮子林剖立面图 1-1

图 5-10　狮子林剖立面图 2-2

比，耐人寻味。亭中对联“相逢柳色还青眼，坐听松声起壁涛”，再次引导游人审美由简单的视觉层面上升到精神意境美层面。沿长廊过文天祥诗碑亭，廊前叠石成岸，即见立雪堂。立雪堂取名源于一个脱胎于儒家“程门立雪”的佛教故事。据《景德传灯录》记载的禅宗二祖慧可初次拜见菩提达摩，那日恰逢雨雪交加，但慧可求师心切，一直恭候于院外，天明雪已经没过膝盖，菩提达摩见其心诚，遂收慧可为弟子，传《楞伽经》。

狮子林以山池景致为核心，采用的是景观围绕山池布置的方式。园林几经易主，园内景致几经改建风格杂糅，缺少了早期古朴而显得夸张。园内东部和北侧景观布局较为紧凑，与西、南两侧略失均衡。园中湖石假山竭尽奇巧立意略显俗气，但配以园中古树丛生又颇有山林景象，为苏州园林佳作之一。

2. 艺圃

艺圃位于苏州城内文衙弄 5 号，占地约 5 亩，是一座典型的小型山水园林。明嘉靖二十年（1541 年），为明代学宪袁祖康所建，初名醉颖堂。万历四十八年（1620 年）归属官僚文震孟（文征明曾孙），更名为药圃。顺治十六年（1659 年）山东进士姜采在原址上复建此园，名为敬亭山房，其子姜实节后又将之更名为艺圃。园建成后画家王翚绘《艺圃图》，汪琬作《艺圃记》描述园林景致。后园林又经历 2 次大规模修整，基本恢复明末清初园之旧貌（图 5-11）。

艺圃为典型的宅园格局，东北部为住宅区，西南部为园林区。园林区面积约 1 亩的水景为中心，主要景点临水而建。从清代王翚《艺圃图》中可知，艺圃初建时池之北岸仅为平台并无水榭，平台之西为厅堂名为敬亭山房，现已不得见，敬亭山房南侧的池塘与曲桥也略有改观（图 5-12）。

艺圃入门需经曲折蜿蜒的长巷到达前厅世伦堂，由此向西即可入园。为一面阔五间硬山顶的堂式建筑，博雅堂南院，院中设湖石景观。院南为一面阔五间临水而建的水榭，水榭名为延光阁，取阮籍诗句“养性延寿，与自然齐光”。水榭架于水面之上，正对池面为园中赏景佳处，也是园林主人吟诗作赋的场所。水榭两侧设东西厢房，东侧名为旸谷书屋，西侧名为思敬堂。由延光阁隔池南望为堆土叠石而成的山石景区，临池南岸一侧有意堆叠成绝壁危径之感，隔岸观之山石嶙峋配以古树，颇具山林野趣之美。石径、绝壁、池面三者有机结合，为苏州园林叠山理水经典的造景手法。山之最高处设六角亭为明代遗构，名为朝爽，亭下有石洞，可沿石阶盘旋而下（图 5-13）。

朝爽亭以西紧贴水面曲桥，名为渡香。过渡香即为一个花墙围合而成的独立小苑，由月洞门而入即可见浴鸥池，池水与园外大水池相通。浴鸥池西侧为南北相对的庭院，院中设朱门粉墙相隔，又成为小院落之中的园中园。小院名为芹庐，南厅名为南斋，北厅名为香草居。粉墙将园林划分为大、中、小三个层次的院落空间，各院中点缀石峰、

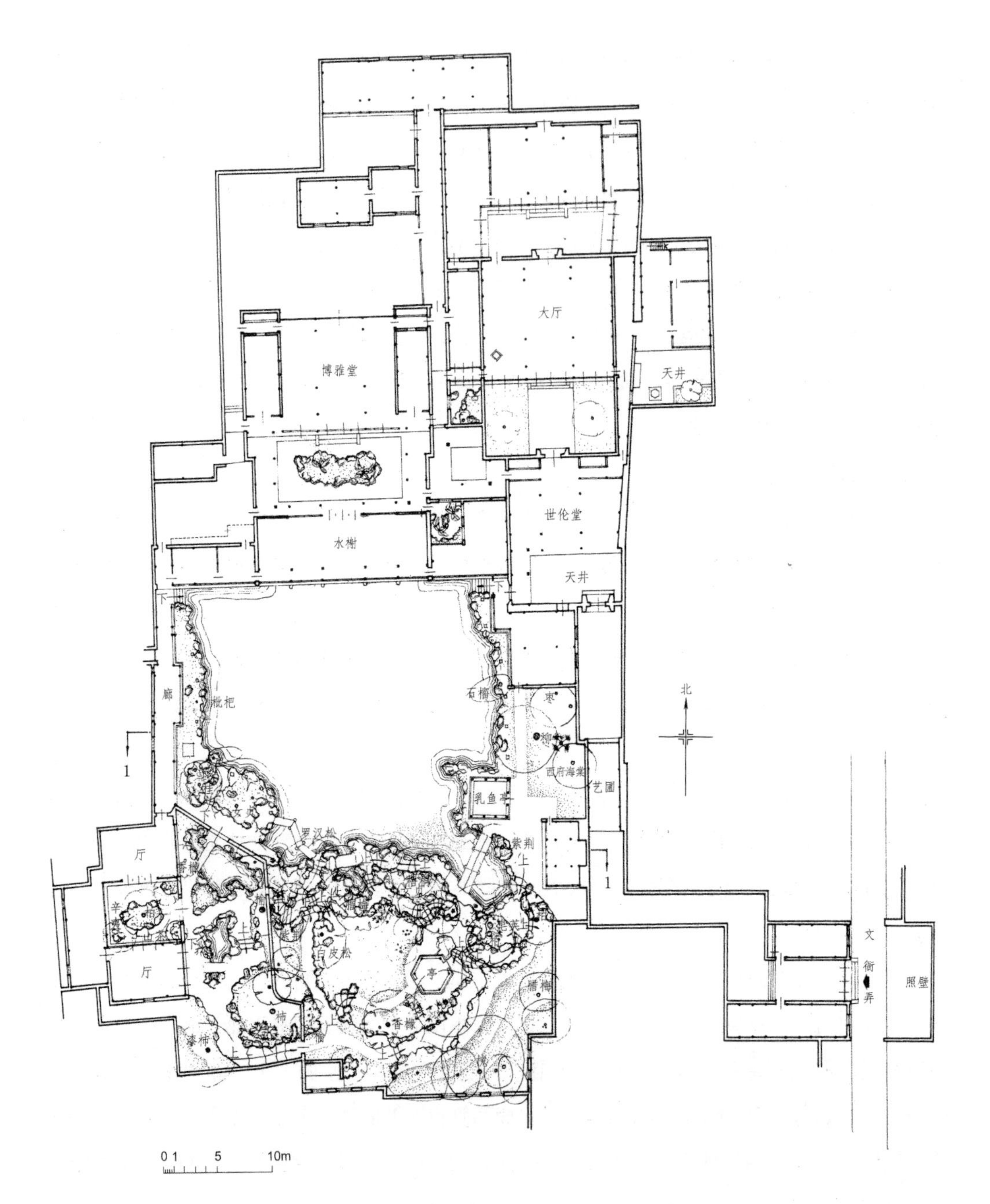

图 5-11 艺圃平面图

图 5-12 王翚《艺圃图》

图 5-13 艺圃剖立面图 1-1

花木、建筑，使三个院落空间层次分明又交相辉映。由朝爽亭过平桥即达乳鱼亭，此亭也为明代遗构。

艺圃水面采用聚合形式，中部开阔疏朗，仅在东南角及西南角伸出部分水湾，水口分别藏于桥下，使园中水面有大小对比的同时，又使主水面有无穷无尽之感。艺圃布局简练开朗，造园手法质朴古雅，池岸低平、水面集中、无拥挤局促之感，较多地保有了明代园林布局特点，具有较高的历史及艺术价值。

3. 拙政园

拙政园位于娄门内东北街，元代建有大宏寺。明正德四年（1509 年）御史王献臣，官场失意后卸任返乡，购得寺地营建私家园林，取名拙政园。王献臣自比西晋文人潘岳，拙政二字就取自潘岳《闲居赋》："庶浮云之志，筑室种树，逍遥自得。池沼足以渔钓，舂税足以代耕。灌园鬻蔬，供朝夕之膳；牧羊酤酪，以俟伏腊之费。孝乎惟孝，友于兄弟，此亦拙者之为政也"，表明园名取拙政的寓意。当时吴门画派领军人物文征明曾为王献臣好友，因而参与规划建园。园成文征明依园景绘制拙政园 31 图，分别题咏，又亲自撰写《王氏拙政园记》描述园内景致，使得拙政园成为苏州一大名园。

由王献臣所写《拙政园图咏跋》可知，拙政园基址原为一片积水弥漫的洼地。园林营建初期，因低凿池，因高堆山，池边再环以林木，并点缀花圃、丛竹、果树、桃林等，形成一个以水景为主，清秀典雅的私家园林。据《拙政园图》和《王氏拙政园记》描绘记载，拙政园建园初期，建筑并不多，仅一楼、一堂、六亭、二轩而已。园内水木明瑟旷远，曲池连接配以植被，一派自然风光。明代拙政园园址包括现今拙政园的三个部分，倚玉轩明时就已存在，今远香堂明代为若隐堂，小飞虹也不是今日所见的廊桥而是苏州园林中常见的平桥。现今园中部一池三山景区的池中三山，在明时也未形成。梦隐楼以西为今柳荫曲路，见山楼及园林西部遍植竹树，可见拙政园建园初期是以植物水景配以湖石取胜。具有现今拙政园所没有的简远、疏朗、雅致、天然的园林审美意趣。

东部景区·归田园居

明末拙政园逐渐荒废，东部被划出另建归田园居与拙政园仅一墙之隔。崇祯四年（1631年），御史王心一购得东部废址，历时4年建成新园，由于慕东晋陶渊明隐士，名为归田园居。园成亲自撰写《归田园居记》，用以描述构园过程及描述园中景致。

现今所见归田园居已并入拙政园，是中华人民共和国成立后在归田园居旧址的基础上，按《归田园居记》文献描述重建的园林。园林整体规划布局充分还原明末原貌，呈现出一派古朴竹坞曲水的景致。面阔五间兰雪堂为归田园居的主厅，取名自李白："独立天地间，清风洒兰雪"。据《归田园居记》记载"东西桂树为屏，其后则有山如幅，纵横皆种梅花，梅之外有竹，竹邻僧舍，旦暮梵声，时从竹来。"可见兰雪堂周围遍植桂树、梅花、竹等植物。兰雪堂西侧为涵青亭，亭靠园之南墙，平面为一个凸字形靠墙面水的小筑。涵青二字取自储光羲"池草涵青色"。兰雪堂以北侧为一个方形歇山顶临水的水榭建筑，芙蓉榭。名为芙蓉是因为榭之水池中种有荷花，此榭为夏季赏荷花的佳处，故名芙蓉榭。芙蓉榭以北为一个八角攒尖顶亭，亭内原有一古井，相传为元代大宏寺遗物，此井水不枯且甘甜爽口犹如天泉，故亭名天泉亭。秫香馆位于园之北，为归田园居最大的厅堂。秫者即为稷、稻中精品的总称。秫香馆以北为王心一的家田，建此楼的目的就是赏田园美景（图5-14）。

4. 留园

留园位于阊门外，面积约为30亩，始建于明万历二十一年（1593年），太仆少卿徐泰时罢官返乡营建东、西两园。于东园内广收奇石，园内前楼后厅，主体建筑后乐堂。堂后是当时延请周时臣叠奇石而成的片云峰，石峰高三丈、阔二十丈，形似普陀天台诸峰，气势恢宏。堂侧植古木，置太湖石巨峰，名瑞云峰。瑞云峰高三丈多，集皱、瘦、漏、透于一身，据传为花石纲遗物名冠江南。西园后来被改建为戒幢律寺。当时，园内遍植牡丹、芍药、红梅、木犀、木兰、紫薇、修竹等植物，是苏州名园之一。明末清初，留园逐渐荒废，一度被散为民居，后屡易园主，几经重建。

5.4.2 扬州私家园林

扬州自明永乐年间修整大运河，重开漕运，扬州一跃成为江南地区最大的商业中心。全国各路商人汇聚于此，其中徽商势力最大。扬州私家园林绝大多数建在城内及周边，多为宅园与游憩园。其中典型代表为明末望族郑氏四兄弟的园林：郑元勋的影园、郑元侠的休园、郑元嗣的嘉树园、郑元化的五亩之园。

1. 影园

影园为明末扬州地区最为著名的园林之一，由明代著名的造园家计成亲自参与营建，为

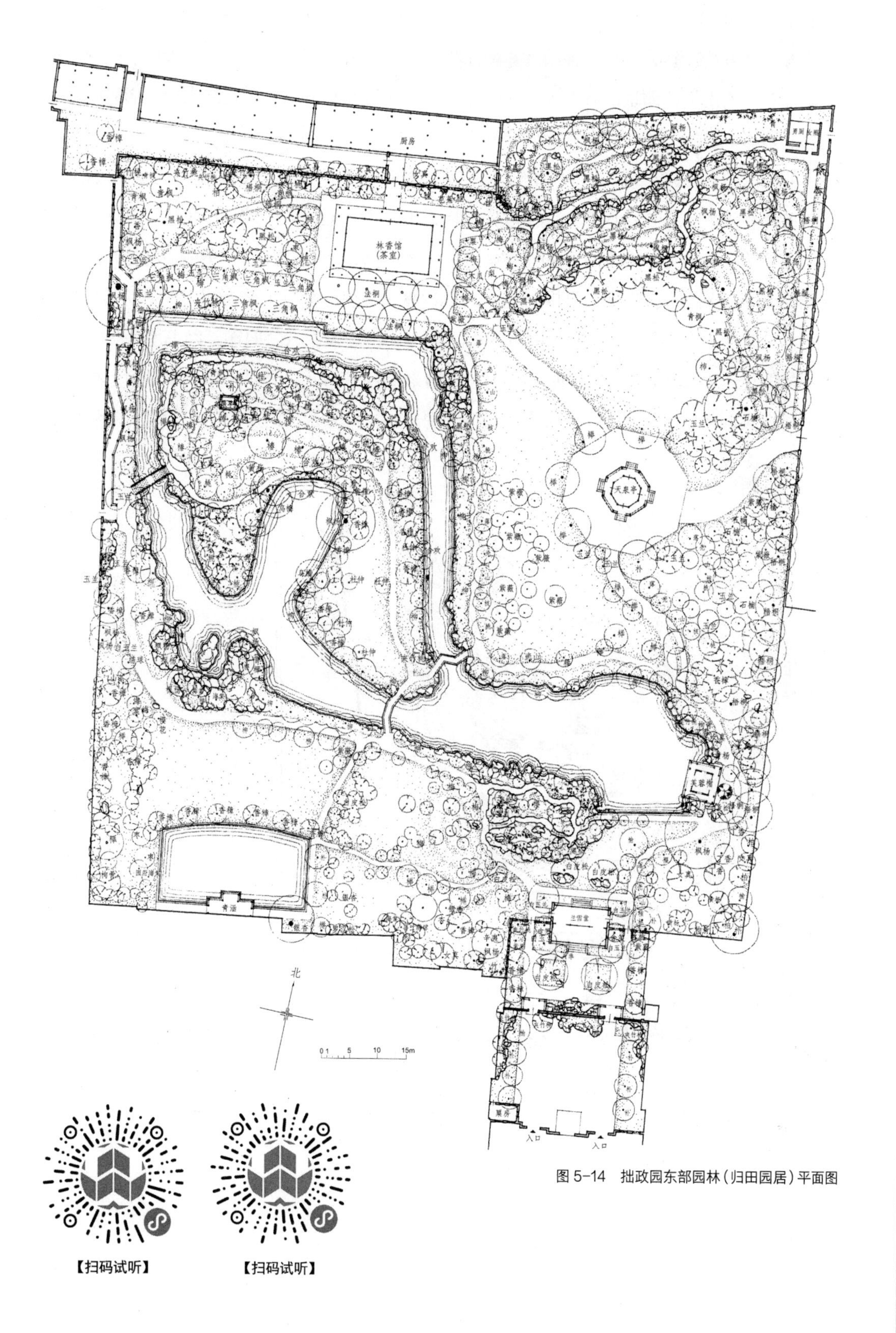

图 5-14　拙政园东部园林（归田园居）平面图

【扫码试听】　【扫码试听】

明代私家园林的代表作品。园主人郑元勋筑园前遭受会试未及第、丧妻、眼疾等多重打击，故在家人的劝慰下筑园以排遣郁结。影园面积不大仅 5 亩左右，但地理位置极佳，位于南城外南湖长岛的南端，园址前后夹水，池中种荷花，池边植垂柳，遥看延绵蜀冈。影园屹立于山影、水影、柳影之间，故名影园（图 5-15）。

据《影园自记》记载，影园东侧大门临水而建正对东侧扬州城南城墙。这里遍植桃树，故又称小桃源。入园土为冈阜，间植以松、柳、梅、杏、梨、栗，越过山冈，左侧设有茶棚架，右侧为小涧，隔涧种植上百杆竹树，用小树枝扎成短篱作为隔断，一派乡村田园之趣。接着越过虎皮石砌成的园墙，即见二门，进二门见一小径，有数十株梧桐树夹道。其后再入一门即见园主人的书屋，书屋中悬挂董其昌为其所书“影园”二字匾额。经书屋旁小径，跨过小桥即达玉勾草堂，草堂四面临水，堂内门窗形制异于常式，非常别致。草堂前一株珍贵的西府海棠，海棠高达二丈，广十围，成为园中一胜。草堂四周池岸植物配置也为一绝，池

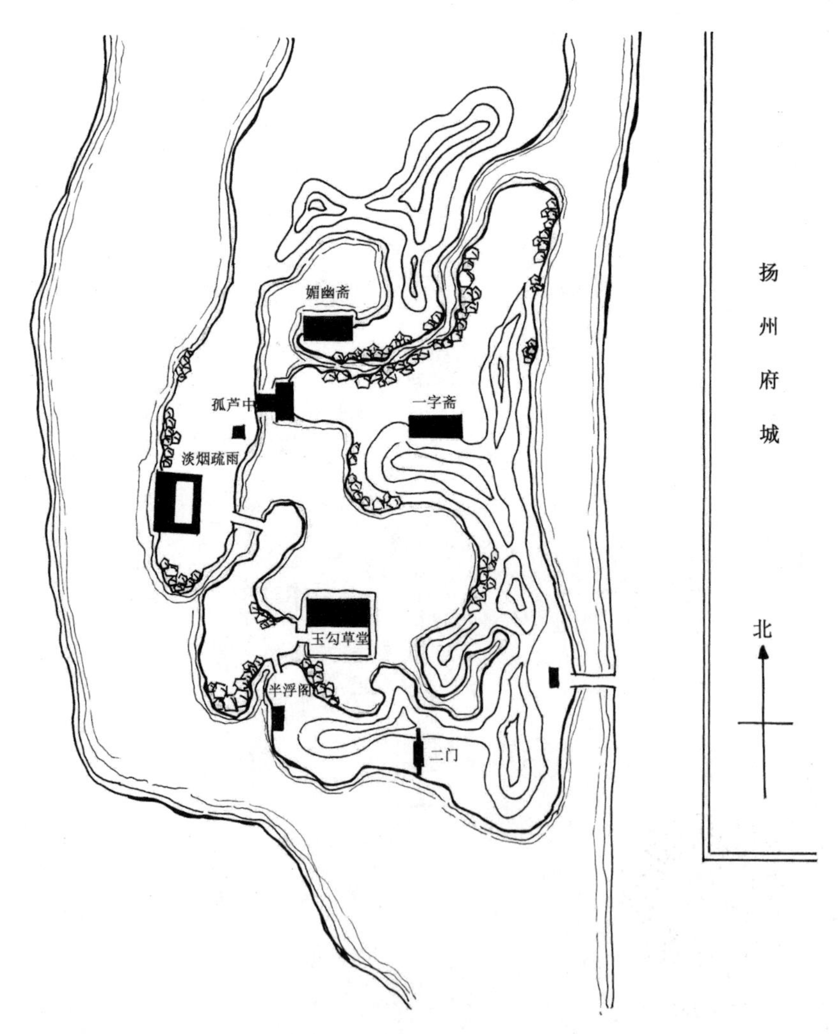

图 5-15 影园平面图

中遍植荷花，池岸上植梅、玉兰、垂丝海棠、绯白桃等花木，花木间点缀以石景，又在石间隙种植兰、蕙、虞美人、良姜等草本植物，形成高低错落的植物群落。坐堂内可观池中荷花及池边垂柳，视野极为开阔，近可借邻园阎氏园、冯氏园、员氏园之景，远可借园外北侧隋堤、平山堂、梅花岭等景致。草堂边为一架于水上的小阁，故名半浮阁。阁内可静听池边柳树丛中黄鹂鸟鸣，同时此处为园主人登船泛湖之处。草堂西侧跨过一个曲板桥穿过柳径即可见一个独立院落，院门上嵌有“淡烟疏雨”，入门两侧均为曲廊，院内主体建筑为一座面阔三间西向的小屋，此处也为园主读书之处。院内置有奇石，遵循画理高低错落散布而不落俗套。院内有意呈现淮南小山《招隐士》中“桂树丛生兮山之幽”意境的置石景观。即在院内两岩石之上，有意种植桂树，缭枝连卷，岩石之下在配以牡丹、香橼、馨口腊梅、西府海棠、青白紫薇、玉兰、黄白大红宝珠茶、千叶榴等花木供四时观赏。岩之侧立一临水亭，名为菰芦中。亭侧有桥，桥上架亭，由于其形制如人的眼眉又临水故加三点水名“湄”，又因其后接一阁古谓“荣”，故名为湄荣亭。湄荣亭后有两小径，沿其中一径过一六角形洞门，即进一小院，院内主体建筑为一面阔三间小屋，名一字斋。湄荣亭后一阁，阁名媚幽。媚幽二字为陈继儒所题赠，取自李白“浩然媚幽独”诗句。此阁三面临水，一面背靠石壁，石壁立有千仞之势配以两株松树，意境极佳。媚幽阁与玉勾草堂互为对景，阁内可与堂中人对话，但从草堂前往媚幽阁却需迂回数次方可抵达，营造“咫尺千里”之境极富创意。

综上所述，影园为一个典型以水池为中心的文人园林，园林面积虽不大，却能通过园林布局呈现湖中有岛、岛中又有池的格局，使人游于园中有无景尽之感。同时，又十分重视园中的花木与景观的搭配以及园内景致与园外景观的互借关系，使得园中一花、一木、一亭、一石均可成景。园中建筑不多且疏朗朴素，做到以少胜多、以简胜繁，正应“略成小筑，足征大观”，由此可见园主人极高的山水造诣。

5.4.3 北京私家园林

元代私家园林多集中大都近郊的别墅园，其中廉希宪的万柳堂最为有名。明代私家园林则散布于城内外各处，城内私家园林多集中在什刹海附近，如定国公园、英国公新园、孝廉的刘百世别业、刘茂才园、米万钟漫园、苗太守湜园、杨侍御杨园等。选址什刹海原因有二，其一是可直接由什刹海引水作为园林之水；其二是在什刹海建园可直接借景附近优美的自然风光。除什刹海附近建园外，明代还有利用城外旧河道供水兴建的园林，如梁梦龙的梁园。北京西北郊一带由于湖泊罗布、泉水汇聚、自然条件优越，俗称海淀；引来众多官僚、贵戚来此建园，其中最富盛名的就是勺园与清华园。

1. 万柳堂

万柳堂为元代宰相廉希宪所建，园址位于城南草桥丰台附近。园中主要建筑名万柳堂，堂前有数千平方米的水池，池中遍植荷花。园中水木清华，种植名贵花木近万株，其中尤以牡丹为胜，号称胜甲城西南。廉希宪建园是备做其卸任后颐养天年之所，园成后成为当时京城公卿名流宴饮聚会的场所。

2. 梁园

梁园取水于城外旧河道凉水河入园为湖，园主人梁梦龙虽官位不高，但悉心经营此园，虽不华贵，却朴实无华、富有野趣。园林选址极为精巧，前对西山后绕清波。园中景观建筑数量不多却与花木搭配独到，临水建园中正厅半房山、其后建疑野亭、警露轩、看云楼、晴云阁、朝爽楼散布于园林花丛掩映之间。梁园中以种植牡丹、芍药著名于北京，到清初，梁园已经逐渐演变为一处公共园林，引得众多文人到此游览。

3. 清华园

清华园为明代后期海淀一座私家园林，为神宗时皇亲国戚武清侯李伟所建。清华园与米万钟的勺园相邻，占地广约 5km，李伟经营此园不惜工本，园林不管是从规模还是华丽程度上都可谓是甲于天下。从大量文献及诗文题咏，可判断清华园为一个以水为主景的水景园，水面被岛、堤分割为前湖与后湖两个部分。园内主要建筑沿中轴线南北纵深展开，园门位于南端，入门以北为前湖，湖中喂养金鱼。园中主体建筑挹海堂，位于南湖与北湖之间，堂北为清雅亭，“清雅”二字为萧太后亲笔御书，与挹海堂互为对景。后湖中又以岛与桥相连，岛上建花聚亭，环亭遍植花木。后湖北岸更利用疏浚池面的土方堆叠假山，形制上力求摹拟真山的脉络气势。湖岸平地起高楼，楼高百尺，登楼即可远眺园外西山与玉泉山之景。园中厅堂、楼阁、台榭、亭、廊均予以精美的雕饰及彩绘，各显其胜。

清华园中乔木花卉不计其数，牡丹多为珍贵品种，其中以绿蝴蝶最富盛名，湖面宽可泛舟，每到冬季湖面冰封又是一番景致。清华园对清代皇家园林的修建是有一定影响的，康熙就选择在清华园旧址上新建畅春园，就是既考虑旧址建园可以节省工程量，又考虑清华园本身的规模及布局适合皇家离宫御苑的功能及景观营造需求。

4. 勺园

勺园与清华园相邻，位于清华园以东。园主人为米万钟，为万历二十三年（1595 年）进士，是明末著名诗人、画家、书法家，好奇石，家中所蓄甚富，人称友石先生。勺园为米氏三园之中最富盛名的一座，米万钟晚年曾亲绘《勺园修禊图》传世。米氏三园分别为：勺园位于海淀、漫园位于德胜门积水潭以东、湛园位于北京皇城西墙根下。

勺园同清华园一样也是以水景取胜，园名“勺”取海淀一勺之意。勺园在园林规模及装饰精致上不及清华园，但在造园艺术上两园均达到相对高的水平，清华园豪华钜丽，勺园简远雅致。当时就有“李园壮丽，米园曲折，米园不俗，李园不酸”的谚语，可见两园在京城私家园林中的盛名。

勺园占地约百亩，一眼望去尽为水面，其间点缀以长堤、幽亭、虹桥而颇具江南水乡情趣（图 5-16）。入园小径立一牌坊，上书“风烟里”，入园经绿柳夹径，路南筑一堤，堤上架桥名缨云桥，桥名取自“缨络云色”的典故。渡桥迎面为一围墙，上嵌石额书“雀浜”。随后即至园门，门额书“文水陂”，其侧为一跨水小屋，名定舫。定舫西侧为土坡种以松树、桧树，此处景名松风月色。过一九曲桥逶迤梁，即可见勺园正堂勺海堂，堂前点缀以松石，极具文人画意。经堂之西侧跨水曲廊，有一如方舟的建筑，名太乙叶。太乙叶南是一片竹林，林内高楼名翠葆楼，登楼即可望全园之景又远眺西山之景。由太乙叶经一枯木老干所架之桥槎枒渡，即到长堤。太乙叶以南建水榭，榭下水面不植荷花只为观赏鱼嬉。水榭与定舫隔水互为对景，却可望而不可及。勺海堂以北为后堂，两堂前后隔水相对，由曲廊相连无法直接相通。后堂靠园之北墙而建，由后堂北窗即可一览园之北千顷稻田的田园风光。勺海堂以东，堤上立亭，亭中有井泉，故称井亭。井亭两侧水面，种近千株真莲，每到莲花盛开，井亭则处于莲花掩映之间若隐若现，极富情趣。井亭南行有一独立院落，院落中凿一新月状水池，院落内建筑窗户装饰也采用新月形，院名濯月池。院南有浴室，名蒸云楼，蒸云楼也与定舫隔水互为对景。

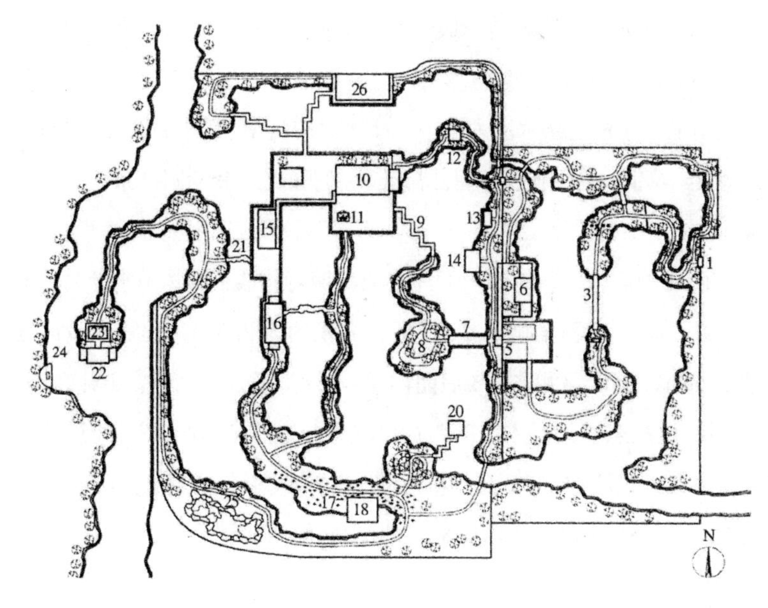

1. 风烟里（园门）; 2. 牌坊; 3. 缨云桥; 4. 雀浜; 5. 文水陂; 6. 小院; 7. 定舫; 8. 松风水月; 9. 逶迤梁; 10. 勺海堂; 11. 湖石; 12. 泉亭; 13. 濯月池; 14. 蒸云楼; 15. 太乙叶; 16. 水榭; 17. 林于湛; 18. 翠葆楼; 19. 松坨; 20. 茅亭水榭; 21. 槎枒渡; 22. 水榭; 23. 石台楼阁; 24. 半圆石台; 25. 假山; 26. 后堂

图 5-16　勺园复原平面图

园林造园往往与园主人的艺术素养有着紧密的关系，勺园园林布局有其独到之处，园内随处皆可见水，园林建筑点缀其间，咫尺天涯可望却不可及，园中游览往往是路穷则舟，舟穷则廊，给人以意料之外又意料之中感。园林整体风格淡雅朴质，与相邻清华园的豪华瑰丽形成鲜明对比。

5.4.4 其他地区私家园林

除苏州、扬州、北京三处的私家园林之外，一些江南城市如：常熟、松江、嘉定、上海、无锡等地，园林的营建也非常兴盛。有名的就有无锡的寄畅园、绍兴的寓园、王世贞的弇山园、上海的豫园、南京的太傅园（东园）等。其中，首推就是无锡的寄畅园，寄畅园不仅较为完整地保存着明末清初文人园风貌，同时园林本身造园水平就非常高，为江南文人园林上品之作。

1. 寄畅园

寄畅园位于无锡城，地处锡山与惠山之间平坦开阔地带。寄畅园占地面积约为 10000m²，500 多年来寄畅园一直为秦氏家族所有，这在中国古典园林中是非常少见的。也因此，寄畅园是目前江南地区现存最古老、保存最为完整的私家园林之一。寄畅园始建于明正德年间（1506—1520 年），由曾任兵部尚书的秦金从惠山寺购得的数座僧房改建而成，初名凤谷行窝。由于园址紧邻惠山，而惠山又名“龙山”，园主人秦金字“凤山”，园名中“凤”字既合园主人名又以凤对龙。同时以“谷”代山，“凤谷”有藏凤于谷寓意，暗指园林所选之地是一块风水宝地的意思。帝王用行宫，“行窝”则是园主人自谦，凤谷行窝也就由此得名。明万历十九年（1591 年）秦氏后人秦耀罢官回乡，历时 7 年对园林进行全面改造，取王羲之《兰亭序》“寄畅山水之情”，更名寄畅园。此次改造形成园中景点如：嘉树堂、清响斋、锦汇漪等 20 处。清顺治十四年（1657 年）秦氏后人秦德藻将园合并改造，并邀请当时叠山名家张南垣之侄张钺巧叠山石，又引惠山二泉之泉水流入园中，此次改造又增加了八音涧、七星桥、美人石等著名景点。清代康熙、乾隆二帝南巡，均驻跸该园。乾隆更是命绘图携京，并在颐和园内仿寄畅园营建谐趣园（图 5-17）。

寄畅园西侧为土石堆叠而成的假山，东侧为一大片水池，两者构成了园林山水骨架。水池名为锦汇漪，南北长约 90 多 m，东西宽约 20 多 m，整体面积约为 2.5 亩，但由于设计合理，给人以水面开阔、萦回曲折、深邃莫测之感（后面详述）。锦汇漪西、南极富山林之趣，东、北侧则以建筑环绕。园门设在东墙处，入园门西行可见另一扉门名“清响”，经过一段游廊即见三面环水的知鱼槛，此处为园林主人观鱼场所（图 5-18）。秦耀罢官就曾在此咏道：“槛外秋水足，策策复堂堂，焉知我非鱼，此乐思蒙庄。”由此向南即到长廊中一亭，名郁盘，取自王维《辋川园图》中“岩轴盘郁，云水飞动”。园西南角为秉礼堂，是一座极富江南民居特色的宅院，是当时园主人执掌礼仪的场所。堂前有一小湖池，点缀以湖石、花木、翠竹与清澈池水中的游鱼形成一幅优美画卷。秉礼堂以北为面阔三间的含贞斋，这里是园主人当年读书之处。含贞斋前有一巨大太湖石假山，名九狮山。九狮山成为含贞斋前一道障景的同时又与斋内种植苍松、银杏形成对景。据传九狮山是按倪云林所绘《九狮图》的意境堆叠而成，从假山一块块湖石之中可以分辨出千姿百态的狮子形象，登上湖石假山之顶即可俯瞰

图 5-17 寄畅园平面图

全园景致。九狮山以南为邻梵阁，为1980年后设计重建的。鹤步滩与知鱼槛互为东西对景，鹤步滩位于由惠山黄石堆叠而成的假山山脚下，精心设计了涧沟谷道更在道口散布一些零星石块，给人以原本如此之感，认为此处就是惠山山体直接伸向锦汇漪中的滩头，水石交融颇具情趣。寄畅园西北角有假山名为八音涧，由张南垣之侄张钺精心堆叠而成。八音涧总长36m，深1.6～1.9m，最宽处为4.5m，最窄处为0.6m，假山走势顺惠山山势，西高东低感觉如真是山脉延续。八音涧全部由惠山黄石堆叠而成，上有古树参天，下有流水潺潺，其间点缀以绿植青苔，整体苍古自然、迂回曲折、九转三弯。游人行走其间感觉忽明忽暗、忽急忽缓、忽聚忽散、高低错落，泉水流淌其间空谷回响，产生我国古乐中“金、石、丝、竹、匏、土、革、木”八种音响，八音涧也由此得名（图5-19）。八音涧利用泉水结合山石创造出赏声景致，为中国古典园林叠山理水的典范。七星桥为锦汇漪上的一跨水桥，因其由七块大石板组成，故名七星桥。七星桥一侧为一座玲珑飞檐峭壁的方亭，名涵碧亭，另一侧通往园中主体建筑嘉树堂。

寄畅园假山约占全园面积的23%，水面面积约为17%，山水一共占全园面积的三分之一。园中建筑参差错落、着墨不多，是一个以山水为中心的文人园林。中国古典在理水上讲究“大水宜分，小水宜聚”，而寄畅园两者均有之。锦汇漪南北长东西窄，为显示水体有源头，有意在池之东北角设计出水尾，藏于跨水石桥之下。鹤步滩与知鱼槛两者互为东西对景的同时又向湖心延伸，不仅使池岸曲折多变，也犹如小蛮腰将池面一分为二，产生南北两个大水面。南侧水面以聚为主，北侧水面则被七星桥及小平桥，由大至小分为三个水面。南北向的水面就此被分为大小不一的四个水面，不仅丰富水面的景观层次，还淡化锦汇漪原本南北向狭长的感觉。

园中假山除上文介绍的将古音融于景观之中外，八音涧的空间布局也很有巧思。伴随泉水声的由浅入深，在两土岗之间设置奇径给游人以奇特的审美体验。游人沿小径起初宽阔平坦，但随着深入谷中，小径也变得崎岖与盘旋迂回，观赏视线也随之收缩，直到山涧的尽头，当游人感觉“山穷水尽”陷入绝境之时“豁然开朗”，将游人送往锦汇漪北端那一片开阔空间之中。游人观赏过程中经历空间及观赏感受的一收一放，给人以高潮迭起、意犹未尽之感。

寄畅园面积不大，却巧于因借，能充分将园址周围的自然景致引入园内，在扩展园林景深的同时使游人的观赏视线得到极大的延伸。由池之东岸向西望去，形成水池、假山、园外惠山，近、中、远三个层次的景深，园内园外、假山真山之间融为一体。由池之西、北岸嘉树堂附近向东南望去，依稀可见园外锡山及龙光塔，与园内水廊及亭榭形成一幅建筑物为主的山水画卷。寄畅园在园林布局、叠山理水、植物配置上均有不俗表现，是中国文人园林成熟期的上品之作。

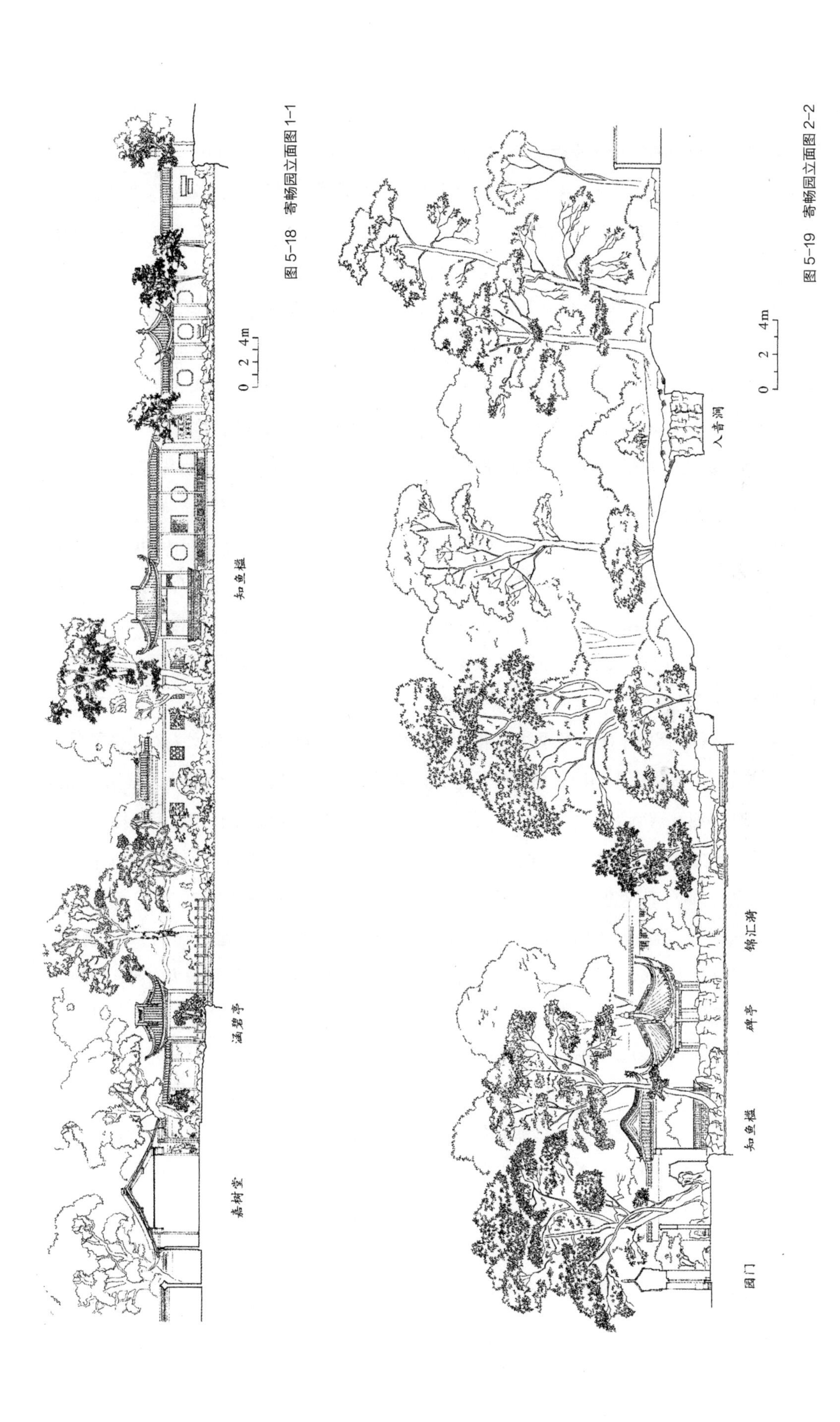

图5-18　寄畅园立面图1-1

图5-19　寄畅园立面图2-2

2. 豫园

豫园为上海市内唯一一座保存完好的明代文人园林。明嘉靖三十八年（1559 年），是潘允端为给其父母安度晚年所建，“豫”字是小辈对长辈的敬语，在古代有“安康”、“平安”之意。故“豫园”带有很浓重的“孝”的意味，是一座豫悦双亲、敬养父母的园林。豫园建园正值明中叶文人造园最为繁荣的时期，是一个典型的“城市山林”。豫园被文人誉为“陆具涧岭洞壑之胜，水极岛滩梁渡之趣”。世人将豫园同王世贞的弇山园相提并论，两园一东一西“百里相望，为东南名园之冠”。明末清初，豫园逐渐荒废，一度变为公共园林，迭经后世保留下来的明代原物仅有叠山大师张南阳所叠黄石假山一座，此山也为其叠山杰作的世间孤本。中华人民共和国成立后，人民政府专项拨款对豫园予以数次大规模的修复，现豫园占地面积约 30 亩为明时面积一半，将除荷花池、湖心亭及九曲桥划到园范围以外，其他经典园林景点均已恢复（图 5-20）。

现园正门正对为一座高敞轩昂的三穗堂，但明代时堂前为巨大水池，池中遍植荷花，是当时重要的赏荷场所。由于现今荷花池被划到园林范围以外，故而感觉主厅当门而立，不符合中国古典园林造园法则。三穗堂以北为一座两层的楼厅，名仰山堂，取自《诗经·小雅》“高山仰止，景行行止”。同时，堂前隔水为一座高 16.7m 的黄石假山，“仰止”又恰如其分点出此处赏景的特色所在。

400 多年来，园中亭榭几经重建，唯有这座假山一直保存至今。历代文人对其也留下许多优美诗篇，据传张南阳当时是应画理叠假山，随地赋形，应用黄石摹拟自然真山，塑造出各种峰峦奇观，做到见石而不露土，千变万化融于其间。概括起来假山有三大特点：一是假山虽由一块块黄石堆叠而成，但却将它们组成一个浑然整体，气势恢宏。假山虽体量巨大，但却做到“曲而有奥思”，不是让游人一览无余，而是游廊环绕藏于园中一角。二是开合得体，“开合”源于画理，开为分散之意，合为集中之意。堆叠假山与画山一样，千变万化，妙在开合。分是指假山设计涧谷，游人由涧谷而出，涧谷深入腹地将山体分为南向延伸的两大支脉，并逐渐与池水、涧溪交融在一起；合则是主峰凸显与余脉之间层次分明。三是山路蹬道，曲折迂回。豫园假山不仅可观还可游，假山蹬道设计极富趣味性，有的蜿蜒而上、有的凌空架小石板飞跨而过、有的更是垂直盘旋而上给游人以危险刺激的体验。

假山以东是一个以万花楼为主题建筑的独立院落，游人在游览过气势恢宏的黄石假山后经曲廊入此院，见花木竹石之景顿时感觉耳目一新，完成观赏体验的转换。豫园东北部主体建筑点春堂，此处为赏春景的重要场所，点即点缀、勾勒之意。点春堂以南为凤舞鸾吟，俗称打唱台，为上海地区保存最为完好的清式戏台。点春堂西南侧为会景楼，建于清代，为园中最高处，登高即可观全园及墙外湖心亭之景，故名会景楼。会景楼隔水与得月楼、玉华堂互为对景。豫园东南侧为一园中园，建于清代称内园，又称东园。

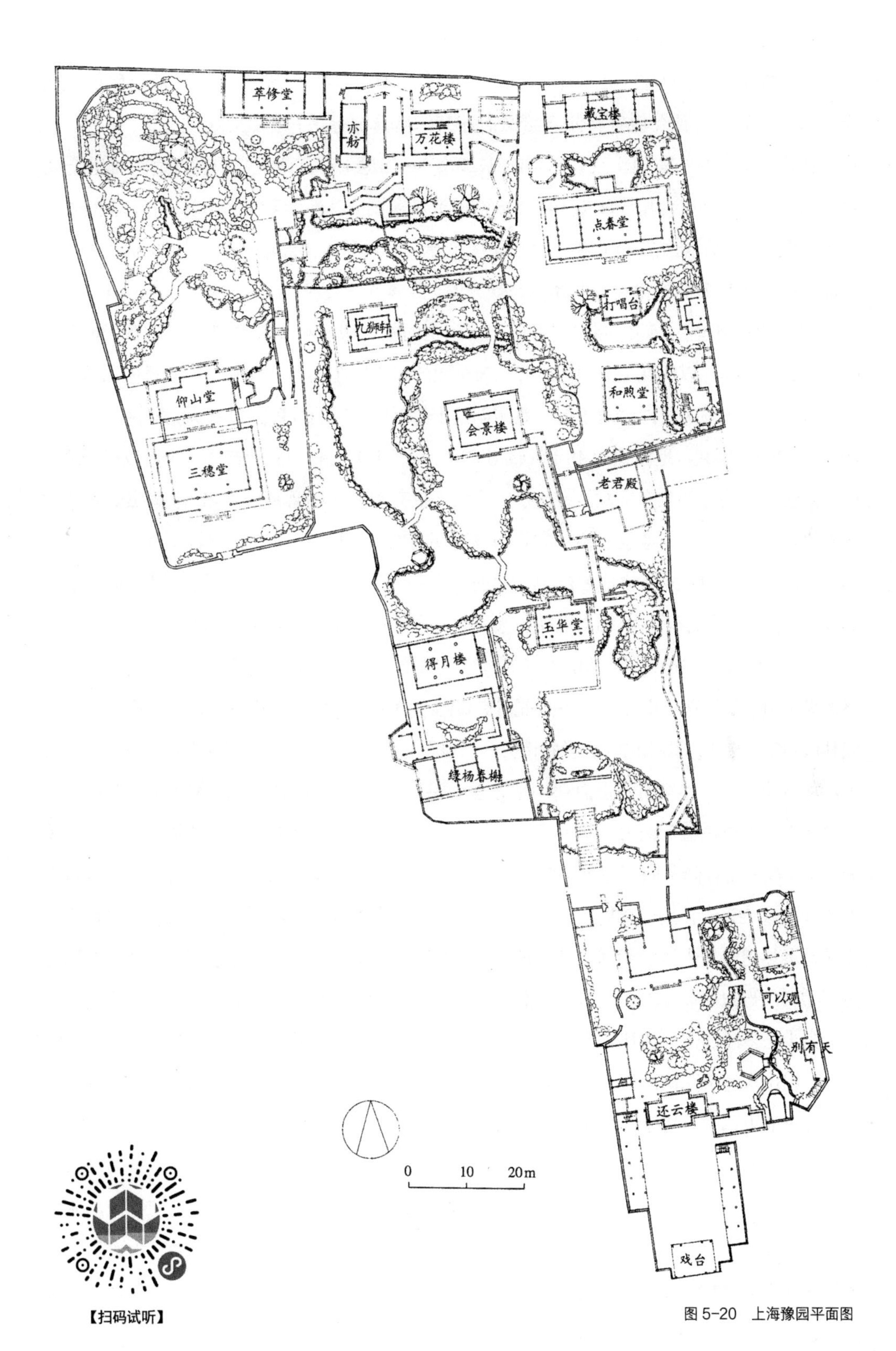

图 5-20　上海豫园平面图

【扫码试听】

3. 上海嘉定秋霞圃

秋霞圃位于上海嘉定区嘉定镇东大街，由明代工部尚书龚弘所建的宅园，故也称龚氏园。隆庆年间，龚弘之孙龚敏行将园卖给徽商汪某，后龚敏行儿子中举又得回此园。其后，沈氏又在秋霞圃东侧另建一园。雍正四年（1726 年），当地士绅富商集资购得秋霞圃与沈氏园，捐给城隍庙作为庙园使用。咸丰十年（1860 年）秋霞圃同其他诸多江南园林一样，园内亭台楼阁均毁于兵燹。光绪二年（1876 年）陆续重建，其后秋霞圃逐渐破落。1980 年政府组织全面整修，历时 7 年于 1987 年开始向公众开放。

现今秋霞圃园由一庙三园共同组成：一庙指的就是城隍庙占地约 11 亩；旧龚氏园区即常说的秋霞圃区，以桃花潭为中心展开，为全园的精华所在，占地约 9 亩；龚氏园以东的沈氏园区即凝霞阁景区，占地约 4 亩；北侧创建于明万历年间的金氏园即清镜塘景区，占地约 20 亩，四个景区共占地面积约 45 亩（图 5-21）。龚氏旧园为秋霞圃的核心，全园以桃花潭为中心，在池的南北两侧布置堂、台、亭、假山。桃花潭北岸的碧梧轩又名山光潭影厅，为主要建筑，厅前设台，临池筑石栏，凭栏与隔水相对的南山互为对景。山光潭影厅东北为枕流漱石轩，轩名取自《世说新语·排调》中的故事，由于轩北侧临原金氏园内清镜塘为流水，其前又有黄石名"枕石"，故而得名枕流漱石轩，因其可观金园之水又名观水亭。

观水亭南山为池南侧的假山，由于园主人慕东晋名士陶渊明，山名即来自"采菊东篱下，悠然见南山"的诗句，山上种植多株古树更显隐逸意境。石壁直接由桃花潭中升起，为江南园林假山中之一绝。南山由一曲径将山分为二脉，漫步其间如入深山，临池北侧山石堆叠有致，如深涧丘壑，给观赏者以悬崖峭壁之感。桃花潭之西，又有黄石所叠假山，名松风岭，又称北山。沿小径盘旋而上，筑有一六角小亭即山亭，登亭即可俯瞰桃花潭景，远眺园外美景。此亭始建于乾隆年间，后屡建屡毁，现所见为 1981 年重建。潭之南岸为池上草堂与舟而不游轩两者连为一体呈轩舫形式，池上草堂取自白居易的《池上篇》与《草堂篇》，同南山一样均为表达追慕古人避世隐居之意。池上草堂与即山亭隔水相对互为对景，池上草堂东侧舟而不游轩，形似船而不能游，故而得名。船头采用湖石作船头自然式布局，在中国古典园林中极为少见。潭西侧为丛桂轩，隔台面水，与南山、北山、即山亭、池上草堂、舟而不游轩组成一组山水建筑院落，成为全园的赏景佳处。除此之外，秋霞圃中还有著名明代遗物三星石，置于池上草堂与丛桂轩之间的庭院内，三石犹如三位老者向游览者作揖，三石分别取名为福、禄、寿。

秋霞圃中的水景桃花潭同样得名于陶渊明，园林理水以聚为主，潭水曲折蜿蜒似溪流延伸，形成无尽之感。潭上架设三曲桥与涉步桥，既增添了渡水之趣，又加深了水景的层次感。秋霞圃占地面积虽不大，但其布局构思上极为巧妙，布局紧凑且思虑精巧，往往使游人在它的山水林泉、亭榭小筑之间驻足停留。

图 5-21 上海秋霞圃平面图

1. 西大门; 2. 仪慰厅; 3. 南山; 4. 霁霞阁; 5. 晚香居; 6. 桃花潭; 7. 池上草堂与舟而不游轩; 8. 丛桂轩; 9. 北山; 10. 即山亭; 11. 碧光亭; 12. 碧梧轩（山光潭影厅）; 13. 延绿轩; 14. 观水亭（枕流漱石轩）; 15. 凝霞阁; 16. 依依小榭; 17. 环翠轩; 18. 扶疏堂; 19. 文韵居; 20. 彤轩; 21. 觅句廊; 22. 洗句亭; 23. 屏山堂; 24. 闲研斋; 25. 数雨斋; 26. 聊淹斋; 27. 游骋堂; 28. 亦是轩; 29. 清镜塘; 30. 三隐堂; 31. 柳云居; 32. 秋水轩; 33. 青松岭; 34. 岁寒亭; 35. 清轩; 36. 城隍庙大殿; 37. 寝宫; 38. 井亭; 39. 东大门; 40. 厕所; 41. 售品部; 42. 办公区; 43. 教育楼; 44. 花圃

4. 瞻园

瞻园位于南京瞻园路北侧，是南京保存最好的明代古典园林。南京瞻园曾与无锡寄畅园、苏州拙政园和留园并称“江南四大名园”。明代时瞻园更是被誉为“金陵第一园”。乾隆皇帝南巡回到北京后，由于喜爱瞻园景致，还命工匠于长春园内仿照瞻园的布局营建茹园。瞻园始建于明初洪武年间，朱元璋念开国功臣徐达“未有宁居”，赐建中山王府邸花园。清代，徐达中山王府邸成为江宁布政使司所在地，瞻园也一度由私园变为官衙的附属园林。太平天国时期更一度成为东王杨秀清的府邸，太平天国运动失败后，瞻园又成为藩属所在地。瞻园如友松、倚云、凌云、仙人峰以及假山部分石洞均为明代就有的胜景，清代更是进一步强化园中沼、池、竹、木之胜，经明清两代营建小小瞻园就有 18 景之多。同治年间瞻园一度毁于兵乱，清政府又先后组织两次重修。民国期间更为江苏省长公署、民国政府内部水利委员会所占用。中华人民共和国成立后南京政府延请刘敦桢教授主持瞻园的整修工作，在保留江南私家园林风格的基础上予以修复及扩建，力求使瞻园重新焕发昔日光彩（图 5-22）。

瞻园主要分为西瞻园及东瞻园两个部分，西瞻园部分为瞻园的精华所在，具有典型江南私家园林的风格特征，东瞻园由水院、大草坪和古建筑组成，是一个宅园，其特点是以花草树木取胜。瞻园由门厅而入，砖门头上镌刻着乾隆手书“瞻园”二字，沿廊即可步入瞻园。瞻园入口处以游廊为主要的交通流线，各小院落景观沿交通流线均匀分布，将中国古典山水画中的藏与露、疏与密、虚与实、隐与现、有与无、开与合、张与弛空间关系呈现其中，产生抑扬顿挫的节奏感，引人入胜给游人留下极为深刻的游园审美体验。沿廊东侧为玉兰院，院中由三株玉兰、南天竺及小湖石搭配成景；廊西侧为海棠院，由海棠与宋徽宗生辰遗物，高 2.7m 的仙人峰成景；廊之尽头为致爽轩，致爽轩以南的玉兰院与海棠院承担着内园与外园的过渡空间的作用；致爽轩东侧有一门可直接通往东瞻园，其北侧为桂花院，有三株金桂与高 3.41m 的倚云峰成景，循廊而行即到矩形半亭，至此完成内外园转化，自廊内可望园之主景静妙堂；半亭东侧为花篮厅，可透过花窗看园中之景，似现又隐达到“抑景”的作用；继续循廊而行园林景观在沿廊而行过程逐步展开，至尽头处有水榭到达赏景的高潮，可凭栏观全园之景。

静妙堂作为园林的主体建筑，明代时名止鉴堂，清乾隆年间更名为绿野堂。同治年间江宁布政使李宗羲修葺后，取自“静坐观众妙，得此状胜迹”之意，更名静妙堂。瞻园整体景观以南假山、北假山、西假山为主，池水作为假山的辅助景观出现。南假山采用土石结构，山体气势雄浑，将绝壁、主峰、洞盒、山谷、水洞、瀑布、步石、石径自然山体中的景致融入假山之间，真正做到“循自然之理，得自然之趣”。北假山面积约为 1100m^2，位于瞻园的北侧为明代遗物，由太湖石堆叠而成，临水石壁两层较大的石矶，忽高忽低名“石矶戏水”，矶上有“水镜石”，形似铜盘，聚满雨水时犹如水镜故得名。北侧假山不论是从假山构

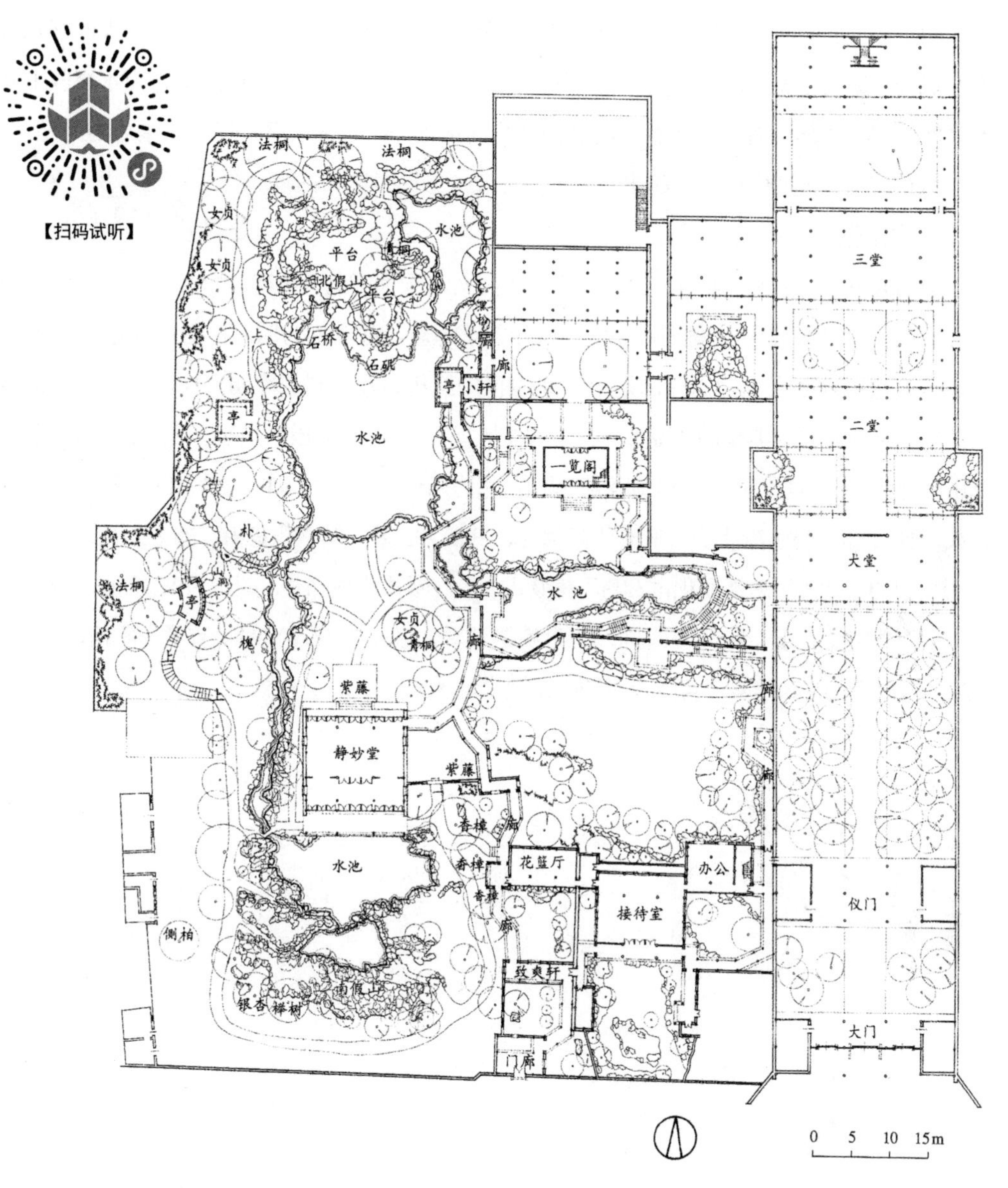

图 5-22 南京瞻园平面图

图，还是叠石技巧工艺水平来看，均可堪称江南古典园林石矶的上品之作。西假山面积约为 1050m^2，蜿蜒如龙，贯穿瞻园南北，临水以太湖石为驳岸，山上建亭名岁寒亭，由于亭边种植松、竹、梅岁寒三友，故又称三友亭。

瞻园水景布局采用小园通常所用的以聚为主，使得池水虽在较小的空间中却能显出宽广、开朗的视觉效果。但不同于其他私家园林理水处理方式的是，瞻园以聚为主的同时再辅以分，使水景呈现似断似续、潆洄曲折之感，加之山林、亭、榭合理布局展开，使得园林虽小但园林景观层次感却突破园林面积的限制。瞻园水景以主体建筑静妙堂为界，分为南北两个大的水面。北侧池水面积最大，与池四周山林、亭、榭交相辉映，取得以小见大的视觉效果，成为全园的主景。池之北侧一孔平桥将北侧池面切割出一个狭窄的水湾作为水尾收于峡谷之间，藏而不露似有不尽之意。池之西南角向南延伸出一条水涧，经静庙堂与南池相连，似断似连将南北池面有机统一起来。

5. 弇山园

弇山园位于江苏太仓城内，由明代万历年间文坛领袖王世贞所建。“弇山”二字取自《山海经》，弇山为传说中仙人栖所，王世贞晚年笃信道教，故慕而为园名，更自号为弇州山人。弇山园表达园林主人退隐山林，期望脱离尘世的愿望。弇山园与豫园一样，在当时极富盛名，都是平地起楼为典型的“城市山林”式文人园林。王世贞邀请江南叠石名家张南阳参与弇山园营建，园内东、西、中分别堆叠假山，名为东弇、西弇、中弇。据王世贞《弇山园即》记载，弇山园占地约 70 多亩，其东为隆福寺、其西为古墓、其南为良田，园中土石约占 40%，水面面积约占 30%，建筑面积占 20%，植物占 10%。园林整体布局精巧，引水筑池、堆山叠石、亭台楼阁掩映于奇花异草之间，王世贞更称弇山园是宜花、宜月、宜雪、宜雨、宜风、宜暑、四时变幻皆为佳景，可见当时园中景观之胜。

5.5 寺观园林

5.5.1 佛寺园林

蒙古人原本就崇拜天、地、日、月、名山、大川，还特别迷信鬼神。蒙古族在建立元朝的过程中，就发现宗教在帮助消除被统治者的反抗、巩固其统治上具有极其重要的价值。所以，元代帝王大多对佛教、道教采取了保护、提倡和利用的政策。而到了明代由于明太祖朱元璋少年时，曾亲身入皇觉寺为僧，正是因为生活无法维持，才投身于农民起义之中。他认识到宗教不能真正解除人们的痛苦，故而，他从称吴王时就注重以儒家思想来治国。做帝王后，对佛教更多地是采取利用、限制的策略，其后的明代帝王也大都如此。

元明两代，禅宗成为汉地佛教发展成熟的产物。明代更是形成佛教的四大名山，也称四大道场，据传为佛教中四位菩萨显圣说法的道场。分别为文殊菩萨显圣的山西五台山、观音菩萨显圣的浙江普陀山、普贤菩萨显圣的四川峨眉山、地藏菩萨显圣的安徽九华山，其中以五台山最富盛名。有“金五台、银普陀、铜峨眉、铁九华”之说。自宋代以来汉地佛教就与儒学、道教关系日益亲密，佛教也借着“三教合一”之力更加深入的普及。至元明两代，佛教向大众化、实用化和通俗化方向发展趋势更为明显，佛寺的性质在这一过程中也在逐渐发展变化，表现出极为强烈的世俗化色彩。

佛寺的布局也出现相对固定的模式，元代塔已不再是供奉佛祖舍利的地方，而是高僧的灵塔。至明代佛寺基本上都是坐北朝南，主体建筑位于一条中轴线之上，轴线左右对称分布

钟楼、鼓楼、配殿、碑亭等。如佛寺倚山而建，那除了上面所介绍的中轴线及左右对称外，佛寺建筑一般随形就势，从前往后，层层递增，以强化佛寺的庄严宗教气氛。下面就在元明两代中各选取一个最具代表性的寺院进行介绍。

1. 山西洪洞·广胜寺

广胜寺位于山西省的洪洞县城东的霍山，分上、下两寺，两寺相距约半公里。下寺位于山脚，上寺位于山顶，由上寺可俯瞰下寺。下寺保留元代佛寺面貌较多，三座主要建筑山门、前殿、后大殿沿轴线由南至北，依山势而上升（图 5-23）。山门三开间、前殿五开间、后大殿七开间，前后两殿均在前后檐各加一个坡檐，起到雨搭的作用。上寺修建年代略晚于下寺，寺内主要建筑均为明代所建。采用的明代极为少见的前塔后院的布局，寺的前院有琉璃飞虹塔，塔高 47.31m，塔后是由弥陀殿、释迦殿、毗卢殿三座佛殿组成的三进院落。塔的东西两侧设祖师殿与伽蓝殿，是禅寺的典型布局模式。

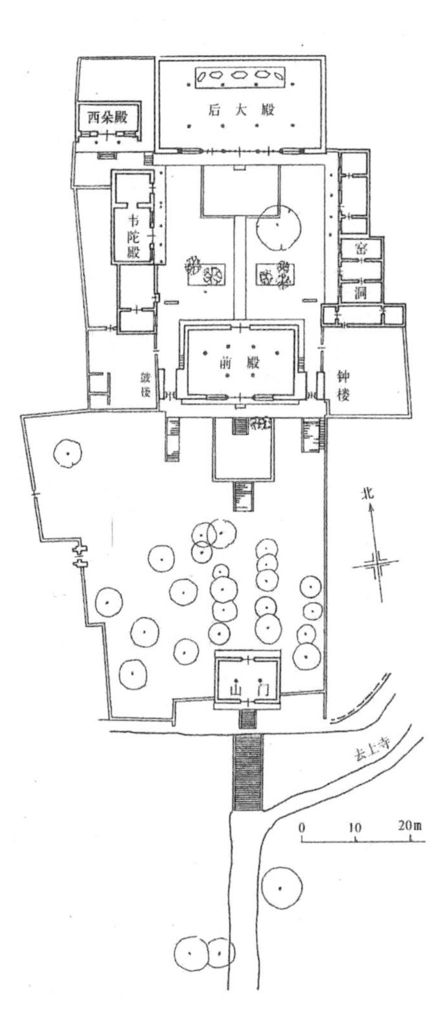

图 5-23　山西洪洞广胜寺下寺总平面图

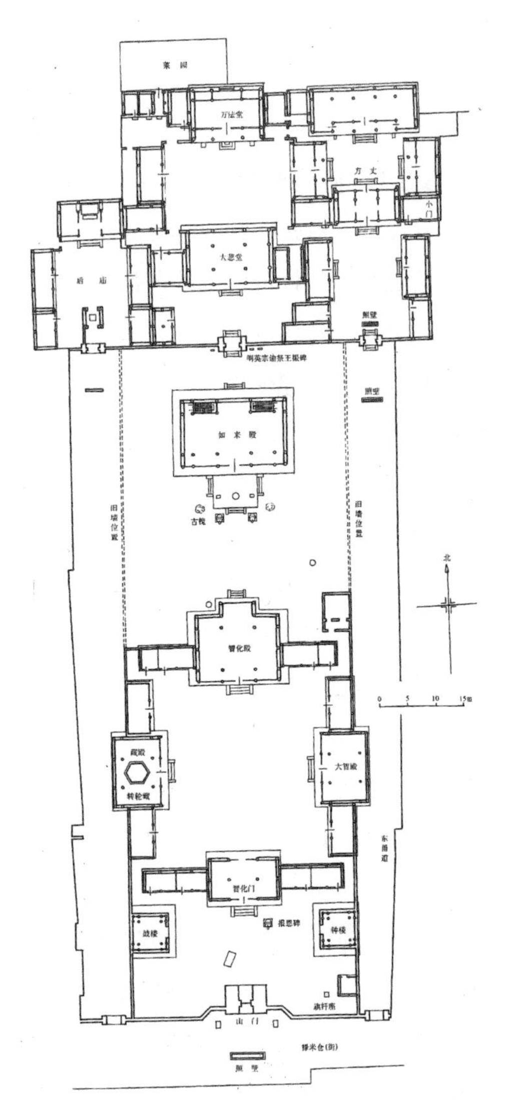

图 5-24　北京智化寺总平面图

2. 北京·智化寺

智化寺位于北京东城区禄米仓，太监王振于明正统八年（1443 年）捐建的寺庙，属于禅宗临济宗。智化寺的平面布局充分显示明代佛寺布局的特点，中轴线明确，左右严格对称（图 5-24）。入山门钟楼、鼓楼左右对称；经天王殿即智化门就可看见正殿智化殿，殿内供奉释迦牟尼像及 20 尊罗汉；殿之东西依次分布轮藏殿、大智殿，轮藏殿内转轮藏尚存，大智殿内则供奉观音、文殊、普贤、地藏四像；其后依次分布如来殿、大悲殿（殿内供奉观音）、万法堂（讲堂）。如来殿为两层楼阁，由于楼上供奉九千多座小佛，故楼下称如来殿，楼上称万佛殿。万佛殿内的藻井天花装饰极为精美，20 世纪 30 年代被盗流入美国纳尔逊博物馆。

5.5.2 道观园林

元代诸帝对道教都较为重视。早在蒙古人入主中原之前，成吉思汗就与全真教颇有渊源。全真教掌门人丘处机就曾被征召，为蒙古政权服务。元统一后，全真教由南至北发展，逐步将江南诸小教派网罗于门下，使得全真教地位日益提高。除全真教外，正一派也被元朝政府所重视，江南一带的大型道观基本为正一派所把持。至元末，道教各教派之间逐渐融合，几乎没有太大的区别。至明代，由于帝王均对道教采取的限制策略，即便明成祖声称“靖难”得到真武大帝之助，在武当大兴土木建道观，但策略上对宗教还是以限制、利用为主，道教逐渐衰落下来。

1. 山西·永乐宫

永乐宫位于山西芮城县永乐镇，据传此处为吕洞宾出世地，唐代就将其故居改为吕洞宾的祠堂，约在金末改祠为观。永乐宫又名纯阳宫，是全真教的重要据点之一。元太宗十二年（1240 年）升观为宫，进真人号曰“天尊”，修建大纯阳万寿宫。从开始动工至元正十八年（1358 年）各殿完成举世闻名壁画绘制，整个修建过程历超百年，几乎贯穿整个元代。步入明代，宫内建筑屡有废兴增建。现存的永乐宫除中轴线上的无极门、无极殿、纯阳殿、重阳殿仍保留元代风貌以外，其余部分已有较大改变（图 5-25）。永乐宫与元代大都天长观、终南山重阳宫是全真教三大祖庭。永乐宫的宫殿设置也反映这一特点，除龙虎殿作为宫门供奉青龙、白虎二神，三清殿作为正殿供奉三清主神，纯阳殿供奉吕洞宾（号纯阳）、重阳殿供奉王嚞（号重阳）、邱祖殿供奉邱处机为永乐宫所特有的建制。永乐宫四殿内的元代壁画更是研究道教文化的重要图像资料，其中的《朝元图》，即是对诸神朝谒道教最高尊神元始天尊情景的描绘，细腻而生动更是艺术精品中的精品闻名于世。

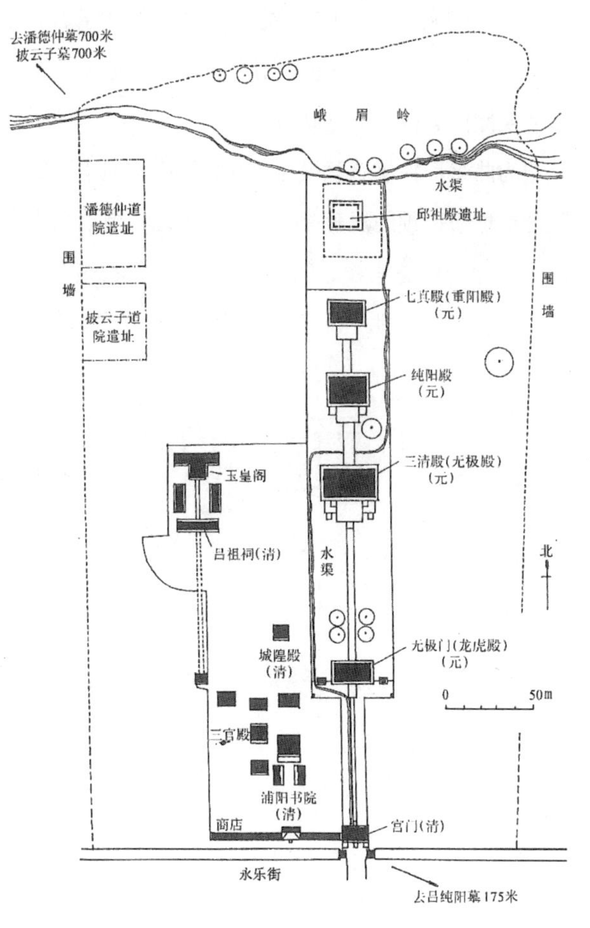

图 5-25 山西芮城县永乐宫址总平面图

5.6 其他园林

5.6.1 城市公共园林

在一些经济文化发达地区，开始出现人口集中的大型城市，城市居民的市民生活普遍增多，相应地在城内及城郊也出现了一批公共园林，它们是利用文化古迹、旧的园林、寺观外围或城市水系的一部分稍加整治而形成。其中比较著名的就有浙江绍兴的兰亭、北京城内的什刹海等。

1. 兰亭

兰亭现在位于浙江绍兴市西南约 12.5km 处，是一座典型纪念性园林。为的是纪念东晋永和九年（353 年）暮春三月初三，王羲之与谢安、王献之、谢安、孙绰等四十二人，于兰亭组织文坛盛会而建。建于明嘉靖二十七年（1548 年），历代以来屡次重建，现亭址已非原址。但其选址仍是依山傍水与《兰亭集序》中："竹风随地畅，兰气向人清" 的描述一致之处。兰亭也成为我国一个具有独特文化内涵的纪念园林，大多数的景点都与王羲之及其书法作品相关（图 5-26）。

兰亭园林造景上讲究"山为骨架，水为血脉"，兰亭中有一池名为鹅池，池名源自王羲之以字换鹅的典故。鹅池边立有一碑亭，亭中立有据传为王羲之手书"鹅池" 二字的石碑。鹅池边为曲溪，曲溪有意模仿兰亭集序中的曲水流觞之意境兴建。曲水流觞的曲溪边建面阔三间，单檐歇山顶的流觞亭。由于王羲之官至会稽内史、右军将军，故又称王右军。因此，流觞亭以北为纪念王羲之的祠堂名为右军祠。祠中一四角方亭为墨华亭，相传王羲之勤练书法，常在墨华亭池中洗笔砚，故名墨华亭。流觞亭以西为御碑亭，亭内立一石碑，高 6.8m，

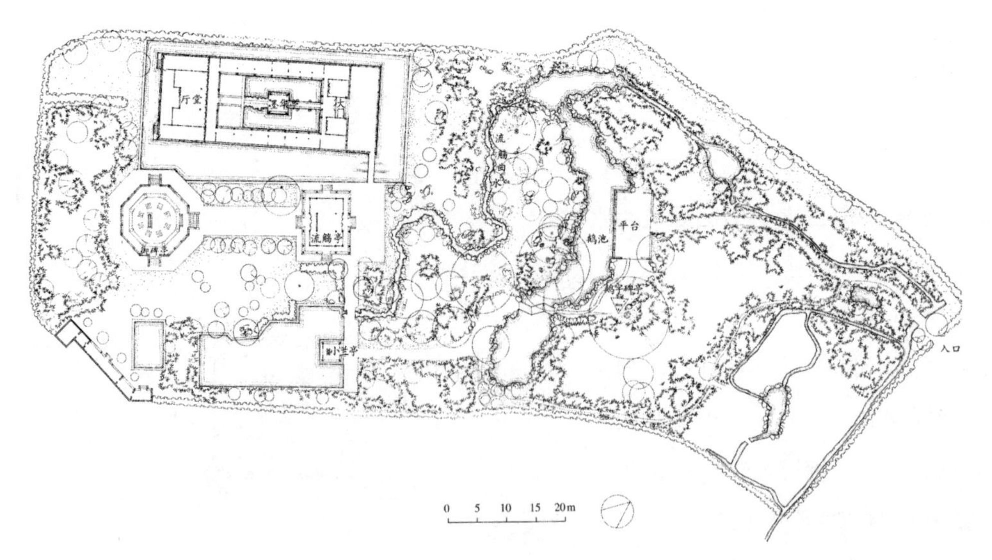

图 5-26 绍兴兰亭平面图

中国古典园林史

中国古典园林造园艺术

宽 2.6m，厚 0.4m，碑身正面刻康熙帝临摹的《兰亭集序》全文，碑身背面为乾隆手书《兰亭即事》七律诗一首。园中除以上景点外，还有若干亭与石碑点缀其间，强化其人文氛围。作为一座公共的纪念园林，园中建筑疏朗、曲溪环绕、花木繁茂加之周围群山环抱，颇有《兰亭集序》中“崇山峻岭，茂林修竹”之感（图 5-27）。

图 5-27　绍兴兰亭鸟瞰图

2. 什刹海

什刹海元代名为积水潭，是大都城位于城内的漕运码头，明代北京城北城墙南移 2.5km，积水潭被划出了皇城范围。永乐年间扩建皇城时，积水潭下游的部分水面被划入西苑北海范围以内，积水潭面积缩小。新修的德胜门又将积水潭一分为二，西侧水面靠近净业寺故名净业湖，而东侧水面北岸新建佛寺什刹海庵，故东侧水面又名什刹海（图 5-28）。

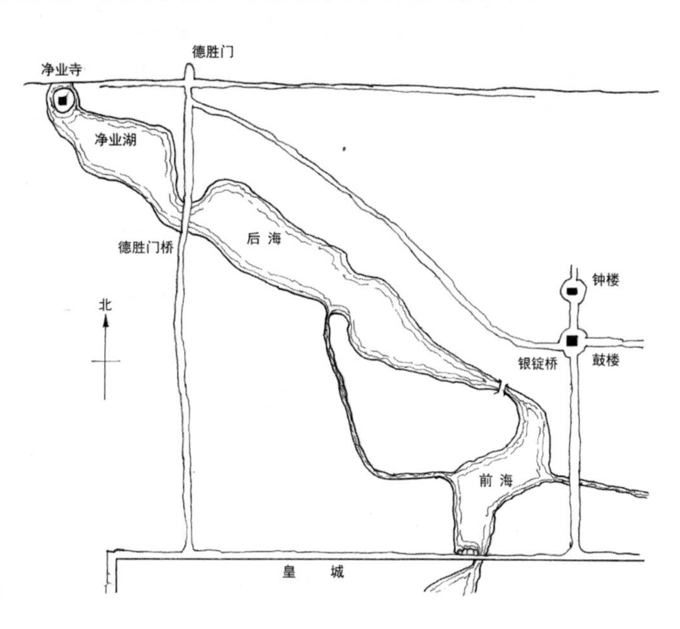

图 5-28　清初什刹海平面图

明代什刹海与净业湖内遍植荷花，官府又招募农民开垦农田，在此种植水稻，岸边绿树成荫，水鸟飞禽飞于湖面之上，一派田园风光。同时，在自然风光之中什刹海周边的私家园林、佛寺园林又给景观中增添人文色彩，湖边建置茶馆、酒楼，湖中更有画舫供人游湖泛舟其间，使得什刹海逐渐成为文人墨客以文会友、市民踏春赏景的城市公共园林。

5.6.2 文人园林

至明代文人园林发展已经趋于成熟，特别是在经济、文化发达地区文人参与造园更是频繁，文人园林风格不仅对皇家园林产生影响，甚至成为当时品评园林的最高标准。明代文人画已经在画坛占据主导地位，文人画的发展开始强调诗、书、画融为一体，文人作画往往会在画上署名、题诗、钤印，试图以书法的笔力入画。当时官僚也多为文人出身，因此士流园林中也往往追求雅逸这种文人特有的书卷气，此外士流园林中也有从魏晋沿袭下的隐逸情结，用以表达园主人对现状的不满，企图摆脱礼教束缚、不合俗流，希望返璞归真的愿望。士流园林文人化倾向，更进一步促进文人园林的发展。

古有石崇的金谷园，元明两代同样不可避免地出现清华园这类的具有“富贵气”的贵戚园林。此外还有上文介绍的伴随市民文化活动的兴起而产生的极具“市井气”市民园林。除贵戚园林与市民园林外，元明两代伴随小商品经济的发展，出现了一批富商巨贾，由于当时社会趋向于儒商合一，故富商园林也会有意地附庸风雅，聘请文人为其筹划，效法士流园林，故富商巨贾的园林往往也会在市民园林的格调上又多一分文人色彩。文人园林促进江南园林艺术发展达到中国古典园林发展的高峰，它逐渐影响皇家园林、寺观园林、市民园林并最终成为中国古典园林一种造园模式。

5.6.3 明十三陵

明代在陵寝制度上沿袭了因山为陵、帝后同陵、将诸陵集中于同一兆域的做法。与此同时，明代又在前代的基础上进行变革，呈现出自己的鲜明特征。首先，将唐、宋两代陵寝制度中的上、下二宫合为一体，将原先的陵体居中，四向设出门的平面呈方形的布局形式更改为以祾恩殿（享殿）居中的平面呈长方形的布局（图 5-29）；其次，将方形的陵体改为圆形陵体，诸陵共用一条公共的神道；

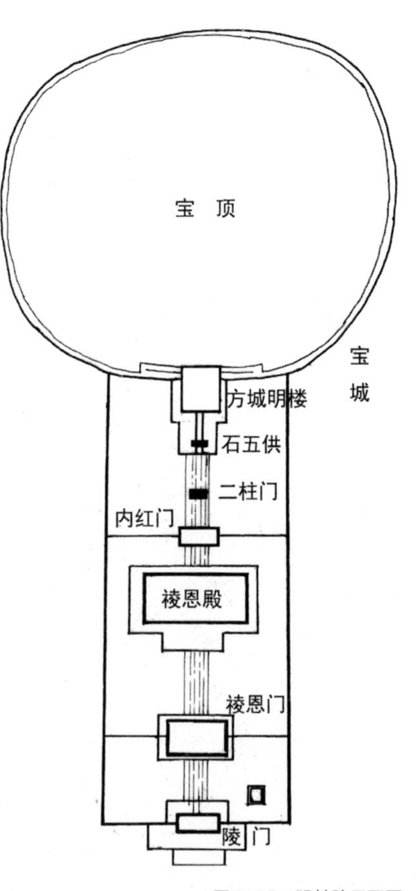

图 5-29 明长陵平面图

最后，随着礼制观念的不断加强，陵寝祭祀活动也更加强调“礼”的成分，而祭祀中“灵魂”崇拜的观念则正在逐步淡化。原本上宫即为陵体与献殿所在区域，是一年中会有数次享献大礼的场所，而下宫则为寝殿及主体建筑的寝宫区，要求“日祭于寝”守陵人需每日上食洒扫，皇家各种祭享活动也发生在下宫。上、下两宫的合并，集上、下两宫祭祀功能于祾恩殿，导致的陵寝平面布局由正方形变为长方形，但究其根本原因还是礼制观念强化的体现。

明十三陵是闻名于世的中国皇家古陵墓群，位于北京昌平区以北10km的天寿山南麓。自明成祖朱棣至思宗朱由检（1409—1644年），除景泰帝朱祁钰外的十三位明代帝王皆环葬于此，故称之为十三陵（图5-30）。陵区方圆约400km^2，景色苍秀且气势雄阔，有朝宗河绕东去，龙虎二山对峙，为风水极佳之地。明代十三座帝王陵墓沿山麓散布，各据山岗面向中心的长陵（明成祖朱棣的陵墓）。景陵、永陵、德陵位于长陵的东侧；献陵、庆陵、裕陵、茂陵、泰陵、康陵六陵位于长陵的西侧；定陵、昭陵、悼陵则位于长陵的西南方向，各帝王陵彼此间隔从四五百米至千米不等，十三座陵墓共用一个神道、牌坊与石象生。

长陵居天寿山主峰前，其南侧6km处有两座小山东西对峙，即堪舆学说中的藏青龙和卧白虎二山，也为陵区的入口。明嘉靖十九年（1540年）在距天寿山主峰11km处，建一座全部由汉白玉石构件组成的五间石牌坊，面阔28.86m，高14m，牌坊正中线正对天寿山主峰。距牌坊以北约1300m处设大宫门为整个陵区的大门，门三洞、丹壁黄瓦、单檐庑殿顶设有斗栱。过大宫门600m处有碑亭立于神道中央，是长陵神至功德碑亭，为重檐歇山顶，内立龙道龟趺巨碑，碑亭外四角设白石华表。过碑亭以北1200m处的神道两侧有文武勋臣18对，狮子、骆驼、象、麒麟、马、獬豸等石人、石器雕刻群，称石象生。在由石牌坊至长陵这长达7km的神道旁，设立的这些石象生中狮子居于首位象征着威严，獬豸善断邪正则有辟邪及厌胜之意，骆驼与大象作为沙漠及热带动物的代表，象征明代帝国疆土的辽阔，麒麟则是吉祥之兽，马则是帝王的坐骑，烘托出十三陵作为帝王陵寝的肃穆气氛。石象生之后为龙凤门，至龙凤门以北5km直到长陵的陵门的地势逐渐升高，从地势上进一步强化帝王陵寝的威仪。

中国历代帝王都强调“厚葬以明孝”，力求维护其皇位的“子孙万代”。帝王往往不惜工本修建巨大的陵墓，而陵墓的特殊功能性要求，也会密植长青的松柏，建亭台、门楼及各类石雕来渲染气氛。十三陵占地辽阔、地理形势绝佳，采用较为规整的园林布局方式，是中国古代帝王陵墓中颇具代表性的作品。

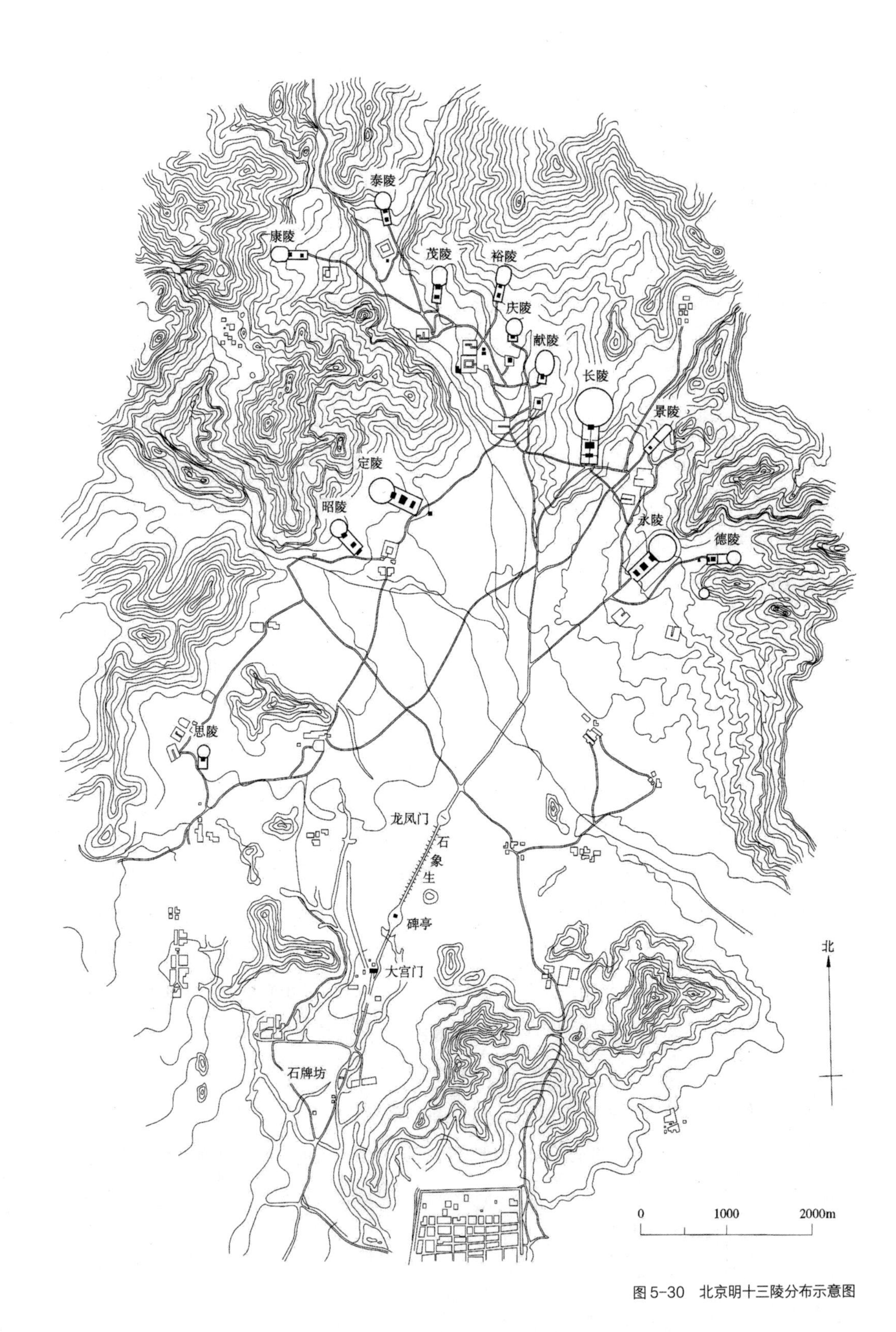

图 5-30　北京明十三陵分布示意图

5.7 造园家及造园理论著作

【扫码试听】

5.7.1 造园家

元明两代的文人园林相较于两宋的文人园林，园林内部审美形态、意趣处于一个单纯继承但演进停滞的状态。相较于两宋的园林，元明两代的园林的发展更多地集中在造园技巧的发展，园林的思想性日益萎缩，进而演变为一种造园模式。在这样一个造园技术臻于至善江南地区，涌现出一大批具有较高文化素养又掌握造园技巧的造园工匠。

宋代文献中有“山匠”一词，指的是园艺工人与叠山工人。至明代，苏州出现“花园子”指的就是专门叠山的工匠。造园工匠历代都社会地位低下，但到明末清初这一情况有所变化。古人造园离不开山与水，园林营造的成败往往也取决于园中叠山好坏，园主人造园立意也往往需要通过工匠实践施工得以具体地呈现。因此，从客观上我们必须承认园林工匠在营建园林中的作用与地位。

1. 张琏、张然父子

张琏字南垣，生于明万历十五年（1587 年），华亭人（今上海市松江区），晚年徙居秀州（今嘉兴），从事叠山造园五十余载。张南垣少时好画，文化素养较高。认为：“人之好山水者，其会心正不在远”，大胆革新，以画理叠石为山，其假山因形布置、土石相间、一树一石、一亭一沼，经其之手即成奇趣，为世人所推崇。

当时三吴大家名园多出自他手，之后更是遍及全国。据吴伟业《张南垣传》记载，当时园中叠山往往是通过小体量的假山来摹拟大自然中真山的整体形态，但张南垣却大胆革新，其叠假山除追求真实的形态外更讲究意境的深远，主张所叠之山“曲岸回沙”、“平岗小坂”、“陵阜陂陁”、“错之以石，缭以断垣、翳以密篆”使得假山不仅可观还可入可游玩。使游人在观赏假山时产生一种园内假山为大自然真山的一部分的错觉，感觉园内的假山为园外真山的延续，游人观赏时由视觉的上对局部景致欣赏，衍生出思想层面对假山之外整体山势的遐想，从而开创叠山技法的一个新的流派。

张南垣有四子，均传其术，其中以次子张然造诣最高。张然字陶庵，早年在苏州一带为人营园叠山以颇负盛名。顺治十二年（1655 年）由于张南垣年迈代其父奉诏入京，重修西苑。康熙十六年（1680 年）再次入京，先后供奉内廷三十余年，参与畅春园、瀛台、玉泉山的营建，还为大学士冯溥营建万柳堂、兵部尚书王熙改建怡园。“人人欲得陶庵为之”，诸王公士大夫都欲请张然为其造园叠山，誉其所叠之山“居山者几忘东山之为山，而吾山之非山也”。张然晚年荣归故里，晚年为汪琬的尧峰山庄堆叠假山大获成功。据汪琬《曾张铨侯》中载：“虚庭蔓草秋茸茸，忽然幻出高低峰，云根槎牙丛筱密，直疑天造非人工”，可见其评价之高。张然更有后人定居北京，承传其术成为北京著名的叠山世家“山子然”。

2. 张南阳

张南阳字山人，始号小溪子，后号卧石生，生于明正德十二年（1517年），上海人。张南阳其父为画家，出于家学，从小习画，尝试运用绘画的画理来堆叠假山，大获成功，曾主持营建上海三大名园：日涉园、豫园、弇山园的规划营建，日涉园园主陈所蕴更为其写《张山人传》。

现上海豫园留存黄石假山就是张南阳存世唯一遗作，被誉为“中国黄石假山第一”。张南阳极其擅长用黄石堆叠假山，其所叠假山往往是随形就势，以石包土，见石而不露土，仿佛真山的气势与周围环境融为一体。据《张山人传》记载：“视地之广袤与所裒石多寡，胸中业具有成山，乃始解衣盘礴，执铁如意指挥群工，群工辐辏，惟山人使，咄嗟指顾间，岑峦梯蹬陂坂立具矣”。这段文字是描述张南阳从事园林营建规划、设计、施工整体过程，为文献中首见，也成为后世园林工匠设计施工所采用的传统模式。

3. 陆叠山

陆叠山，其名现不可考，为明代杭州人，以造园叠山为业。据《西湖游览志》记载：“杭城假山称江北陈家第一，许银家第二，今皆废矣，独洪静夫家者最盛，皆工人陆氏所叠也”。更誉其所叠之山：“堆垛峰峦，拗折涧壑，绝有天巧，号陆叠山”。

4. 计成

计成字无否，生于明万历十年（1582-1642），苏州吴江人。如果说上文介绍的张琏父子、张南阳、陆叠山是明末清初涌现的造园工匠，那计成就是文人投身具体园林营建的典型代表。计成的出现反映出当时文人与造园匠人之间的亲密关系，也折射出世人已不再将造园技术视为士大夫不可从事的雕虫小技这一观念的转变。计成少时就以绘画闻名，最喜关、荆笔法的意境，偶叠石为壁，为世人评价“俨然佳山也”，逐渐闻名远近，由业余爱好而“下海”成为造园家并著书立作。其为吴玄所营建面积约为5亩的东第园，为其成名之作。而其为郑元勋所营建的影园，为其后期作品更是当时扬州最为著名的私家园林之一。崇祯七年（1634年），计成根据其园林实践经验写成中国最早、最系统的造园理论著作《园冶》。

5.7.2 造园理论著作

在造园工匠的“文人化”，文人勇于实践“工匠化”的这种双向合流大趋势下，结合江南地区特有的政治、经济、文化背景，促使园林兴建更加繁荣，同时也促进了造园活动与知识的普及。文人与工匠间造园思想、造园技艺之间的交融，加速了造园经验的系统化和理论化的进程。进而出现众多与园林营建有关的理论著作刊行，其中以《园冶》《一家言》《长物志》最具代表性。

1.《园冶》

计成所著《园冶》刊行于崇祯七年（1634 年），由阮大铖与郑元勋为其作序《园叙》《题词》。《园冶》问世 300 年来一直籍籍无名，仅清代李渔在《闲情偶寄》中偶然提到此书。究其原因据传是由于为其作序的阮大铖为明末大奸臣，故此书为当时文人所不耻，在清代一度被列为禁书。直到近代，中国营造学社创始人朱启钤在日本偶然看到名为《夺天工》一书，此书为《园冶》的日文版，结合在北京大学图书馆找到的明代《园冶》刻本的残卷，两者对照、整理而成《园冶注释》。近代陈植、张家骥两位先生又分别撰写《园冶注释》并出版发行，进一步使这部反映中国传统园林造园思想的著作广泛传播。

《园冶》全书共分为三卷，采用的是“骈四俪六”的骈文体，全文共约 14000 字，附图 235 幅。计成结合自身造园实践，在《园冶》中全面论述了江南地区私家园林的规划、设计、施工方式方法，以及其所收集的园林各种局部、细节如天花、屏风、仰尘、户槅的样式及做法。卷一内容为《兴造论》和《园说》四篇，即相地篇、立基篇、屋宇篇、装折篇；卷二内容包括计成多年收集的上百种栏杆样式及制作方法；卷三则涵盖门窗、墙垣、铺地、掇山、选石、借景六个部分。

卷一《兴造论》为全文的纲领，开篇即提出：“世之兴造，专主鸠匠，独不闻三分匠、七分主人之谚乎？非主人也，能主之人也”，指出好的园林营造不仅是园主人与匠人共同合作的结果，更依赖于能够统领全局、主持园林营造的造园家。同时，还提出了好的园林的评价标准“巧于因借，精在体宜”，指出“因”与“借”的目的是为了达到“体”与“宜”。“因、借、体、宜”四个字则成为园林兴建所需遵循的准则。

《园说》则论述了园林规划布局的具体内容及设计的审美情趣。篇首就提出“景到随机”与“虽由人作，宛自天开”两大造园原则。“景到随机”指的是园林营造应充分考虑园址周边地理、人文环境，做到扬长避短；“虽由人作，宛自天开”则指的是园林中的叠山理水，必须给人以仿佛为自然之物之感，园林景观建筑的布置也应与园中山水布局环境相协调，园林景观建筑属于从属地位。相地篇：将园林基址分为山林地、城市地、郊野地、村庄地、宅旁地、江湖地六大类。提出园林营建应详实研究园址地形地貌特征，然后有针对性地展开设计布局。立基篇：分别针对厅堂基、楼阁基、门楼基、书房基、亭榭基、廊房基六类建筑及一种假山基，分别论述选择位置与布局时的方式方法。屋宇篇：专门就门楼、堂、斋、室、馆、房、亭、台、楼、阁、榭、轩、卷、广、廊共计 15 种园林建筑名称、功能、平面图、梁架结构、施工图纸样式展开论述。装折篇：对园林建筑内外空间的装饰加以论述，主要介绍天花、仰尘、床槅、风窗的装修方式方法，最后还附上了槅扇与风窗的图样。

卷二栏杆卷中记载计成在江南造园过程中所收集的上百种栏杆样式及制作方法，他强调栏杆样式以雅为美，主张信手而画。纵观明清几百年造园史，园中栏杆样式基本就未有超出其所收集图样范围的，可见其收集之全，著作影响之深远。

卷三分门窗、墙垣、铺地、掇山、选石、借景六篇，门窗、墙垣、铺地主要讲述门窗、墙、铺装的制作方法与常见的园林样式；掇山与选石篇主要论述叠山的石材选择、构图布局方式方法、工艺流程、禁忌以及同叠山相关的水体的处理方式。在掇山篇将叠山理水分为：园山、厅山、楼山、阁山、书房山、池山、内室山、峭壁山、山石池、金鱼缸、峰、峦、岩、洞、涧、曲水、瀑布等 17 类。在选石篇将园林中常见叠石材料分为：太湖石、昆山石、宜兴石、龙潭石、青龙石、灵璧石、岘山石、宣石、湖口石、英石、散兵石、黄石、旧石、锦川石、花石纲、方合子石等 16 种；借景篇认为借景是园林造景的重要手段，并列举了远借、邻借、仰借、俯借、应时而借 5 种借景手法，同时提出“俗则屏之，嘉则收之”著名论断，借景作为全书的总结，也是全书的精华所在。《园冶》理论与实践相结合，既有相地、立基、铺地、掇山、选石、借景等篇章用于论述造园理论，又有屋宇、装折、窗、墙垣着重具体园林实践的论述，全书系统且自成体系，可以当之无愧称为世界造园理论中一部重要著作。

2.《长物志》

《长物志》为明代著名文人文征明的曾孙文震亨所作，文震亨字启美，生于明万历十三年（1585 年），江苏吴县人，明亡殉节而死。文震亨能书善画，多才多艺咸有家风，曾任中书舍人，晚年定居北京。如果说计成的《园冶》是以江南园林地域为基础，注重论述园林造园技术性问题，那么文震亨的《长物志》则是以北方园林的地域为基础的造园实践的总结，如北方花木不及江南繁茂，水源更是极其珍贵，故文中有大量的篇幅论述园林匠心的重要性。

《长物志》中“长物”二字指的是身外之物，长物者，就是公文中“入品”的闲适玩好之事，即极富风雅情趣的闲趣之事。《长物志》共计十二卷：室庐、花木、水石、禽鱼、书画、几榻、器具、位置、衣饰、舟车、蔬果、香茗。内容涉及园林营建、园林室内器物的选择摆放、收藏鉴赏方法，注重鉴赏博古，意在以古来探新。《长物志》中与园林有直接关系的即：室庐、花木、水石、禽鱼四卷。

室庐篇：用 17 节针对不同建筑的功能、性质以及建筑相关的门、阶、照壁、窗、栏杆展开论述；花土篇：提出“弄花一岁，看花十日”，指出花木培植的不易，并详举 42 种园林营建中常用的花木，并详细介绍花木的姿态、色彩、习性及种植方法；水石篇：详举 18 种园林营建中常见的石料、水体及其搭配方式方法，并提出“石令人古、水令人远。园林水石，最不可无”的著名论断；禽鱼篇：详细介绍 6 种鸟类、1 种鱼类的形态、习性、颜色、训练及饲养方法。

3.《群芳谱》

《群芳谱》全名为《二如亭群芳谱》，是明代园林植物栽培及园艺方面的著作。作者王象晋字荩臣，又字子进，嘉靖四十年（1561 年）生，山东新城人，自称明农隐士。王象晋官至布政使，在自家经营园圃时查阅古籍资料并亲身种植积累了大量的实践经验，历时 10 年编成此书，于明天启元年（1621 年）刊行，全书共计约 40 万字，共 30 卷。全书记载植物多达 400 余种，分为天、岁、谷、蔬、果、茶竹、桑麻、葛棉、药、木、花、卉、鹤鱼等 13 个谱类。列举所记花卉的名称、习性、种植、治疗、典故，尤其重视对植物形态特征的描述。清代汪灏等人的《广群芳谱》就是在王象晋《群芳谱》的基础上改编而成的。

第6章

清代园林（1616—1912年）

图注：清·院本《十二月令图轴》之七月

6.1 时代背景

6.1.1 封建社会步入后期

清朝的核心统治为崛起于东北建州卫的满族，明代时称为女真族。于努尔哈赤时代统一了女真各部落，成为一个强大的军事集团。明万历四十四年（1616 年）正式建国，定国号为金，史称后金。皇太极继位后改国号为清，族名为满洲。明崇祯十七年（1644 年）睿亲王多尔衮率军入京，清世祖福临即皇帝位，建元为顺治元年。道光二十年（1840 年）中英鸦片战争，中国沦为半封建半殖民地社会。宣统三年（1911 年）历经十帝，辛亥革命后清帝逊位，清王朝共统治中国 268 年。

清朝的统治是基于其军事力量，即“八旗制度”。采用兵民合一，全民皆兵的制度。将所统治区域人口编为八旗，分立黄、白、红、蓝四色，正、镶各四旗，统称为满洲八旗。规定每三丁抽一从军，军备由旗人供给，军令政令均由旗主把控。后其又将蒙古、汉人编入，设蒙八旗与汉八旗。但清王朝后期，旗民仰赖世袭供应，坐吃皇粮、疏于训练，以致后期完全丧失了战斗力，清王朝也步入崩溃的边缘。

清朝统治者在政治上大力吸收汉族制度，行政管理方面沿用明代的行政区划，顺治二年（1645 年）即开科取士，任用汉人参与到行政管理中来。中央政府各部、司分设满、汉大臣，标榜“满汉一家”但真正实权皆在满洲贵族人手中。清朝在文化上尊孔读经，大力宣扬程朱理学，推行科举制度笼络知识阶层，清朝统治者还大量推行宗教信仰帮助巩固其统治地位，特别是在这一时期敕建众多藏传佛教寺庙，更是清政府笼络少数民族，有效控制西藏政教权力的手段。

清王朝在乾隆时期生产恢复、人口激增、经济文化的发展达到高潮。经济的繁荣带来财富的聚集，出现一大批的富商巨贾，特别是盐商、票号行业，此外窑业、铸钱、纺织、井盐、印刷等工业亦得以发展。从帝王、满族贵族到富商巨贾，皆追求锦衣玉食、楼台馆舍的生活享受，而这也促使园林营建、日常生活用品的工艺水平的提升，是中国传统建筑装饰艺术大发展的创新时期。嘉庆以后清王朝统治日渐腐败，政局动荡。最终，被外部资本主义的洋枪大炮打开了国门，沦为半封建半殖民地社会，内部农民战争不断，内忧外患之下清王朝走向崩溃。

6.1.2 清代都城建设

清代北京城的结构布局、道路系统，绝大多数是沿用明代，没有多大变化，但随着城市经济及人口的发展对城市具体建筑的布局及功能也有调整。最典型的就是取消明代的皇城，这也间接扩大了城市公共用地。清代另一个都城建设就是开拓了外城及西郊用地，将皇家园林的规划同城市供水体系设计联系在一起，形成离宫苑囿群。

除了以上两个重要的都城改建与扩建变化外，清代都城建设有以下几个特征：(1) 清代改革宫廷内府服务机构，裁撤明代二十四衙门，取消皇城，北京城东北部分用地改做居住用地；(2) 对明代部分建筑的使用性质加以改变，最为典型的就是天安门千步廊西侧的五军都督府的旧址直接改为民居，另一部分建筑则改为王府；(3) 明代的内外里坊分区制，到清代名存实亡，仅是便于行政管理的行政级别划分，汉人外迁促成外城繁荣发展，商业会馆林立。清初实行八旗兵驻制度，北京城内皆为满人按方位分别布置八旗官兵居住，汉人和回民则移居外城也直接促进外城的发展，形成众多不同的商业区；(4) 将城市水利建设同经营皇家园囿群联系在一起，进行统筹管理。

6.2 皇家园林

满族的清王朝是以宗族血缘为纽带的皇权高度集中的君主制帝国。清朝建国初期，民族矛盾尖锐，各地反清情绪极为强烈。清朝统治一方面对反抗者予以残酷的镇压，一方面又对明代律令制度予以承袭，并未像前朝历代一样拆毁旧朝宫室，而是直接沿用了明北京的紫禁城及城内的皇室宫苑。清代皇家园林建设始于顺治时期，奠基于康熙年间，完成于乾隆年间，乾、嘉年间达到全盛局面，至道光清王朝乃至封建社会的最后繁荣已经结束，加之咸丰年间西方列强的入侵，中国皇家园林盛极而衰。

顺治时期，虽有兴建避暑离宫之议，但当时清朝刚入关还有更为重要的事务要处理，故一直未能实施。顺治时期皇家园林的兴建主要是集中在对西苑的大规模的改建，如：修建永安寺于琼华岛的南坡，在山顶广寒宫园址基础上建白塔以及在中海、南海附近及沿岸增添众多的宫苑。

康熙继位后由于三藩问题的解决政局趋向稳定，至康熙中叶起中国逐渐进入一个皇家园林兴建高潮时期。康熙出于笼络蒙古贵族的需要，康熙二十年（公元 1681 年）在塞外设置木兰围场，随后康熙四十二年（公元 1703 年）又在木兰围场与北京城之间修建一系列的行宫。其中就有清帝国最大的离宫御苑——避暑山庄。康熙先后六次下江南领略到江南园林、名园胜迹的秀丽风光，至康熙十六年（公元 1677 年）起随后三年间，在北京西北郊建香山行宫与澄心园（静明园）两座“质明而往，信宿而归”的行宫御苑。康熙二十九年（公元 1690 年）又在原李伟清华园的基础上，聘请著名画家叶洮与造园叠山大师张然主持营建清王朝一座极富江南山水情趣的皇家苑囿——畅春园。雍正继位后，对其赐园圆明园进行改建。乾隆继位后，中国皇家园林的营建迎来其最后一个高潮期。乾隆效仿康熙亦六次出巡江南，江南园林给其留下了深刻的印象，其在位 60 年间造园活动就未曾停止过。乾隆三年（公元 1738 年）在南苑扩建放飞泊、乾隆十年（公元 1745 年）扩建香山行宫（静宜园）、乾隆十五年（公元 1750 年）于瓮山与西湖间修建清漪园、乾隆十六年（公元 1751 年）在圆明园旁兴建长春园与绮春园，并扩建承德避暑山庄、乾隆十九年（公元 1754 年）又在北京以东建静寄山庄，最终形成“三山五园”整体皇家园林格局。在兴建行宫御苑与离宫御苑的同时在紫禁城内大内御苑也有增建，如建福宫西御花园、慈宁宫御花园、宁寿宫花园以及西苑内营建静心斋与濠濮间等园中园。康熙、雍正、乾隆祖孙三代的 130 多年间，出现了皇家园林同私家园林之间双向模仿，进而促成造园工艺技术与园林审美意趣南北交流，是清代皇家园林与私家园林营建的全盛时期，甚至达到中国历史上园林营建的最高潮。

道光时期，清王朝与封建社会一同走向衰弱，帝国财政日益窘迫加之西方列强入侵，已无力进行皇家园林的营建。咸丰年间，内有太平天国暴乱，外有列强入侵，圆明园、长春园、绮春园圆明园三园，清漪园、静明园、静宜园等皇家园林均被列强洗劫一空并焚毁。光绪年间虽出于供养太后需要重修清漪园（颐和园），但也是挪用海军军费来营建，成为中国近代史上祸国殃民的典型案例之一。

6.2.1 大内御苑

清代除个别宫殿有所增损或易名外，基本沿用明代紫禁城宫殿建筑及宫苑。其中西苑的面积最大，增建与改建也最多，兔园、景山、御花园、慈宁宫花园略有增减但基本保持明代旧貌，乾隆年间又新建福宫西花园与宁寿宫花园。

1. 西苑

西苑位于紫禁城西侧，历经辽、金、元、明、清历史悠久，历经五个朝代是我国留存至今，最完整、最优美的大内御苑。顺治时期，满族初入关政局还不稳定，无力营建行宫御苑或离宫御苑，故皇家园林营建集中在对西苑的局部景观改建。顺治八年（1651 年），在琼华岛南坡建佛寺永安寺，在山顶的广寒殿兴建风格独特的喇嘛塔——小白塔，故琼华岛又称白塔山。康熙年间，对北海、中海附近坍损宫殿予以改建，重点是南海上的增建数组宫殿建筑群，使得南海成为一个相对独立的园林宫苑区。乾隆时期则对西苑进行规模最大的一次改建，改建的重点则在北海，加筑宫墙更为明确将西苑划分为北海、中海、南海三个相对独立的园林宫苑区，增建园中园如静心斋与濠濮间。康乾的大规模改建奠定西苑现今的总体格局，其后嘉庆、道光、咸丰、同治对西苑仅为个别建筑增损基本保持康乾时期的总体格局没有大的变化。光绪十二年（1886 年）为迎接西太后撤帘归政，挪用海军经费对西苑进行一次修复与改建，这也是清王朝最后一次修建，规模远不及康乾时期。此外值得一提的是，当时出于对国内是否修筑铁路问题的争议，曾在西苑紫光阁与静心斋之间铺设一条轻便铁路，以便西太后亲身体验（图 6-1）。

（1）南海

康熙选中南海一带环境的空旷清幽极富天然野趣，沿袭元、明以来的“御田”传统，将此处作为日常理政、召见官员、节庆赏宴的场所。聘请江南造园叠山大师张然主持叠山工程，增建了众多宫殿建筑群。南海中央南台之上建一组沿北向南轴线展开的四进院落，前殿翔鸾殿、主殿涵元殿、后殿香扆殿、临水明代南台旧址，东西两侧分立堪虚、春明二楼。整组建筑红墙黄瓦，在波光影映之下更是金碧辉煌，宛若海中仙境，故将南海之中的南台更名为“瀛台”。在南海北侧修建宫墙，使瀛台成为一个完全独立的宫苑区。

南海北堤上兴建一组名为勤政殿宫殿建筑群，宫门德昌门即为南海的正门。勤政殿以西，分布三组建筑群由东向西为：丰泽园、春藕斋、大圆镜中。其中丰泽园为一座四进三路的院落，四进为：一进园门、二进崇雅殿、三进澄怀堂、四进遐瞩楼，东路为菊香书屋，西

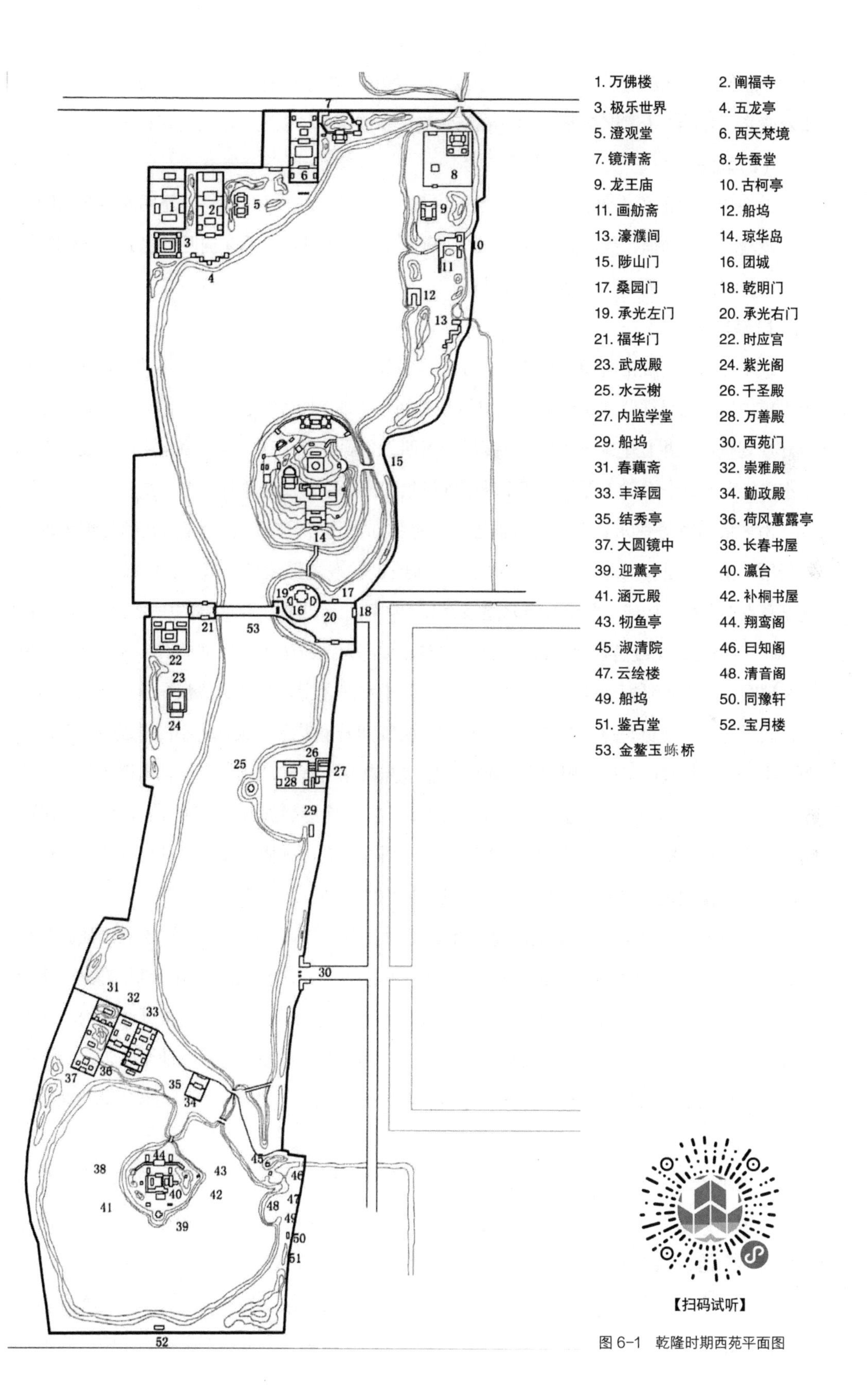

图 6-1　乾隆时期西苑平面图

路为一座独立小园林静谷。丰泽园有几亩稻田，园内亦种植数株桑树，以示劝课农商、敦本重农之意。乾隆二十二年（1757 年），在南海南岸新建宝月楼以延伸瀛台建筑群中轴线。

（2）北海

北海中著名的景点包括位于中部的琼海岛、南端团城，以及北海沿岸两座著名的园中园：濠濮间与画舫斋、静心斋。除此之外北海北岸还因形就势，自东向西营建了：西天梵境、澄观堂、阐福寺、五龙亭、小西天等景观。

1）琼华岛

琼华岛南坡为顺治时期修建的永安寺，其余东坡、西坡、北坡，乾隆年间又增建众多景观。琼华岛四面景观营造延续元、明时期规划布局“海上仙山”思路，遵循因地制宜的原则展开规划设计，并上升到一个新的高度，使得四面景观各有千秋，为北京皇家园林造景的一个杰出代表（图 6-2）。下面将分四个坡面针对景观营造手法展开论述：

南坡依山就势建永安寺是一组轴线分明对称布局佛寺建筑群，为皇帝礼佛与喇嘛诵经的场所。由南至北：永安寺山门、法轮殿、前殿正觉殿、正殿普安殿、善因殿最后至琼华岛制高点小白塔，构成一条由南至北逐渐升高的中轴线，凸显皇家园林的庄严之气。白塔高 35.9m，白塔肚最宽处直径为 14m，上部为相轮，顶部为铜铸华盖，下部砖石结构须弥座，座下三层圆台，为北海标志性景观。整个琼华岛浮于水面之上，岛屿边缘汉白玉栏杆如一道光环，映衬岛上植被更是绿意盎然。亭台楼阁点缀其间若隐若现，最高点小白塔通身雪白，色彩对比强烈又与汉白玉栏杆相呼应，湖中倒影波光粼粼、虚实相生，一派仙山楼阁之景，将游人的审美情绪推向高潮。正殿普安殿以西有一独立院落静憩轩，静憩轩再以西又一进院落，院南为悦心殿，院北为庆霄楼。悦心殿向南伸出月台，视野开阔，由此向南望去可俯瞰三海全景。南坡也是皇帝冬季赏雪、观赏湖上冰嬉的场所。

西坡地势相较南坡更为陡峭，建筑体量相对较小，布局虽有轴线却不像南坡强调对称布局，而是讲究依山就势视野曲折变化的山地园林之趣。由庆霄楼经爬山廊西折即到一房山和蟠青室，一房山与蟠青室围合成曲尺状的观景平台。平台以南为引入北海水于岛内，通过折线形石拱桥分割，形成岛内一清幽的水景区。一房山和蟠青室以北，由西至东为：临水码头、前殿琳光殿、后殿甘露殿三者形成东西向轴线的西坡主体建筑群。琳光殿以北为两层的阅古楼（图 6-3）。

北坡地势为下缓上陡，因此北坡景观布局也顺应地形分为上下两个部分。下部平缓地面，临水建弧形的两层跨度达 60 间的长廊“延楼”，延楼西起分凉阁东至倚晴楼。延楼与其后的道宁斋、远帆阁、碧照楼、漪澜堂、晴栏花韵一组建筑构成，北坡下部建筑群。上部为凸显山地景观之趣，人工堆叠山石地貌约占整体坡地的三分之二，虽为人工堆叠却力求将自然山体中的崖、岫、岗、嶂、谷、洞、穴、壑等多种形态呈现于假山之中。假山整

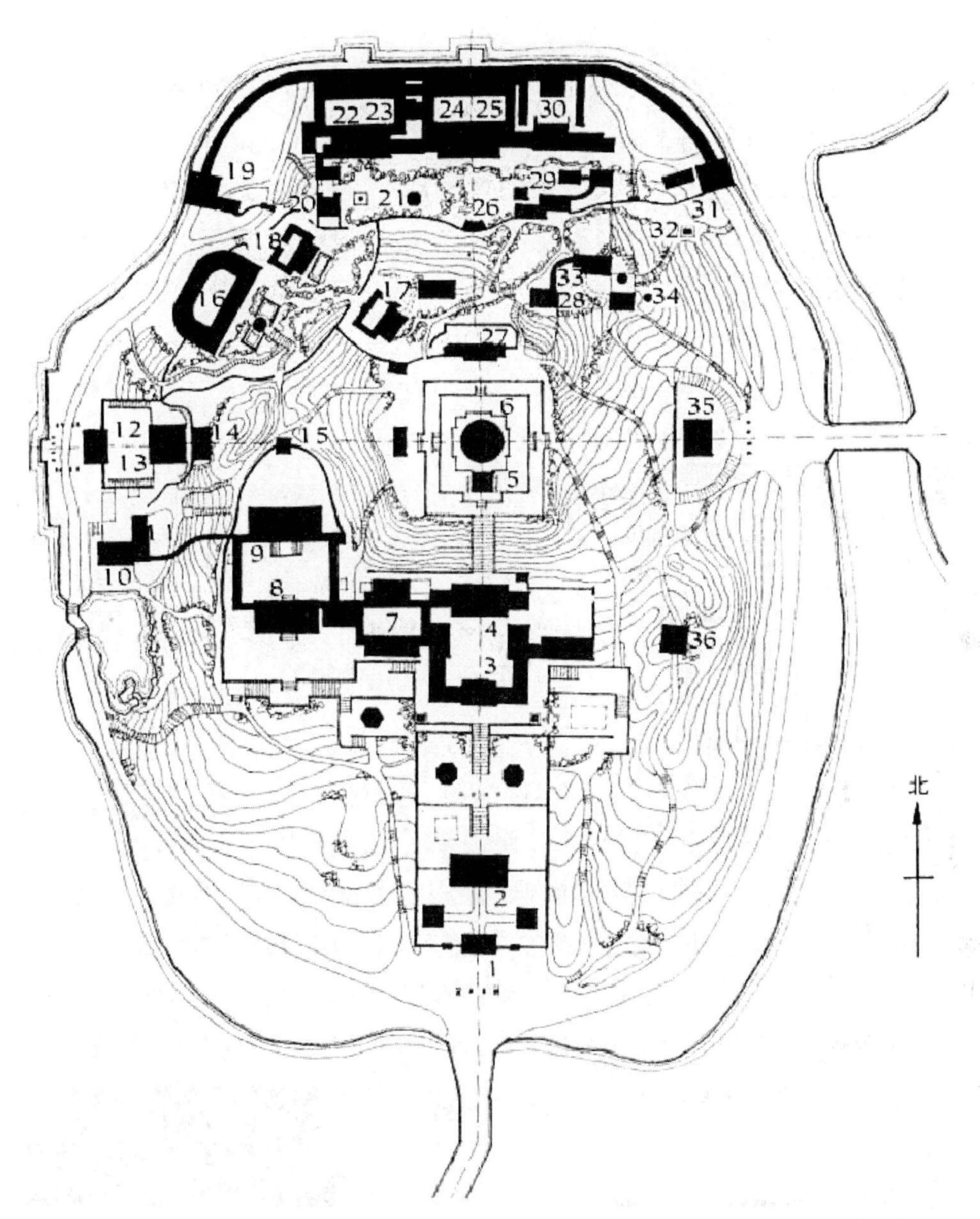

图6-2　乾隆时期琼华岛平面图

1. 永安寺山门; 2. 法轮殿; 3. 正觉殿 ; 4. 普安殿; 5. 善因殿; 6. 白塔; 7. 静憩轩; 8. 悦心殿; 9. 庆霄楼; 10. 蟠青室; 11. 一房山; 12. 琳光殿; 13. 甘露殿; 14. 水精域; 15. 揖山亭; 16. 阅古楼; 17. 酣古堂; 18. 亩鉴室; 19. 分凉阁; 20. 得性楼; 21. 承露盘; 22. 道宁斋; 23. 远帆阁; 24. 碧照楼; 25. 漪澜堂; 26. 延南熏; 27. 揽翠轩; 28. 交翠亭; 29. 环碧楼; 30. 晴栏花韵; 31. 倚晴楼; 32. 琼岛春阴碑; 33. 看画廊; 34. 见春亭; 35. 智珠殿; 36. 迎旭亭

体布局分合有度、旷奥兼备，可谓是北方叠石假山巨制的代表作。游览路线曲折迂回，加之与山间分布建筑相配合设置石洞，洞内怪石嶙峋，游人游览时感觉视野忽明忽暗，空间忽开忽合，设计颇具巧思。顺应陡峭北坡上部地势，此处建筑体量普遍较小，隐于山林之间。由南至北：揽翠阁、延南熏继续延续南坡的南北轴线。延南熏以西为高 5.4m 的仙人

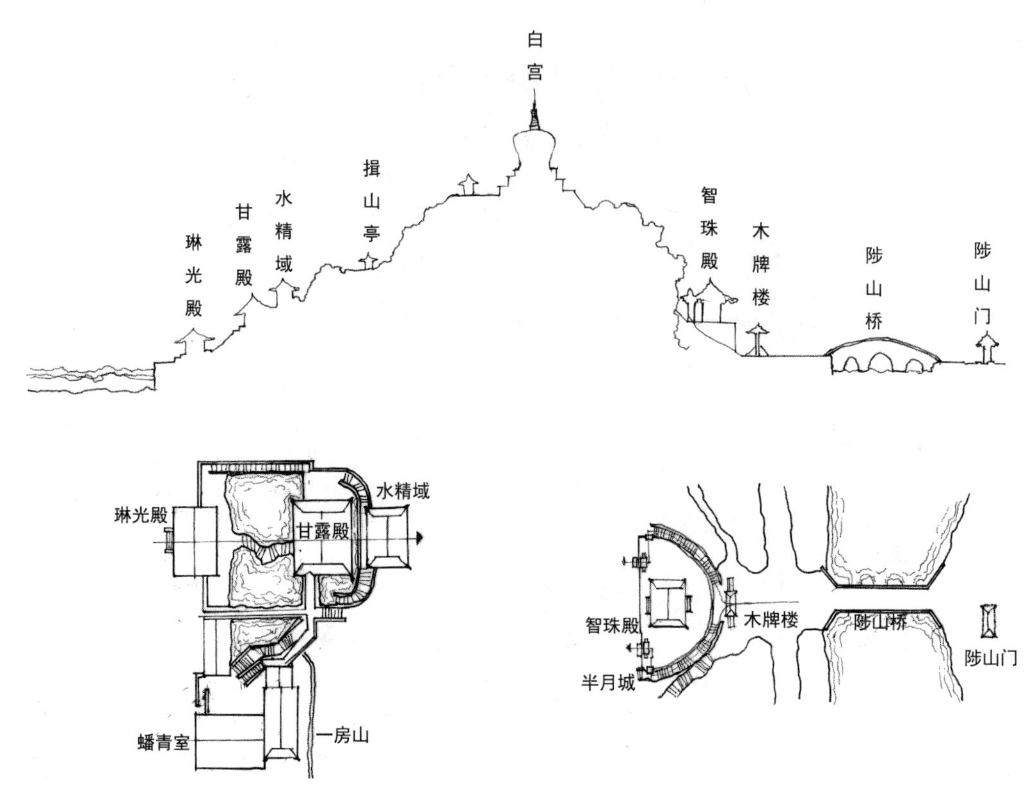

图 6-3　琼华岛小白塔视野分析图

承露盘，为模仿汉武帝追求长生不老的故事而造。承露盘以东是以得性楼、延佳精舍、抱冲室、邻山书屋组成的一组山地建筑院落。延南熏以东为环碧楼，沿爬山廊而下即至嵌岩室，继续西折为名为一壶天地的小亭。揽翠阁以西为一个幽邃的小院名为酣古堂。由甘露殿后水精域内古井之中引活水，蜿蜒流淌于山间，经阅古楼后的六方形烟云水态亭流入方形水池内，过此伏流不见，直到承露盘侧小昆丘以瀑布形态再次出现。这一路水系有隐有现、有源有流，设计精妙，水景以涧、潭、池、瀑布等多种形态出现，形成北坡极富特色的山间水景。

东坡景观则与其他三面截然不同，以自然植物景观为主，建筑比重最小。东坡主要建筑为建于半月形平台“半月城”之上的智珠殿，与其后小白塔，其前的牌楼与三孔石桥形成一条含蓄的东西向轴线。立于半月城平台之上可远眺北海东岸、钟鼓楼及景山之间，借由园外借景使园林景深进一步扩大。东坡通过一条有永安寺山门东起的山道，贯穿南北使两侧景观相连，山道松柏浓荫蔽日，极富山林野趣。

2)团城

团城位于琼华岛以南，经桑园门以西即到团城。明代团城与琼海岛之间的堆云积翠桥南端与团城中轴线有少许偏移。因此，乾隆八年（公元 1743 年）将堆云积翠桥由原先的直桥改为折线形桥，使桥北端堆云向东平移，使桥的南北两端分别与团城、琼华岛中轴线对齐，通过桥体的改建使三者轴线关系更为协调。

3）濠濮间与画舫斋

乾隆二十二年（公元 1757 年），乾隆引什刹海之水在西苑的东北角新建一座由濠濮间与画舫斋所组成的独立院落。由南至北，先入园门经爬山廊即见云岫厂与崇椒室两间小屋，继续向北拾级而上，经游廊为一个以水景为主的小园林濠濮间，主体建筑濠濮间向北伸入一片小水池，池上一座九曲雕栏石桥跨水而建。“濠”、“濮”二字均为古水名，取名濠濮间很明显是仰慕庄子游于濠梁之上辩论鱼趣与垂钓濮水之趣。濠濮间以北为一座布局别致、水殿回廊、三进院落画舫斋。画舫斋为乾隆当年读书的地方，进门为春雨林塘，殿前院内有人工堆叠土石结构丘陵，山上植有翠竹。穿过春雨林塘进入正院画舫斋，院中心为一片方池，池中遍植睡莲，池东为镜香室，池西为观妙室，四周以游廊连为一体。画舫斋以北为土山曲径点缀以竹石，斋前斋后景观截然不同。画舫斋以东有一座精巧小院，院中有一植于唐代的古槐，因此得名古柯庭。古柯庭小院游廊回抱、粉墙黛瓦、分外幽静，颇具江南小庭院的情趣（图 6-4、图 6-5）。

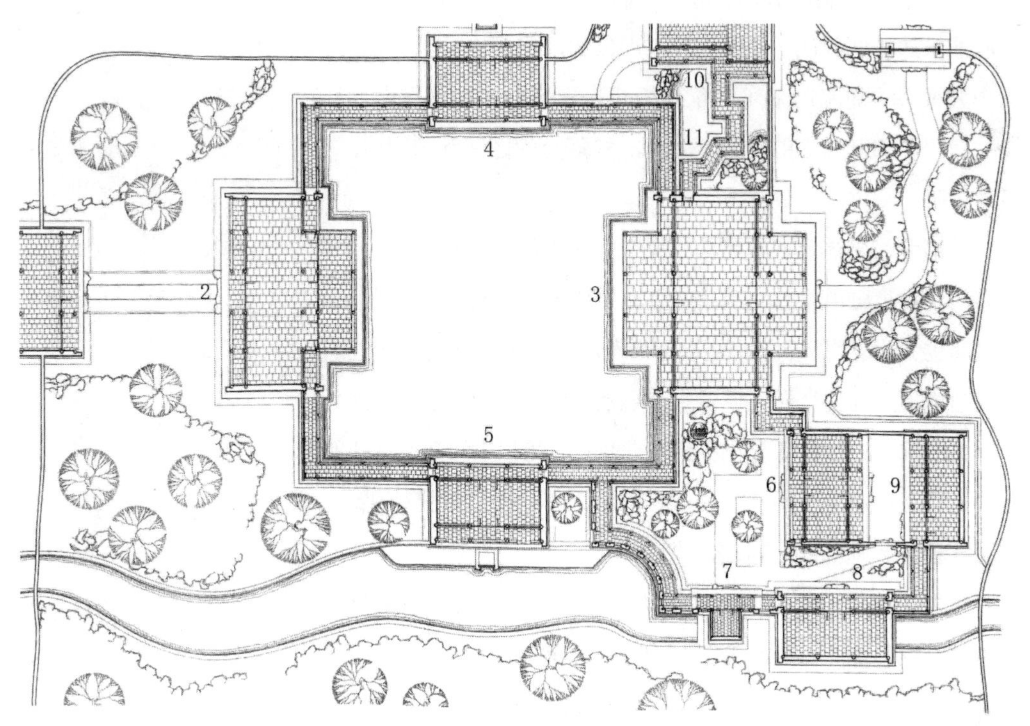

图 6-4　画舫斋平面图

1. 画舫斋宫门；2. 春雨林塘；3. 画舫斋；4. 观妙；5. 镜香；6. 古柯庭；7. 绿意廊；8. 得性轩；9. 奥旷；10. 小玲珑；11. 廊桥；12. 垂花门

游人游览该景区时，游览路线设置极为精巧，先登山领略山地风光，随即临水渡桥欣赏水景，然后进入岗坞丘陵地带，最后步入一座建筑围合的水景庭院。全长300m的观赏路线中，可欣赏山、水、丘陵、建筑四种完全不同的景观类型，其间景观空间开合有度，是将自然山水优美景致人工浓缩于咫尺之间的典范之作（图6-6）。

4）镜清斋·静心斋

乾隆二十三年（公元1758年），乾隆皇帝在西苑最北端新建了这座堪称体现中国古典园林最高造园水平的园中之园——镜清斋（图6-7）。镜清斋占地约8000m^2，是乾隆当年读书、抚琴、品茗的场所，“镜清”取自“明池构屋如临镜”，可见取名是为映照心性之意，乾隆通过镜清斋之名标榜自己为明君。光绪二十六年（公元1900年），八国联军对镜清斋等皇家园林大肆破坏，后期修葺过程中，认为“镜清”谐音有“靖清”之意，慈禧太后下令更名为静心斋。

静心斋背靠皇城北宫墙，南临北海，东枕青山，西倚佛寺。园址虽然进深较浅，却能充分因形借势，将整个园林分割为数个大小不一的院落空间。静心斋以北侧的山池院落作为主景，另有四个相对独立的小庭院空间，院落空间之间互为因借、主次分明。

沿北海湖岸步入园门，即为一座四方池面的小院落，观赏者的观赏视野由北海的烟波浩渺转换成幽闭规整，在视野开合之间也完成了大园到园中之园的游览心理过渡。穿过面阔五间，北出抱厦三间的全园主体建筑静心斋，进入全园的面积最大主体山池院落。正是由于前院空间的收缩，此时空间又豁然开朗，刚入园观赏者就经历了“开－合－开”，多次观赏视野变化，给观赏者留下强烈的审美印象（图6-8）。

山池院作为全园最大的水景院落，池上建跨水亭沁泉亭，沁泉亭既与静心斋隔水相对互为对景，又将池面一分为二，丰富水体的空间层次感，使整体院落的南北进深产生延伸拉长的效果。沁泉亭北侧水位较高，廊下设滚水坝，水体由高处流下，发出清脆声音，使人心旷神怡。沁泉亭后是一座全部由太湖石

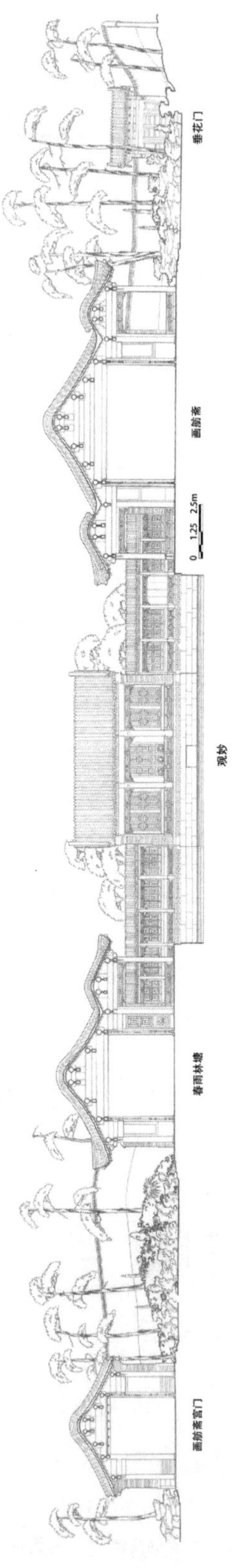

图6-5　画舫斋中路剖面图

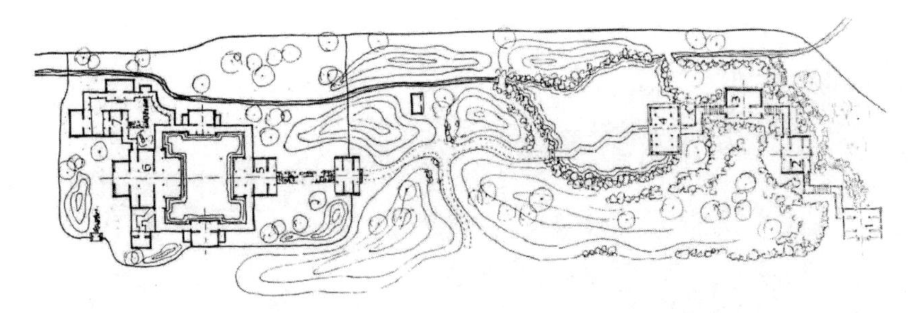

1. 宫门; 2. 爬山廊; 3. 云岫厂; 4. 崇椒室; 5. 濠濮间; 6. 七孔湾转石平桥; 7. 石牌坊

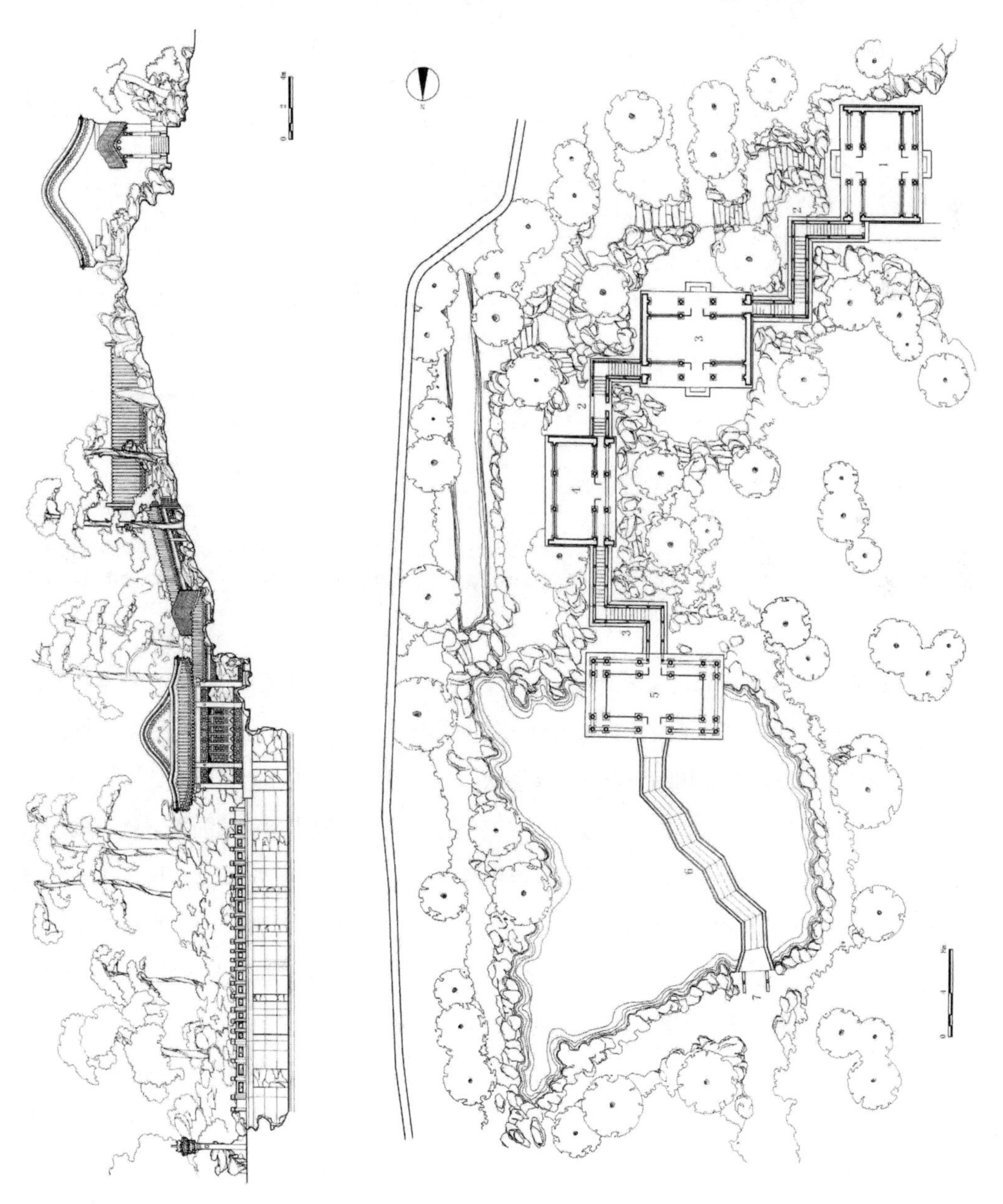

图 6-6　濠濮间与画舫斋平面图及濠濮间南北向剖面图

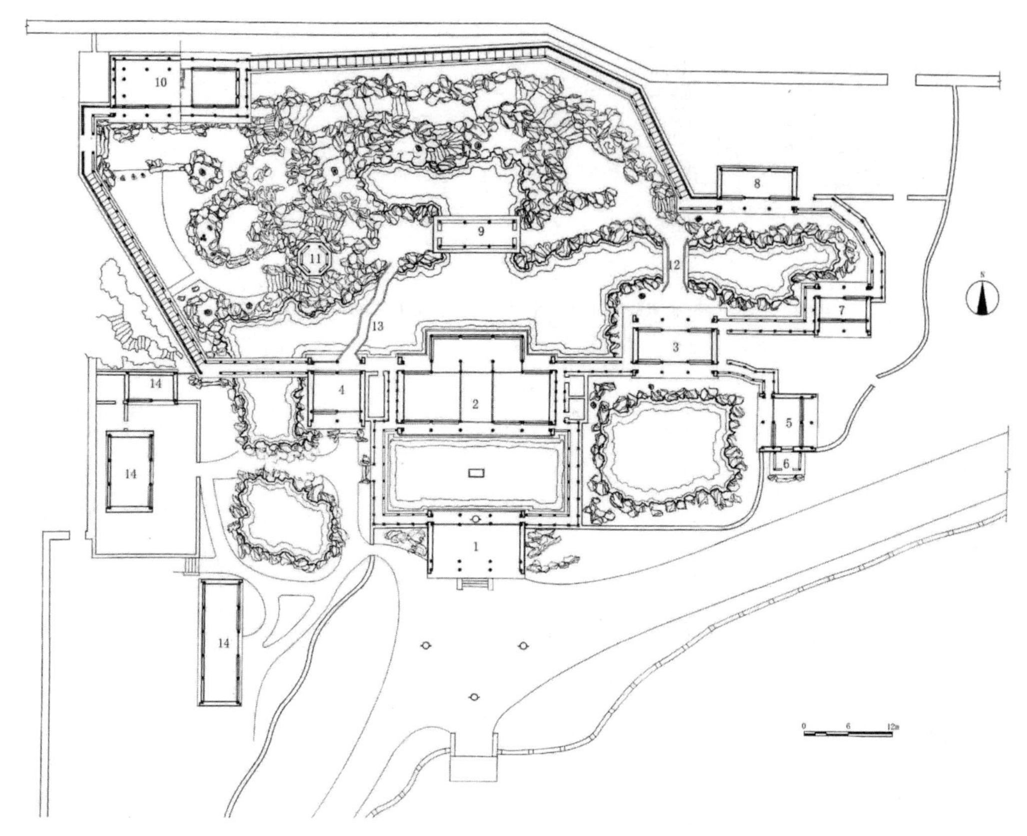

图 6-7　静心斋平面图

1. 宫门；2. 镜清斋；3. 抱素书屋；4. 画峰室；5. 韵琴斋；6. 碧鲜亭；7. 焙茶坞；8. 罨画轩；9. 沁泉廊；10. 叠翠楼；11. 枕峦亭；12. 石券桥；13. 曲桥；14. 值房

堆叠而成的假山，假山背靠宫墙隔绝园外噪声。《画论》云："山贵有脉"，静心斋湖石假山脉络清晰，山体与水体配合形成西北高、东南低的整体走势。山体被中间一条贯穿东西的深谷，划分为南北两重，聚散相间，丰富山体层次，婉转有势。游人由水景动观之后，转为山石的静观，动静之间更感远高深厚，叹为观止。假山西北角最高点建两层的叠翠楼，成为全园的制高点，登楼可远眺什刹海周边景致。叠翠楼与爬山廊一起组成防御北京城冬季西北寒风的屏障，利于园内形成独特的小气候。假山西南角立一八角方亭名枕峦亭，与叠翠楼、沁泉亭、东侧汉白玉石拱桥互为对景，坐于此亭，既可观八方山水之景，又可听水声、鸟鸣、蝉叫以及风吹过树梢之声，声景交融，别具一番情趣（图 6-9）。

除上面两个院落之外，还有前院东西两侧：西侧画峰室庭院、东侧抱素书屋庭院，以及山池庭院东侧的罨画轩庭院。全园共分为五个庭院，均以水池为中心，但庭院的大小、布局方式都不相同，不会给人雷同之感。庭院水池之间也相通形成一个完整水系，空间互有分隔但又相互渗透，由蜿蜒迂回的游廊、爬山廊将之串联为一个整体。静心斋造园小中见大、

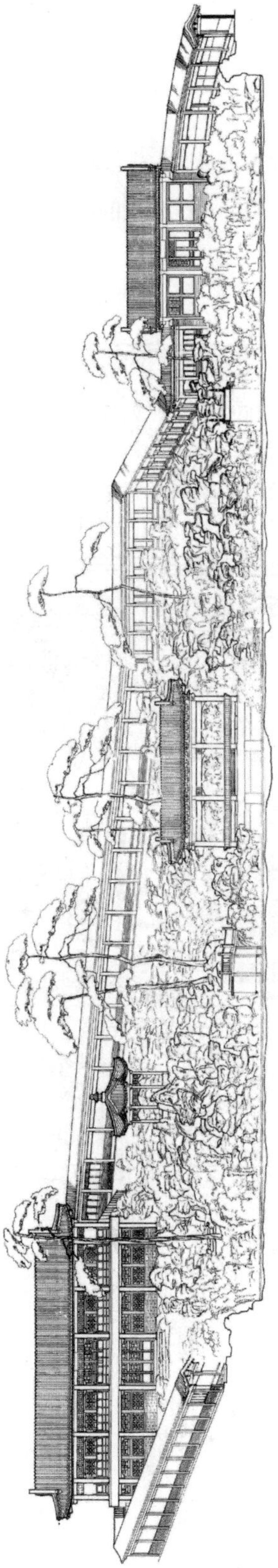

图 6-8　静心斋山池院北立面图

图 6-9　静心斋山池院南立面图

因借得当，具有多层次、多空间转换的特点，将北方园林的建筑形式，同江南私家园林水景小室融为一体，是一座小桥流水、曲径通幽、闹中取静的精致小园林。

（3）中海

乾隆二十五年（1760 年），在中海西岸仿汉代绘制功臣像的凌烟阁，建紫光阁。阁中悬挂清代二百多名功臣的画像，四壁绘以平定回部与大小金川叛乱战役场景的壁画。

2. 景山

万岁山始建于金代，到清代万岁山已经是漫山遍野的苍翠，古树参天，清幽淡雅，极富山林之趣。顺治十二年（1655 年），顺治圣谕“因其形式，锡以嘉名”，取“景”字高大的意思，更名为景山。登景山万春亭向南回望，不难发现一条历经明清两代，营建皇城所形成的长约 7.5km 南北向中轴线（图 6-10）。由南至北：永定门、经前门、天安门、端门、午门、纵穿紫禁城、神武门、景山，一直到钟鼓楼。这条由五门三朝构成的主轴线，一直就是明清皇城规划最为重要的一条基线。景山位于整条轴线的终端，又是全城的最高点，这一特殊的地理位置，就决定了景山在皇家大内御苑中的重要观赏价值。

乾隆年间，对景山进行大规模的营建。先是在景山北侧仿太庙形制重修扩建寿皇殿，用于供奉清朝皇帝先祖影像，每月初一和四时节令、冥辰，皇室子孙都需来此祭祀。故寿皇殿建造得不仅富丽堂皇，还辉煌肃穆。

入园为倚望楼，楼背靠景山而建，楼前一片平台，楼后即为景山五峰（图 6-11）。乾隆十六年（1751 年）在景山五峰上以点景的手法，各建一亭。万春亭居中，其西为观妙亭、周赏亭，其东为辑芳亭、富览

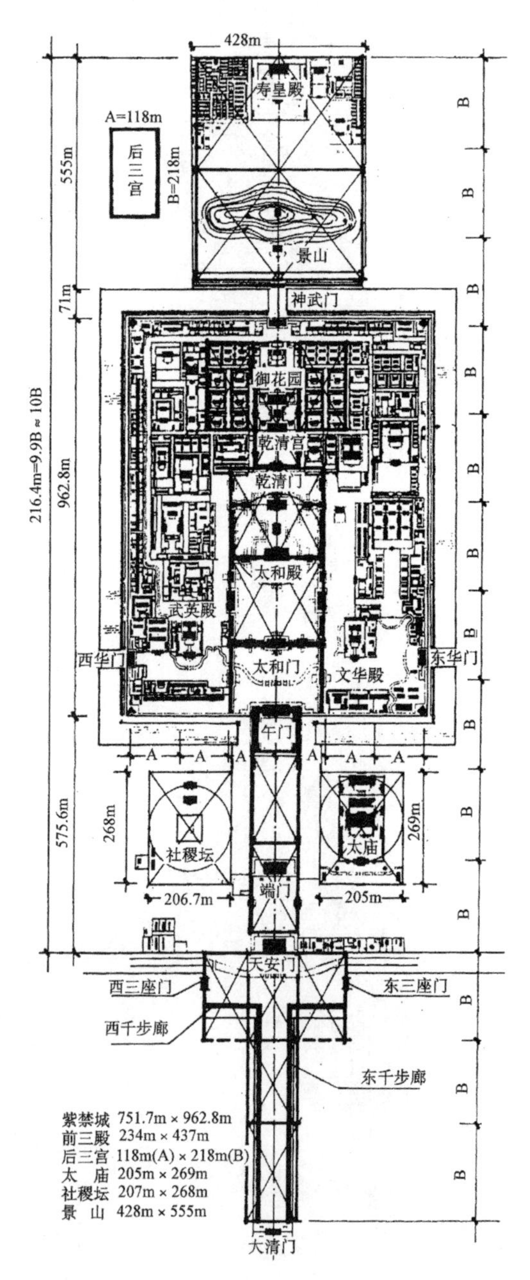

图 6-10 明清紫禁城宫殿及皇城前部分平面示意图

亭。万春亭位于群山之巅，三重檐四角攒尖顶，高 17.2m，共二十二柱，黄色琉璃瓦配以绿剪边，造型优雅、气势非凡，为中国古典园林经典代表作。至此景山形成一条由南向北：南门、绮望楼、万春亭、寿皇门、寿皇殿南北向中轴线，与整个皇城中轴线相重合。景山东坡有一明代古槐，为明末崇祯自缢之所，名“罪槐”。清朝为笼络民心，将之用铁链锁起来，规定清室皇族成员路过需下马步行。现今所见槐树，为新中国成立后在原“罪槐”处补栽一棵形似的新槐树。

图 6-11　乾隆三十二年（1767 年）徐扬《京师生春诗意图》设色画尺幅为 256cm×233.5cm 现藏于台北故宫博物院

3. 紫禁城内御苑

紫禁城内御花园与慈宁宫花园大体仍保留明代旧观，仅是略有增损。主要是在内廷西路与东路，分别兴建建福宫花园与宁寿宫花园。紫禁城内大内御苑最显著的特点就是沿袭紫禁城宫殿建筑群轴线鲜明，左右对称的布局传统。慈宁宫花园所采用的就是轴线关系明确，建筑左右严谨对称的布局。其他三个花园虽也有明确的中轴线，但在园林整体布局规划上却着力进行突破，力求灵活变化。御花园在轴线对应位置采用了相同形制建筑与不同形制建筑穿插出现；建福宫花园采用的是双轴线形式；宁寿宫花园则更进一步，首先在中轴线上采用错动方式，然后又在轴线两侧布置形制不同的建筑来取得平衡。

(1)御花园

御花园作为紫禁城中轴线最北端的园林，还是保有了紫禁城一贯的中轴对称的布局方式。由南至北：坤宁门、天一门、钦安殿、承光门形成全园的中轴线，东西两侧建筑景观均沿轴线对称分布，分为中、东、西三路景观（图 6-12）。钦安殿是一座体量巨大五开间的重檐盝顶建筑，殿内供奉道教神像。钦安殿作为整个园林的主体建筑，四周筑有方形的院墙，轴线处设天一门，形成一个独立的小院落。需要强调的是，院墙修建有意比一般的宫墙低矮一些，这使视线更为开阔又可以以此来烘托钦安殿建筑体量的宏伟。

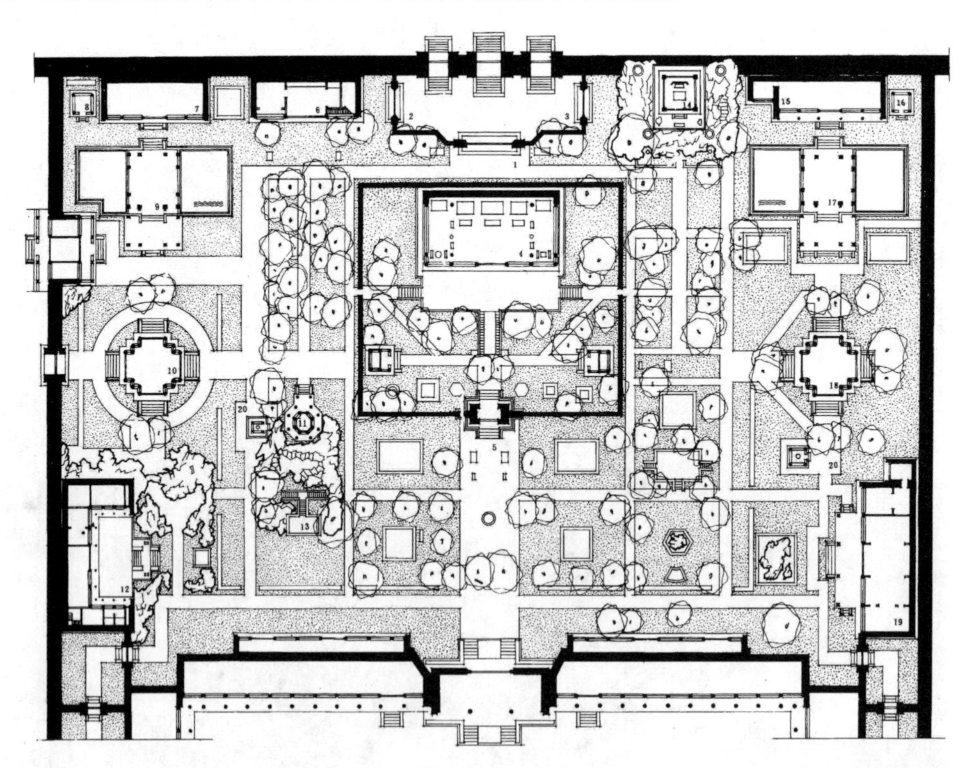

图 6-12　御花园平面图

1. 承光门; 2. 集福门; 3. 延安门; 4. 钦安殿; 5. 天一门; 6. 延晖阁; 7. 位育斋; 8. 玉翠亭; 9. 澄瑞亭; 10. 千秋亭; 11. 四神祠; 12. 养性斋; 13. 鹿囿; 14. 御景亭; 15. 摛藻堂; 16. 凝香亭; 17. 浮碧亭; 18. 万春亭; 19. 绛雪轩; 20. 井亭

御花园东西两路采取了对称布局的方式，园中东南角建有一座面阔五间、前出三间抱厦的硬山建筑绛雪轩。建筑整体呈现楠木的本色，仅在梁枋部分施以简单的纹饰，整体显得朴素淡雅。轩前筑有一个方形花池由五色琉璃栏杆围合，池中设太湖石，石旁种有牡丹花、太平花，色彩斑斓与建筑的朴素形成鲜明对比。绛雪轩以北则为万春亭，万春亭旁西南侧有一个小的井亭。万春亭继续北走则看到一个方形的浮碧亭，浮碧亭以北则是位于东路尽头的摛藻堂，摛藻堂西侧有一座由太湖石堆叠而成的假山，山腹中有洞穴可谓是别有洞天，名为堆秀山。山上设有“水法”，存水于高处，可从山前石质蟠龙口中吐出。堆秀山上建有一座御景亭，左右设蹬道可沿道登顶，每到重阳佳节是紫禁城内登高赏景的佳处。

西路整体格局与东路一致，形成东西对景。由南至北依次为：养性斋对应绛雪轩、千秋亭对应万春亭、澄瑞亭对应浮碧亭、位育斋对应摛藻堂、延辉阁对应堆秀山。园中分布20多栋类型各异的园林建筑，建筑密度较高。园林整体为沿轴线对称布局，但东路与西路之间，除了千秋亭与万春亭、澄瑞亭与浮碧亭形制相同外，其他景观建筑仅为位置上的对应，且均会从形制、色彩、体量、装饰上予以变化，而不会绝对的均齐对称。同时，园中均匀地分布多个方形的花池，池中置以太湖石或石笋并种植品种繁多的太平花、牡丹、海棠等名贵花卉。种植各种柏树等长寿树种，配以精致的砖雕纹饰、园路铺装纹饰等，通过这一系列的景观营造，淡化园中建筑过密的这种人工氛围，追求园林整体布局在对称之中又有变化。

（2）慈宁宫花园

慈宁宫花园位于慈宁宫东侧，为慈宁宫的附属园林。始建于明代，清顺治十年（1653年）与乾隆十六年（1751年）开展两次重大的修葺。慈宁宫花园至明代起就为太皇太后、太妃们居住的场所，是一座具有典型的封建色彩的女性主题园林景观。园内共有建筑11幢，除咸若馆与临溪亭建于明朝外，其余建筑多为清代增建或改建。园中建筑所占比重不大，园内空间开阔，布局形式仍是沿用明代轴线式纵深展开，左右对称（图6-13）。

慈宁宫花园由揽胜门而入，采用欲扬先抑造园手法，入园即见一座叠石假山将园中景致障隔于视野之外，营造似有深境的氛围。值得一提的是由《乾隆京城全图》可知揽胜门受封建礼制、风水等影响，本设在慈宁宫花园东宫墙的中部，与现今所见位置大有不同（图6-14）。慈宁宫花园南部建筑体量小，园林意味较北部浓郁不少。由五座体量不大的亭子构成园林南北的景观布局主体。假山两侧设两井亭，东西呈对称布局。南北轴线主上，一黄琉璃瓦用绿琉璃瓦剪边的四边形攒尖顶临溪亭架于方形水池之上，四面皆有窗，窗下是绿黄两色相间的琉璃槛墙。临溪亭两侧原有翠芳与绿云二亭，现已不存。

面阔五间、前出厦三间的歇山顶建筑咸若馆作为园中的主体建筑，位于中轴线北端，为体现佛教主体采用汉白玉须弥座，馆内藏有佛经，供奉佛像，是太妃们礼佛的主要场所。咸

图 6-13　慈宁宫花园平面图

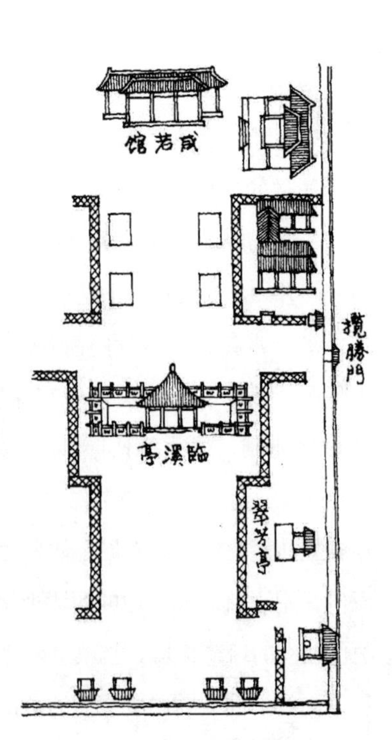

图 6-14　《乾隆京城全图》中慈宁宫花园平面图

若馆以北为慈荫楼，其东为宝相楼，其西为吉云楼，两楼以南分别为延寿堂与含清斋，两座建筑外观素朴但内部装饰却极为精致，原为乾隆皇帝侍奉皇太后汤药的居所。

园内主体建筑咸若馆与慈荫楼两侧松柏成行，参天蔽日，钟声和谐悠长，宛若紫禁城内一座寺观。园林南部则以冬夏常青的松柏为主，间植以槐树、楸树、银杏、青铜、玉兰、海棠、丁香、榆叶梅等，配以池中水莲，使得整个园林春华秋实，晨昏四季，皆有景可赏（图 6-15）。

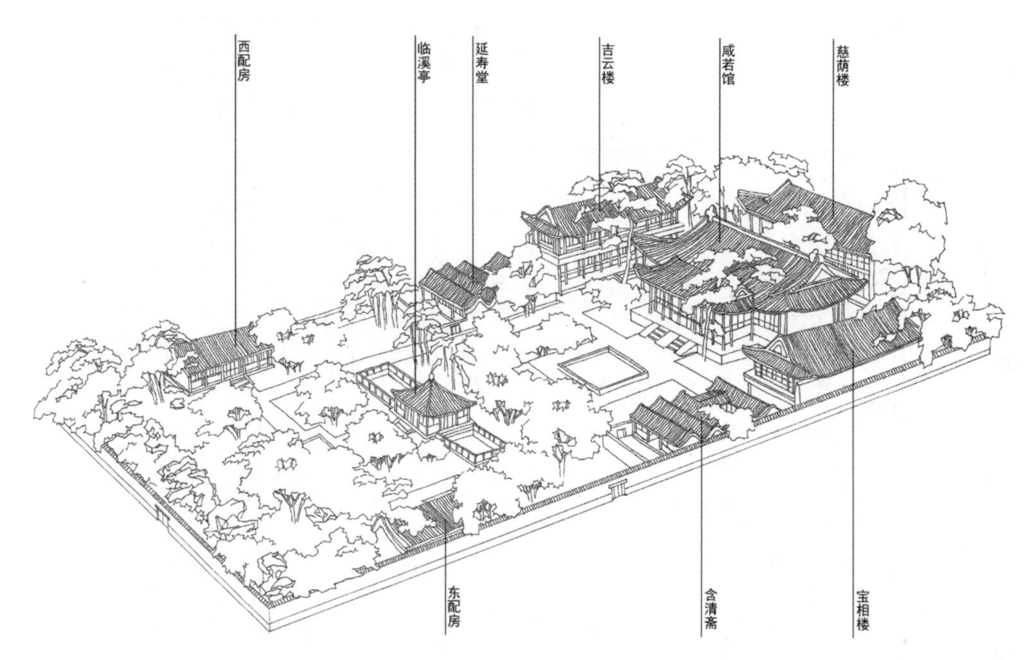

图 6-15　慈宁宫花园鸟瞰图

（3）建福宫花园

建福宫花园位于紫禁城北部，西六宫以西，平面呈刀把形，面积约占 0.4hm²。乾隆大婚时，雍正将明代养育皇子皇孙的乾西五所中的二所赐予其居住。乾隆继位后，于乾隆五年（1740 年）至二十三年（1758 年）间，按清代惯例将潜龙邸升格为重华宫，对乾西五所进行重新布局规划，建福宫花园为重华宫的附属花园，又名西花园。1923 年，建福宫花园发生火灾，除建福宫、抚辰殿、惠风亭之外的主体建筑均被焚毁。1999 年，经国务院批准，故宫博物院启动了建福宫花园复建工程。2006 年，建福宫花园复建工程顺利竣工，面向多层次人群需求，成为贵宾接待、举办新闻发布会、小型展览、主题沙龙、讲座等文化活动的场所。

据乾隆御制诗《御制建福宫题句》和《御制建福宫赋》中表述，他营建建福宫花园一是该地夏日凉爽，可避酷暑；二是因为此处紧邻太后居住的慈宁宫，为表孝心，太后百年后即可居此守孝。建福宫花园作为乾隆亲自营建的第一座园林，是一座以山石取胜的旱园，园中建筑密度较高，营建完全迎合乾隆的喜好。园中建筑多倚宫墙而建就是为了对高大的宫墙加以遮掩。作为帝王经常亲御的宫殿，屋顶多采用形制等级较高的庑殿式或歇山式。建筑台基用白石雕须弥座，柱顶石用白石雕莲瓣，采用宫廷风格的苏式彩画装饰也都为乾隆时期常用样式，也是乾隆造园的主要特点。而作为其颐养天年的宁寿宫花园第四进院落就是以建福宫花园为蓝本而建，可见建福宫花园的重要地位。

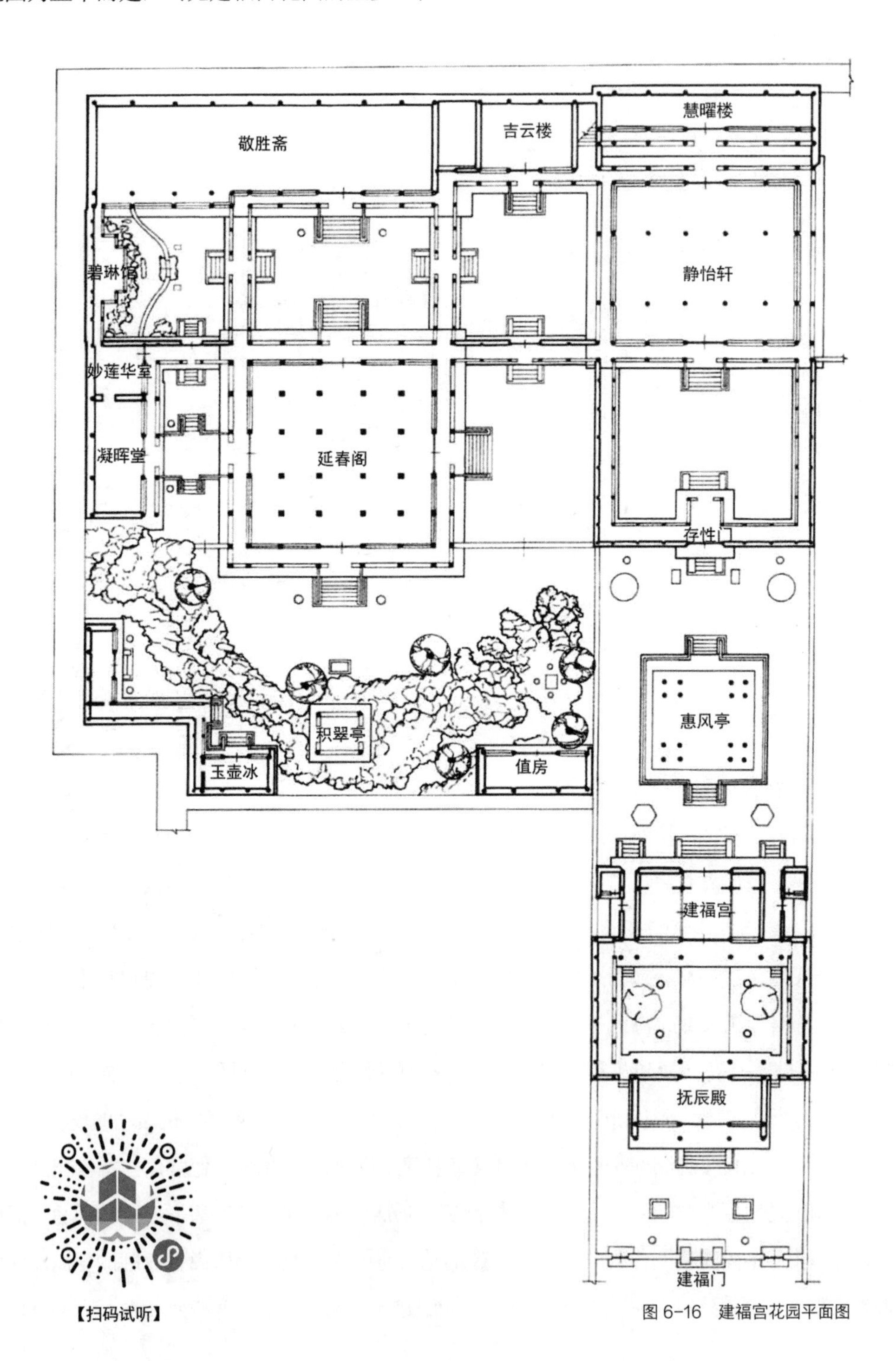

图 6-16　建福宫花园平面图

建福宫花园整体布局分为东西两个部分：东部为一个轴线分明的四进式院落，轴线可视为宫廷轴线的延伸；西部是一个以延春阁为主体建筑的独立院落。东部由轴线中部的惠风亭将之划分为前朝与后寝两个部分。由园林南端的建福门入园，门内为第一进院落，主体建筑为面阔三间，采用卷棚歇山式顶的抚辰殿，屋顶为蓝色琉璃瓦黄剪边；穿过抚辰殿进入第二进院落，四边形游廊形成一个围合的小院，主殿建福宫面阔三间，卷棚歇山式屋顶采用黄色琉璃瓦绿剪边，装修及台基形制与抚辰殿大致相同；过建福宫进入第三进院落，中间为方形重檐攒尖顶的惠风亭，下层亭檐为蓝色琉璃瓦，上层亭檐为紫色琉璃瓦蓝剪边，蓝琉璃宝顶；第四进用一面红墙与前院相隔，院内主要建筑为静怡轩与其后的慧曜楼（图 6-16）。

延春阁作为建福宫花园西部院中的主要建筑，平面呈方形，面阔五间、进深五间，周围有回廊。大小不同的建筑：凝晖堂、碧琳馆、敬胜楼、吉云楼、积翠亭围绕在延春阁四周，并多以游廊相连，分为大小不同六个院落。延春阁正南为一座湖石叠成的屏障式假山，假山脉络清晰，层峦叠嶂，山顶建亭名积翠亭。可由东西两侧山道登亭，立于亭中可远眺周围风光，北望景山五亭，南望雨花阁。凝晖堂位于延春阁以西，两座建筑之间以高于地基的甬路相连。碧琳馆与凝晖堂之间以虎皮石墙相隔，形成两个独立院落。透过虎皮石墙上的瓶式门可见碧琳馆湖石假山，似隔非隔设计极为精妙。延春阁北的敬胜斋，中间为十字方砖甬路，两侧有游廊相接。居此处西望可透过游廊见到碧琳馆，东望则可见静怡轩的西立面（图 6-17）。

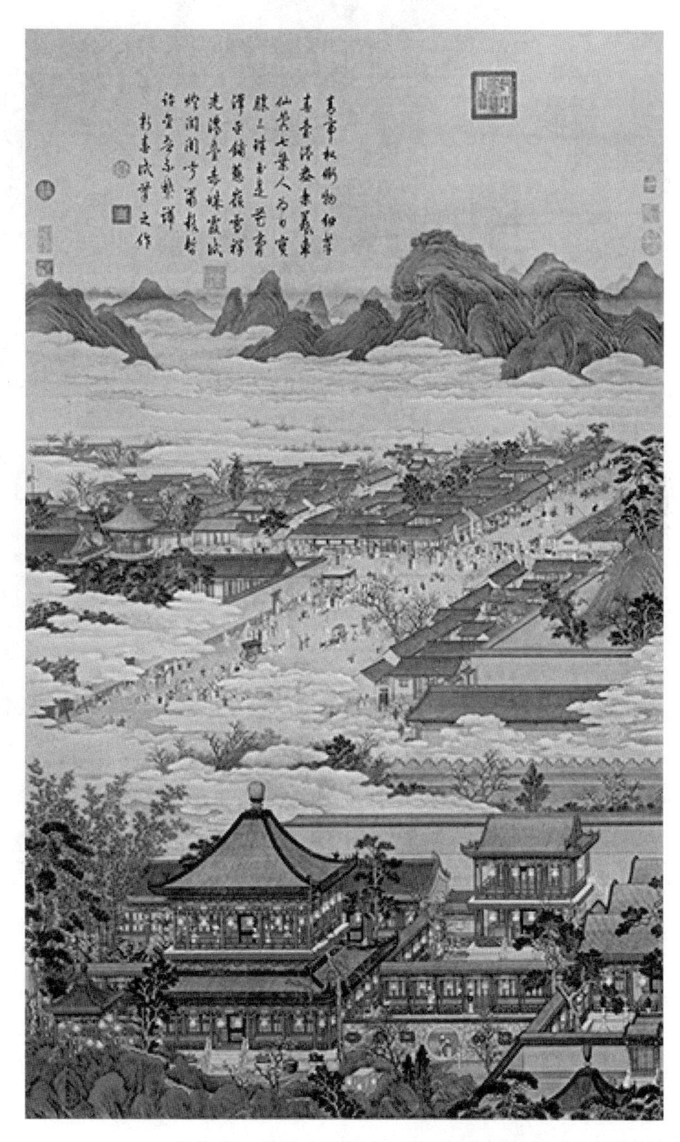

图 6-17 （清）丁关鹏《太簇始和图》现藏于台北故宫博物院

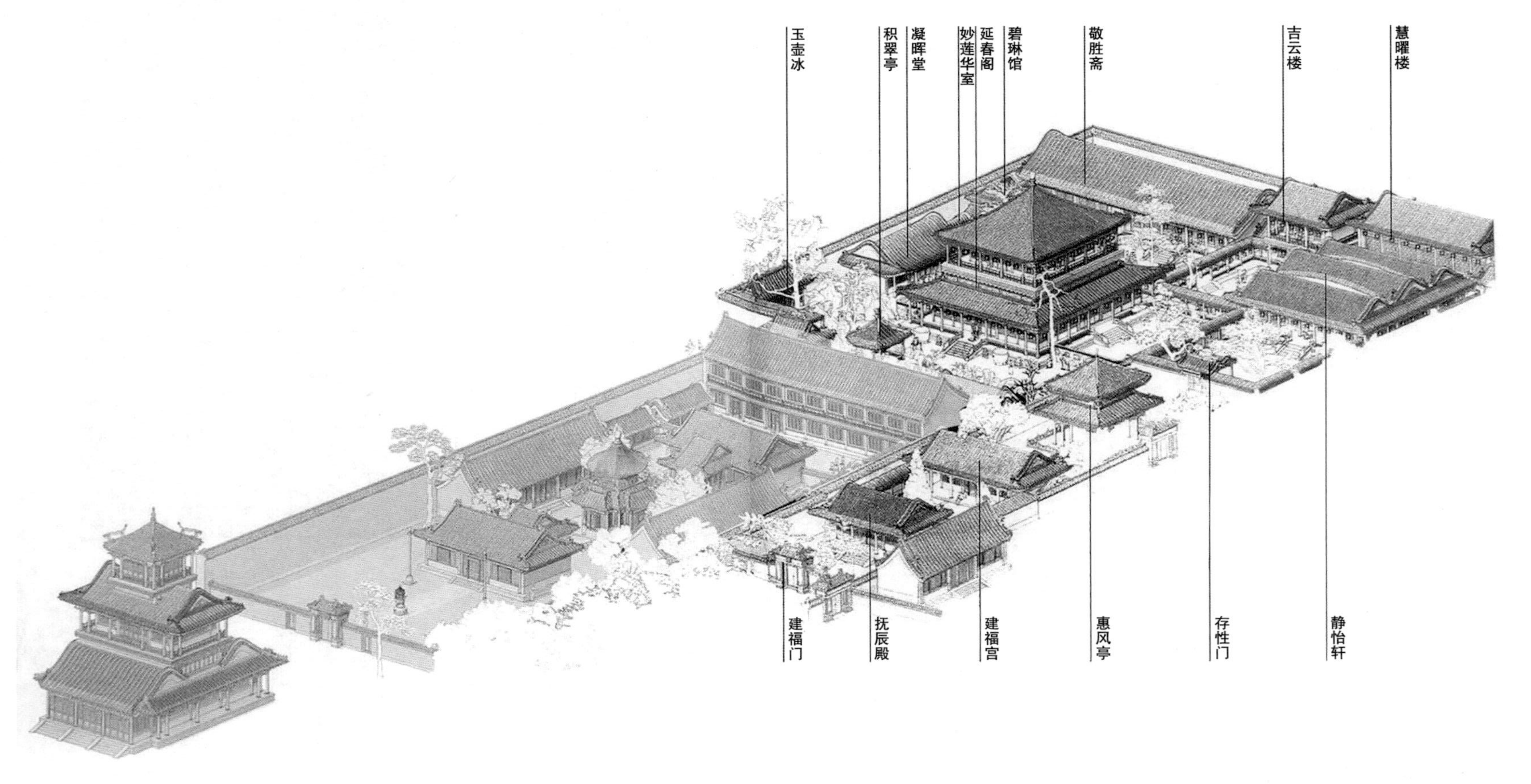

图 6-18 建福宫花园鸟瞰图

建福宫花园作为一个没有自然山水，平地而起大内御苑，其整体布局并未像慈宁宫与御花园一样采用左右均衡对称布局。而是大胆采用双轴线方式，以游廊来划分空间，又以游廊将各个空间联系在一起，总体布局灵活，主次分明、虚实相间、分合有度尤为精妙。园中设置珍石盆景、文石矗立、古树参天，主要花卉树木为：松柏、梨树、红杏、紫丁香、白海棠、红芍药，使得园林庄严中透着几分自然情趣（图 6-18）。

（4）宁寿宫花园·乾隆花园

宁寿宫花园位于宁寿宫以北，建于乾隆三十六年（1771 年）至乾隆四十一年（1776 年）。这座园林是乾隆拟在亲政60年，授玺归政做太上皇时的居所。从园中建筑取名“遂初”、“符望”、“倦勤”即可知，但事实是乾隆训政的三年间并未移居此处，故宁寿宫花园又名乾隆花园。乾隆花园东西宽 37m，南北长 160m，面积约为 $0.6hm^2$。西靠高达 8m 的宫墙使得园林空间更显狭长，给园林布局规律带来较大的困难。

基于狭长的园址，乾隆花园总体采用了串联式布局，由南至北采取横向分割的方式，将园林分为四个近似方形的院落。园内大大小小建筑共计 20 余座，各院落的主体建筑均坐落于南北中轴线之上。园中众多建筑均与建福宫花园建筑存在对应关系：延春阁对符望阁、敬胜斋对倦勤斋、凝晖堂对玉粹轩、碧琳馆对竹香馆、积翠亭对碧螺亭、玉壶冰对养和精舍。

第一进院落：由园门衍祺门开始，迎门为一座巨大湖石假山。山洞引人入园，入园即见面阔五间、四面围廊，卷棚歇山琉璃瓦顶的敞厅古华轩。西厢的禊赏亭面阔三间，四柱重檐，东向抱厦。抱厦地面设流杯渠，有意模仿东晋文人“曲水流觞，修禊赏乐”高雅之趣。禊赏亭以北为旭晖亭，登亭可远眺园外紫禁城之景。禊赏亭以东假山后为硬山卷棚小殿抑斋，曲廊迂回环绕形成一个独立院落，园内数株古柏缀以山石更显古意盎然。院内东南角假山上建一方亭，名撷芳亭，立于亭内可俯瞰古华轩全院景致（图 6-19）。

图 6-19　乾隆花园古华轩南立面图

第二进院落：穿过古华轩正对一双卷垂花门，过门即进入三合院落式庭院，迎面是一座面阔五间、前后出厦、歇山卷棚式琉璃瓦顶建筑遂初堂。东西厢房各五开间，与遂初堂通过游廊连接在一起。院内摆设花木盆景、湖石点景形成一个氛围宁静的小院（图 6-20）。

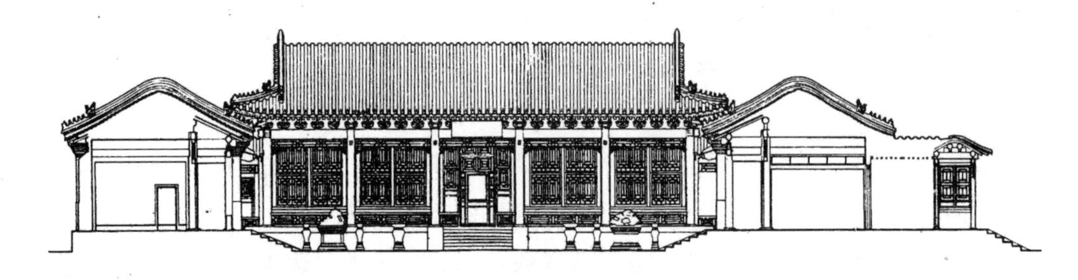

图 6-20　乾隆花园遂初堂南立面图

第三进院落：穿遂初堂而过就为以一座叠石假山为主体的院落，游人游览方式由二进院落平面到此处扩展为立体。院中假山峰峦凸起，迂回曲折，洞堂相通，建筑围合假山布置。遂初堂经假山登石阶可到达谷间的三友轩，经西侧游廊可至延趣楼、萃赏楼。假山主峰之上立耸秀亭，耸秀亭的位置选择非常恰当。耸秀亭南北轴线北向正对萃赏楼的西次间，使得萃赏楼正中的视野开阔无遮挡；南北轴线南相交于遂初堂南北轴线略偏东，成为第三进院落的中轴线东向平移 3m 的中段过渡。三进院落以湖石假山为主题，游人身处其间，不由自主采用仰视观赏石山，更显石山旷奥深意。但由于空间过于局促，也会给人以压抑之感（图 6-21）。

图 6-21　乾隆花园耸秀亭轴线示意图与正立面图

第四进院落：过遂初堂北廊即见院内主体建筑符望阁，是全园的游览路线的高潮所在。符望阁是一座重檐两层的阁楼，平面呈四方形，位于须弥座台基之上，面阔五间四周带回廊。底层装修极为精致，柱体、隔扇门、隔墙板等纵横交错，各房间不仅高差不同还相互穿插犹如迷宫，故也有“迷楼”之称。登楼远眺可尽览景山、琼华岛、钟鼓楼之景。符望阁以南屏列一座巨大的叠石假山，山巅建碧螺亭。碧螺亭平面呈五瓣梅花形，五柱五脊，蓝色琉璃瓦子剪边攒尖顶。宝顶为翠蓝色间白色的冰梅图案，亭所有装修、雕刻、彩画全部用折枝梅花图案。院内西侧南为养和精舍，北为玉粹轩（图 6-22）。

图 6-22　乾隆花园符望阁南立面图

位于整座园林最北端倦勤斋为符望阁的后照房，九开间，黄色琉璃瓦绿剪边硬山卷棚顶，东侧五间与符望阁南北相对。倦勤斋为帝后娱乐休息处，西四间为帝王听曲看戏处。院落西侧为坐西朝东的竹香馆，其前以院墙围合成另一独立小院，院内翠柏两株点缀湖石、花木别有洞天。

乾隆花园建于清王朝的鼎盛时期，作为乾隆颐养天年的场所，园林四进院落形制有意模仿其作为太子居住的建福宫花园，体现一番别致的眷恋之情。园内建筑比重较大，但体形、装饰各有不同，建筑顶部大量使用琉璃瓦件及彩绘极富皇家气派。乾隆当年就是将自己比做傲雪长青的松、竹、梅。第三进院落中的三友轩，装修纹饰除去体现帝王皇权的云龙纹饰以外，多采用松、竹、梅岁寒三友题材具有强烈的个人色彩。纵观全园，四进院落景色各异，每进之间通过精心设计形成一条引人入胜、步移景异、绝不雷同的游览路线。虽与慈宁宫花园一样采用中轴线布局，但轴线并不是一直贯穿南北，而是在中段有意略微错开少许。但整体看建筑还是过密，加之外部宫墙环绕，假山居中使得园林整体壅塞、开阔不足（图 6-23）。

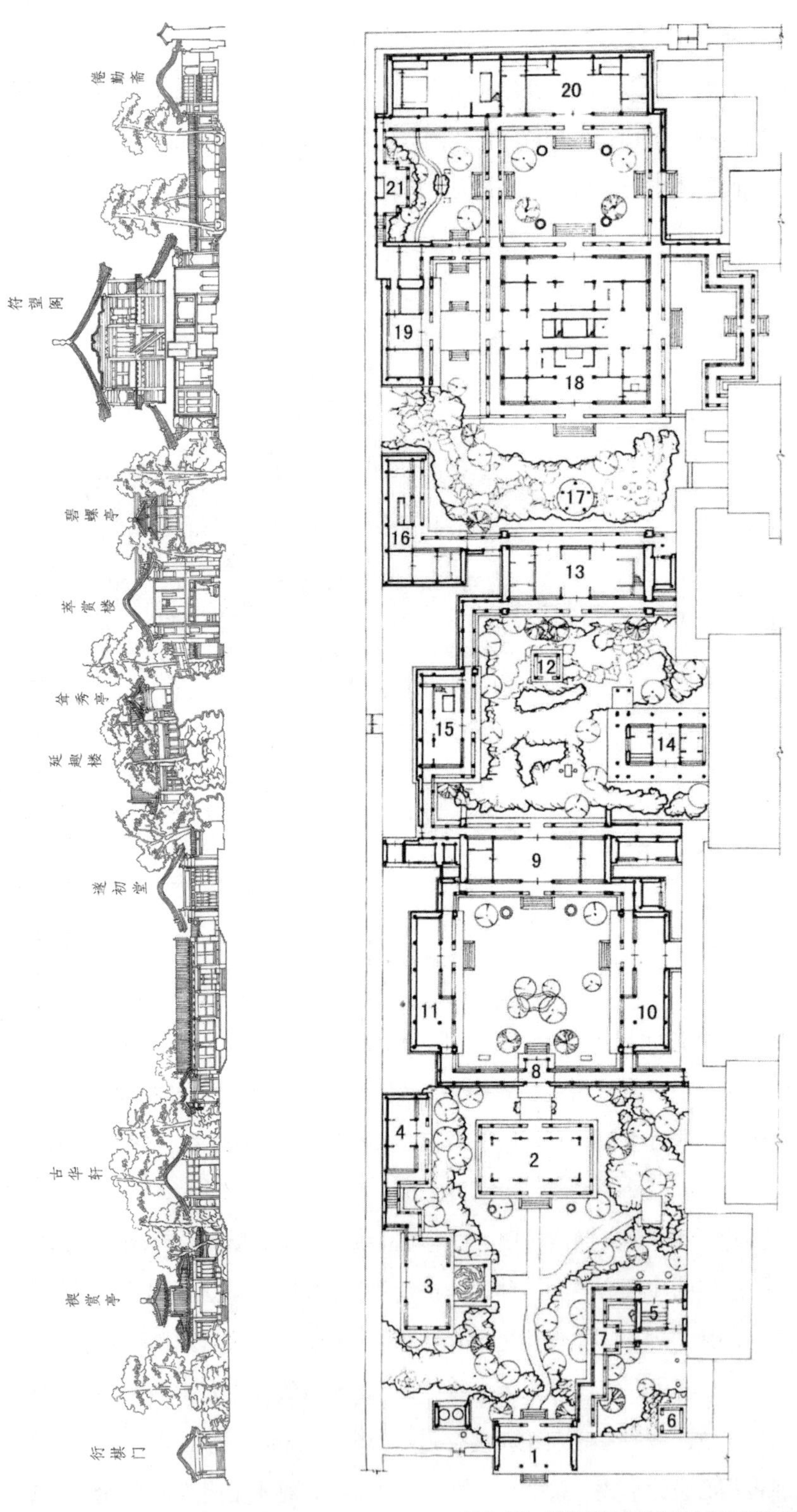

图 6-23　乾隆花园南北向剖立面图及平面图

1. 衍祺门; 2. 古华轩; 3. 禊赏亭 ; 4. 旭辉庭; 5. 抑斋; 6. 撷芳亭; 7. 矩亭; 9. 遂初堂; 12. 耸秀亭; 13. 萃赏楼; 14. 三友轩; 15. 延趣楼; 16. 云光楼; 17. 碧螺亭; 18. 符望阁; 19. 玉粹轩; 20. 倦勤斋; 21. 竹香馆

6.2.2 行宫御苑与离宫御苑

清朝的统治者是来自于关外的满族，从生活习惯上就对北京夏季炎热的气候极其不习惯。入关以后就一直保持着关外游牧民族特有的骑射传统，热爱大自然向往驰骋山野之间的乐趣。康熙帝时期，政局趋于稳定，便开始着手在自然风光秀丽的北京城西北郊和塞外等地营建行宫御苑与离宫御苑（图 6-24）。最终至乾隆时期，进入皇家园林营建的高潮期，其后嘉靖尚能维持鼎盛的局面，再其后就逐渐走向没落。

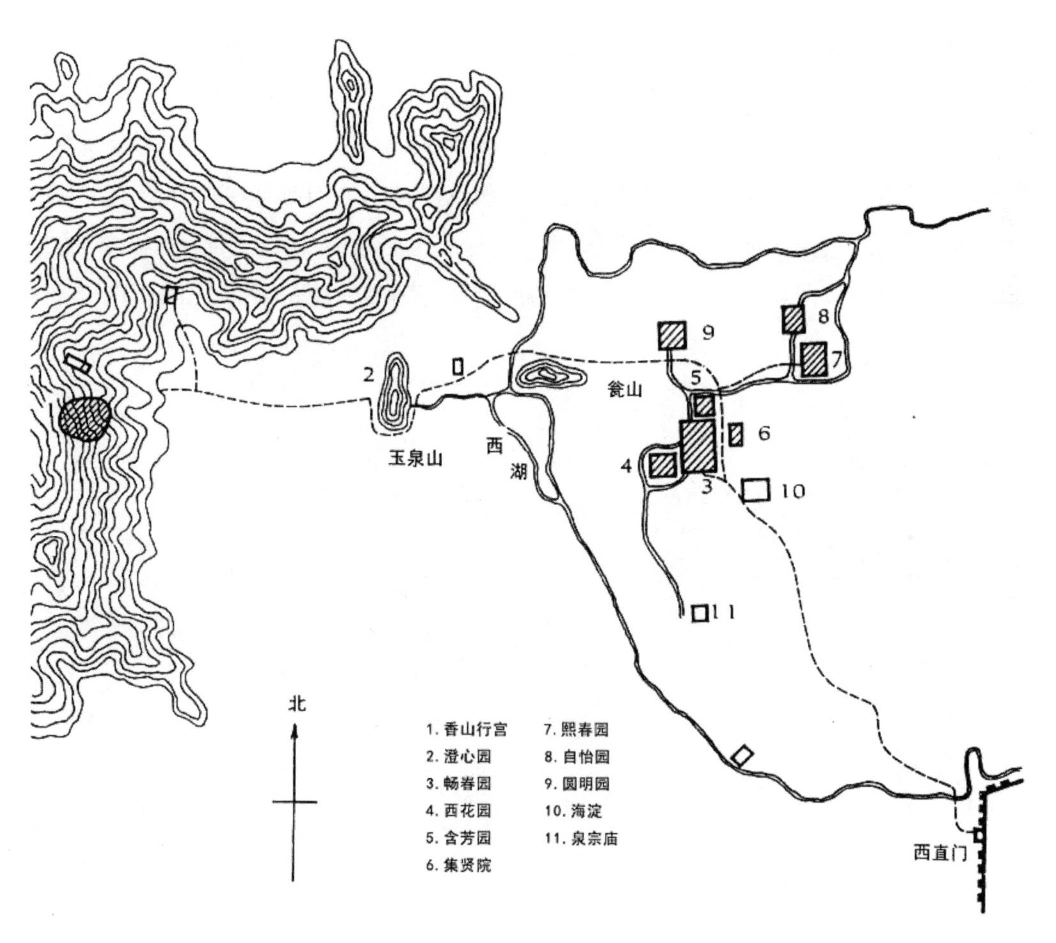

图 6-24　康熙时期北京西北郊主要园林分布

1. 乾隆盛世

乾隆作为康熙大帝最喜爱的皇孙，康熙甚至曾经将乾隆带入皇宫培养。因此，乾隆深受康熙帝影响，在造园的审美观念上，这对祖孙也保持了高度的一致性。乾隆也同康熙一样具有较高的汉文化修养，也多次下江南巡视，但凡见到喜爱的园林便命随行画师摹绘为粉本“携图而归”，作为皇家园林兴建的参考。

经康、雍两朝皇家造园经验的总结以及南北造园技艺的交流，至乾隆时期园林营建已经分化细化为设计、施工、管理几个流程，形成规范化园林设计与施工。皇帝本人亲自参与到园林规划设计过程，如意馆画师绘制江南名园粉本以备咨询，内务府样式房作出规划设计、销算房作出工程预算，保证园林工程可以高质量，快速地完成。特别值得一提的是内务府样式房的雷氏家族，根据目前专家整理样式雷图档资料表明。当时皇家园林设计已经非常成熟，有现场勘测图纸、设计草图、总平面图、单体建筑平面图、立面图、剖面图，甚至作出清代的建筑模型“烫样”，以供皇帝御览。

乾隆三年（1738 年）至乾隆三十九年（1774 年）这 30 年间，皇家园林的造园活动就没有停止过。分布于京城、宫城、北京近郊、远郊以及塞外等众多风景优美之地。乾隆扩建改建畅春园、西园（畅春园以西）、圆明园、乐善园、避暑山庄、静寄山庄、南苑以及众多规模不大的行宫等。乾隆十四年（1749 年），随着清漪园与静明园的建设，对西北郊的城市供水水系开展大规模水系整治工程。最终，在北京的西北郊形成一个西起香山、东至海淀、南临长河的庞大的皇家园林集群（图 6-25）。这其中园林规模最大五座园林，就是著名的“三山五园”。

【扫码试听】

图 6-25　乾隆时期北京西北郊主要园林分布

1. 静宜园；2. 静明园；3. 清漪园；4. 圆明园；5. 长春园；6. 绮春园；7. 畅春园；8. 西花园；9. 熙春园；10. 碧云寺；11. 卧佛寺；12. 海淀

2. 三山五园

自辽、金以来，北京西北郊素有“京城右臂”之称，西山山脉由南至北，余脉至香山处东折，成为此处平原地区屏障，且有利于良好小气候的形成。平原的腹心地带，两座山峦玉泉山与瓮山平地凸起。西北郊西区香山层峦叠嶂，簇拥这东麓的平地，形成山地平原区；中区是以玉泉山、瓮山、西湖构成的河湖平原区；东区则为明清两代私家园林荟萃的沼泽区。西北郊泉水丰沛、远山近水相互掩映，颇具江南水乡的自然风光，是京城著名风景名胜之地，也成为历代帝王行宫别苑营建的首选之地。

三山五园是从康乾盛世陆续建立起来，位于北京城西北郊行宫御苑的总称。三山指的是：香山、玉泉山、万寿山，五园指的是：香山静宜园、万寿山清漪园（颐和园）、玉泉山静明园、圆明园、畅春园（图 6-26）。其中圆明园、畅春园为大型的人工山水园林，静明园、颐和园为自然山水园，静宜园为自然山地园。

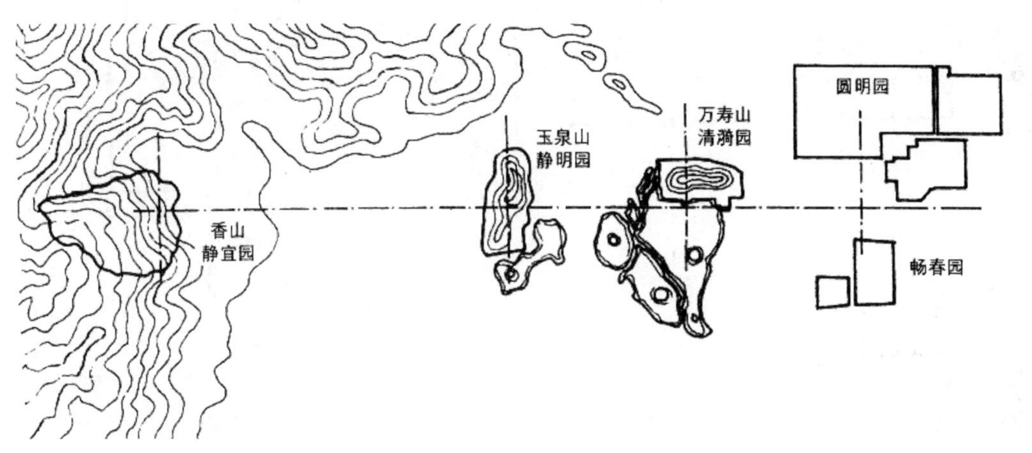

图 6-26　三山五园示意图

(1) 畅春园

静宜园与静明园均为帝王偶尔一游短期居住的行宫御苑。畅春园则是大清王朝建国以后第一座真正意义上的可以“避喧听政”长期居住的离宫御苑。康熙二十三年（公元 1648 年）康熙南巡归来后，受江南秀美风光及雅致园林影响，决定在京城西北郊，明代著名私家园林清华园的旧址上营建畅春园。选择在此建园，一是旧址建园可以有效地节省造园成本，符合康熙一直崇尚节俭的作风；二是清华园为明代著名的皇亲国戚私园，其园林规模与布局即符合帝王园居要求，同时山水布局颇具江南园林情调，符合当时康熙帝的审美需求。畅春园也成为中国皇家园林之中首次较为全面的引入江南造园风格和工艺的一座皇家园林。园成康熙长期在此居住及处理政务，成为与紫禁城有着紧密联系的政治中心。乾隆年间对畅春园又有局部的增建，但整体园林布局还是保持康熙时格局。随时间流逝如今畅春园园址已夷为平地，只能依据文献资料对其原状进行大致推测（图 6-27）。

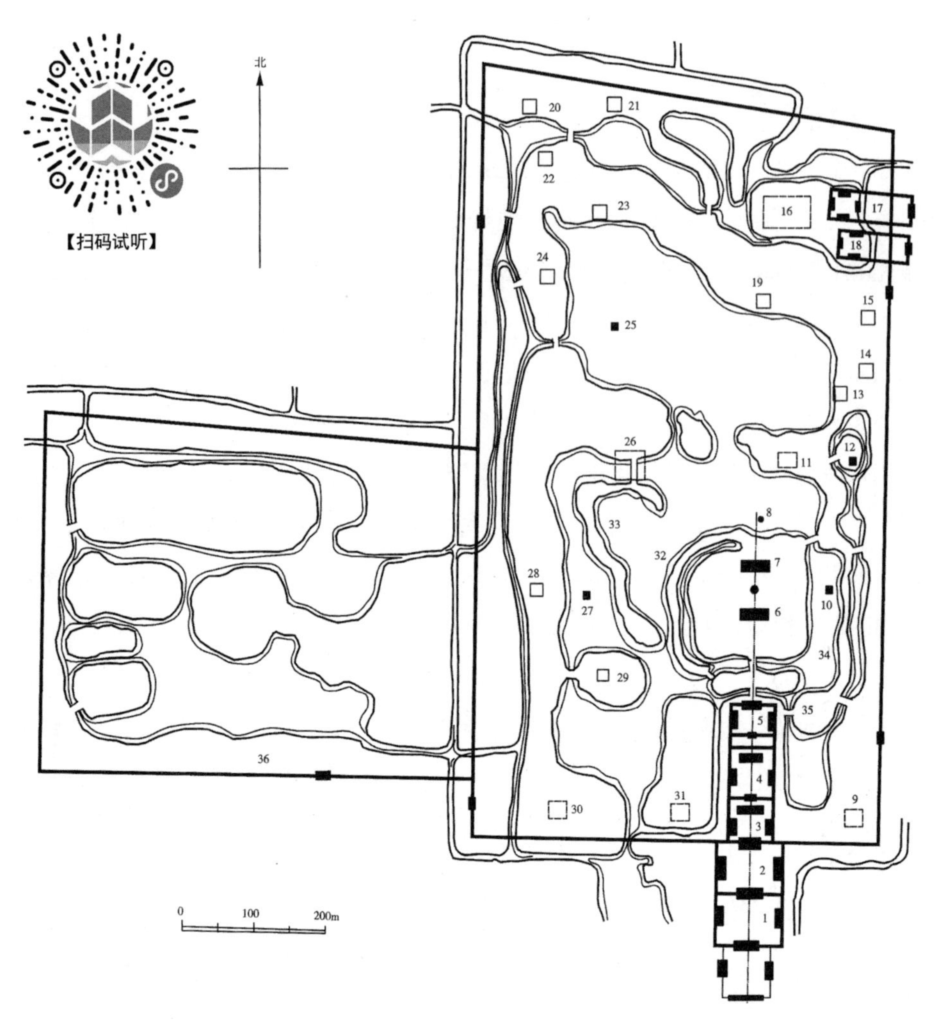

图 6-27 畅春园平面示意图

1. 大宫门；2. 九经三事殿；3. 春晖堂；4. 寿萱春永；5. 云涯馆；6. 瑞景轩；7. 延爽楼；8. 鸢飞鱼跃亭；9. 澹宁居；10. 藏辉阁；11. 渊鉴斋；12. 龙王庙；13. 佩文斋；14. 藏拙斋；15. 疏峰轩；16. 清溪书屋；17. 恩慕寺；18 恩佑寺；19. 太仆轩；20. 雅玩斋；21. 天馥斋；22. 紫云堂；23. 观澜榭；24. 集凤轩；25. 蕊珠院；26. 凝春堂；27. 娘娘庙；28. 关帝庙；29. 韵松轩；30. 无逸斋；31. 玩芳斋；32. 芝兰堤；33. 桃花堤；34. 丁香堤；35. 剑山；36. 西花园

畅春园东西长约 600m，南北长约 1000m，总占地面积约 $60hm^2$。园共设 5 门，由正门东南角大宫门而入即到保有前朝后寝格局的宫廷区。外朝为一座由大宫门、九经三事殿、二宫门组成的三进院落，内廷则由春晖堂与寿萱春永组成的两进院落，建筑外观朴实无华，整体沿南北轴线展开。内廷之后为一进院落云涯馆，相当于宫廷区中轴线的延伸。

由于是在清华园旧址上营建，其苑林区还是保有清华园以水见长的特点，为一个典型的水景园林。园林供水源于万泉庄水系由西南角闸口而入，再由东北角闸口而出，苑内岛屿、湖堤将水面分为前湖和后湖两个较大的水域，周边再有河道环绕，将园内众多水域串联在一起构成了一个完整的水系。园内按建筑及景点布局安排，共分为三路。中路即为宫廷区的延伸，东西二路则结合湖泊、河堤、岗阜的地势地形，或群组或散布，因地制宜形成众多景点。如东路：独立小院落澹宁居，正殿澹宁居即为乾隆为皇孙时读书之处；雍正建的恩佑寺与乾隆建的恩慕寺，两所佛寺山门至今尚存。西路：玩芳斋则为乾隆太子时的读书之处，湖之西岸的凝春堂与东岸的渊鉴斋隔水互为对景，湖之北岸散布着关帝庙、娘娘庙、方亭莲花岩等景点。畅春园整体建筑布局疏朗，有众多以植物命名的景点，可见当时园内花木之繁盛。

畅春园以西为西花园，园内有大面积的水域，水间穿插以大小岛堤。康熙年间为众皇子居住之处，乾隆年间侍奉皇太后时曾居住于此。

（2）静宜园

康熙十六年（1677年），在原金代香山行宫的旧址上营建的一座临时驻跸的行宫御苑，因此当时的建筑及配套设施都较为简单。乾隆十年（1745年），扩建香山行宫并更名静宜园，静宜园可以说是中国山地造园艺术的巅峰之作。香山地处京城西北郊，层峦叠嶂、涧壑交错，明代就有佛寺在此兴建，如香山寺、洪光寺、光裕寺、慈寿庵等。乾隆在静宜园记中写道："动静有养，体智仁也，名曰静宜，本周子之意或有合与先天也"。意为动、静都有益于提升个人修养，这既是周子之意也是合于先天的。咸丰十年（1860年）香山静宜园被英法侵略者焚掠，遗迹无存只留下断壁残垣。中华人民共和国成立后特别是近年来，静宜园各景点均得到修缮及恢复（图6-28）。

静宜园扩建后占地面积达140hm^2，分为内垣、外垣、别垣三个部分。全园共有50多个大小景点，其中乾隆皇帝御题28景，又分为内垣20景，外垣8景。内垣20景：勤政殿、丽瞩楼、绿云舫、虚朗斋、璎珞岩、翠微亭、青未了、驯鹿坡、蟾蜍峰、栖云楼、知乐濠、香山寺、听法松、来青轩、唳霜皋、香岩室、霞标磴、玉乳泉、绚秋林、雨香馆；外垣8景：晞阳阿、芙蓉坪、香雾窟、栖月崖、重翠崦、玉华岫、森玉笏、隔云钟。由这28景我们可知，静宜园的扩建工程充分利用了香山地区地貌形胜的优势，景点设置结合春夏秋冬、朝夕晨昏、风霜雨雪等自然季相演化，最终产生象外之象、境外之境的山地园林景观。

1）内垣

内垣位于静宜园的东南角，是静宜园内建筑密集区，此部分著名的景点有宫廷区、香山寺、洪光寺。由东侧的宫门进入，于宫廷区正殿面阔五间的勤政殿，与园门、横云馆、丽瞩楼构成一条东西向的主轴线。勤政殿以北为致远斋，以南为中宫为寝宫。中宫南门外有以水瀑为主题的璎珞岩，其泉水源自横云馆附近，顺岩而下，耳听水音为静宜园28景之一。翠微亭位于璎珞亭东侧。青未了是位于香山南侧山巅的一小亭，此亭视野极为开阔为赏景的佳处。内垣西南角有驯鹿坡、双景、鹿园等景点。再南到松坞云庄又名双青，因院中有清泉而得名。松坞云庄位于半山腰，院内楼榭曲廊环抱水池，清幽雅致。松坞云庄的西北就是始建于金代，香山一带历史最为悠久、规模最大的寺庙——香山寺。旧时因泉得名甘露寺。香山寺北为观音阁，阁后有座独立小院落海棠院。除此之外，内垣西北侧山坡之上还有玉乳泉、赏秋叶的绚秋林、观雨的雨香馆三处景点。

【扫码试听】

图 6-28　静宜园平面图

1. 东宫门；2. 勤政殿；3. 横云馆；4. 丽瞩楼；5. 致远斋；6. 韵琴斋；7. 听雪轩；8. 多云亭；9. 绿云舫；10. 中宫；11. 屏水带山；12. 翠微亭；13. 青末了；14. 云径苔菲；15. 看云起时；16. 驯鹿坡；17. 清音亭；18. 买卖街；19. 璎珞岩；20. 绿云深处；21. 知乐濠；22. 鹿园；23. 欢喜园（双井）；24. 蟾蜍峰；25. 松坞云庄（双清）；26. 唳霜皋；27. 香山寺；28. 来青轩；29. 半山亭；30. 万松深处；31. 洪光寺；32. 霞标磴（十八盘）；33. 绚秋林；34. 罗汉影；35. 玉乳泉；36. 雨香馆；37. 阆风亭；38. 玉华寺；39. 静含太古；40. 芙蓉坪；41. 观音阁；42. 重翠亭（颐静山庄）；43. 梯云山馆；44. 洁素履；45. 栖月岩；46. 森玉笏；47. 静室；48. 西山晴雪；49. 晞阳阿；50. 朝阳洞；51. 研乐亭；52. 重阳亭；53. 宗镜大昭之庙；54. 见心斋

2)外垣

外垣即为香山占地面积最大的高山区，以点景的方式分布了15处景点，如：芙蓉坪、晞阳阿、香雾窟、栖月崖、重翠崦等。各景点疏朗地散布于山间，整个区域具有浓郁的山岳风景名胜区的意味。

3)别垣

别垣的建置稍晚，主要由两大组建筑群构成：昭庙和正凝堂(见心斋)。两处均在1860年英法侵略者焚掠中幸存了下来。昭庙全称为“宗镜大昭之庙”，是一座典型的汉藏混合样式的大型佛寺。建于乾隆四十七年(1782年)，作为班禅额尔德尼进京为乾隆祝寿所修建的佛寺，形制上完全摹仿西藏日喀则札什伦布寺，但形制较小。与承德的须弥福寿之庙一样，同样是出于政治目的为庆贺民族团结而建。

见心斋·正凝堂

见心斋位于昭庙以北，以石桥相连。原为明代一私家园林，乾隆在其旧址上加以营建，是静宜园中典型的园中园。原名为正凝堂，嘉庆年间将之更名为见心斋。园林现今规模与格局基本维持着嘉庆年间重修概况(图6-29)。园外南、北、东均被山体环绕，因此园墙设置直接顺山体走势而为，整体布局也随形就势，将园林划分东、西两个部分。东部主体建筑见心斋三面环水，是一座以水为主体的水景院。西部整体地势较高，则设计成为建筑结合山石的山石庭院。两院一东一西、一山一水，形成鲜明对比，颇有意境。

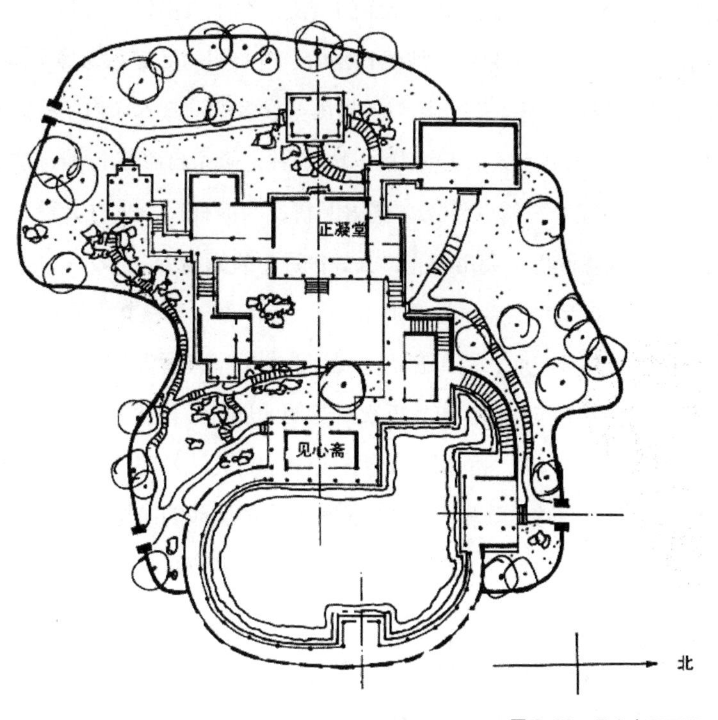

图6-29 见心斋平面图

东部以椭圆形的池面为中心，在池西北角有意做出水口，仿佛池水源头，使水有无尽之意。粉墙黛瓦、墙上漏窗，游廊环绕池面，一派江南情调。池之东岸有一四方水亭与见心斋互为对景，但为保证开阔游览视线略为“错中”。东院南北两侧设园门，北侧园门为正门。采用先抑后扬的造园手法，入园迎面一狭小的小院点缀以花石，穿过三开间的临水过厅，游人视野豁然开朗。由与临水过厅相连的游廊西行即可达见心斋，再沿西侧爬山廊过楼即到西院。

西半部主要由一组不对称的三合院围合而成，主体建筑正凝堂面阔五间与东院的见心斋形成一条清晰的东西向主轴线。北侧的厢房既有利用西院围合成一个单另的小空间，同时也是沟通东西两部建筑的重要交通节点。西院西北角为两层的畅风楼，畅风楼作为全园的制高点，登楼既可俯瞰全园景色的同时又远借园外之景，是园中观景佳处。院内南侧与西侧的山石小院均以一座方亭为中心展开，院内古树参天，缀以花石沿小径顺南墙而下，便可由园林南门出园。

（3）静明园

静明园位于玉泉山上，园林布局顺应山脉呈南北走向，依次突起三座山峰，主峰海拔100m，高出地面50m左右。玉泉山素有“神京右臂”之称，山形秀丽、状如马鞍、泉水丰沛，自古以来就是京城西北郊的风景名胜之地。金代金章宗就在西北郊建行宫御苑大宁宫（北海琼华岛附近）、芙蓉殿行宫（香山玉泉山附近），“玉泉垂虹”更是当时燕京八景之一。元代在此建昭华寺，明代敕建华严寺，其东为金山寺，此外附近还有大量的道观、寺庙。山间绿树郁郁葱葱、怪石嶙峋、清流山泉受到文人雅士的赞美，写下大量优美诗篇。

康熙十九年（1680年）在玉泉山南坡建行宫命名澄心园，后更名为静明园。乾隆十八年（1753年）又再次大规模的扩建，建园墙将玉泉山与众多湖泊圈入园内。将静明园打造成为一座以山景为主又有数个小型水景的天然山水园林，并乾隆亲自命名16景：廓然大公、芙蓉晴照、玉泉趵突、圣因综绘、绣壁诗态、溪田课耕、清凉禅窟、采香云径、峡雪琴音、玉峰塔影、风篁清听、镜影涵虚、裂帛湖光、云外钟声、碧云深处、翠云嘉荫。乾隆二十四年（1759年）静明园扩建工程完工后，又增加16景：清音斋、华滋馆、冠峰亭、观音洞、赏遇楼、飞云嵲、试墨泉、分鉴曲、写琴廊、延绿厅、犁云亭、罗浮洞、如如室、层明宇、进珠泉、心远阁。乾隆五十七年（1792年）再次对静明园展开一次大修，自此静明园进入它的极盛时期。咸丰十年（1860年），静明园同静宜园一样被英法侵略者焚掠，园内建筑大部分被毁。光绪年间由于西太后移居颐和园，考虑到经常去静明园的游览需求曾对部分加以修缮。民国期间一度成为公共公园，面向大众开放。中华人民共和国成立后，政府对其进行大面积修缮，被列为全国重点文物保护单位。

静明园南北长1350m，东西宽590m，占地面积约为65hm^2。乾隆当年扩建静明园就是以摹拟中国历史上的名山古刹为初衷，力求在北京城西北郊打造一个具体而微的宗教主题风景名胜区。静明园规划布局充分利用玉泉山山形秀丽、泉水丰沛的自然条件，采用点景的方式巧妙安排各主要景点，做到主次分明、层次丰富，使之成为三山行宫中最具自然景致的一座皇家园林。整体景观布局采用了嵌山抱水格局，一条环山水带既将含漪湖、玉泉湖、裂帛湖、镜影湖、宝珠湖五个小湖串联起来，也成为一条天然的环山水上游览路线。园内的建筑数量及体量都远小于其他皇家园林，且多以寺观建筑为主，更在山脚与山峰上点缀造型各异的四座宝塔与湖面结合，产生湖光塔影的景观效果。寺观园林还与前代所留存的石刻雕像、石洞相结合，成为玉泉山独有的景观特色。静明园园门六座，以五楹的南宫门为正门，东西宫门形制与南宫门相同。静明园全园大致分为：南山景区、东山景区、西山景区（图 6-30）。

1）南山景区

南山景区为全园建筑精华荟萃之地，位于西南面的侧峰与主峰一起，形成主客山势分明的极胜之地。同时，山体又像一道屏风一样挡住了京城冬季西北向的冷风侵袭，有利于形成良好的小气候。

玉泉湖，为园区最大的一片水域，泉水自山根涌出，清澈甘甜、晶莹如玉、清澈见底，被誉为“天下第一泉”。湖西岸为泉水的发源地，名为玉泉趵突，乾隆帝更亲笔御书“天下第一泉”五字，并将其指定为宫廷专用饮水。玉泉湖整体近似方形，景观布局沿用中国皇家园林经典“一池三山”格局模式。玉泉湖北侧散布众多较小的建筑院落与佛寺道观，比较著名的就是模仿无锡惠山听松庵的竹垆山房。玉泉湖北岸也分布众多小院落，如翠云嘉荫、甄心斋、湛华堂等。翠云嘉荫为其西侧华滋馆的附属小院落，院内两株古树并峙，遍植丛竹极富清雅之感。华滋馆装饰极为考究，为当时乾隆游幸静明园的驻足之所。

香岩寺和普门观，位于南山景区的山巅之上，为一组佛教建筑群。居中的八面九层的琉璃砖塔玉峰塔为这一景区的点睛之笔，玉峰塔形制上乃模仿镇江金山寺塔，其与南峰的华藏塔、北峰的妙高塔互为对景。塔位于南山之巅，山塔构图结合的非常成功，给人以良好的视觉构图感，既成为静明园的主景，又成为京城西北郊诸多园林的借景对象。裂帛湖光，由于主峰以东裂帛洞石壁上泉水跌落发出类似裂帛的声音而得名。湖之西岸有观音阁，湖之北岸有清音斋，清音斋之北为含晖堂。裂帛湖以北为影镜湖，湖面狭长，南北长 220m，东西最宽处为 90m，大小适宜为隔水观景的极佳视距。影镜湖周边以自然花木和岩石点缀植物为主，建筑围绕湖岸布置形成一座水景园，其中竹景最为出名，又称“风篁清听”。影镜湖以北为宝珠湖，湖面略小，主体院落含经堂沿山坡而设，临水建书画舫与码头，形成又一座水景园。

2）东山景区

东山景区北峰侧顶建妙高寺，为东山景区的主要景点。寺前设石坊，寺后设妙高塔，塔后再设该妙斋。峡雪琴音位于马鞍形山脊的最低处，是一座架岩跨涧的两进式院落。峡雪琴

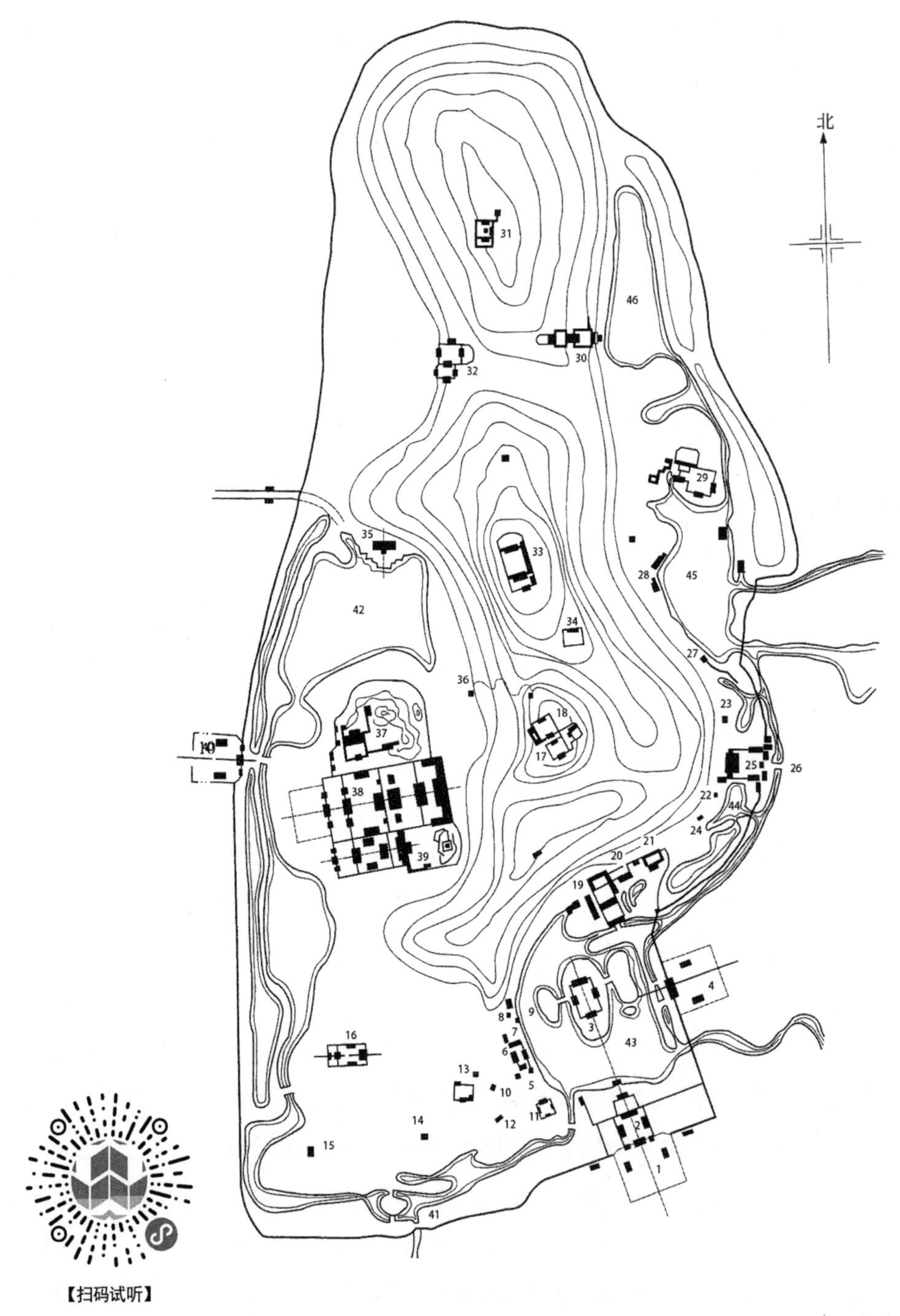

图 6-30 静明园平面图

1. 南宫门；2. 廓然大公；3. 芙蓉晴照；4. 东宫门；5. 双关帝庙；6. 真武祠；7. 竹垆山房；8. 龙王庙；9. 玉泉趵突；10. 绣壁诗态；11. 圣因综绘；12. 福地幽居；13. 华藏海；14. 漱琼斋；15. 溪田课耕；16. 水月庵；17. 香岩寺；18. 玉峰塔影；19. 翠云嘉荫（华滋馆）；20. 甄心斋；21. 湛华堂；22. 碧云深处；23. 坚固林；24. 裂帛湖光；25. 含晖堂；26. 小东门；27. 写琴廊；28. 镜影涵虚；29. 风篁清听；30. 书画舫；31. 妙高寺；32. 崇霭轩；33. 峡雪琴音；34. 从云室；35. 含远斋；36. 采香云径；37. 清凉禅窟；38. 东岳庙；39. 圣缘寺；40. 西宫门；41. 水城关；42. 含漪湖；43. 玉泉湖；44. 裂帛湖；45. 镜影湖；46. 宝珠湖

音附近散布若干小亭榭和石洞，使得此处成为观赏山泉之景的绝佳方位。

3）西山景区

西山景区是指山脊以西的全部区域。在西山麓的平坦地带营建了园内最大的一组宗教主题建筑群。其中四进深的道观院落，东岳庙居中，其北侧为一个独立的小园林清凉禅窟。清凉禅窟与东岳庙通过一段游廊相连，为体现名山古刹的造园初衷，清凉禅窟的营建有意比拟东晋时期名士在庐山结庐的白莲社。东岳庙以南为圣缘寺，规模虽小但同样为四进院落，其最后一进院落中立有一座华丽的琉璃砖塔。再南为大片水田的溪田课耕，附近点缀一些小庙宇、书斋、观景亭、轩等，一派江南水乡田园风光之景。西山景区的平缓地带则有绣壁诗态、圣因综绘、福地幽居、漱琼斋、水月庵等景点散布其间。

静明园作为行宫御苑，帝王并不会在此长期居住，因此整座园林的建筑体量不大。主要景区均顺应地形沿水面或山坡展开，山上建塔山水之间玉山塔影、楼台相望，虽历经风霜，但湖光山色还是如旧时一样，不失为一座保有旧时风貌的皇家行宫御苑。

（4）颐和园·清漪园

颐和园，原名清漪园。主要由万寿山和昆明湖组成。万寿山原名为瓮山，乾隆十五年（1750年），乾隆以为皇太后钮钴禄氏庆贺60大寿为名开始兴建清漪园，次年将瓮山更名为万寿山。昆明湖原名为西湖，乾隆效仿汉武帝在昆明池操练水军的故事，将瓮山湖泊更名昆明湖。乾隆二十九年（1764年）历时15年，清漪园正式竣工，成功地将京城西北郊的皇家园林串联成一个整体，合称“三山五园”。咸丰十年（1860年）同其他皇家园林一样清漪园被英法侵略者焚掠。

光绪十二年（1886年）皇帝年满十六岁，皇帝亲政，慈禧太后需退居二线，开始了清漪园的修复工程作为慈禧太后归政后的居所。两年后，取“颐养冲和”之意，将清漪园更名为颐和园。修复工程历时10年，慈禧执政后期长期居住于颐和园，颐和园也成为全国政治的中心。此次修建由于经费限制，本次修缮完全放弃后山、后湖及昆明湖西岸区域，而是集中经营前山、宫廷区、万寿山东麓、西堤、南湖岛等区域，沿昆明湖三面增设宫墙。此次修缮范围收缩之后，基本沿袭清漪园的园林布局，基本保留其前山的精华区域，将原宫廷区范围扩大以供帝后居住以及太后听政所需。1900年，八国联军再次入侵北京，颐和园又遭浩劫。光绪十八年（1892年）重建谐趣园，大体就是今天所见格局。辛亥革命以后，颐和园成为溥仪的私产，清皇室售票供游人游览。1924年，溥仪出紫禁城后，颐和园被辟为公园。中华人民共和国成立后，政府组织多次修缮，1961年，颐和园被国务院颁布为我国第一批全国重点文物保护单位。

瓮山与西湖从元、明以来就是著名的风景名胜区，两者之间有着北山南湖的良好朝向地理结构。虽然有着朝向优势，但两者的对应关系却并不理想。清初，随着京城西郊园林用水的不断增加，京城出现水荒，乾隆亲赴西郊考察，力求解决城市供水问题。所以颐和园作为三山五园中最后兴建的一座园林，从造园的伊始从西北郊水系的整治工程角度出发，对其山水的对应关系进行人工的设计与西北郊水利工程统筹考虑，使之形成山环水抱的理想地理格局。同时，又从整体上将前期打造的皇家园林串联起来，形成京城西北郊地区一个包含平地园（圆明园、畅春园）、山地园（静宜园）、山水园（静明园）多种园林类型的庞大皇家园林集群（图 6-31）。

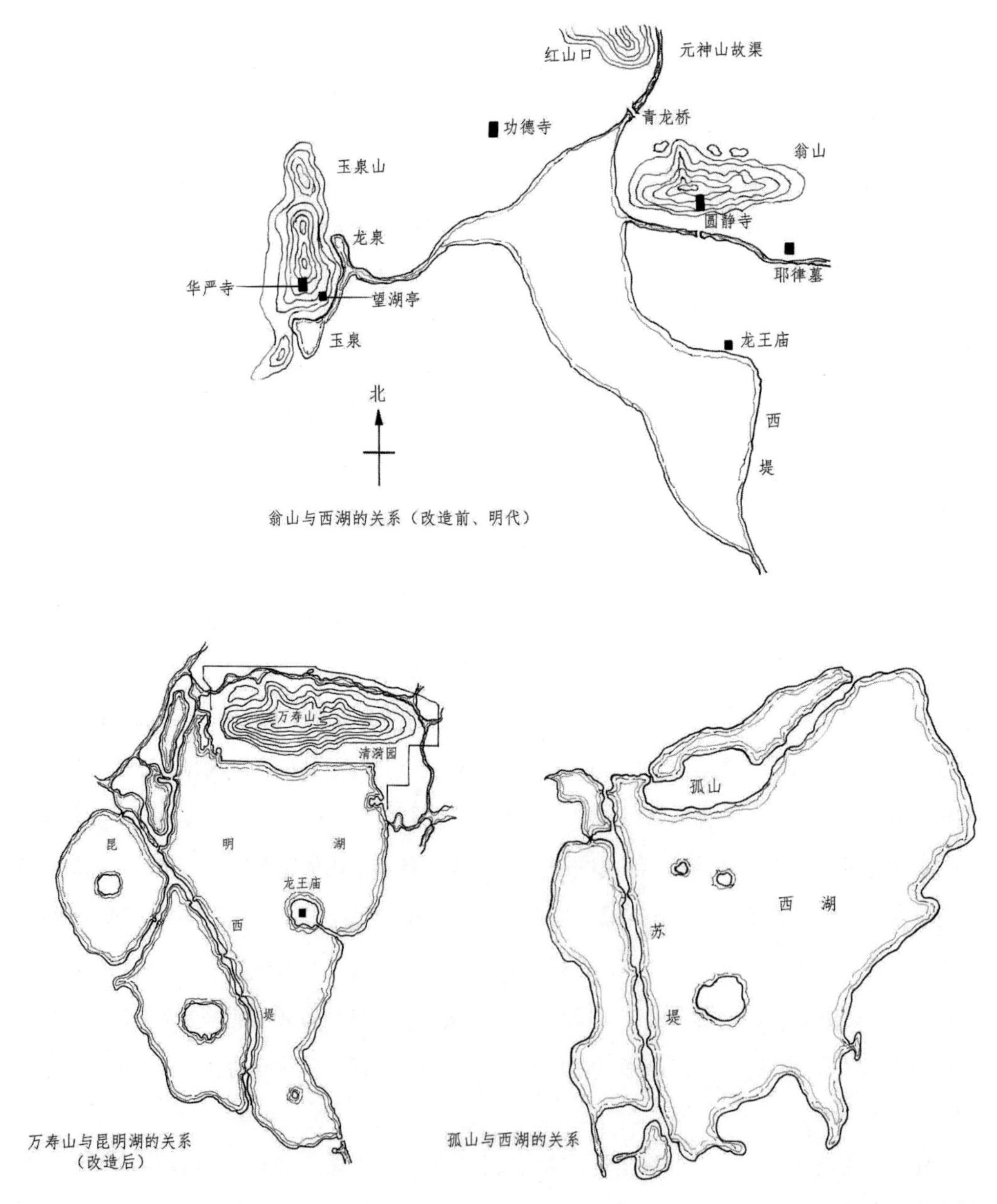

图 6-31　山水格局改造示意图

在山水格局的设计上，以乾隆所言："略师其意，不舍己之所长"为指导方针。昆明湖就是以杭州西湖为蓝本展开规划的，西堤模仿的是苏堤、万寿山模仿的是孤山，两者在形制与方位上趋同。改造后，昆明湖面积占全园面积的四分之三，南北长 1930 米，东西最宽处为 1600m，约为 221.1 万 m^2。湖面烟波浩渺、湖水荡漾、塔影、桥影相得益彰，立于湖边近可观塔，远可借玉泉山之景使园林景深进一步延伸。瓮山原始的山形较为呆板，乾隆利用挖湖建园多余的土方堆于万寿山之上，有意使其东西两坡幅度舒缓而对称，山前山后均按对称布局修建主体建筑，凸显皇家气派。改造后万寿山东西长约 1000m，高出地面约 60m，将其打造成为一个与碧波万顷的昆明湖体量相当的气势恢宏的万寿山。随着拓宽湖面与加高山形，昆明湖由西北延伸在万寿山后山形成一条狭长的后溪河，形成"衔山抱水"极盛风水格局（图 6-32）。

植物配置上前山以松柏树为主调，取其长寿永固的含义，后山则多植桃、杏、枫、栾、槐、柳等凸显季相变化。颐和园全园占地面积约为 295hm²，主要分为前湖区与万寿山区两个区域，万寿山又分为：宫廷区、前山区与后山区（图 6-32）。

1）前山区

万寿山与昆明湖为北山南水的格局。万寿山又以山脊为分界线分为南北两个区域，前山正对烟波浩渺的昆明湖，后山则被蜿蜒的后湖环绕，前后风格迥异（图 6-33）。前山由于正对昆明湖，观赏视野极为开阔，又东邻宫廷区，故而成为全园的核心景区也是精华建筑荟萃之地。前山区是以大报恩延寿寺为核心建筑群，从山脚主体建筑沿南北轴线依次展开，顺万寿山南坡地势逐级抬高，至佛香阁到达整个南坡建筑观赏的高潮（图 6-34）。

大报恩延寿寺与佛香阁建筑群，犹如整个万寿山上的点睛之笔，既成为前山重要的观赏景观，同时也掩饰了万寿山山形起伏较少过于呆板的缺点。佛香阁作为园内体量最大的建筑，平面呈八角形，四层屋檐，通高 36m。乾隆当年最初是想模仿杭州的六和塔建一座九层佛塔延寿塔，但建设过程中突然坍塌，故改塔为阁。此阁后被英法联军烧毁，光绪年间按原样重建。由佛香阁立面图可以看出，佛香阁东西两配亭敷华、撷秀，无论是从体量还是高度上都形成和谐的比例关系，进一步烘托佛香阁的主体地位。

前山景区的山脚临湖一侧设有一条东起乐寿堂邀月门，西至石丈亭，长达 728m 的长廊，为中国古典园林中最长的一段廊子，被载入《吉尼斯世界纪录》。长廊梁柱上绘制有 14000 多幅以民间传说为主题的苏式彩绘，使长廊具有丰富的人文内涵。长廊线形设计上故意在正对佛香阁的位置由直变曲，既使得长廊具有优美的曲线弧度，又与标志性建筑佛香阁产生呼应关系。廊子中间由西至东依次排列：留佳、寄澜、秋水、清遥四亭，成为长廊的四个顿点，使游人观赏时不觉得呆板。同时，还以对称的方式伸出鱼藻轩、对鸥舫，进一步丰富湖岸形式。

【扫码试听】

图 6-32　乾隆时期清漪园平面图

1. 东宫门; 2. 二宫门; 3. 勤政殿; 4. 茶膳房; 5. 文昌阁; 6. 知春亭; 7. 进膳门; 8. 玉澜堂; 9. 夕佳楼; 10. 宜芸馆; 11. 怡春堂; 12. 乐寿堂; 13. 含新亭; 14. 赤城霞起; 15. 养云轩; 16. 乐安和; 17. 餐秀亭; 18. 长廊东段; 19. 对鸥舫; 20. 无尽意轩; 21. 意迟云在; 22. 写秋轩; 23. 重翠亭; 24. 千峰彩翠; 25. 转轮藏; 26. 慈福楼; 27. 大报恩延寿寺; 28. 罗汉堂; 29. 宝云阁; 30. 邵窝; 31. 云松巢; 32. 山色湖光共一楼; 33. 鱼藻轩; 34. 长廊西段; 35. 听鹂馆; 36. 画中游; 37. 湖山真意; 38. 石丈亭; 39. 浮青榭; 40. 寄澜堂; 41. 石舫; 42. 蕴古室; 43. 小有天; 44. 延清赏; 45. 西所买卖街; 46. 旷观堂; 47. 荇桥; 48. 五圣祠; 49. 水周堂; 50. 小西泠（长岛）; 51. 宿云檐; 52. 北船坞; 53. 如意门; 54. 半壁桥; 55. 绮望轩; 56. 看云起时; 57. 澄碧亭; 58. 赅春园; 59. 味闲斋; 60. 构虚轩; 61. 绘芳堂; 62. 嘉荫轩; 63. 妙觉寺; 64. 通云; 65. 北宫门; 66. 三孔桥; 67. 后溪河买卖街; 68. 后溪河船坞; 69. 须弥灵境; 70. 云会寺; 71. 善现寺; 72. 寅辉; 73. 南方亭; 74. 花承阁; 75. 云绘轩; 76. 昙花阁; 77. 延绿轩; 78. 惠山园; 79. 霁清轩; 80. 东北门; 81. 耶律楚材祠; 82. 二龙闸; 83. 铜牛; 84. 廓如亭; 85. 十七孔桥; 86. 广润祠; 87. 鉴远堂; 88. 望蟾阁; 89. 南湖岛; 90. 凤凰墩; 91. 绣漪桥; 92. 柳桥; 93. 景明楼; 94. 藻鉴堂; 95. 畅观堂; 96. 练桥; 97. 镜桥; 98. 玉带桥; 99. 治镜阁; 100. 桑苧桥; 101. 延赏斋; 102. 耕织图; 103. 蚕神庙; 104. 耕织图船坞; 105. 界湖桥; 106. 青龙桥

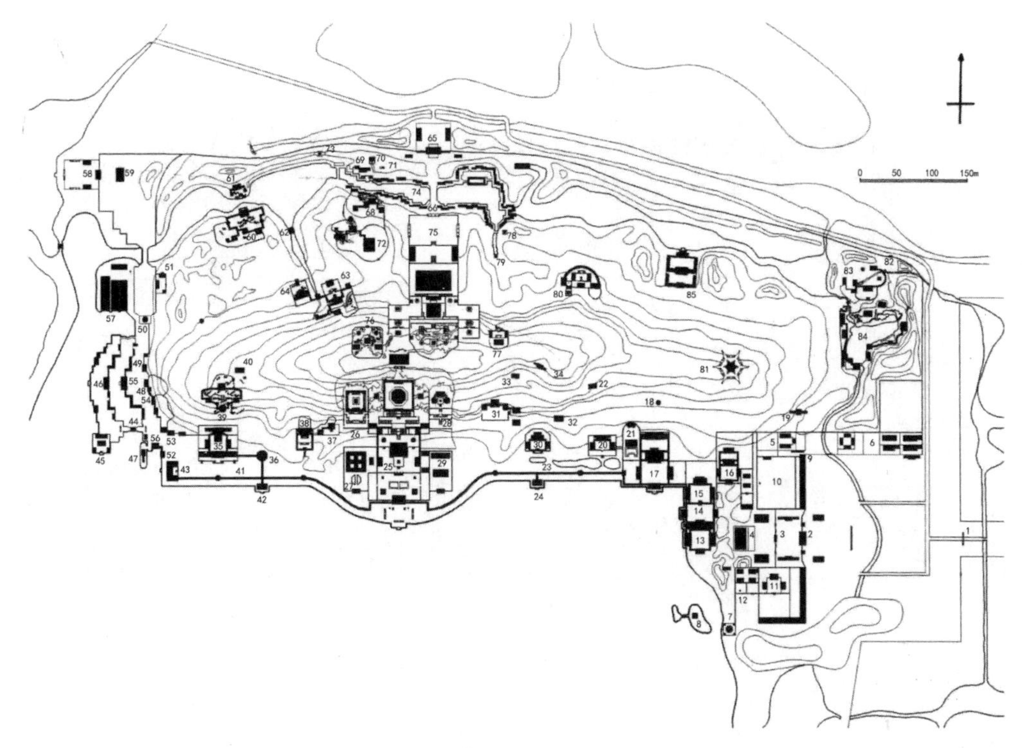

图 6-33　颐和园万寿山平面图

1. 涵虚牌楼; 2. 东宫门; 3. 二宫门; 4. 勤政殿; 5. 茶膳房; 6. 外膳房、侍卫饭房; 7. 文昌阁; 8. 知春亭; 9. 进膳门; 10. 进膳区; 11. 军机处; 12. 耶律楚材祠; 13. 玉澜堂; 14. 夕佳楼; 15. 宜芸馆; 16. 怡春堂; 17. 乐寿堂; 18. 含新亭; 19. 赤城霞起; 20. 养云轩; 21. 乐安和; 22. 餐秀亭; 23. 长廊东段; 24. 对欧舫; 25. 大报恩延寿寺; 26. 宝云阁; 27. 罗汉堂; 28. 转轮藏; 29. 慈福楼; 30. 无尽意轩; 31. 写秋轩; 32. 意迟云在; 33. 重翠亭; 34. 千峰彩翠; 35. 听鹂馆; 36. 山色湖光共一楼; 37. 云松巢; 38. 邵窝; 39. 画中游; 40. 湖山真意; 41. 长廊西段; 42. 鱼藻轩; 43. 石丈亭; 44. 荇桥; 45. 五圣祠; 46. 水周堂; 47. 石舫; 48. 延清赏; 49. 西所买卖街; 50. 宿云檐; 51. 八间房; 52. 浮清轩; 53. 蕴古室; 54. 小有天; 55. 旷观斋; 56. 寄澜堂; 57. 北船坞; 58. 如意门（西宫门）; 59. 半壁桥; 60. 绮望轩; 61. 看云起时; 62. 澄碧亭; 63. 赅春园; 64. 味闲斋; 65. 北楼门; 66. 三孔石桥; 67. 后溪河船坞; 68. 绘芳堂; 69. 嘉荫轩; 70. 妙觉寺; 71. 花神庙; 72. 构虚轩; 73. 通云; 74. 后溪河买卖街; 75. 须弥灵境; 76. 云会寺; 77. 善现寺; 78. 寅辉; 79. 南方亭; 80. 花承阁; 81. 昙花阁; 82. 东北门; 83. 霁清轩; 84. 惠山园; 85. 云绘轩

万寿山南坡大报恩延寿寺西侧有一独立的小园林院落，名“邵窝”，是模仿北宋大学士邵雍的“安乐窝”而建。院内主体建筑为一座三开间的厅堂，前后各有一小院，格调清新雅致，其中南院可远眺昆明湖之景。邵窝以西即为画中游景区，位于半山腰高出湖面30多米，视野极为开阔。主体建筑为一座八角形的阁楼，登楼可望昆明湖清澈的湖面、远处青山宝塔、石桥八个方位都是一幅完美的框景图片（图6-35）。画中游以南为听鹂馆，是一座专为听戏而设立的小院。继续西行在昆明湖西南角，就是著名的模仿江南画舫而建的石舫清晏舫，光绪年间重修时在石舫上建了一座巨大的西洋楼。

2）宫廷区

宫廷区位于万寿山的东麓地势平坦的地域，所占的比例较小。这是由于当年乾隆游园“过辰而往，逮午而返，未尝度宵”的初衷，即是当日往返一日游。宫廷区西接长廊，北通

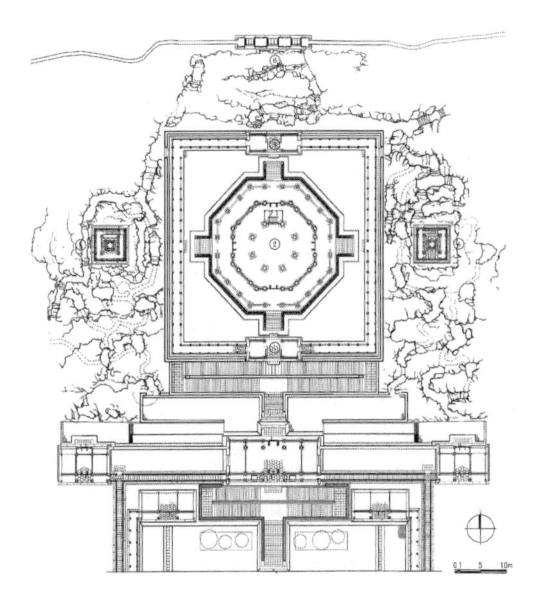
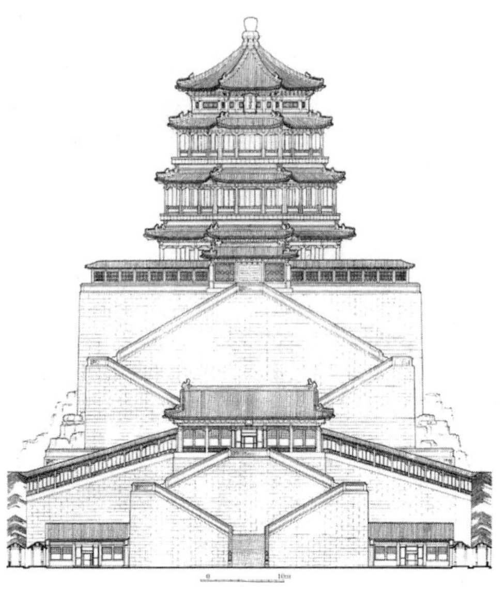

图 6-34 颐和园佛香阁平立面图

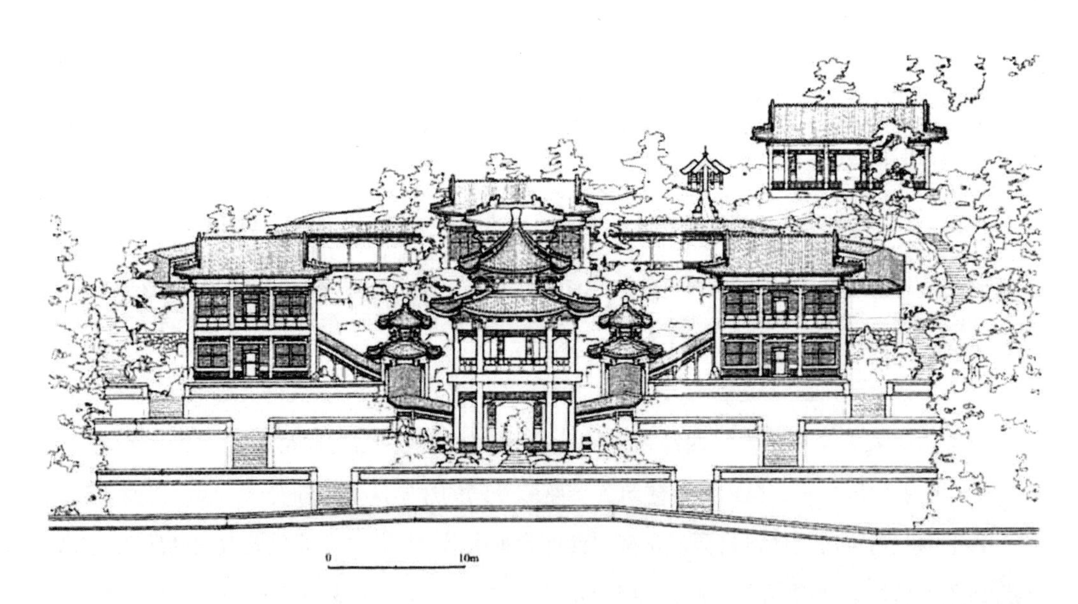

图 6-35 画中游建筑群立面图

前山，是万寿山东麓的交通枢纽，既可赏昆明湖水景又可沿长廊去往核心的前山景区。宫廷区采用前朝后寝的布局(图 6-36)。东宫门坐西朝东为园的正门，门前有一座影壁，两侧设有南北向朝房，为九卿办公的地方。再入仁寿门，即见面阔七间的仁寿殿，仁寿殿乾隆时期名为勤政殿。光绪重建时更名为仁寿殿，取自《论语·雍也篇》“智者乐，仁者寿”，意为实行仁政者长寿。清朝末年，慈禧太后与皇帝并坐于殿上接见大臣。仁寿殿后经一假山相隔，

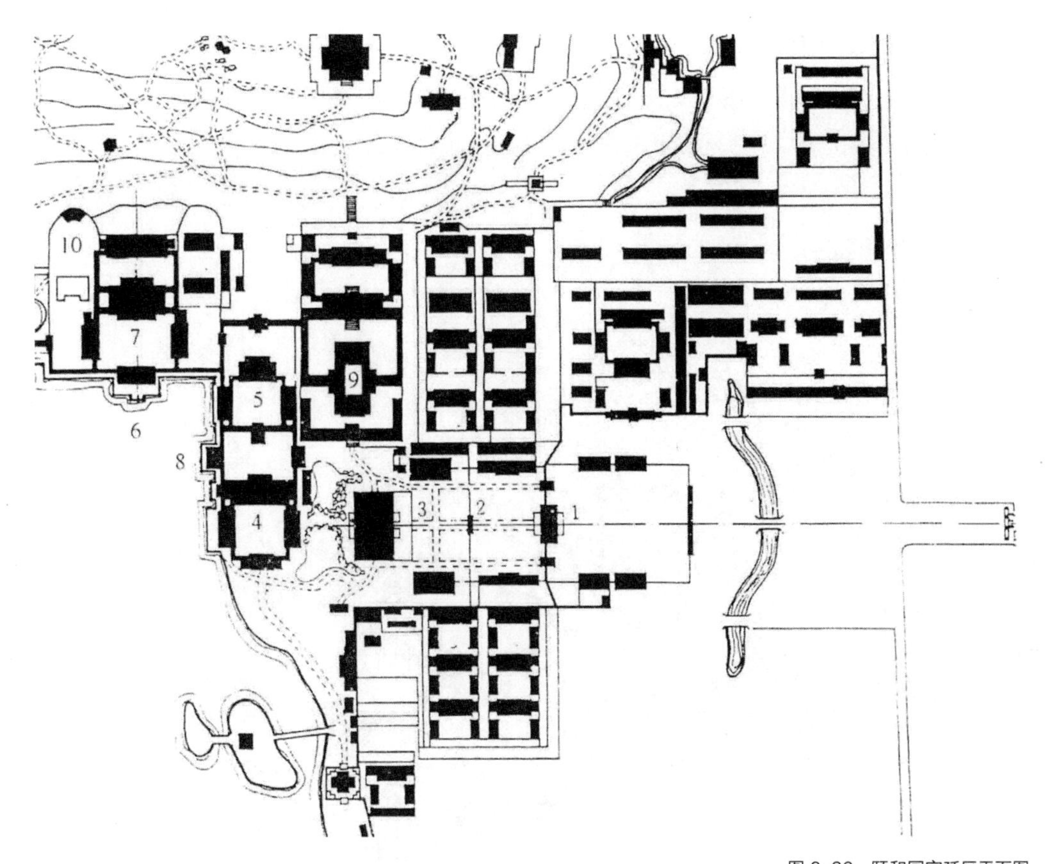

图 6-36　颐和园宫廷区平面图

1. 东宫门；2. 仁寿门；3. 仁寿殿；4. 玉澜堂；5. 宜芸馆；6. 水木自亲；7. 乐寿堂；8. 夕佳楼；9. 德和园；10. 扬仁风

即到后寝区。后寝区两组庭院玉澜堂与宜芸馆，两者由前朝的东西朝向转变为南北朝向。玉澜堂乾隆时期为帝王偶尔办公与吃饭之处，但到光绪时期则成为帝王正式的寝宫。宜芸馆位于玉澜堂之后，“芸”意为香草，也由乾隆时期的书房转变为皇后的寝宫。宜芸馆以西为水木自亲，北侧为面阔七间，南北分别出五间与三间抱夏的主殿乐寿堂，为慈禧太后居住及办公场所。乐寿堂是按乾隆时期原样重建的，东西两侧五开间厢房为：舒华布实、仁以悦山，院内种植海棠、玉兰、紫藤、芍药、玉簪、牡丹，一片繁花似锦，更显富丽华贵。由于光绪帝爱听戏，在怡春堂旁建德和园，园内设戏楼，设计极为精巧可以呈现舞台效果。

3) 后山区

后山区即万寿山的北坡，面积约占全园面积的十分之一。整体山势较南坡陡峭曲折，宫墙与万寿山北麓之间有一条长达 1000m 的后溪河，遇山势平缓就将河道放宽，陡峭则将河道收缩，将后溪河划分为六个段落。后山主体建筑群为须弥灵境，位于后山中央部位较前山佛香阁略为东移，与跨后溪湖的三孔石桥、北宫门构成一条南北贯穿的中轴线。须弥灵境为一座典型的藏式风格的佛寺，始建于乾隆二十三年（1758 年），同承德的普宁寺一样是以西藏的桑耶寺为蓝本。主体建筑香严宗印之阁位于大红台之上，象征佛教中的须弥山，周围环列四大部洲殿与八小部洲殿，象征太阳的日殿，象征月亮的月殿，象征佛教智慧的黑、白、绿、红四塔（图 6-37）。

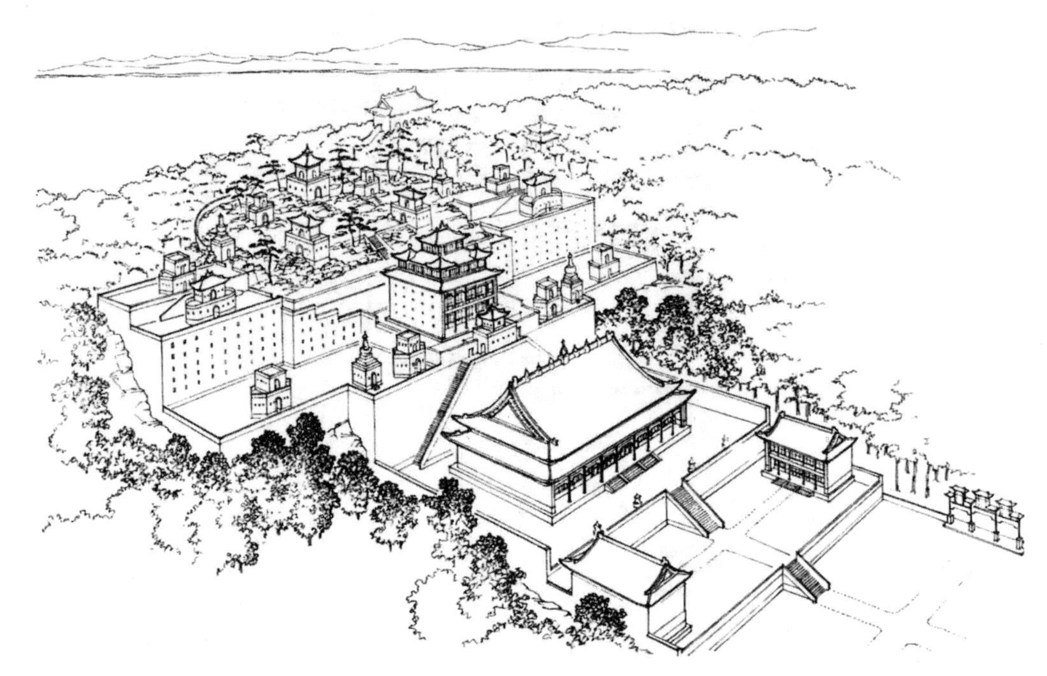

图 6-37　须弥灵境鸟瞰复原图

乾隆年间须弥灵境的东侧还有花承阁、云会轩，其西侧有绮望轩、构虚轩、赅春园、嘉荫轩、妙觉寺等景观，但现今已大多无存。后溪湖中段设有一条长度为 270m 的买卖街，俗称“苏州街”，采用的是苏州地区常见的“两街夹一河”水镇格局。水街格局上模仿江南水乡情调，但街道上各类店铺造型却是典型的北方商业建筑形式。当年帝后临幸时，宫女太监就会扮作伙计与顾客，一派热闹景象。水街中央架一座三孔石桥，北向直通北宫门，东西两端设寅辉关和通云关，形成一种围合的空间形式。

谐趣园·惠山园

乾隆十六年（1751 年），在万寿山东麓宫廷区北侧，模仿无锡寄畅园修建惠山园。嘉庆十六年（1811 年），在池之北岸增建涵远堂，并更名为谐趣园。光绪十八年（1892 年）再次重建谐趣园，即为今天所见之格局，与乾隆时期有所不同（图 6-38）。

乾隆在《惠山园八景》中云：“携图而归，肖其意于万寿山之东麓，名曰惠山园”。因此谐趣园在建园选址上充分显示“肖其意”的造园意图，寄畅园引水惠山二泉水，谐趣园引后湖而来的活水；寄畅园借景锡山，谐趣园借景万寿山；寄畅园内假山堆叠仿若园外真山，谐

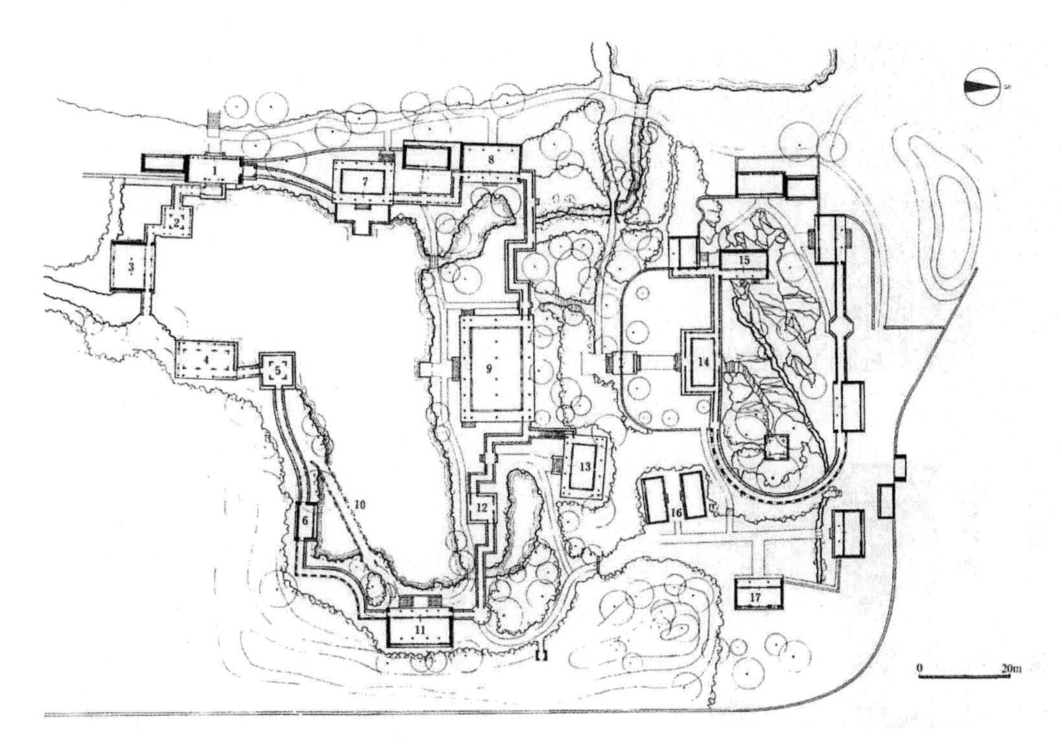

图 6-38　光绪年间谐趣园平面图

1. 谐趣园宫门；2. 知春亭；3. 引镜；4. 洗秋；5. 饮绿；6. 澹碧；7. 澄爽斋；8. 瞩新楼；9. 涵远堂；10. 知鱼桥；11. 知春堂；12. 兰亭；13. 湛清轩；14. 霁清轩；15. 清琴峡；16. 酪膳房；17. 军机处

趣园园内假山也力求与万寿山气脉相连；就连两园的水面的大小、形状、园内景观建筑的布置也相同。谐趣园地势低洼、环境清幽，南依后湖、北临宫廷区、东接前山区，是前山景区、后山景区、宫廷区的交汇点。由于谐趣园的存在，颐和园的东北角这个景观处理难题迎刃而解。

重建后园林建筑比重明显增大，初期建筑疏朗以山水、花木取胜的意境转淡。涵远堂为全园的主体建筑与饮绿隔水互为对景，也形成一条贯穿南北的中轴线。谐趣园后小院霁清轩也是沿轴线展开。园内整体布局也如寄畅园一样以湖面为中心，主体建筑围池而建，以游廊相连。园门位于园林西北角，入园即到知春亭，沿游廊依次经引镜、洗秋、饮绿、澹碧、知春堂、兰亭、涵远堂、瞩新楼，最后过澄爽斋回到园门处。谐趣园掩映在外围的青松翠柏之间，园内配以碧桃、黄荆，池面种植荷花，给这座园中园更增画意。

4）前湖区

前湖区即为昆明湖及其周边区域，昆明湖水域极为疏朗开阔。由一条西湖苏堤走向一模一样的西堤及其支堤将水面划分大小不同三个水域。湖中散布着三大二小的五座岛屿，其中“三大岛”：南湖岛、藻鉴堂、治镜阁三座岛屿象征着蓬莱、方丈、瀛洲这三座传说中的仙山，三岛分别位于三个水域的中心位置，又遥相呼应反映出一池三山的造园主题。南湖岛东侧由一座长 150m 的长孔桥与东岸相连，由于其有 17 孔故名十七孔桥。藻鉴堂为全园中最大岛屿，南侧伸出两个方亭观景亲水，岛屿南侧有一游廊围合成的小院，院内设方形水池，形成水中有岛、岛中又有水的格局。治镜阁侧是一个圆形的石台，岛上立一二层楼阁。“二小”分别位于昆明湖东岸，南端的凤凰墩为园内南部重要景点，北侧小岛上建知春亭以石桥与东岸相连，立于亭内四望视野开阔可观全园之景。此外昆明湖西侧还有一狭长的近似弯月之形的小岛，名小西泠。

昆明湖烟波浩渺，水面长堤、小岛相连，湖面楼影、塔影、山影虚实相生，湖面更是晨昏四季不同。春有陶柳夹绿、夏有树影水照、秋有红叶飘飘、冬更是枯枝挂雪，湖面冰封用于冰嬉。

（5）圆明园三园

圆明园位于畅春园北侧，起初为明代私园，后收归内务府，康熙四十八年（1709 年）赐给四皇子即后来的雍正。雍正三年（1725 年）开始扩建工程并在此理政，使得圆明园成为大清帝国的第三座离宫御苑。此时扩建工程的重点是：在圆明园中兴建一个宫廷区；在原有园林基础上向北、东、西三个方位扩展，东侧开拓福海，利用园内众多的水景将之串联起来。扩建后雍正亲题 28 景：正大光明、勤政亲贤、九州清晏、镂月开云、天然图画、碧桐书院、慈云普护、上下天光、杏花春馆、坦坦荡荡、万方安和、茹古涵今、长春仙馆、武陵春色、汇芳书院、日天琳宇、澹泊宁静、多稼如云、濂溪乐处、鱼跃鸢飞、西峰秀色、四宜书屋、平湖秋月、蓬岛瑶台、接秀山房、夹镜鸣琴、廓然大公、洞天深处。乾隆二年（1737 年）按例奉畅春园为皇太后离宫，自己居圆明园，开始第二次大规模的扩建。此处主要为仿江南园林对园内景点加以充实，增加 12 个景点：曲院风荷、坐石临流、北远山村、映水兰香、水木明瑟、鸿慈永祜、月地云居、山高水长、澡身浴德、别有洞天、涵虚朗鉴、方壶胜境，和雍正的 28 景合称“圆明园四十景”。

其后又在圆明园东侧与东南侧另建附属园林长春园和绮春园。长春园北部狭长地带有著名的西洋楼，西式建筑群。绮春园则是由众多的私家园林合并而成。嘉庆年间，重点对绮春园予以扩建，面积扩大整整一倍，建成“绮春园三十景”，使圆明园规模达到鼎盛。道光年间，将绮春园更名为万春园。咸丰十年（1860 年）被英法联军焚毁抢掠，由于清政府经费有限，重修计划一直未能实施，八国联军之后，又遭到匪盗的打击，圆明园三园最终彻底荒废。中华人民共和国成立后将圆明园规划为遗址公园，对园中遗迹予以修复及保护。

圆明园、长春园、万春园三园呈倒“品”字形分布，总占地面积约为 350 公顷，规模之大居“三山五园”之首（图 6-39）。园共设 19 座宫门，宫墙长 10km，人工开凿水域面积约占全园的二分之一以上，人工堆叠岗阜、岛、堤、假山约 300 多处，各式园林桥梁小品 100 多座，建筑群及可成景的独立建筑共计 120 多处。乾隆 6 次下江南，江南的众多名园给其留下深刻的印象，“略师其意，不舍己之所长”仿写天下名园也成为圆明园的一个重要造园思路。如：小有天地—杭州小有天园、茹园—南京瞻园、安澜园—海宁隅园、狮子林—苏州狮子林等；以绘画与诗文的意境为母题，将诗情画意转换为园林实景也是圆明园造园的一大特点。如北远山村是呈现唐代诗人画家王维《辋川别业》意境、蓬岛瑶台则展现的是唐代画家李思训《仙山楼阁图》。

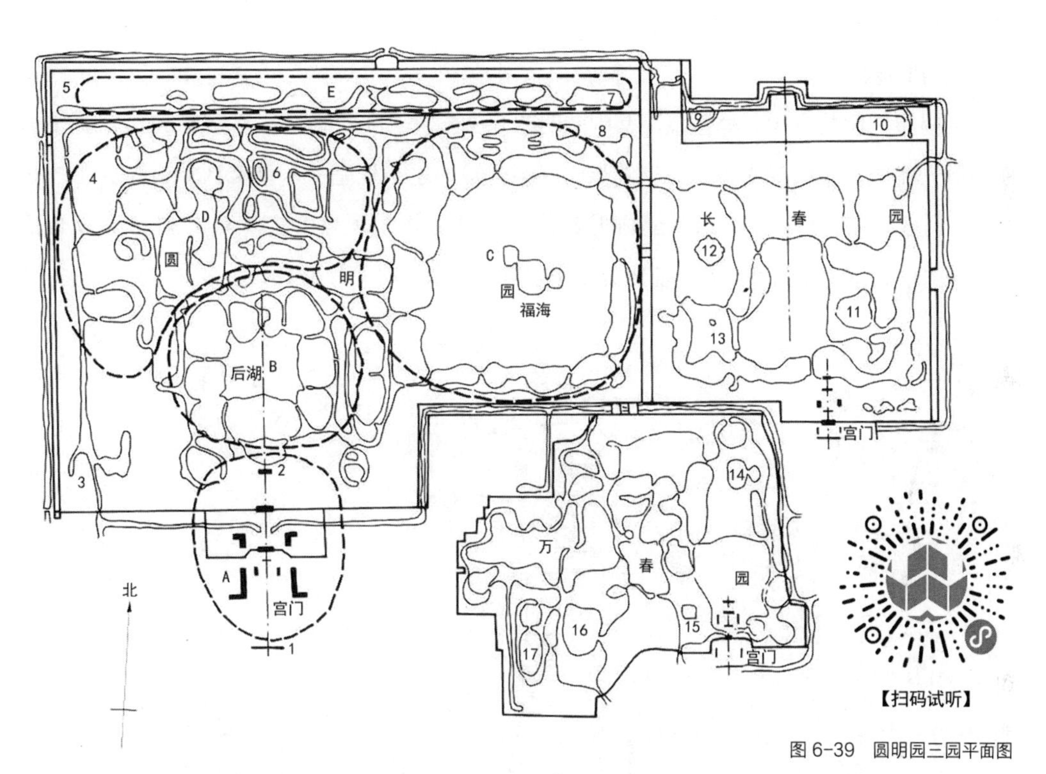

图 6-39　圆明园三园平面图

1. 照壁；2. 正大光明殿；3. 藻园；4. 安佑宫；5. 紫碧山房；6. 文源阁；7. 天宇空明；8. 方壶胜境；9. 方外观；10. 方河；11. 玉玲珑馆；12. 海岳开襟；13. 思永斋；14. 凤麟洲；15. 鉴碧亭；16. 澄心堂；17. 畅和堂；A. 宫廷区；B. 后湖区；C. 福海景区；D. 小园林集锦；E. 北墙内狭长地带

如魏晋的华林园、北宋的艮岳、乾隆时期的清漪园一样，圆明园整体山形水系也受风水学说影响。园内整体山形固然是顺应基地的原始地形，但园内西北角的紫碧山房为全园堆叠最高的假山，显然是象征天下山脉的起点昆仑山。昆仑山西北高东南低，园内假山的整体走势亦是如此。园内水系也是如此，天下水系基本是由西北流向东南归于大海，圆明园水源为万泉山与玉泉山水系，二者汇于园内西南角，于西北角分为两股，最终流入象征大海的福海之中。以园林的山形水系来模拟天下山川之大势，用以表达“普天之下，莫非王土”的寓意，也就只有盛世的皇家园林可以做到了。圆明园三园的山水骨架均为人工开凿堆筑，园林大部分面积虽为水面，但对其设计却极为考究，将水面划分为大、中、小三个层次。如福海就是园中最大的水面，最宽处达到 600 米。后湖则为典型的中型水面，最宽处达到 200 多米。其余众多都为

40～100 米左右的小型水面，而这个距离也往往正是隔水观景最好的视线距离。它们配合各景点的营造穿插于园中，又被河道串联成一个整体河湖水系，构成全园的脉络与纽带。

除了以上介绍的写仿名园、名画、天下之外，圆明园还有一个重要的设计主题即治世安邦。其宫廷区的正大光明指的是朝政的清明，出入贤良门与勤政殿则指的是帝王亲近贤臣且勤于政务，后湖区规格布局的九座岛屿——九州清晏则象征“禹贡九州”天朝大国思想，其中茹古涵今、廓然大公、澡身浴德、涵虚朗鉴则象征帝王的品德。

1）圆明园

圆明园三园共有 123 处景点，其中圆明园 69 处、长春园 24 处、万春园 30 处。其中圆明园最先建成，规模最大也是三园的核心。圆明园扩建工程完工，乾隆从御制诗中挑出 40 首，命宫廷画家唐岱、沈源为诗配画即《圆明园四十景图》现存于法国国家图书馆，配合留存下来的样式雷设计图纸，是目前研究圆明园重要图像资料（图 6-40）。

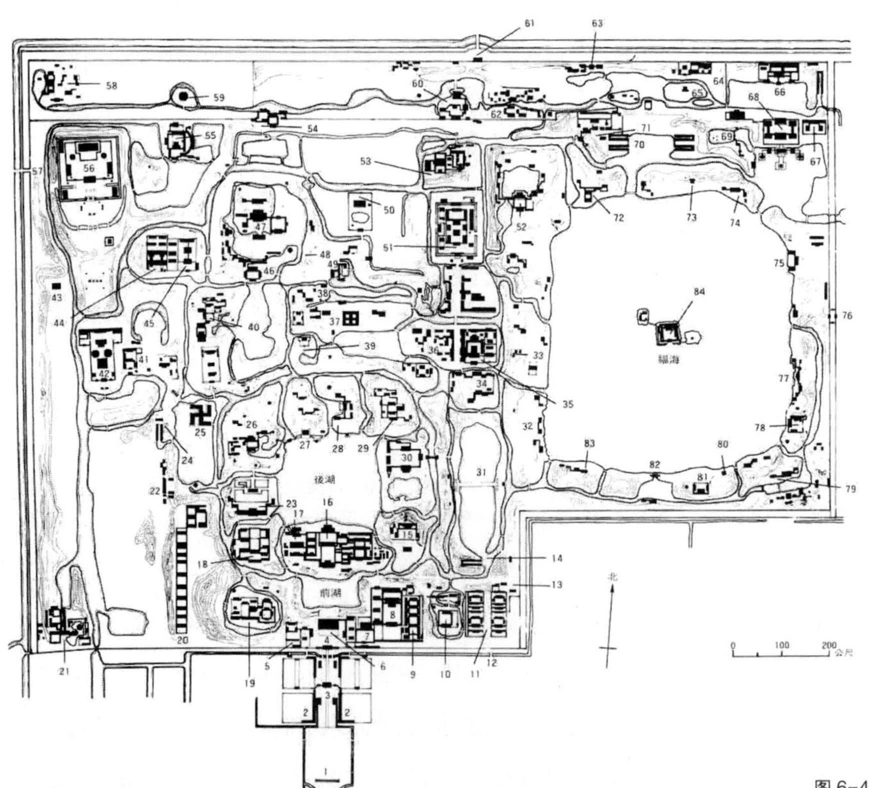

图 6-40　圆明园平面图

1. 照壁；2. 转角朝房；3. 圆明园大宫门；4. 出入贤良门；5. 御书房茶膳房；6. 正大光明殿；7. 勤政亲贤殿；8. 保合太和殿；9. 吉祥所；10. 前垂天貺；11. 洞天深处；12. 福园门；13. 如意馆；14. 南船坞；15. 镂月开云；16. 九州清宴殿；17. 慎德堂；18. 茹古涵今；19. 长春仙馆；20. 十三所；21. 藻园；22. 山高水长；23. 坦坦荡荡；24. 西船坞；25. 万方安和；26. 杏花春馆；27. 上下天光；28. 慈云普护；29. 碧桐书院；30. 天然图画；31. 九孔桥；32. 澡身浴德；33. 延真院；34. 曲院风荷；35. 同乐园；36. 坐石临流；37. 淡泊宁静；38. 多稼轩；39. 天神坛；40. 武陵春色；41. 法源楼；42. 月地云居；43. 刘猛将军庙；44. 日天琳宇；45. 瑞应宫；46. 汇万总春之庙；47. 濂溪乐处；48. 柳浪闻莺；49. 水木明瑟；50. 文源阁；51. 舍卫城；52. 廓然大公；53. 西峰秀色；54. 多稼如云；55. 汇芳书院；56. 安佑宫；57. 西北门；58. 紫碧山房；59. 顺木天；60. 鱼跃鸢飞；61. 大北门；62. 课农轩；63. 若帆之阁；64. 清旷楼；65. 关帝庙；67. 蕊珠宫；68. 方壶胜境；69. 三潭印月；70. 大船坞；71. 安澜园；72. 平湖秋月；73. 君子轩；74. 藏密楼；75. 雷峰夕照；76. 明春门；77. 接秀山房；78. 观鱼跃；79. 别有洞天；80. 南屏晚钟 81. 广育宫；82. 夹镜鸣琴；83. 湖山在望；84. 蓬岛瑶台

圆明园共分为南部宫廷区、后湖区、福海区、小园林集锦区、北墙狭长地带五个区域。宫廷区与前湖、后湖形成一条明显的中轴线。宫廷区采用典型前朝后寝布局模式，园林南端设大宫门，入二门出入贤良门即见面阔七间的正大光明殿，也是《圆明园四十景》中的第一景（图 6-41）。正大光明殿是圆明园中最重要的宫殿，其地位相对于紫禁城的太和殿，是帝王举行朝会、科举考试、接见外国使节的场所。正大光明殿东侧为勤政殿景区，其后为前湖，隔湖与九州清晏殿互为对景。九州清晏殿共分为东、中、西三路，为后寝区是帝王及帝后生活的区域。

图 6-41　正大光明与圆明园大宫门景点平面图局部（样式雷图）

后湖区沿后湖湖岸人工堆叠九座小岛，以九州清晏为起点自西向东分别为：茹古涵今、坦坦荡荡、杏花春馆、上下天光、慈云普护、碧桐书院、天然图画、镂月开云，最后回到九州清晏。以上景点大都建成于康熙时期，此处景致清幽，九个小岛环形排列，互为借景。

福海区为圆明园东部呈正方形的人工开凿的大湖，湖中筑有三岛，典型的一池三山模拟仙山琼岛瑶台的布局模式。福海象征东海，一大二小的小岛象征三座仙山。以福海为中心环列十个洲岛，岛屿间以桥梁相联系。十个洲岛著名景点分别为：夹镜鸣琴、湖山在望、澡身浴德、延真院、廓然大公、平湖秋月、藏密楼与君子轩、雷峰夕照、观鱼跃、别有洞天。福海区东北角还有圆明园中最华丽的建筑群，方壶胜境，其名取东海三山中的方丈。由 9 座重檐楼阁与 3 座重檐亭子在平面上呈现“山”字形，造型独特，采用顶部黄、绿、蓝三色琉璃瓦，底部砌汉白玉栏杆和台基，仿若琼楼玉宇，甚为壮观（图 6-42）。

小园林集锦区位于后湖北侧及西北区域，由三条西东流向水系将这一地区的十多个景点串联起来。著名景点有：武陵春色、汇芳书院、日天琳宇、濂溪乐处、澹泊宁静、西峰秀色、鸿慈永祜等。

北墙狭长地带长约 1.6km，分布于两侧及中段，至东向西分别为：紫碧山房、鱼跃鸢飞、天宇空明三大建筑群。紫碧山房为全园的最高点，象征昆仑山，鱼跃鸢飞景区跨水建一座四

(a)平面图(样式雷图)　(b)全景　(c)复原平面图

图 6-42　方壶胜境

方形楼阁，其东侧的北远山村在河两岸筑村舍，以北侧稻田为背景，林木相依，一派田园风光。

2)长春园

长春园位于圆明园的东侧，全园分为南北两个景区。南侧占全园大部分面积，主体部分被水体划分为若干洲、岛、桥、堤。北侧为著名的由意大利人郎世宁、法国人蒋友仁、王致诚等人设计完成的欧式宫殿建筑区(图 6-43)。

园南侧大宫门而入即见澹怀堂，其西为倩园，其东为茹园。含经堂为全园的主体建筑，是乾隆为其退位后养老而专门修建的寝宫。海岳开襟与玉玲珑馆为两处位于湖中水岛上的景点，湖之北岸由东至西分布：狮子林、泽兰堂、宝相寺、法慧寺。其中狮子林是一座模仿苏州名园狮子林的同名园中园，院内引大湖水入院内为池，池上架桥，颇具江南园林情趣(图 6-44)。

长春园北部区域即为展现欧洲 18 世纪巴洛克与洛可可建筑风格样式的欧式建筑群，由欧洲传教士与中国工匠合作完成。平面图整体呈“T”字形，由西至东为：万花阵、养雀笼、谐奇趣、方外观、五竹亭、海晏堂、远瀛观、大水法、观水法、线法山、螺蛳牌楼、方河(图 6-45、图 6-46)。

3)万春园·绮春园

万春园是将众多私园合并的基础上扩建而成，为若干个小型园林的集锦，由蜿蜒的水系、岗阜、湖堤将之联系起来，形成一个松散却整体的园林。嘉庆年间扩建，建成“绮春园三十景”，道光、咸丰年间，绮春园成为太后、太妃的居所，慈禧太后也曾经居住过。同治年间试图重修圆明园，将绮春园更名为万春园，但修复工程由于经费限制并未实施。园内主要景点有：凝晖堂、清夏堂、涵秋馆、生冬室、四宜书屋、凤麟洲、含辉楼、澄心堂等 30 处景点(图 6-47)。

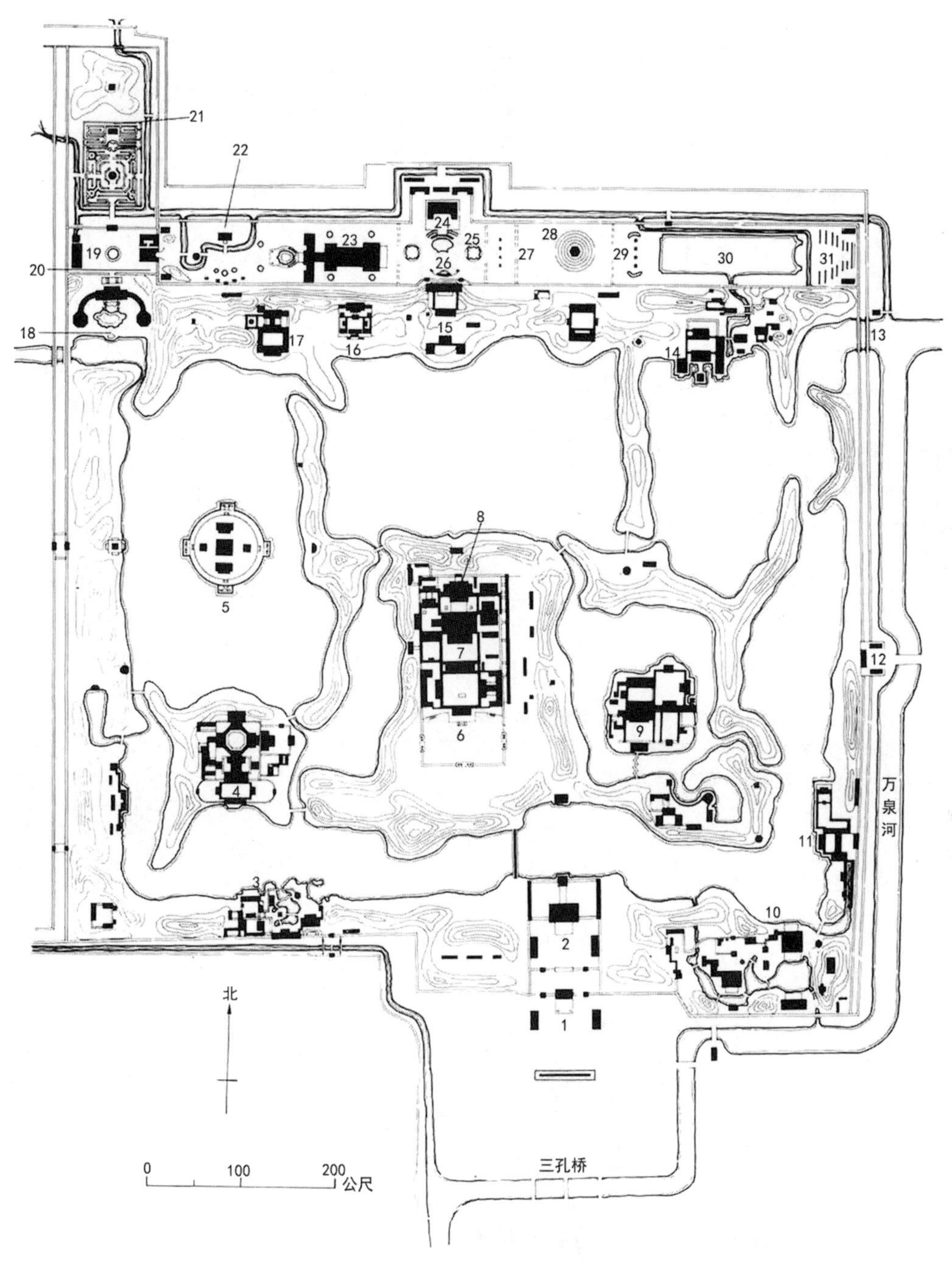

图 6-43 长春园平面图

1. 长春园大宫门; 2. 澹怀堂; 3. 倩园; 4. 思永; 5. 海岳开襟; 6. 含经堂; 7. 淳化阁; 8. 蕴真斋; 9. 玉玲珑馆; 10. 茹园; 11. 鉴园; 12. 大东门; 13. 七孔闸; 14. 狮子林; 15. 泽兰堂; 16. 宝相寺; 17. 法慧寺; 18. 谐奇趣; 19. 蓄水楼; 20. 养雀笼; 21. 万花阵; 22. 方外观; 23. 海宴堂; 24. 远瀛观; 25. 大水法; 26. 观水法; 27. 线法山正门; 28. 线法山; 29. 螺蛳牌楼; 30. 方河; 31. 线发墙

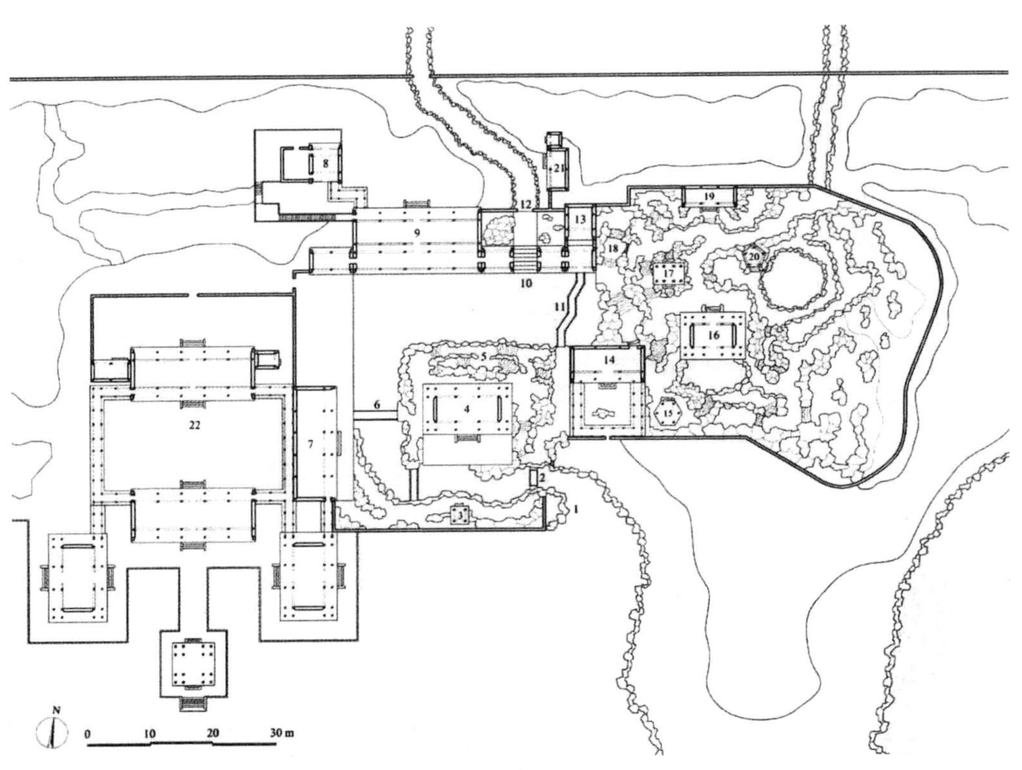

图 6-44　长春园狮子林平面图

1. 狮子林石匾; 2. 入口水关; 3. 占峰亭 4. 清淑斋; 5. 磴道; 6. 虹桥; 7. 横碧轩; 8. 探真书屋; 9. 清心阁; 10. 过河亭; 11. 藤架; 12. 水关; 13. 小香幢; 14. 纳景堂; 15. 缭青亭; 16. 延景楼; 17. 凝岚亭; 18. 假山; 19. 云林石室; 20. 吐秀亭; 21. 值房; 22. 丛芳榭

【扫码试听】

图 6-45　长春园西洋楼万花阵铜版画与样式雷平面图

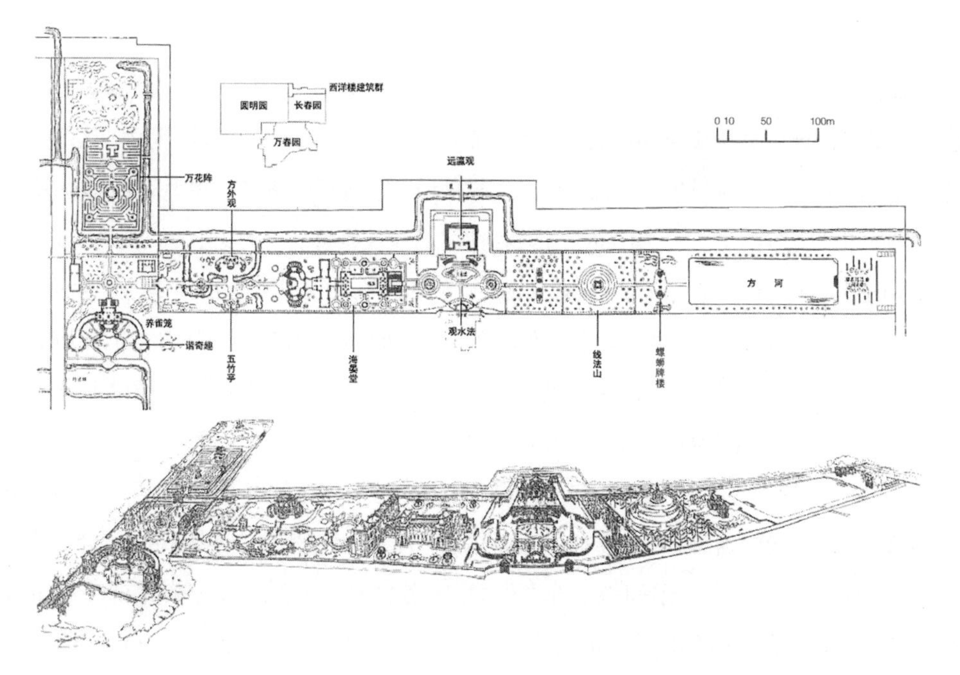

图 6-46　长春园西洋楼建筑群平面图及鸟瞰图

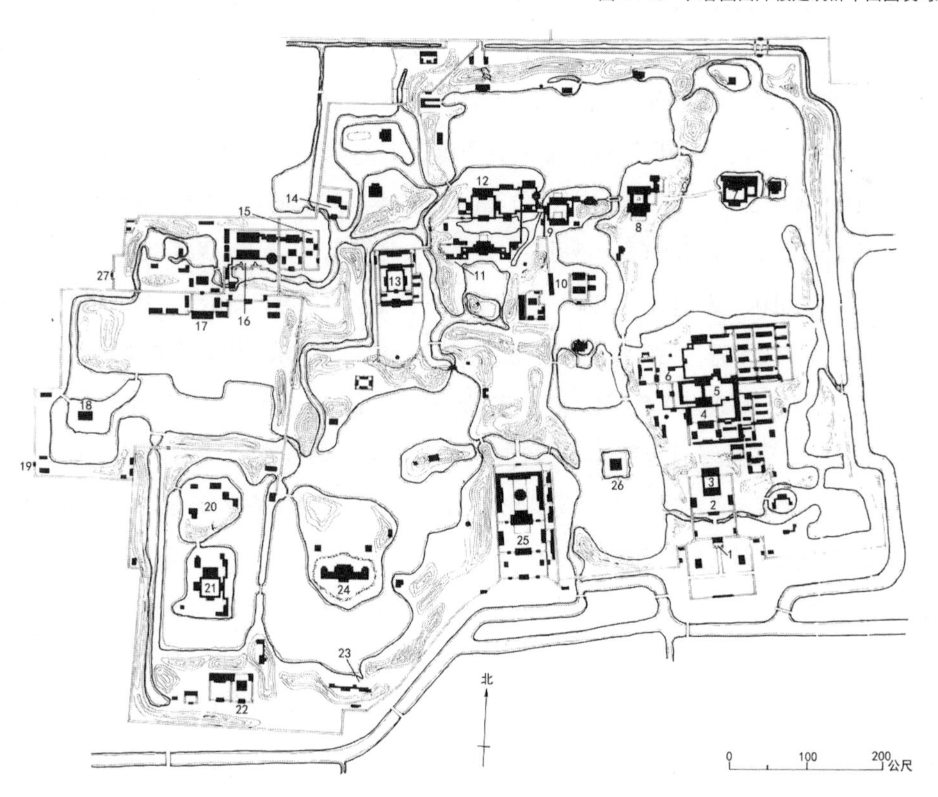

图 6-47　万春园平面图

1. 万春园大宫门; 2. 凝辉堂; 3. 中和堂; 4. 集禧堂; 5. 天地一家春; 6. 蔚藻堂; 7. 凤麟洲; 8. 涵秋馆; 9. 展诗应律; 10. 庄严法界; 11. 生冬室; 12. 春泽斋; 13. 四宜书屋; 14. 知乐轩; 15. 延寿寺; 16. 清夏堂; 17. 含晖楼; 18. 招凉榭; 19. 运料门; 20. 缘满轩; 21. 畅和堂; 22. 河神庙; 23. 点景房; 24. 澄心堂; 25. 正觉寺; 26. 鉴碧亭; 27. 西爽村门

3. 避暑山庄

承德避暑山庄，又名热河行宫，位于今河北省承德市北侧，北邻狮子沟，东接武烈河。避暑山庄占地 564hm²，始建于康熙年间，经历代帝王共同经营，最终成为我国现存规模最大的皇家园林。避暑山庄距京城 250 多千米，康熙选择在此建离宫御苑一是方便出于皇室自身游猎、避暑的需要，更为重要的是出于政治目的，即笼络蒙古各部族维持北境的稳定。也正是出于这一目的，在山庄东、北两侧山地上兴建了具有少数民族色彩的外八庙。避暑山庄始建于康熙四十三年（1703 年），以“宁拙舍巧”与“无刻桷丹楹之费，有林泉抱素之怀”为设计初衷开始历时 10 年的营建，前 5 年营建重点在整治水系与经营湖区周围景观，并达到最初设想。但此时爆发两江总督噶里贪污案，康熙就命噶里出资继续修建避暑山庄作为惩罚，故工程又延续 5 年。而这一阶段的营建的重点则是湖区正南的正宫及山岳区散布的景点。康熙五十年（1711 年）工程基本竣工，康熙帝御书匾额“避暑山庄”悬挂于正宫中宫之上，并从诸多景点中选取 36 景分别赋诗题名：烟波致爽、芝径云堤、无暑清凉、延薰山馆、水芳岩秀、万壑松风、松鹤清樾、云山胜地、四面云山、北枕双峰、西岭晨霞、锤峰落照、南山积雪、梨花伴月、曲水荷香、风泉清听、濠濮间想、天宇咸畅、暖流暄波、泉源石壁、青枫绿屿、莺啭乔木、香远益清、金莲映日、远近泉声、云帆月舫、芳渚临流、云容水态、澄泉绕石、澄波叠翠、石矶观鱼、镜水云岑、双湖夹镜、长虹饮练、甫田丛越、水流云在。乾隆六年（1741 年）至乾隆五十五年（1790 年）历时 50 年的扩建工程，营建的重点一是新建宫廷区，将宫和苑分开；二是在苑林区增设新的景点。乾隆以三字命名再题“乾隆三十六景”：丽正门、勤政殿、松鹤斋、如意湖、青雀舫、绮望楼、驯鹿坡、水心榭、颐志堂、畅远台、静好堂、冷香亭、采菱渡、观莲所、清晖亭、般若相、沧浪屿、一片云、萍香泮、万树园、试马埭、嘉树轩、乐成阁、宿去檐、澄观斋、翠云岩、罨画窗、凌太虚、千尺雪、宁静斋、玉琴轩、临芳墅、知鱼矶、涌翠岩、素尚斋、永恬居。其中 26 个景点为“康熙三十六景”易名，10 景为新增景点，但事实乾隆时期的增建景点远不止这 10 座。如山岳区的：创得斋、山近轩、碧静堂、玉岑精舍、秀起堂、静含太古山房、食蔗斋；湖泊区的：戒得堂、烟雨楼、文津阁、文园狮子林等，出于“总弗出皇祖旧定”考虑都未包含于 36 景之中。至此避暑山庄成为大清帝国北巡时的重要政治中心。

随着清帝国由盛转衰，嘉庆二十五年（1820 年）嘉庆皇帝于避暑山庄去世后，清帝王停止了北巡活动，避暑山庄也开始逐渐萧条。咸丰十年（1860 年）咸丰帝避难承德避暑山庄，随着咸丰帝的去世避暑山庄不再使用。其后，山庄又屡遭抢掠，使得山庄进一步破败。中华人民共和国成立后，外八庙中部分寺庙被列为全国重点文物保护单位，并逐步展开避暑山庄的保护、修复、重建工作。避暑山庄整体分为：宫廷区、湖泊区、平原区、山岳区四个区域。其中宫廷区建筑面积最大，湖泊区则景观荟萃全园精华所在，平原区最为空旷开阔，山岳区则面积最大仅呈现自然山林之色，各景点仅以点景方式出现（图 6-48）。

图 6-48　承德避暑山庄平面图

1. 丽正门; 2. 正宫; 3. 东宫; 4. 如意洲; 5. 金山亭; 6. 文园狮子林; 7. 殊源寺; 8. 文津阁; 9. 蒙古包; 10. 永佑寺; 11. 北枕双峰; 12. 南山积雪; 13. 碧静堂; 14. 秀起堂; 15. 锤峰落照; 16. 四面云山

(1) 宫廷区

避暑山庄按照“前宫后苑”的布局模式，宫廷区位于山庄南侧，其后即为广大的苑林区。宫廷区主要由三组平行分布的院落建筑群组成，即正宫、松鹤斋、东宫。正宫位于丽正门之后，为一个九进院落。院落采用前朝后寝布局，前五进院落为前朝，后四进院落为内廷。过丽正门即见午门，午门额曰“避暑山庄”，过午门经宫门即为正殿澹泊敬诚殿，由于此殿全部由楠木建成，故又称楠木殿（图 6-49）。松鹤斋紧邻正宫，二者平行分布，整体格局与正宫近似却略小。松鹤斋为一个八进院落，为皇后和嫔妃居住之所，最后一进院落康熙皇帝曾在此读书，名万壑松风。东宫位于正宫的东侧，为一个六进院落。主要是供帝后看戏娱乐及辅助理政的场所，内设有著名的大戏台“清音阁”。

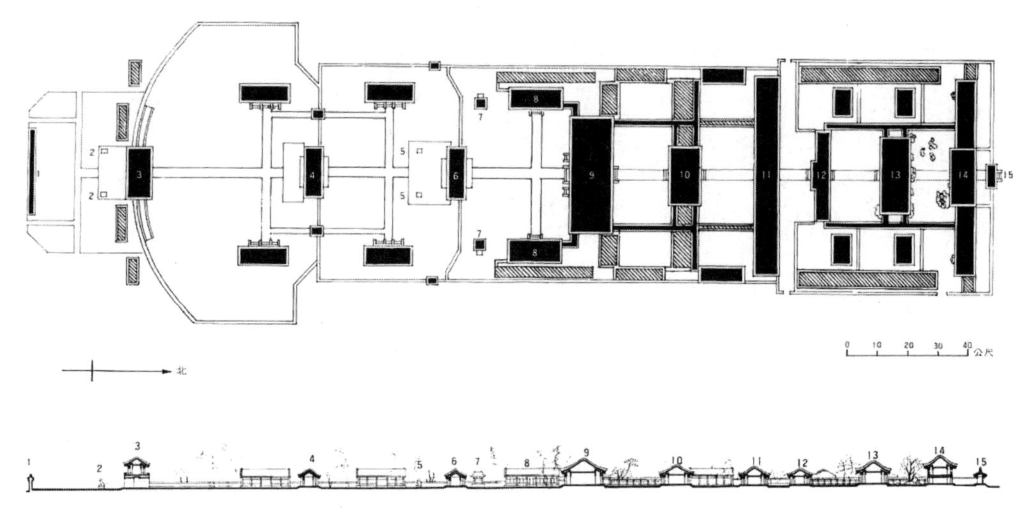

图 6-49　宫殿区正宫平面及剖面图

1. 照壁；2. 石狮；3. 丽正门；4. 午门；5. 铜狮；6. 宫门；7. 乐亭；8. 配殿；9. 澹泊敬诚殿；10. 依清旷殿；11. 十九间殿；12. 门殿；13. 烟波致爽殿；14. 云山胜地楼；15. 岫云门

（2）湖泊区

湖泊区位于宫廷区之北，面积约为 43hm²，是由人工开凿的湖泊、岛堤以及沿岸的景点共同组成，是全园的精华所在。整个湖泊区被洲、桥、岛、堤划分为 8 个水域及 8 个岛屿。8 个水域分别为：如意湖、澄湖、镜湖、上湖、下湖、长湖、银湖、半月湖，其中如意湖与澄湖面积最大。

1）如意洲

如意洲为全园最大的岛屿，面积约为 0.4hm²，通过长堤“芝径云堤”与南岸相连，形如灵芝故名如意洲。在正宫未建成前，如意洲为康熙居住及办公的场所。如意洲四面临水，建筑形式丰富，融合朝会、赐宴、理政、居住、娱乐、游赏等多种功能与一体。康熙三十六景中的：无暑清凉、延薰山馆、水芳岩秀、西岭晨霞、金莲映日、云帆月舫、澄波叠翠均位于岛上。主体建筑为面阔七间歇山顶建筑延薰山馆，其前为无暑清凉，其后为乐寿堂，三者沿南北轴线布置展开（图 6-50）。延薰山馆左右各有一配院，东院一片云为帝后听戏之处，西院为川岩明秀视野开阔是观景佳处。东院再以东则为法林寺，其主体建筑为般若相。

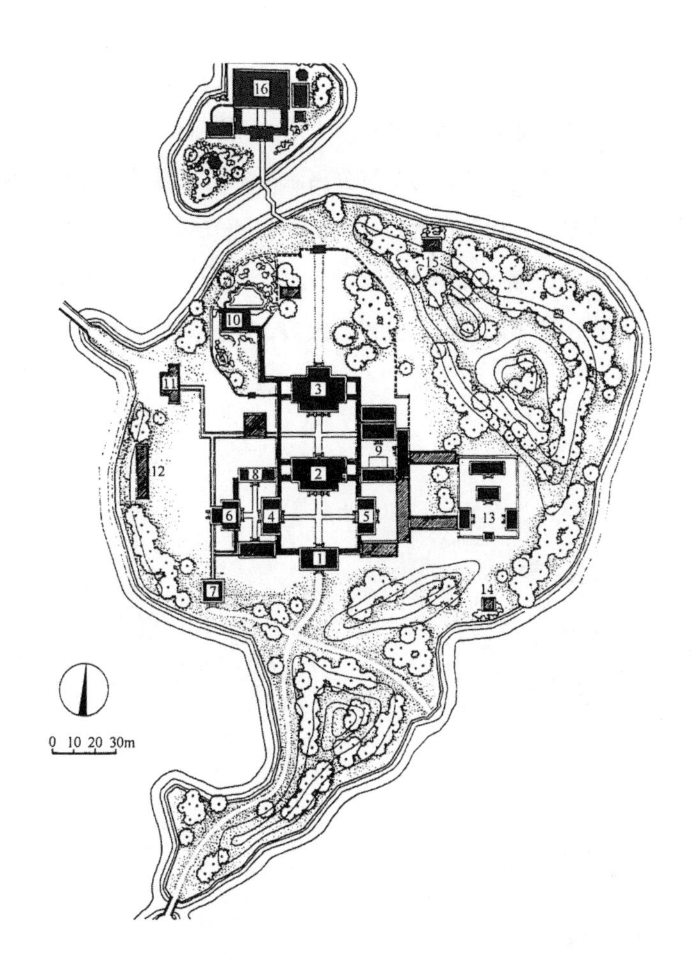

图 6-50　如意洲平面图

1. 无暑清凉；2. 延薰山馆；3. 乐寿堂；4. 西配殿；5. 东配殿；6. 金莲映日；7. 观莲所；8. 川岩明秀；9. 一片云；10. 沧浪屿；11. 西岭晨霞；12. 云帆月舫；13. 般若相；14. 清晖亭；15. 澄波叠翠；16. 烟雨楼

2）烟雨楼

烟雨楼位于如意洲的西侧小岛之上，岛名青莲岛。岛上仿浙江嘉兴烟雨楼建二层五开间建筑烟雨楼。青莲岛同如意岛一样，四面临水仅一小桥与如意洲相连，与周围湖岸景观隔水相望，每当山雨湖烟之际，颇有嘉兴水天一色、烟雨朦胧之美（图 6-51）。

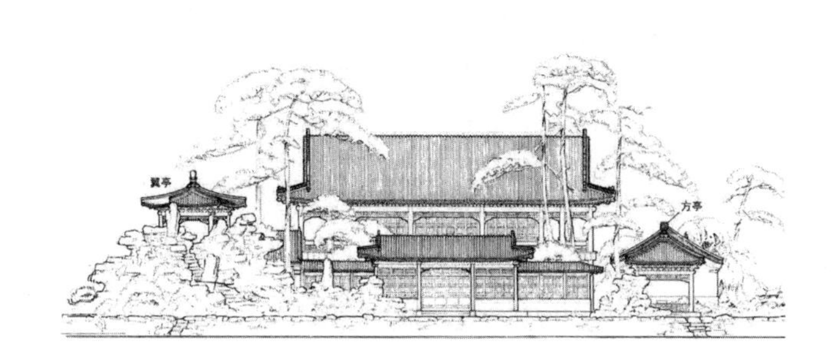

图 6-51　烟雨楼平立面图

1. 宫门；2. 烟雨楼；3. 对山斋；4. 翼亭；5. 青阳书屋；6. 四方亭；7. 八方亭

3) 金山

金山位于如意洲东侧，澄湖与上湖的交界处，因环境地貌与镇江金山相似而得名。岛之东岸开凿一条小溪使之与东岸分离，岛上用大量的黄石堆叠假山，特别是岛之东侧巨石参差、山石壁立、体量不大却有深山峡谷的气势。金山岛整体面积不大，建筑也不多，但由于布置合宜，隔岸而看却有高地错落、层次分明。岛内上帝阁、天宇咸畅、镜水云岑三座建筑以彼此不同造型、高度、尺度、相互对比又相互补充，形成极为生动的组合形式（图 6-52）。

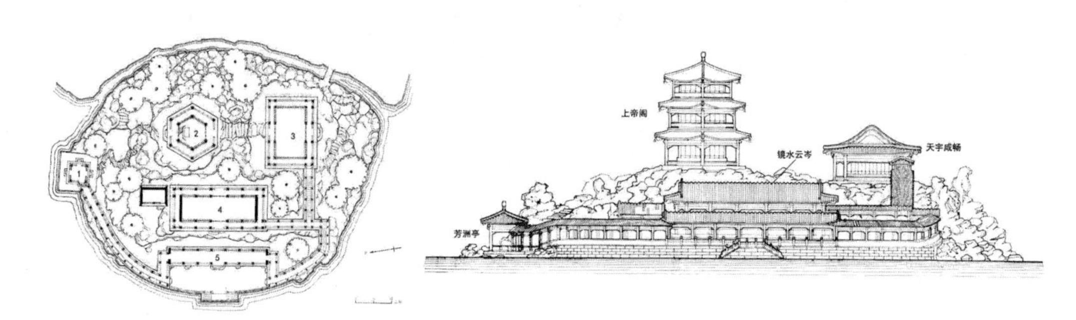

图 6-52　金山平立面图

1. 芳洲亭; 2. 上帝阁; 3. 天宇咸畅; 4. 镜水云岑; 5. 门廊

4) 文津阁

长湖北端有一组院落，名为文津阁。院内假山泉石、林木扶苏、小亭点缀，以粉墙围合。主体建筑文津阁面阔六间，由外看为两层，其实内里为三层，是仿宁波天一阁而建的七大皇室藏书楼之一。文津阁内藏有全套的《四库全书》。阁南有一方亭，名为曲水荷香，亭内开凿水渠呈现三月三禊赏日曲水流觞的意境。

5) 文园狮子林

文园狮子林位于避暑山庄的东南角，位于银湖与镜湖之间，是避暑山庄中极为经典的园中之园。乾隆当年是按倪云林的《狮子林图》的画意而营建的园林。当年造园时以开凿两湖的土方在园的东侧与北侧堆叠土山，从而形成全园东北高西南低的整体格局。文园狮子林其实是由两个园林共同构成，东侧为狮子林，依地势堆叠成洞壑，是一个典型的山石园。西侧为文园，地势略低，整体向西，即银湖开敞，具有较好观景视野，园林花木繁茂、凿池引水，是一个水景园（图 6-53）。文园狮子林为呈现中国传统山水画的意境，在真山之中堆叠假山，真湖侧开小池，尽显人工技巧。由于西侧为避暑山庄主要景观的集中之处，故文园狮子林东高西低，一方面使得园内建筑、石峰、花木之间产生高低错落的层次感，另一方面又十分利于借景山庄中的真山真水与之形成强烈对比。

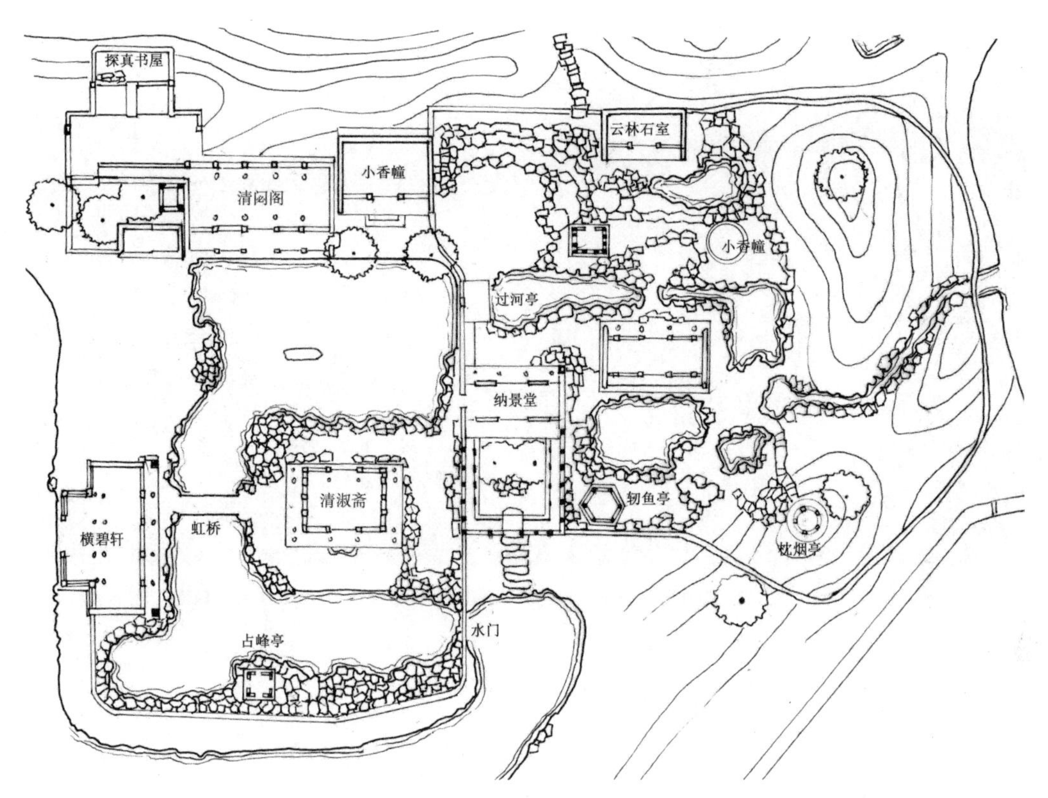

图 6-53　文园狮子林平面图

(3) 平原区

平原区南临澄湖，西北倚山，东界山庄的宫墙，平面呈三角形。此处原为当地原始居民的牧场，区域内建筑很少基本保持芳草覆顶、古树参天的自然原始生态。平原区与湖泊区相接为一个整体，山景、水景、平原开阔的绿地，三者形成强烈的景观对比。在两区的交接处即如意洲北岸，设置四个形式各异的亭子：莆田丛樾、濠濮间想、莺啭乔木、水流云在，很自然地成为景点密集的湖泊区与原始开阔平原区之间的过渡。康熙年间，在平原区东南开辟农田，帝王亲自参与耕作以示对农业的关注。乾隆年间，农田已废弃不用，平原区的万树园转化成为山庄内的重要政治活动中心。平原区北侧建有永佑寺，院内仿南京的大报恩寺塔修建一座九层舍利塔，屋檐为黄绿两色琉璃瓦，在蓝天的映衬下更显挺拔灵秀。

1) 万树园

万树园虽名为园，但并没有明确的界限。园内有众多树龄过百的参天巨树、草木繁盛，曾有不少雌兔、鹿、鸟等小动物栖息其间。乾隆年间，在此处设 28 座蒙古包，其中最大的一座为帝王起坐之处，名为御幄蒙古包。乾隆在此大摆筵席接见前来觐见的蒙古、西藏王公贵族。乾隆五十八年（1793 年）乾隆在万树园接见了前来觐见的英国特使马戈尔尼（图 6-54）。

图 6-54 （清）郎世宁、王致诚、艾启蒙等《万树园赐宴图》绢本设色 尺幅为 419.6cm×221.2cm 现藏于北京故宫博物院

（4）山岳区

山岳区占全园面积的三分之二，几座主要的山峰高出地面大都在 50 ～ 100m 之间，最高的为 150m。山虽不高却山形饱满具有雄厚的气势，得以形成较为优美的山体轮廓线。山岳区整体设计思路还是保持原有的自然风貌，在原有大量松树林的基础上又补种了大量具有观赏价值的树种，如榛子峪、梨树峪、梨花伴月等景点就是由此得名。为展现原始自然风貌山岳区建筑布局也是疏朗点缀为指导方针使建筑隐于山间。整个景区显露的景点仅为位于四个山峰的景亭分别为：南山积雪、北枕双峰、四面云山、锤峰落照。其中南山积雪与北枕双峰位置选择极为讲究，刚好与湖泊区的金山上的上帝阁互为对景、遥相呼应，将两个景区从观赏视野角度有机地联系起来。此外还有四条天然沟峪：松云峪、榛子峪、梨树峪、松林峪，以及沿山布置的众多佛寺道观、景观建筑，结合山形层叠错落，十分精彩。

承德避暑山庄景观规划布局充分利用原有自然环境，并能够因地制宜展开设计呈现出不同景致。宫廷区凸显帝王气势、湖泊区具有浓郁的江南情调、平原区则是典型具有少数民族特色的塞外风情、山岳区则是尽显北方名山雄浑气势。犹如万里长城一样蜿蜒于山路间的宫墙，以及园外融合藏、蒙、维、汉多种风格的宗教建筑群外八庙围绕山庄，这与清帝王江山永固和以建立满族为中心多民族大帝国的政治策略不谋而合。这种外八庙环绕山庄的设计则折射出大清帝国——天朝象征这一寓意。避暑山庄已经不仅仅是一座离宫御苑，它更是清帝王在塞外建立的政治中心。

4. 其他宫苑

除了上面介绍的大内御苑、三山五园以及避暑山庄外，清王朝在北巡沿途也建立一系列规模不大的行宫。这些行宫多为途间休息、物质补给的需要而设立，因此都较为简单。

（1）南苑

南苑位于北京城南郊广阔的平原地带，是一座具有皇家猎场性质的特殊行宫。南苑元代称为飞放泊，明清两代均对其进行多次扩建。南苑地势比较低洼、河沼遍布、水草繁茂、古树参天，自然生态环境极好，生活着众多的獐、鹿、雉、兔、羊等动物。历代帝王经常来此行猎，举行阅兵演武等活动。乾隆年间对其进行大规模扩建，其一就是外围修筑砖墙，其二是兴建一座精致的园林团河行宫。随着清帝国的衰弱，南苑的围猎及阅武活动在光绪年间废止，南苑逐渐荒废。

6.2.3 皇家园林总结

1. 书写天下的布局手法

清代皇家园林特别在乾、嘉两朝，皇家园林的规模与造园手法都达到封建社会的高峰，尽显皇家气派。皇家园林与私家园林最大的区别在于，它不必像私家园林一样“一勺代水，一拳代山”，而是可以利用政治及经济上的特权直接在天然山水之上营建园林。清朝鼎盛时期的统治者，他们往往既具有较高的汉族文化素养，同时又保有满族人驰骋山林之间的习惯，故而清朝的皇家园林并不像明朝大都局限在皇城之内。其皇家园林布局方式大致分为四种：一、紫禁城内的大内御苑，如建福宫花园、宁寿宫花园、御花园、慈宁宫花园等，它们大都面积不大、建筑密度较高，并为协调紫禁城规整对称布局，而采用方正端正布局，仅在局部加以突破与变化。二、人工堆叠而成的山景园林如：景山，它位于紫禁城的中轴线上作为紫禁城的后山园林造景以土山为主景，整体布局较为开阔疏朗，仅点缀数个小景点也均采用对称布局以突出轴线。三、平地造园的大型山水园林如：圆明园、南苑、畅春园等，它们往往采用“集锦式”布局方式化整为零，将整个园区分为若干个大小不一、相对独立的景区。同时，园内又有意布局一到两个较大的景区，各小景点围绕大景区展开，或借景或对景使之有机地联系为一个整体化零为整。四、大型天然山水园林，如避暑山庄、静宜园、静明园、颐和园、盘山行宫等，它们充分利用原有地形优越的自然条件，将人工造园景观与天然景观有机结合起来，或协调或对比强烈，达到中国古典园林造园最高的艺术水平。如在承德避暑山庄就充分利用原有山岳区山体气势浑厚饱满，极富北国山林野趣特点，建筑景观节点往往藏于山林之间与之协调；在颐和园中由于万寿山原始山形呆板、高度也不高，在万寿山前山区域以浓墨重彩的方式集中密集地布置建筑群，使之与山体间形成强烈的对比，既掩饰了山形的先天缺陷也造就了颐和园的景观高潮。

2. 皇家的“大式”与园林“小式”建筑造景

皇家园林建筑区别私家园林建筑最主要的一条就是凸显皇家气派。一方面，在这一设计原则的指导下，在园林中有意识地突出建筑的形式美，宫廷区建筑群的平面布局及空间组合一般均采用规整的几何构图，个体建筑也普遍采用“大式”的做法以凸显皇家肃穆的气氛。另一方面，清代皇家园林建筑样式吸收南方园林经验也趋于多样化，强调建筑个体、群体的组合还应适应造景需要，务必与园林山水风景相协调并富有亲和力。因此，在除宫廷区以外的地方，建筑布局相对就配合自然山水随意布局，采用显、隐、疏、密等多种布局方式，建筑为符合园林建筑审美需求而采用“小式”的做法。

【扫码试听】

3. 复杂多样的园林寓意

到清代帝王权力的集中达到中国封建社会前所未有的高度。皇家园林的营建也就不仅仅是一座单纯的园林兴建，而是帝王“家国天下”思想的直接载体，因此园林中的寓意也就复杂很多。如园林宫廷区、坛庙、陵寝，乃至紫禁城的规划布局无不以其象征手法来凸显皇权的至高无上、天人合一、君临天下等思想。清代帝王作为少数民族对此尤为重视，皇家园林成为宫廷文化最为重要的载体。经数千年的发展，园林文化也成为一个高度成熟的文化体系，具有深厚的儒释道哲学底蕴，与诗文书画等艺术门类发生紧密联系，从而造就博大精深的中国园林所特有的意境美学[①]。其中较为典型的园林寓意有：反映儒家治世思想的治国安邦主题、反映昆仑仙境天人合一的主题一池三山与仙山琼阁主题、反映隐逸文化及农耕思想田园农舍主题、反映宗教内涵的梵天乐土主题、反映民间风俗文化的男耕女织、银河天汉主题等。

4. 南北造园技艺与园林审美意趣的交融

私家园林造园技术及园林审美意识，渗透影响皇家园林建设前代就初见端倪。但清代皇家园林中对江南私家园林造园技巧、审美意识形态的引入达到一种前所未有的深度与广度。甚至发展到后期这种南北造园技艺及审美意趣的交流已经不再是单向输出或输入，而是双向的。宫廷园林中得到大量民间养分的滋润，开拓了园林造园的创作范畴，而江南文人园林也积极吸收宫廷园林的规整、精致于园林之中。

5. 花木繁茂

植物造景一直以来就是园林营建中不可或缺的要素。清代皇家园林中就有大量以植物为主的景观，在借鉴江南园林造园技法的同时，有意结合北方的气候条件，人工引种驯化南方许多花木。相较于私家园林，皇家园林的体量往往很大。因此，在植物配置上往往采用高大的树木与灌木相结合，结合山体群植成林使之连绵一片。松、槐、银杏等树姿优美的树，采用孤植的方式加以凸显。而对观赏价值较高的花卉，则设有专门的花圃，采用盆栽的方式便于移动及观赏。特别值得指出的是，在园中园小院落中往往将植物与湖石假山搭配成景，形成一幅极具中国意境美学的国画小品。

---

① 贾珺．中国皇家园林．北京：清华大学出版社．2013：305.

6.3 私家园林

清代私家园林已经步入后成熟期，就全国范围而言也因地域的不同，形成了江南、北方、岭南三大园林风格鼎立的局面。全国其他地方的园林也大多受到它们的影响，园林地域风格化问题不仅仅出现在私家园林，但却不像私家园林这样有明确、深刻的影响与区别。江南园林、岭南园林、北方园林三大地域风格的差异主要体现在：园林用材、造园技法、园林形象以及园林总体规划之中。

【扫码试听】

6.3.1 江南园林

江南自宋代以来就是园林营建的集中之地，名园荟萃。私家园林营建继承超越前代的势头，建园数量之多、质量之上成均为全国之冠。甚至在清代中叶出现了“杭州以湖山胜，苏州以市肆胜，扬州以园亭胜，三者鼎峙，不分轩轾”的说法，由此可见江南园林之胜。江南园林主要集中在扬州与苏州两地，概括而言乾隆、嘉庆两朝是以扬州为中心，后期随着盐商没落，同治、道光年间又逐渐转回到苏州。两地园林均可视为江南园林的代表，除苏、扬两地之外杭、嘉、湖等地区自宋代以来也是造园艺术的繁荣地区，安徽南部由于皖商经商致富也有聘请苏扬一带造园工匠为其在家乡造园。

1. 扬州园林

扬州园林在明末清初就已经十分兴盛了，乾隆的南巡更将扬州园林发展推向鼎盛的局面，更有“扬州园林甲天下”的美誉。扬州属于亚热带温润气候区，因此特别适合花木生长，花木品类非常丰富，加之盐商斗富形成的极尽精巧的园林叠石、园林建筑装饰等，使扬州园林区别于苏州的文人园林，具有普遍的市民气息，形成融合南北造园技艺的独特风格。《扬州画舫录》中就云：“扬州以名园胜，名园以叠石胜”，由此可见扬州叠石艺术的精湛程度。扬州叠石匠人在吸取前代匠人造园经验的同时，在实践过程中逐渐形成自身风格，并在嘉庆年间，孕育出江南最后一位叠山巨匠戈裕良。下文就结合文献资料对具代表的名园展开分析（图 6-55）。

（1）扬州小盘谷

小盘谷位于江苏省扬州市丁家湾大树巷内，始建于清乾隆年间。光绪三十年（1904 年）时任两广总督周馥购得徐氏旧园，并以此为基础修建小盘谷。“盘谷”本意本指一种自然现象，后人望文生义将之理解为盘旋屈曲的山间谷地。而至唐代大诗人韩愈的《送李愿归盘谷序》之后，“盘谷”一词又在自然概念词汇之上附加了社会文化内涵。“盘谷”在中国文人士大夫的精神领域占有重要位置——它成为隐居生活的一种符号。“盘谷”一词在中国传统文化精英分子眼中，成为远离世俗羁绊，寄寓山水，从而获得身心自由的生活理想的精神载体，是清高、独善其身、野隐文化的一种典型符号象征。小盘谷以叠石假山闻名，园内假山为清代叠山巨匠戈裕良所叠，假山峰危路险，体量不大却给人溪谷幽深之感，游人需盘旋而上，故名小盘谷。由此我们可知大官僚周馥给园取名“小盘谷”的深意了，它既符合了“盘谷”的自然现象语义，也暗合了原主人的精神世界。

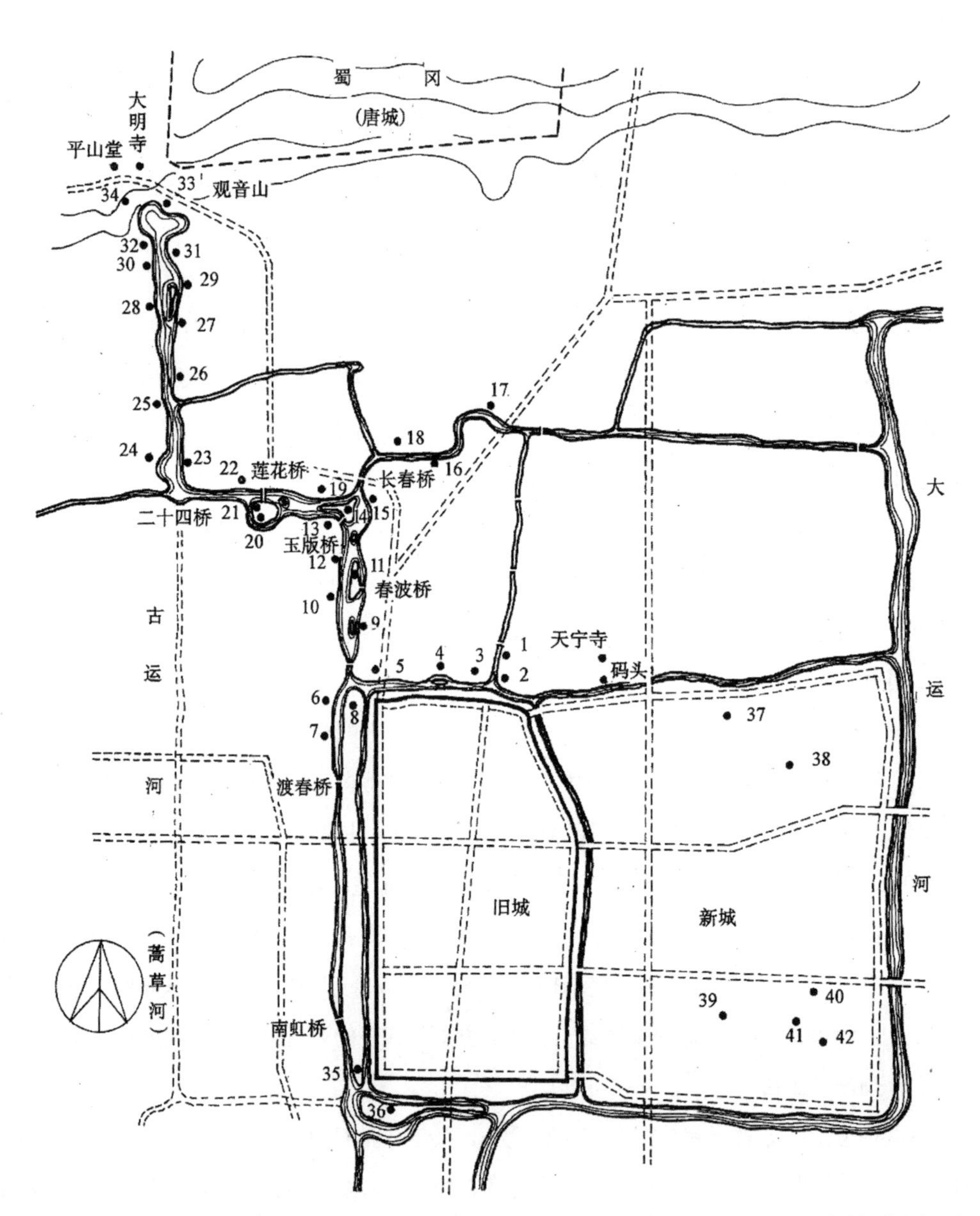

图 6-55　扬州园林分布示意图

1. 毕园; 2. 冶春园; 3. 城闉清梵; 4. 卷石洞天; 5. 西园曲水; 6. 虹桥修禊; 7. 柳湖春泛; 8. 倚虹园; 9. 荷蒲熏风; 10. 长堤春柳; 11. 香海慈云; 12. 桃花坞; 13. 徐园; 14. 梅岭春深; 15. 四桥烟雨; 16. 平冈艳雪; 17. 邗上农桑; 18. 杏花村舍; 19. 云水胜概; 20. 莲性寺; 21. 东园; 22. 白塔晴云; 23. 望春楼; 24. 熙春台; 25. 篆园花瑞; 26. 花堂竹屿; 27. 石壁流淙; 28. 高咏楼; 29. 曲碧山房; 30. 蜀冈朝旭; 31. 水竹居; 32. 春流画舫; 33. 锦流画舫; 34. 万松叠翠; 35. 影园; 36. 九峰园; 37. 个园; 38. 汪氏小苑; 39. 棣园; 40. 小盘谷; 41. 何园; 42. 片石山房

小盘谷是典型的城市山水园林，园林面积仅 2633m²，但却是中国古典园林“以少胜多”、“小中见大”的杰出代表（图 6-56）。小盘谷园林紧邻住宅的东侧，由西园和东园两个部分组成，东西二园由走廊和花墙分割，西园为全园的精华所在。至花厅东侧月洞门而入即可见清代书画家陈鸿寿所书“小盘谷”三字石额，进园门即入西园。入园可见花厅南侧以湖石花木点缀而成的小庭院，绕过花厅视野豁然开朗，景观为之一变，游人观赏视野突然由花石庭院的狭小转换为山水湖石庭院的开阔，开合之间园林达到了“小中见大”这一造园效果。西园北侧山水湖石庭院以水景为中心，景观建筑围绕池面展开。园内水面面积虽不大，却用三折石桥将其划分为两个水面并在北侧作出水尾的感觉，既增加了水面的层次感，又给人水似有源之感。池之东侧为水榭，三面临水，既为游人赏景观鱼的佳处，又与对面的风亭形成对景。沿水榭北行过曲桥即可见一个巨大的山洞，洞内设棋桌颇为雅致。山洞出口临水设“踏步”石，东墙悬崖滨水上嵌“水流云在”的匾额，点出此处寓意。水榭对面池之西岸是著名的“九狮图山”，九狮图山全部由太湖石堆叠而成，为江南叠石假山的上品。九狮图山高出水面最高处为 9m，通体行云书卷、层峦叠嶂、蜿蜒曲折，山下悬崖幽壑、流水淙淙。其并不是一味追求狮之形，而是从意境与气势上加以体现追求“神似”，其形犹如群狮探鱼而得名。山顶建六角风亭为全园的最高点，登亭可俯瞰全园风景（图 6-57）。

小盘谷面积不大，建筑、湖石假山也不多，但却特别重视障隔通透的空间处理，可以集中紧凑、主次分明处理好建筑、假山、水体三者之间的关系。较好地用于空间开合的对比关系，实现小中见大、以少胜多的造园目的。

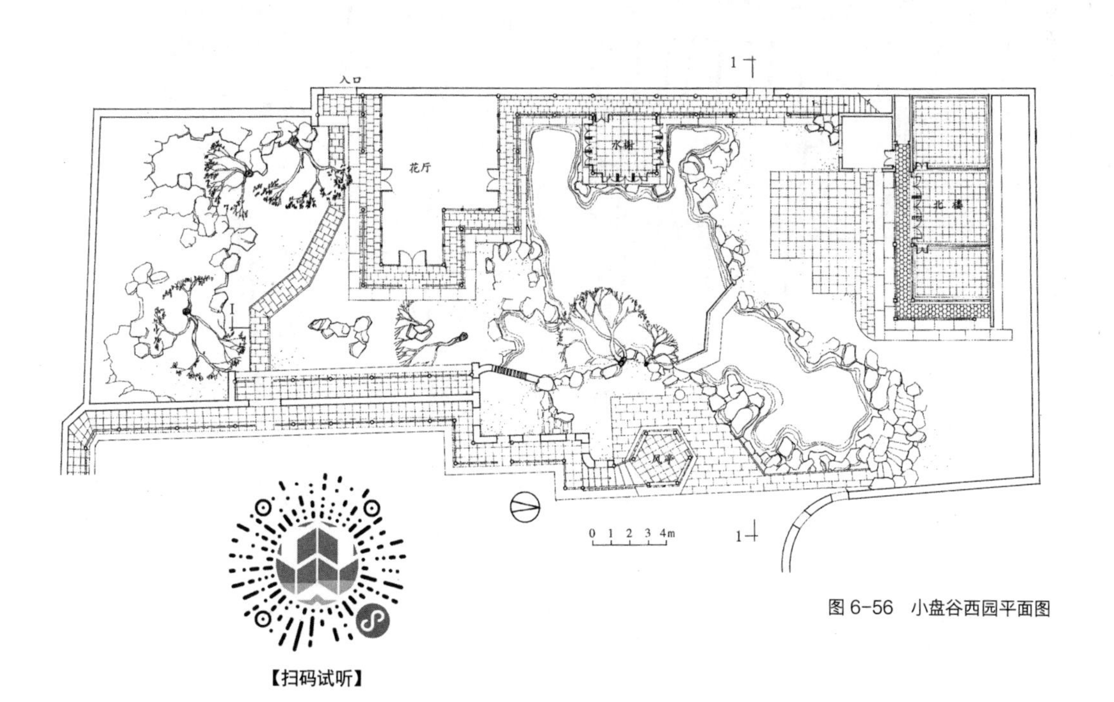

图 6-56　小盘谷西园平面图

图 6-57　小盘谷池立面图 1-1

(2)扬州何园·寄啸山庄与片石山房

何园本名为寄啸山庄，于清光绪九年（1883 年）由大官僚何芷舠购得片石山房旧址上所建。“寄啸”取名自陶渊明“倚南窗以寄傲”、“登东皋以舒啸”之意，世人以“何园”称之。何园包括清末何芷舠的宅园寄啸山庄与附属宅园片石山房两园构成，为扬州现存最早的园林遗址。片石山房历史更为久远，为清乾隆年间吴家龙所建，当时就是扬州名园之一（图 6-58）。

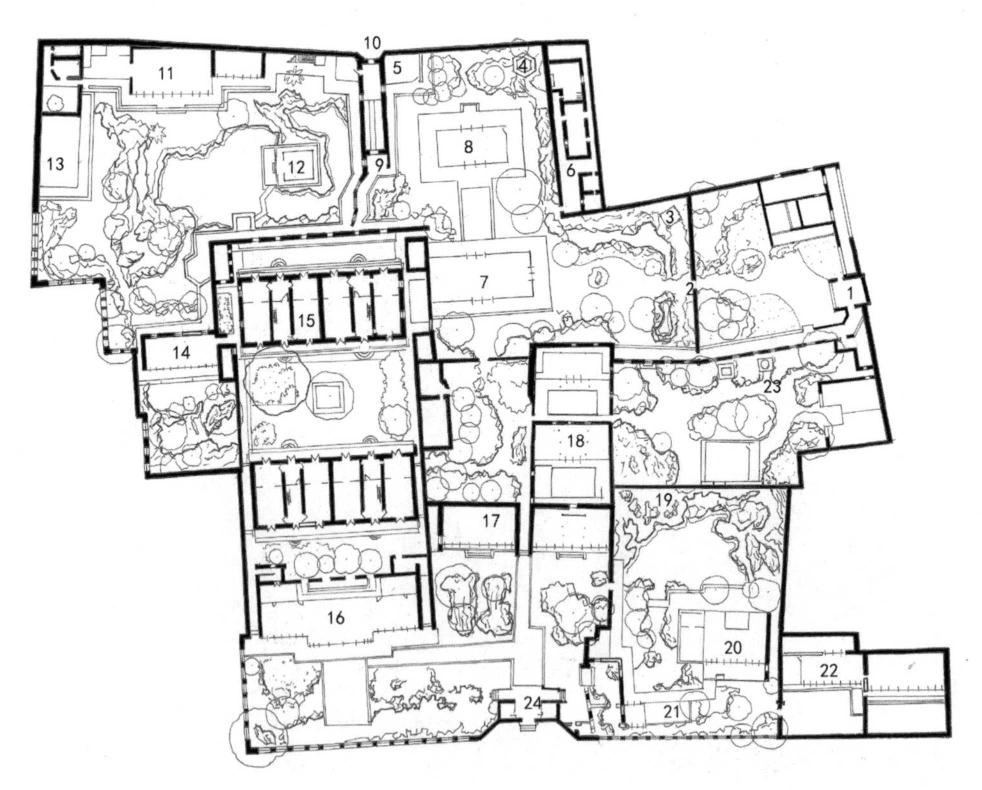

图 6-58　何园平面图

1. 东门；2. 寄啸山庄题额月洞门；3. 接风亭；4. 迎月亭；5. 读书楼；6. 办公用房（原水牢）；7. 牡丹厅；8. 桴海轩；9. 复道回廊分径处；10. 北门；11. 汇盛楼；12. 水心亭；13. 桂花厅；14. 怡萱楼；15. 玉绣楼；16. 与归堂；17. 跑马楼；18. 管家住宅；19. 片石山房；20. 明楠木厅；21. 琴棋书画厅；22. 祠堂；23. 古井；24. 南门（原大门）

1) 寄啸山庄

寄啸山庄被誉为“晚清第一名园”，园林反映当时时代特色，具有明显的中西合璧的建筑样式，是异于传统文人园林的城市宅园（图 6-59）。寄啸山庄东部为二厅房，前厅为牡丹厅，因其山花雕砖为牡丹纹饰而得名。后厅静香轩又名船厅，船厅虽名船厅四周却无水，而是以鹅卵石、瓦片铺装成水波纹的样式，而船厅四周皆为明窗，人在其间会有房间在摇晃，如在船舫之中之感，也由此得名。寄啸山庄西部以水池为中心，池旁湖石假山，亭、榭、轩堂环绕，池西有桂花厅，池南有赏月楼，自成一独立院落（图 6-60）。园之北侧，有一中间三开间，东西两侧各两开间的正厅，因其形如蝴蝶故名蝴蝶厅。蝴蝶厅为全园的主楼，也是赏景的佳处。西园池中设亭名水心亭，亭平面为正方形，此亭位于西园景观中心，可倚栏观水、喂鱼，也可凭栏四顾，环视楼阁、假山美景。水心亭以亭象征东海三仙山之一，称为小方壶。同时由于此亭居于池中，由于当时没有音响设备，当戏曲演员于亭中唱戏，水面回音形成自然的舞台音响效果。而水池四周的二层围廊又可以成为极佳的观赏位置，功能是符合当时扬州盛行的诗文曲会的需要。寄啸山庄未采用江南园中常见的以厅堂对假山的布局模式，而是以水心亭正对园中假山，主厅堂蝴蝶厅反而成为侧视，假山与主厅堂两者之间互为制衡，两者体量上互为压制，反而使湖心亭成为园中主景。寄啸山庄的另一特色是有 400 多米的复廊迂回环绕，连通全园，使园林观赏出现双层视野，可平视、可俯瞰，给人以步移景异之感。

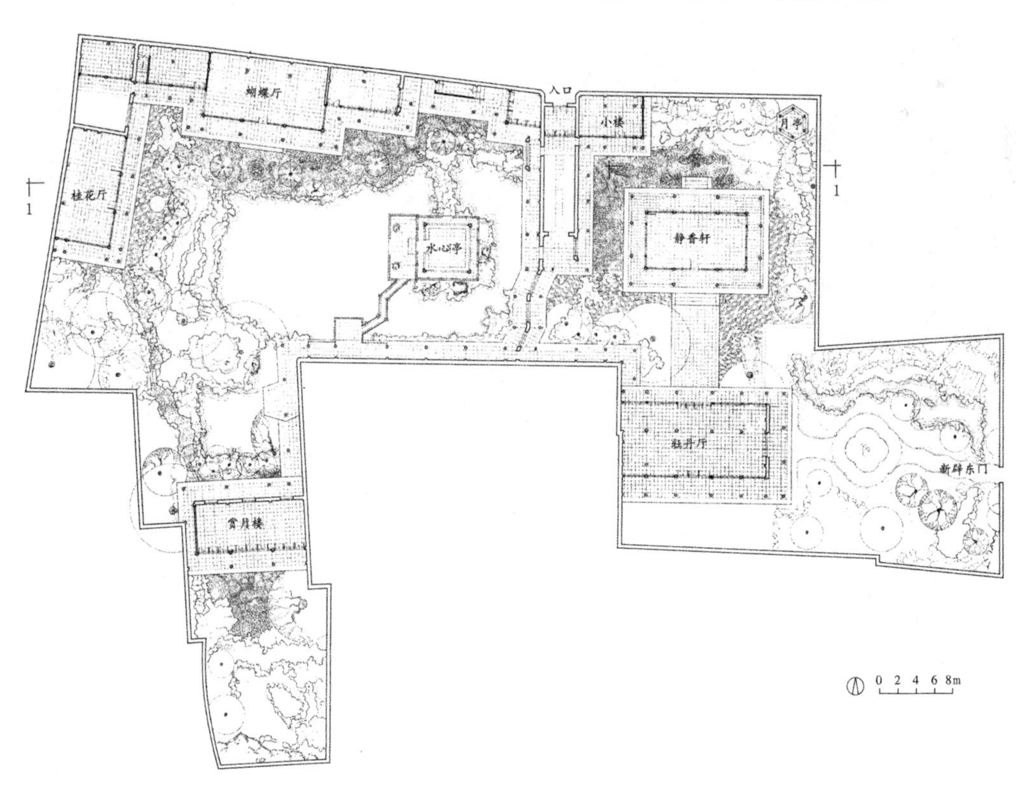

图 6-59 寄啸山庄平面图

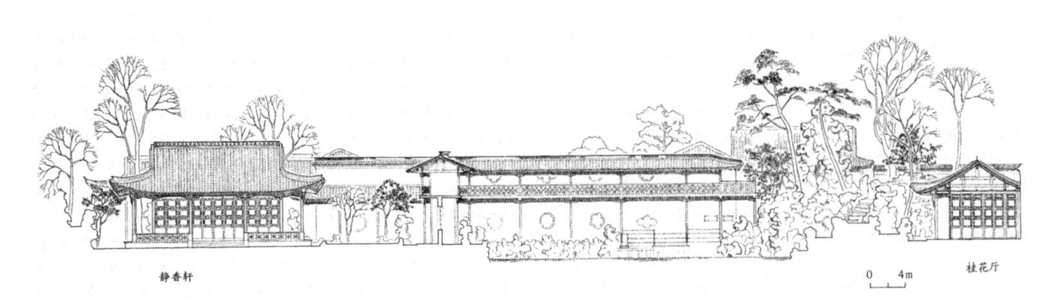

图 6-60 寄啸山庄立面图 1-1

2) 片石山房

片石山房位于何园的西南角，园内曲池环绕，水榭湖石沿湖布置。面积仅 780m²，却山水林立、曲水萦绕，规划经营极为精巧，是扬州园林中不可多得的精品。园内大部分景观荒废，仅存假山部分与一座楠木厅。园内假山一度被誉为清初大画家石涛的遗作，现今由光绪《扬州府志》《江都县续志》考证此假山叠于清中期乾隆初年与石涛无关。但此假山由小石拼镶，以西首高约 10m 的主峰凸起取胜，特立耸秀，主次分明，俯临水池，腹藏石屋，由此可以窥见清代中期扬州造园叠石的风格样式。现今所见园林为 1989 年修复设计后的园貌（图 6-61）。

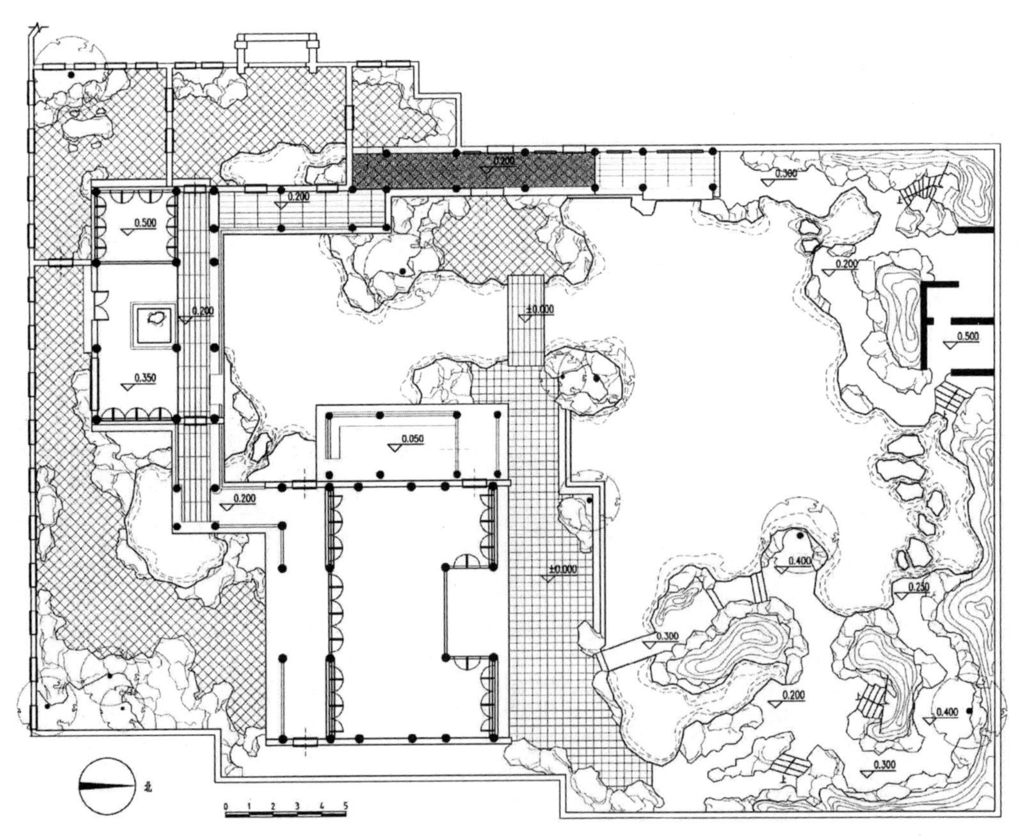

图 6-61 片石山房平面图

(3) 扬州个园

个园位于扬州市广陵区东北隅，盐阜东路 10 号。嘉庆二十三年（1818 年）由大盐商黄应泰在明代废园寿芝园的旧址上改建而成。园主人嗜竹，园内也植竹万株，个园名取自盛清文坛领袖袁枚“月映竹成千个字”的诗句。竹叶的叶形结构特别像汉字“个”，在中国画画理中就有写“个”这一基本笔法。同时，在中国传统文化中竹有节、竹竿挺直不弯，象征文人的“气节”，竹的空心又隐喻虚心谦让的传统美德，竹终年苍翠不畏寒冷又象征着不畏强权。中国传统文人往往将人与竹子的“本固”、“虚心”、“体直”等品格互相比拟，即为我国古代“君子比德”思想的折射，由此可见园林起名的深意。

个园占地面积约为 0.6hm^2，园林面积不大却是扬州园林中难得一见的精品。园内水面面积不大却能做到曲折变化，池岸处理更是富有变化，石矶、驳岸、小岛、水桥穿插曲折分布，更显池面景观层次的丰富。同时又极富创意地将水景与夏山内腹洞相结合，池水穿洞而出极为巧妙。《扬州画舫录》中记载：“扬州以园亭胜，园亭以叠石胜”。个园就是这段评价的典型例证，个园叠石就以其立意超群、假山叠石的精巧而闻名于世。个园采用分峰的方法，遵循画理用叠石配以植物来象征四季四时变幻，为中国古典园林中独一无二的创意。郭熙在《林泉高致》就云：“真山之烟岚，四时不同。春山淡冶而如笑，夏山苍翠而欲滴，秋山明净而如妆，冬山惨淡而如睡”；戴熙在《习苦斋题画》也云：“春山宜游，夏山宜看，秋山宜登，东山宜居”。园林规划布局时有意按游览路线规划春、夏、秋、冬四处山景（图 6-62）。

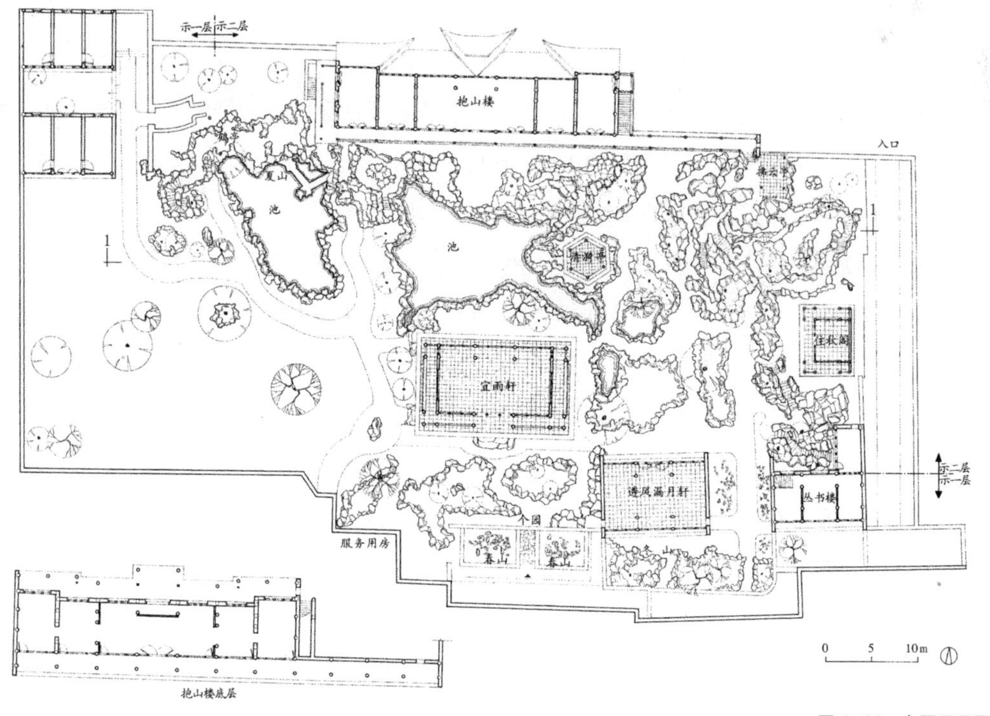

图 6-62 个园平面图

由宅旁火巷入园，园门左右两侧花坛中遍植翠竹，翠竹间点缀以石笋，呈现“雨后春笋”的意境。真竹假笋，微风中翠竹摇曳竹影映于粉墙之上，一真一假、一虚一实之间别有新意，给人春回大地，气象万千之感。春山作为全园游园的开篇，过春山即到正厅宜雨轩，由于厅之南种植桂花，又名桂花厅。桂花厅以北即为水池，水池北面为七开间的抱山楼，登楼可俯瞰全园景致，抱山楼与桂花厅隔水相对，互为对景。

抱山楼西侧为太湖石所叠假山，假山支脉略为向楼前延伸将抱山楼建筑略为遮挡。假山高约 6m，山上有松如盖，山下则设有腹洞，渡石桥入洞屋，既藏住池面水尾，同时洞内又宽敞曲折别有洞天。洞外山石外挑，石板桥下溪流潺潺，搭以水池中荷叶点点，夏日更觉清凉。假山全由太湖石堆叠而成，太湖石在阳光照射下呈现灰白色效果，随着阳光照射的角度变化，湖石阴影变幻更如夏日行云，这便是夏山所呈现的意境（图 6-63）。

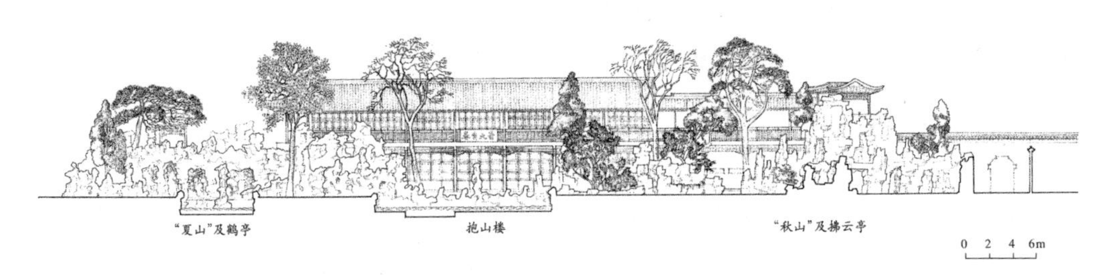

图 6-63　个园池立面图 1-1

抱山楼东侧为黄石堆叠而成的秋山，假山高约 7m，主次分明，主峰居中，侧峰拱列于两侧呈朝揖之势。假山相传为石涛仿黄山山势而叠，叠石技法十分高超，包含峰、岭、峦、悬崖、涧、洞、岫、峪等多种自然山体特征，极具皖南名山黄山的气势。主面向西，每当夕阳西下、红霞映照之下，黄石在光影变幻之中更显危崖峻峭凌云，尽显炫目璀璨、金秋之色。山顶上建四方小亭，拂云亭。登亭可俯瞰全园景致，又可以远眺北侧瘦西湖之景，园内园外互为因借。秋山外部气势恢宏，内部结构更为复杂精巧，石洞、石台、石蹬、石梁和山间小筑交融在一起，形成一条复杂而多变的游览路线。

个园的西南角有一座三开间的厅堂，名为透风漏月厅，厅前有一小院种植玉兰与芍药。院内靠南墙堆叠雪石假山，冬山。宣石产于安徽宣城，因其色如白雪又称雪石。冬山的立意为，古人冬日围炉赏雪品尝的意境，故假山设置在园南墙北面背阴处，由透风漏月厅观去，山体通体雪白，即便是未下雪，也犹如积雪未消。园主人还有意在南墙上有规律地开凿 24 个圆洞，即形成一道漏窗风景，冬日每当风吹过洞口会发出声响，就像冬季西北风呼啸而过。声景与冬山的视觉景观搭配一起，更加凸显“冬去春来”这一立意主题。

2. 苏州园林

苏州园林一直保持着自宋、元、明以来的私家园林蓬勃发展的势头。苏州虽在太平天国运动中遭受毁灭性的打击，但其地理位置近当时半殖民地经济中心的上海，又是历代官僚致仕告老的首选之所，具有优越的文化传统。故同治、光绪年间大量的官僚、军阀、大地主、大资本家还是会选择到苏州定居。他们秉承传统于园林之中，坐享山林之乐，同时又可以享受交通便利带来的优越的城市物质与精神文化生活，园林某种程度上也成为他们争奇斗富的手段。下文就结合文献资料对具代表的名园展开分析。

(1) 拙政园

拙政园建于明正德四年（1509 年），首任园主人去世之后，其子一夜豪赌将园子输给了徐氏。明崇祯四年（1631 年）侍郎王心一购得拙政园东部废地约 10 亩，悉心经营打理建园取名“归田园居”（前文已介绍）。后园林几经易主，中部及西部景致变化较多。康熙元年（1662 年）由于园主获罪，拙政园没为官产成为苏州著名的府署花园。其间其主又几经转换，吴三桂之婿王永宁就曾为园主、太守蒋棨悉心修复中园部分并命名“复园”、太史叶士宽购得西园部分并营建“书园”，拙政园被划分为若干个小园。咸丰十年（1860 年）太平军攻占苏州，拙政园东、中、西三园合三为一成为忠王府。随着太平天国运动的失败，拙政园再次没为官产。同治十年（1871 年）江苏巡抚张子万对拙政园组织了一次大规模的修复，现今所见的远香堂、玉兰堂、枇杷坞、柳堤都是这次修复的遗存。由于张子万本人能书善画，具有极高的文化修养，故拙政园修复后极具建园初期的自然雅洁的文人园林风格。光绪三年（1877 年）富商张履谦购得西园部分并加以营建，新建三十六鸳鸯馆、十八曼陀罗花馆等景点，装饰极为精巧华美，极富晚清园林风格特色。中华人民共和国成立后拙政园归文物部门，政府延请专家对残破不堪的拙政园加以修复，使其重获新生、重放光彩（图 6-64）。

拙政园位于住宅的北侧，原有的园门是住宅之间夹弄的巷门，经曲折巷道入腰门方可入园。腰门内有一黄石大假山，使游人不可一眼望尽全园之景，山后有水池，游人需循廊绕池方可步入主景区。游人在游览过程观赏视野被有意设计，经曲折巷道视野被有意压缩，循廊绕池而入时，不经意之间视野又豁然开朗，在游人视野转换过程中也完成了园内大小空间的开合转换。中华人民共和国成立后出于人流动线规划的需求，新辟一园门于东部归田园居的南侧。

1) 中部景区·拙政园·复园

拙政园被分为中部、西部、东部三个景区。中部是全园的精华所在，历代以来中部一直沿用拙政园这一名称，面积约为 18.5 亩，以水景取胜，水面面积约占中部景区的三分之一。据文征明《王氏拙政园记》记载：“凡诸亭、槛、台、榭，皆因水面为势”，可见拙政园整体布局以水为中心，主体建筑虽形制不同但均面水而建。中部景区依据水体、游览路径、廊架

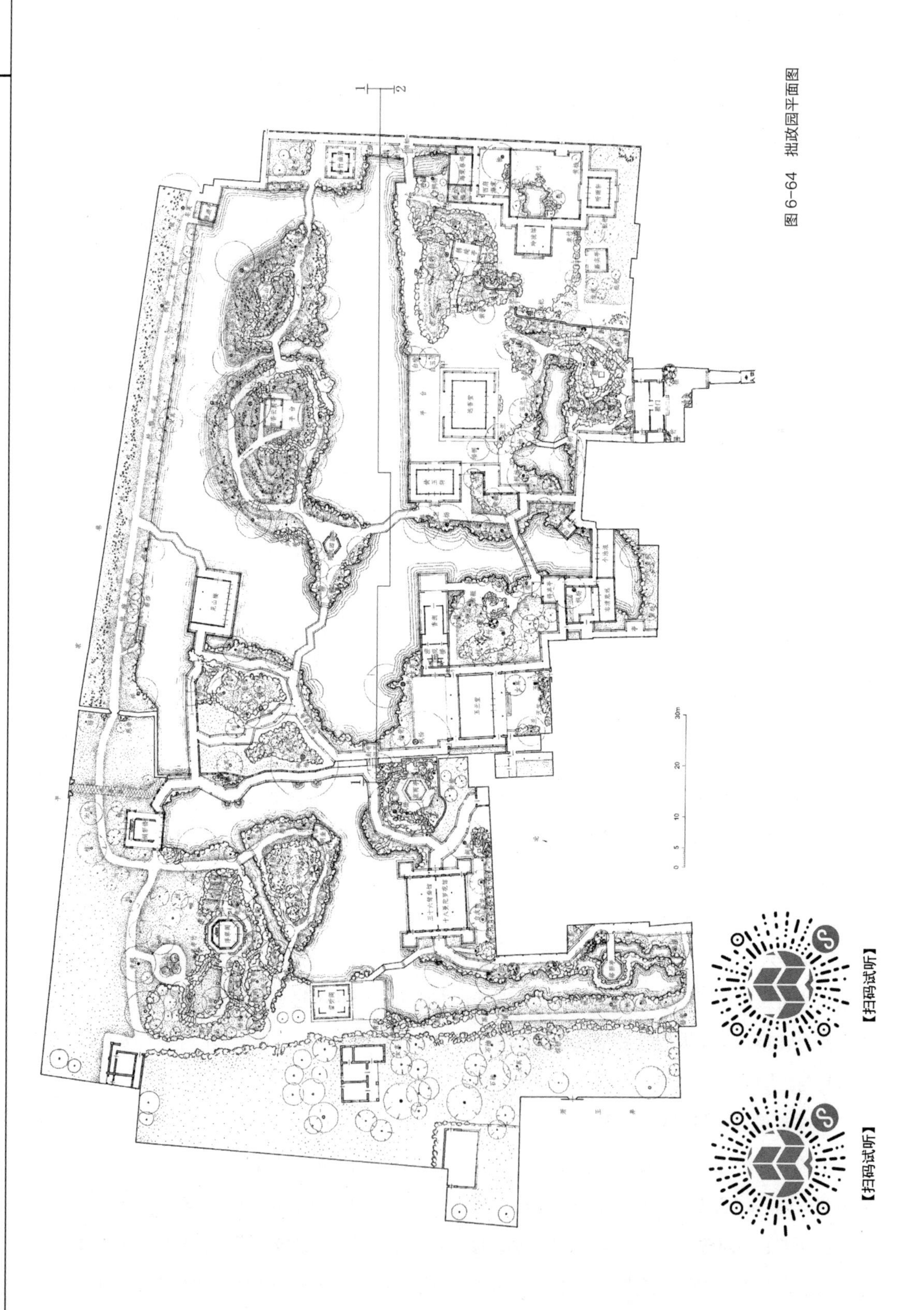

图 6-64 拙政园平面图

及主体建筑又可划分为远香堂景区、枇杷园景区、一池三山景区、见山楼景区、小飞虹景区，共5个景区。

远香堂位于水池的南岸，是中部景区的主体建筑与活动中心，远香堂环抱于山池之间，采用的是四面厅的做法，建筑四周均采用透空的长窗，坐于堂内可环顾四面景致。远香堂隔水与一池三山景区的雪香云蔚亭形成园内最为重要的南北向轴线；枇杷园景区位于中部景区的东南角，以云墙相隔形成一个相对独立的景区，园内又以花墙分隔形成另一个园中园海棠春坞。由枇杷园内透过云墙圆形门洞可看到雪香云蔚亭，形成极具中国传统园林特色的框景构图。枇杷园从空间层面上被云墙划分成为一个独立的园区，但却又通过云墙上的框景构图，使枇杷园内视线与中部景区的核心景点发生联系，促使内外空间相互穿插，空间处理极为精妙；一池三山景区位于中部景区的中部，景观布局上意图呈现东海仙山的意境，三山位于池心偏北侧，将原本的池面划分为南侧开阔与北侧狭窄的两个水域，增加池面空间层次的同时又与园中主体建筑形成明显的对景关系。三座土石结构山上各建一亭，由西向东分别为：荷风四面亭、雪香云蔚亭、待霜亭，三亭互为借景并分别呈现一种不同的四时意境；见山楼景区位于中部景区的西北角，与楼西侧的柳荫曲路、土石山、池组成一个以山石、花木为中心的庭院。柳荫曲路南端的别有洞天与中部景区东侧的梧竹幽居构成整个中部园区东西向的主轴线；小飞虹景区位于中部景区的西南角，此处以水面幽曲取胜，廊桥小飞虹跨水划出水尾将中部景区的池面划分为一大一小两个水面。跨水建水阁小沧浪，其两侧配以廊亭组成一个独立的水院。北侧则为旱船香洲与倚玉轩横直相对，香洲内有一面镜子可直接将对岸倚玉轩景致投射其上，增加景深的同时也使得香洲与隔水相对的倚玉轩产生一种似隔非隔的景观效果（图6-65）。

综观拙政园中部景区，以池水为中心，水面聚散有度，既有分隔变化，又彼此相通，相互联系，对水口及水尾均做细致景观处理，产生深远不尽之感。巧妙利用山池、树木、房屋将空间予以划分，景区与景区之间多采用对景与借景手法，使得园内空间既有丰富的层次又能实现相互之间的穿插渗透。整体布局开阔疏朗、疏密有致，极富自然雅致、文人园林之美。

2）西部景区·补园·书园

柳荫曲路南端的别有洞天以西即为拙政园的西部景区，清中叶称书园，清末称补园。西部景区同样是以池水为中心，池面呈曲尺状。池北假山上筑浮翠阁，池南为著名的三十六鸳鸯馆。三十六鸳鸯馆由南北两厅相结合，中间以银杏木雕刻的屏风相隔。北厅称三十六鸳鸯馆，北邻荷花池，与池北岸的浮翠阁互为对景，适宜夏天居住欣赏鸳鸯戏水。南厅为十八曼陀罗花馆，前院种植名贵的山茶花，山茶又名曼陀罗花，故此得名。南北两厅应时赏景不同，同时还是主人宴请宾客、听戏唱戏的场所，因此建筑结构设计也符合功能需求。卷

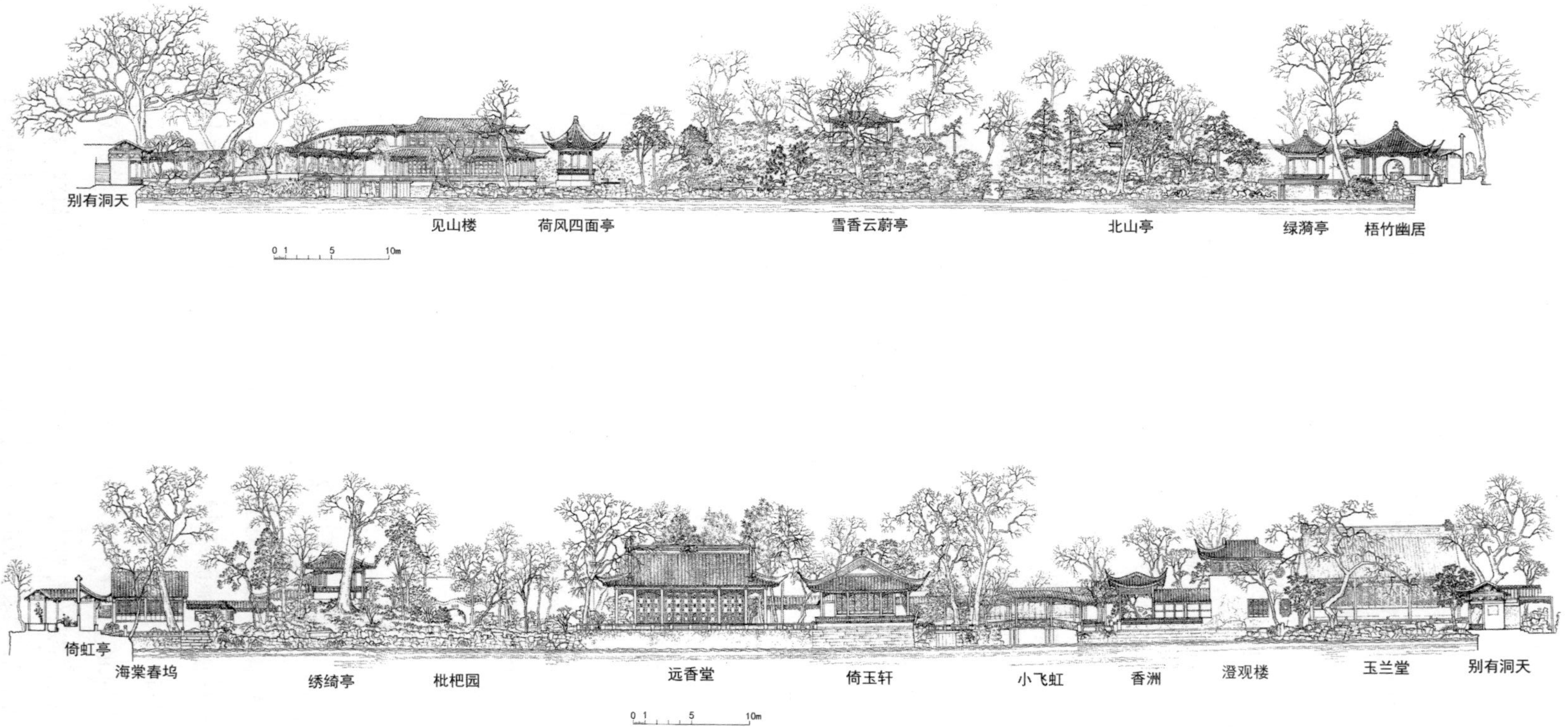

别有洞天　见山楼　荷风四面亭　雪香云蔚亭　北山亭　绿漪亭　梧竹幽居

0 1 5 10m

倚虹亭　海棠春坞　绣绮亭　枇杷园　远香堂　倚玉轩　小飞虹　香洲　澄观楼　玉兰堂　别有洞天

0 1 5 10m

图 6-65　拙政园立面图 1-1 和 2-2

棚屋顶有利于声音的反射及增强音响效果，厅堂的四角所设的耳房，冬天可阻挡入门带入的寒风，表演时又可作为临时的后台，这种大厅带四耳的特殊形式，也是中国古典园林建筑中遗存的孤例。三十六鸳鸯馆东侧叠石为山，山上建两宜亭。登亭既可俯瞰园内景色又可借景中部景区景色，故名两宜亭。同时，两宜亭隔水与倒影楼、与谁同坐轩互为对景，倒影楼倒影于清澈的水面之上，虚景实景相映为西部景区的经典景点。

(2)留园

清乾隆十五年(1794年)，刘恕购得留园，历时五年在旧址上予以扩建。建成后全园“竹色清寒、波光澄碧”，加之园中多种植白皮松，故得名寒碧庄，又因园主人姓刘，世人称刘园。刘恕辟石于园内聚奇石十二峰，又喜书法名画，故集古今石刻于园内廊壁之上，即著名的《留园法帖》，寒碧庄成为当时的吴中名园之冠。同治十二年(1873年)布政使盛旭人购得寒碧庄，大力修葺，由于民间多称刘园，加之寒碧庄为庚申之战中吴中名园的唯一遗存，故更名为留园。留园后又几经没收、查封，中华人民共和国成立后留园成为第一批国家重点文物保护单位，政府延请专家修复留园祠堂、义庄古建筑群，使得其更趋完美(图6-66)。

留园整体规模较大，园内建筑数量也较多，采用一系列空间处理和建筑布置手法来解决建筑过于密集的问题。平面建筑布局上有意形成强烈的疏密对比，折射到立面上则呈现出一种张弛有度、开合有致的气韵生动的节奏变化(图6-67)。留园几经重建，大致可分为：中部山水景区、东部建筑景区、西部山林景区。

中部山水景区是全园的主景区，山水布局自然，主要景点依水而建，建筑结构极为精巧奇美。善于运用大小、曲直、明暗、高低、收放等空间处理方式，融合四周景色，形成高低错落、层次丰富、节奏强烈、色彩鲜明的空间对比体系。池面中央园主人仿三神山仙岛神话，筑一小岛名小蓬莱，既丰富了池面的空间层次，又成为中部景区的视觉中心。与中部山水景区的主要景点古木交柯、绿荫、明瑟楼、寒碧山房、闻木樨香轩、可亭、曲谿楼、西楼、远翠阁等互为对景，统领中部各景点；由曲谿楼即进入东部建筑庭院景区，华丽的大小建筑庭院令人目不暇接：规模宏敞与陈设考究的五峰仙馆庭院、小巧雅致的石林小院、由林泉耆硕之馆与冠云楼围合而成的“仙苑停云”庭院为东部景区的赏景高潮。冠云楼前冠云峰独立居中，瑞云峰、岫云峰倚立于其侧，亭、台、楼、阁、池从四个方向将之围合，共赏奇石巨峰佳景，宛若人间仙境，故名仙苑停云庭院；仙苑停云庭院西侧即为西部的山林景区，此景区为清末增建部分，建筑部分已不复存在。现今呈现的是柳暗花明又一村农家田园风光，有葡萄藤架、梅花丛林，被辟为盆景区；园林以西为西部山林景区，极富山林野趣，黄石堆叠土山，山势高耸，小径盘旋为全园最高处，登至乐、舒啸二亭，可近望西园、远借虎丘。西部景区枫树成林，每到秋日与中部银杏交相呼应，色彩丰富，可谓是秋色佳丽。

此外园林空间处理也极为精妙，无论是从当年春日开放公众入园的鹤所入园或由现今园

图 6-66 留园平面图

【扫码试听】

林泉耆硕之馆
冠云台
冠云楼
西楼
五峰仙馆
至乐亭
闻木樨香轩
可亭
远翠阁
西楼
五峰仙馆
鹤所
鹤所
西楼
濠濮亭
绿荫
明瑟楼
涵碧山房
舒啸亭

图 6-67　留园立面图

门入园，空间处理都富于变化与层次。由鹤所入园，经五峰仙馆庭院至清风池馆、至曲溪楼方可到中部山水景区，庭院空间开合、大小转换极富节奏感，给游人留下深刻的游园体验。由园门入园则更为精妙，入口过程完成了多空间、多视点的连续性转换，入口部分极为狭长压抑，至绿荫处豁然开朗，过曲溪楼、西楼再度收缩空间，至五峰仙馆庭院又略为开朗，经石林小院又一次压缩，最终到冠云楼庭院视野完全打开，形成全园赏石景的一个高潮。再由北部景区与西部景区回到中心景区，从而形成一个观赏体验极为丰富的游览路线循环，充分体现了中国古典园林高超的造园水平。

（3）网师园

清乾隆年间（1765—1770年）观察使宋宗元购得此园，在园之旧址上予以重建，营建网师园亭台楼阁十二景。其后网师园几经易主，曾更名翟园、蘧园后又复称网师园。钱大昕、沈德潜均为网师园作记，称其："园虽不大，而有迂回不尽之致，遂为吴中名园"。清代江苏按察使李鸿裔、退居苏州的达桂将军均曾为园主人。民国时期，张作霖曾购得此园并赠予其师张锡銮，易名为"逸园"。著名书画家张善孖、张大千、叶恭绰曾共居此园，1940年著名文物书画鉴赏家何亚农购得此园，全面对网师园予以修复。何亚农夫妇去世后其子女将父母遗产捐赠给国家。1963年网师园被列为苏州市文物保护单位，1982年被列为全国重点文物保护单位。

网师园西侧为宅邸，住宅部分为一个三进院落：一进为轿厅。二进为大客厅，外宅正门藻耀高翔门，大门两旁置抱鼓石，抱鼓石上饰狮子滚绣球浮雕，额枋上装有阀阅，大门格局足以显示园主门第高贵。三进为撷秀楼，网师园平面整体呈现T字形，造园艺术中理水十分成功，依照传统方法在池底凿井使池水与地下水联系在一起，整个水池犹如一口巨大的水井。池水名彩霞池，充分运用小园理水宜聚不宜散的原则，将90%水景汇聚于园中央，仅在西北角与东南角延伸出小水湾做出水口与水尾。水池面积不大，仅400m^{2}左右，水池的宽度也正好设置成20m的良好观景视距，方便游人观赏时将对岸的景致全部纳入视野之中。池岸略呈方形但曲折有致，驳岸用黄石堆叠而成，点缀以灌木丛与攀缘植物，更显野趣。

空间处理上主从关系明确，池岸成为园中建筑集中的地方，众星拱月的围合形成主景区，周边安排相对独立的小空间如殿春簃庭院与梯云室庭院（图6-68）。由外宅园门入园，门楣上有清乾隆年间宋氏时的砖额"网师小筑"，点出此园为渔翁的小园，指出渔隐之意（图6-69）。过门即见小山丛桂轩，为核心景区的主要厅堂建筑。轩之西为蹈和馆、琴室、濯缨水阁，蹈和馆取自"履贞蹈和"，其中"和"为儒家处世原则和审美原则，意为自然与社会和谐发展、国家安宁、天下太平。濯缨水阁取自屈原《渔父》："沧浪之水清兮，可以濯我缨；沧浪之水浊兮，可以濯我足"。意为达则濯缨，隐则濯足。水阁东侧为黄石所叠假山云岗，云岗体量不大但气势却古朴雄浑，山体耸立池上，下部石矶处理得当，使得山水浑然一体。

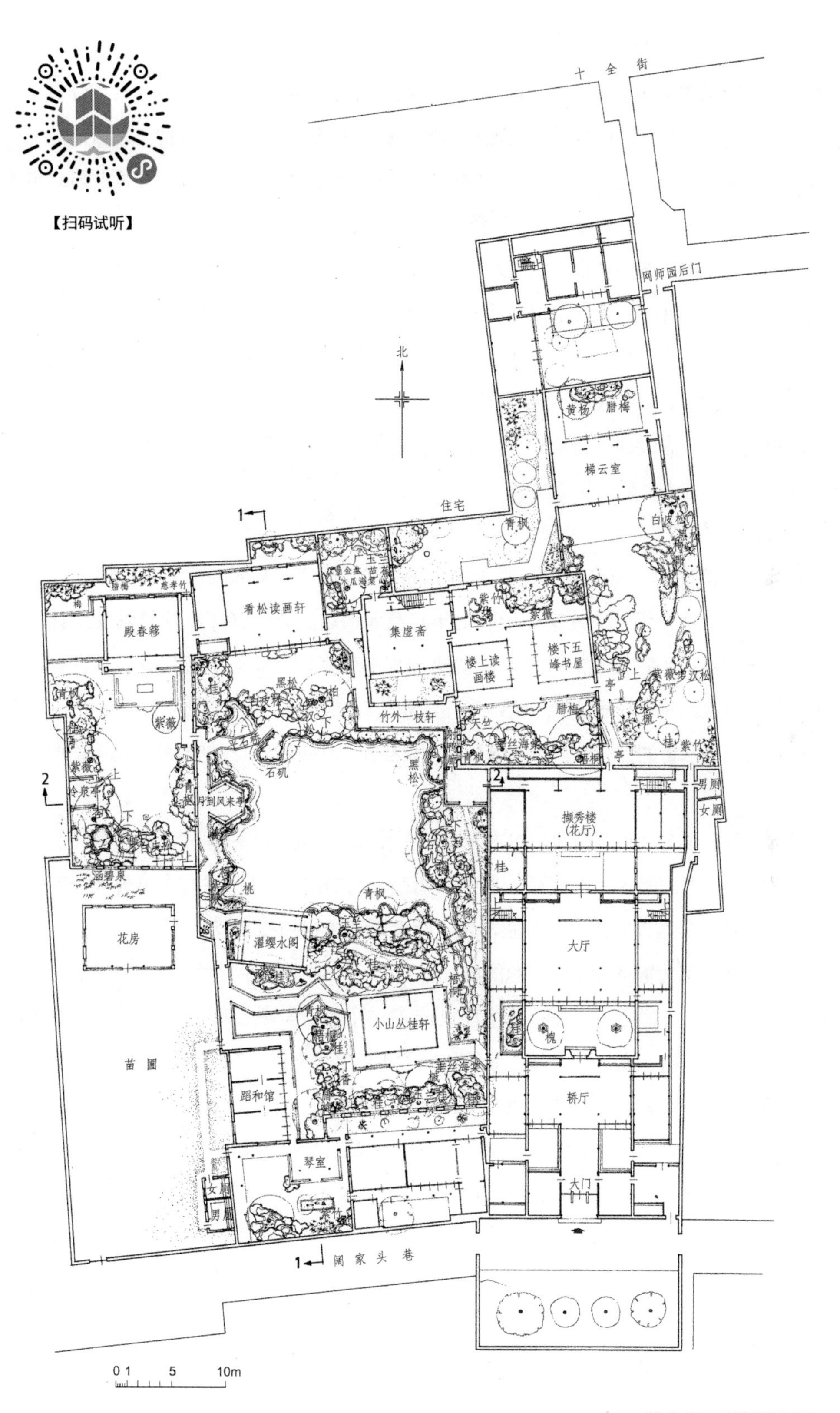
十 全 街
网师园后门
北
黄杨
腊梅
梯云室
住宅
青枫
白皮松
看松读画轩
殿春簃
集虚斋
楼上读画楼
楼下五峰书屋
竹外一枝轩
黑松
石矶
月到风来亭
冷泉亭
涵碧泉
撷秀楼（花厅）
大厅
濯缨水阁
花房
小山丛桂轩
苗圃
蹈和馆
轿厅
琴室
大门
女厕
男厕
阔 家 头 巷
0 1 5 10m

图 6-68　网师园平面图

水阁以北为八面方亭月到风来亭，起名取自韩愈："晚色将秋至，长风送月来"。游人可于亭内稍作休息、凭栏赏景喂鱼。继续北行即到看松读画轩与濯缨水阁隔水互为对景，轩位置略为后移空出一个小院落，院内叠太湖石配植以罗汉松、白皮松、圆柏等植物，在增加池北侧景深的同时也构成一幅以古松湖石为主景的天然图画，故名看松读画轩。看松读画轩以西为廊屋竹外一枝轩、集虚斋、五峰书屋、射鸭廊。

网师园为中国古典园林中小中见大、以少胜多的经典案例。园林在规划尺度处理上有其独到之处，如池东南处水尾上的小拱桥有意采用缩小尺寸，目的是为了反衬两侧假山的气势雄浑。彩霞池东岸射鸭廊之南有意堆叠小体量黄石假山，既成为水池与白色粉墙之间的一个过渡景致，又调整粉墙尺度过大的压抑之感，还增强了此处的景深。园中建筑密度虽高，但造园时却可通过有意设计来掩盖这一硬伤，不仅使空间不显局促还颇具自然天成之趣，可见园林规划的独具匠心之处。

(4)怡园

怡园为晚清同治、光绪年间在明成化年间尚书吴宽宅园复园的旧址上修建。同治十一年（1872年）浙江宁绍台道顾文彬历时七年在复园旧址上修建义庄、祠堂以及园林。由于怡园是苏州园林中兴建最晚的一座，故营建过程中就有意吸取其他名园所长，具有典型的集锦园林的特点。其中复廊仿的是沧浪亭、池水仿的网师园、假山似环秀山庄、山洞仿狮子林、画舫与面壁亭仿的拙政园。以"湖石多、联额多、白皮松多、动物多"，四多而闻名于世（图6-70）。

怡园由复廊划分为东西两园，东部基本是在明代复园基础上修建的建筑庭院，复廊以西则为顾氏后期扩建的园区，以叠石与池水为主是怡园的精髓所在。复廊东侧为坡仙琴馆与拜石轩庭院，坡仙琴馆西室为石听琴室，由于顾氏无意中得到苏东坡"玉间流泉琴"，又抚琴以养性而得名，南北皆是音乐为主题的庭院。拜石轩取名则出自"米芾拜石"典故，轩北怪石嶙峋呼应典故，显得生动有趣。轩南则遍植树木并以"岁寒三友"为主题，种植松、竹、梅，四季常青，点出主题特色。坡仙琴馆以北为玉虹亭与石舫。循复廊可达四时潇洒亭、回廊与玉延亭构成的园林小景。这组景观中保存有历代书法名家如王羲之、怀素、米芾等法帖刻石101方，世人称"怡园法帖"。将园林景观同书法艺术有机融为一体，相得益彰。

西部山池园林景区，锁绿轩、小沧浪、螺髻亭、慈云洞、绛霞洞、金栗亭、藕香榭、南雪亭、碧梧栖凤、面壁亭、画舫斋、湛露堂等景点均环绕水景展开（图6-71）。藕香榭为西部主体建筑，为光绪年间著名造园匠师姚承祖《营造法原》作者所设计建造。采用鸳鸯厅的布局方式，分为南北二厅，北厅为主厅悬挂藕香榭匾额，南厅为锄月轩，又名梅花厅。藕香榭与西部主景石山东端的六角攒尖顶亭小沧浪形成西部景区的南北主轴线。小沧浪以西主景石山的西端，有一体量较小的六角攒尖顶亭螺髻亭，登亭可俯瞰西部全园景致。小沧浪与螺

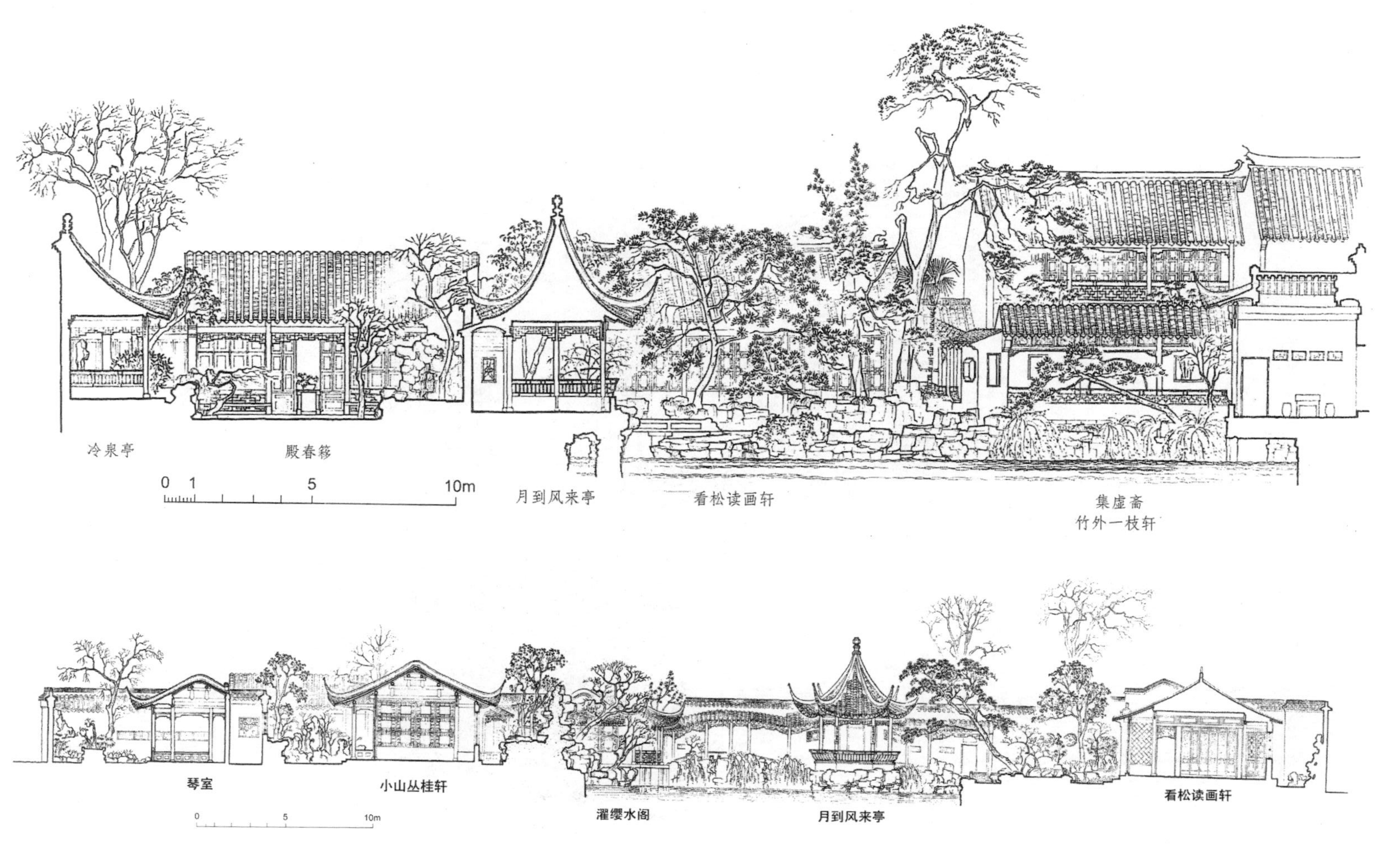

图 6-69 网师园立面图 1-1 和 2-2

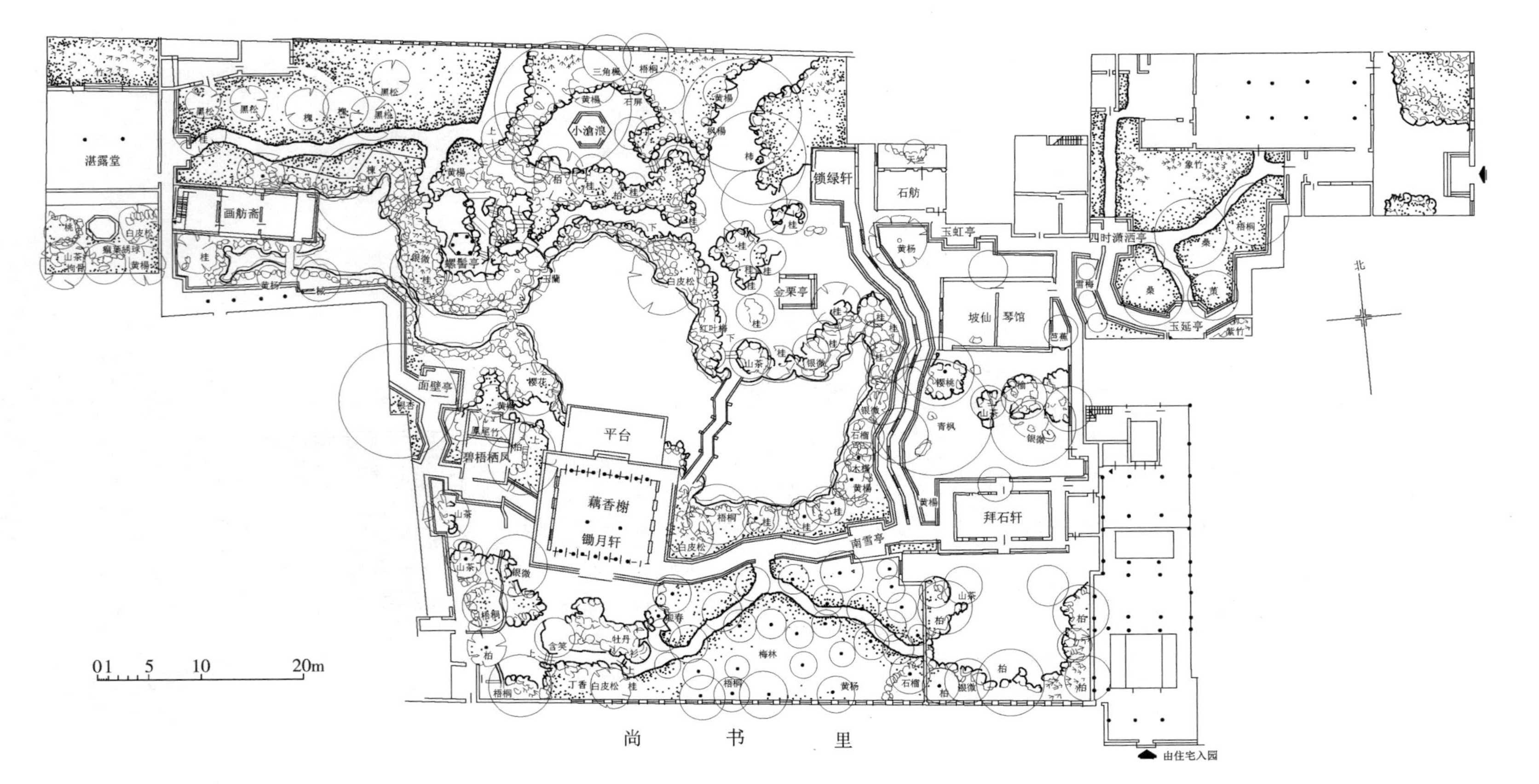
湛露堂
画舫斋
螺髻亭
小沧浪
锁绿轩
石舫
玉虹亭
四时潇洒亭
玉延亭
坡仙琴馆
金粟亭
面壁亭
碧梧栖凤
平台
藕香榭
锄月轩
南雪亭
拜石轩
梅林
北
尚书里
由住宅入园
01 5 10 20m

图 6-70 怡园平面图

图 6-71 怡园西部鸟瞰图

髻亭一东一西，一前一后，形成呼应之势。怡园由于造园较晚又有意吸收苏州各园精髓，造园整体处理也颇为精炼。但正是由于集众园之所长，求全求多反而失去自身特色，山、池、建筑各部分比重较为平均。

（5）耦园

耦园位于江苏省苏州市仓街小新桥巷，三面临河，占地约为 12 亩。耦园共分为西部园区、中部住宅区、东部园区三个部分。东部园区为清初保宁太守陆锦所营建，名为涉园，取陶渊明《归去来兮辞》中的“园日涉以成趣”之意。光绪年间安徽巡抚署两江总督沈秉成得之，对园林加以修复并增建西部园区，易名耦园，“耦”通“偶”，寓夫妇偕隐意。耦园以易学原理构架全园，蕴含的意义体现出中国传统文化深厚的底蕴。园中建筑、山石、水池、树木的方向与位置均按照易学原理作出精心安排，表达园主夫妇双双归隐的主题，立意颇具浪漫主义色彩，这在苏州园林中还是极为罕见的例子（图 6-72）。

居东西两园中间的住宅区有一条中轴线，这条中轴线略微偏西，形成西花园小、东花园大的格局。耦园东园面积约 4 亩，布局以山池为中心，主体建筑为城曲草堂坐北朝南，其东南侧为双照楼。城曲草堂之名取自唐李贺：“女牛渡天河，柳烟满城曲”，堂名亦点出双隐之意。城曲草堂前为平坦的草地，叠黄石假山。假山分为东、西两个部分，东山较大沿北面石径可去往山上东侧平台和西侧石室，西山较小整体山势至东向西缓慢降低。黄石假山整体气势浑厚苍老，取竖向岩石堆叠形成主峰，可见中国山水画的斧劈皴法，形成高低参差错落的纵向造型，同时有意加入水平岩层的堆叠手法，产生横纵对比。园之东南角建听橹楼，为全

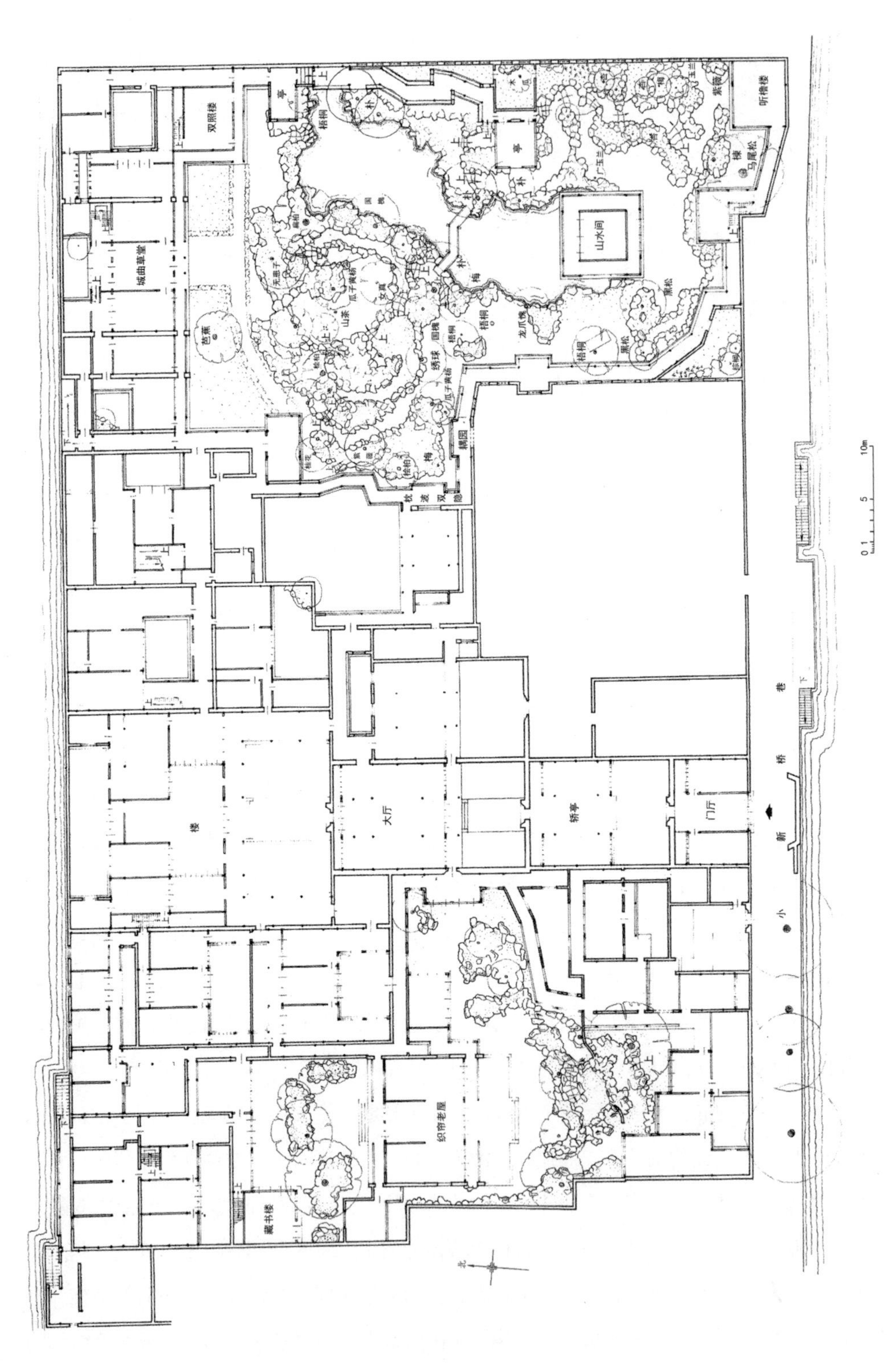

图 6-72 耦园平面图

园的一个制高点，丰富东园的正面天际线轮廓。水池南端为水阁山水间跨建于池上，假山、水池、水阁、亭、榭构成东园的主要景致。西花园面积较东花园小，以织帘老屋书斋与藏书楼为中心，以织帘老屋书斋为中心分为南、北两个院落。织帘老屋为硬山顶，鸳鸯厅式，寓意幸福和长久的婚姻。西园入口处设置有一座假山，将园中苍翠欲滴、花香袭人的景色遮挡于游人的视线之外。这正是中国传统园林中常用的“抑景”、“欲扬先抑”的手法，力求达到“善露者为始不藏”、“犹抱琵琶半遮面”的意境。

就整体而言，耦园造园的立意使其区别于苏州的其他园林，同时园中处处围绕夫妻二人双双隐居曲城这一主题展开。从面积上，东园大西园小，东园为阳西园为阴；西花园原有水假山，与东花园旱假山形成对应；西花园有一口井，与东花园水池对应；西花园以曲线阴柔的纤巧太湖石堆叠假山，与东花园以阳刚直线条的敦厚黄石堆叠的假山对应。建筑布局既吸收山水为中心、水面集中的小园布局手法，又创造性地在建筑物、假山、水池、庭院布局中融入极富浪漫主义色彩夫妻双隐主题及易学原理，使园林呈现风雅的格调，为苏州第宅园林中的佳作。

（6）环秀山庄

环秀山庄位于苏州景德路。五代时为吴越广陵王钱元璙金谷园旧址，宋代朱长文又建有乐圃，后改建为景德寺、书院、官衙等。明代为申时行宅邸，清代其后人改建名为蘧园。清乾隆年间，蒋楫得之叠石凿池，初具规模。嘉庆年间，相国孙士毅购得此园，延请叠石名家戈裕良叠园内假山。道光年间，园归汪氏所有，其东花园部分称为环秀山庄，又名颐园。后园林逐渐荒废，新中国成立后仅存补秋山房、问泉亭及戈裕良所叠假山，面积不足 2 亩。1979 年政府组织对园林的修复，即现今所见园貌（图 6-73）。

环秀山庄占地面积不大，故不能凿大池，而园外又无景可借，造景颇具难度。但园林营建却可独辟蹊径构筑假山一座、池水一湾，巧妙配以湖山、池水、树木、建筑，使多者融为一体，佳景层出不穷。全园山景为主，水景为辅，建筑不多，但疏朗有致、高低错落，呈现山重水复、峥嵘雄厅之境，步入园中又给人移步换景、变化万端之感。可远观亦可近赏，无怪有“别开生面、独步江南”之誉，在苏州园林湖石假山山景代表作中堪称第一。

山庄一反以往以水景为中心的布局，而是以山景为中心。山池布局蜿蜒曲折，一开一合，一收一放，亦虚亦实，极尽变化，节奏性强，虽山水景色变化多样，却变而不繁，多而不复，而是结构严谨，布局完整，符合起承转合，连续构图原则。整座假山岸山石纹理与自然形状巧妙拼接，以大块的竖石为骨，小石为辅，犹如中国山水画，大胆落笔，细心收拾，虽为人造却浑然天成。假山虽经后世修补，但仍保留其原本风貌。假山面积占全园面积的三分之一，位于园东部，以池为界分为池东的主山与池北的次山。次山紧贴园墙，临水一面作石壁，为飞雪泉遗址。主山分为前后两部分，东北处以土坡作为起势，西南部则以湖石堆叠，

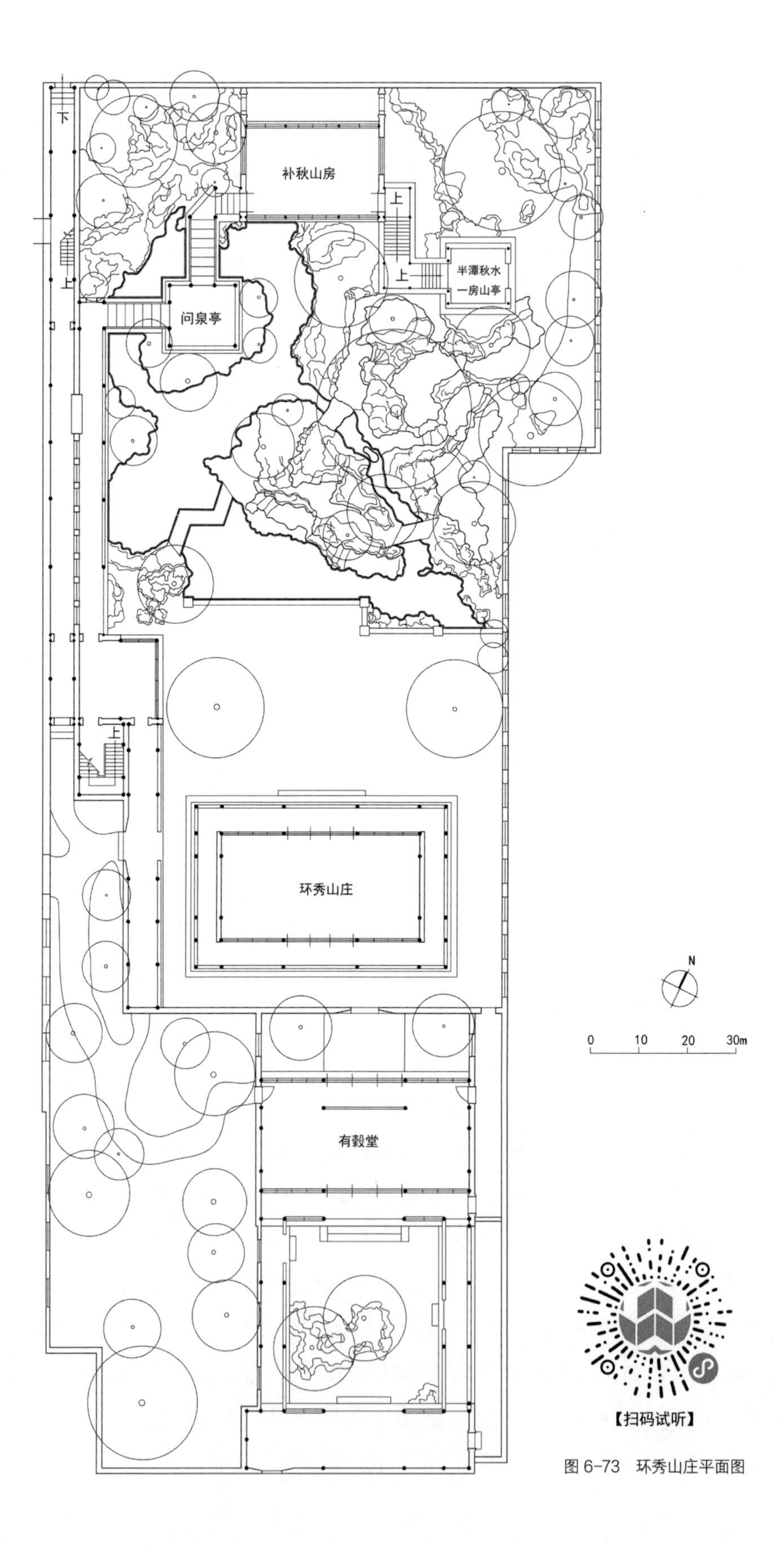

图 6-73　环秀山庄平面图

中间两道幽谷将石山一分为三。前山部分全部用湖石叠成，外部气势连绵，浑成一片，恰似山脉贯通，内部则洞壑空灵。后山与前山之间以湖石为壁，形成一条宽约 1.5m、高 4 ～ 6m 的涧谷，涧谷南北山中有石洞、石室各一，洞与山南石径相通别具情趣。主山山峰置于西南角，高约 7.2m，主峰周围设有三个较低山峰予以环卫衬托，可谓是主次分明。山体总占地面积仅 300 多平方米，但游览路线设置却迂回曲折，总长近 70m。山景不大却能做到变化万端，峭壁、峰峦、洞壑、涧谷、平台、磴道等山中之物，应有尽有，极富变化。与四周的问泉亭、补秋山房、半潭秋水一房山亭、涵云阁、边楼等景观建筑互为对景，山形随着步移景异，令人百看不厌。

（7）常熟燕园

燕园位于苏州常熟城内的辛峰巷。始建于乾隆四十五年（1780 年），为台湾知府蒋元枢，渡海遇险，回常熟后在其父旧宅建园，取“燕归来”之意名为燕园。蒋元枢身后，其子将园抵了赌债。光绪九年（1883 年）蒋元枢族侄蒋因培购得此园，延请叠山大师戈裕良堆叠园中黄石假山，名为“燕谷”，故而燕园又名燕谷园。后园林几经易主，至晚清时时任外务部郎中张鸿，购得燕园，张鸿也从此自号“燕谷老人”，《续孽海花》即为张鸿在燕园撰写，故燕园又名张园。新中国成立后，燕园为多单位所占用，后属皮革厂被严重破坏。1982 年被列为省级文物保护单位，其后陆续修复重获新生对公众开放。

现燕园占地仅 4 亩，地形狭长平面呈长方形，划分为三个区域，即中部的燕谷假山景区，及南北两端的建筑庭院区，北部为生活住宅区，南部东院为一山池景区（图 6-74）。中部燕谷假山景区为全园的精华所在，以戈裕良采用“钩带法”所堆叠而成黄石假山，假山体量较环秀山庄略小。戈裕良以常熟的虞山为蓝本，将虞山的剑门之石奇景凝练概括于假山之中。假山整体占地不足 1 亩，假山最高处部不超过 5m，分为东西二山，两山各有一蹬道及石洞，其中西山为主山，东山为辅山，东山曾几近荒废，为近年修复，但基本保持其初创风格。假山整体上以大块石为骨架，再加以小石补缀，山体凹凸富有变化。虽由众多石块拼接而成，但山石的纹理、色泽由于拼接巧妙、协调一致，给人浑然天成之感。燕谷整体体量不大却能包含自然山体中的峰峦洞壑变化多端，洞壑东南有意引入流水，再点缀步石，构思精巧给游人以独特的游览体验。自北山蹬道而上，山顶种植松竹，更显野趣。燕谷假山整体虽稍逊于环秀山庄，但亦不失为江南园林中叠石精品。

燕谷以南为三婵娟室为园林的主体建筑，为清乾隆年间蒋元枢所建。建筑结构与苏州拙政园中的三十六鸳鸯厅相同，同为四面厅但体量较小。由于厅前有三方太湖奇石，如亭亭玉立的少女，因而得名。三婵娟室南厅为一个山池院落，荷花池南端耸立太湖石假山隔水与其互为对景。假山玲珑剔透，其形如群猴正在嬉戏，每只猴子形态各异，或奔、或跳、或卧、或立，被世人形象地称为“七十二石猴大闹天宫”。假山之巅种植白皮松与猴山主题相映成趣，其树龄已过二百年，与石山池水相配亦为苏州园林中的珍品。山池院以山为主水为辅，池面在东南角架设三折廊桥，池面虽小却划分出池面的空间层次感。廊桥以南再架一小桥，渡桥至书斋，既藏水尾又划分出了山后幽僻空间，可谓一举两得。

3. 杭州园林

杭州也是除苏州与扬州以外的私家园林集中地，但旧园多未能保存下来，现今留存较为完整的或重建的多为西湖岸边的几座园林。如郭庄、高庄、刘庄等园，均引西湖水于园内，并借景西湖美景。此外，还有孤山上的西泠印社，及杭州周边的绮园、小莲庄等。

(1)杭州郭庄·汾阳别墅

郭庄又名汾阳别墅、端友别墅，位于杭州环湖西路卧龙桥畔，园东邻西湖。郭庄始建于清咸丰年间，几经变迁近乎湮灭，1991年政府组织修复后重新开放。郭庄是西湖边诸园中最具江南古典园林特色的园林，庄内楼、轩、亭、阁、廊均沿池错落有致而建，被誉为："环水为榭，雅洁似吴门网师"。整个庄园被分为静

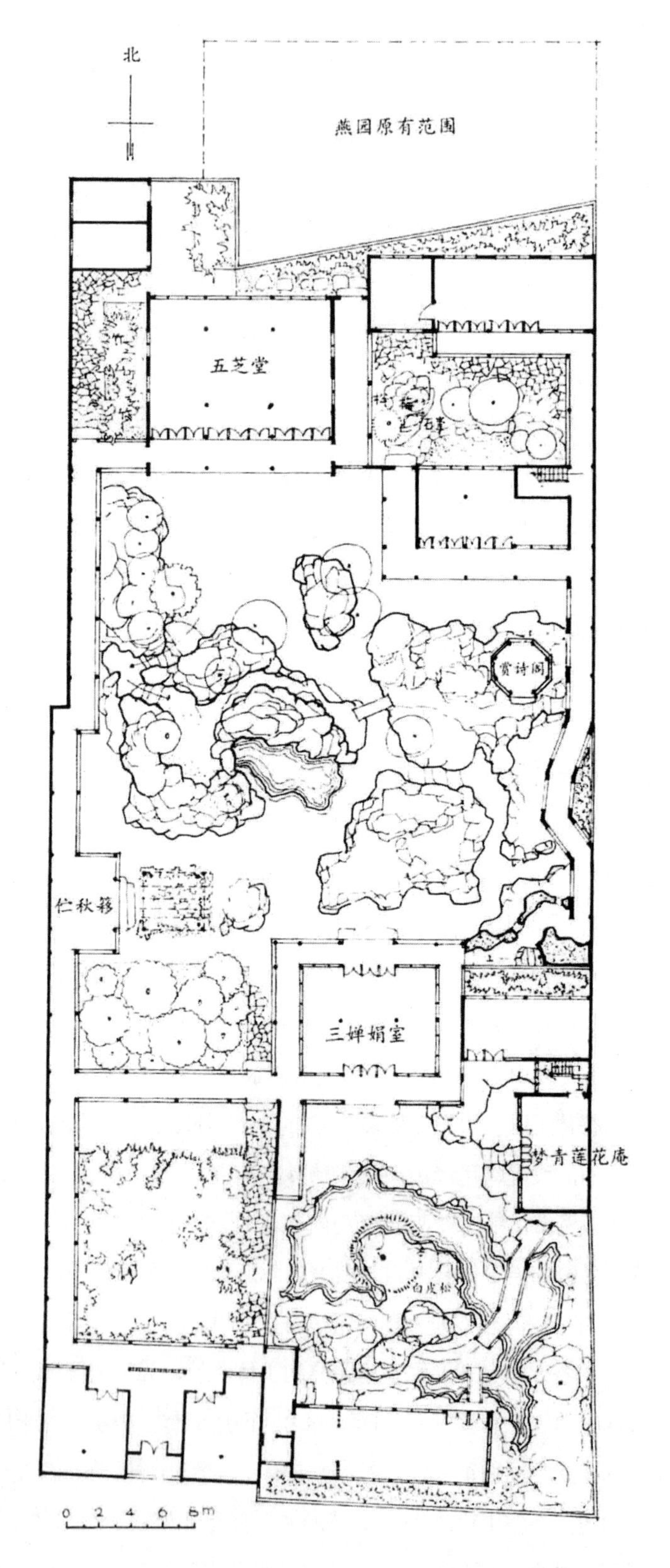

图 6-74　常熟燕园平面图

必居的居住区和一镜天开园林景区两个部分。景区有南北两个水池，南池呈自然形态略似方形，自池之东北角引入西湖之水。沿水面四周建两宜轩、舒卷自如亭、锦苏楼、学香分春、游廊，加之山水堆叠现环抱之势，池岸自然曲折，遍植花木，整体布局类似苏州网师园。郭庄充分利用地段优势，造园上既保持着园林本身的静谧，又积极借景于园外拓展园林景深。主体建筑锦苏楼为两层，登楼面西可远眺西湖苏堤之景。园之西南角建乘浪起风的水轩，敞室临西湖，可尽览西湖湖光山色。北池为石板铺成的方池，其形犹如绍兴池塘格局。南北两池错落分布，疏密对比强烈，开合对比之间别具特色（图 6-75）。

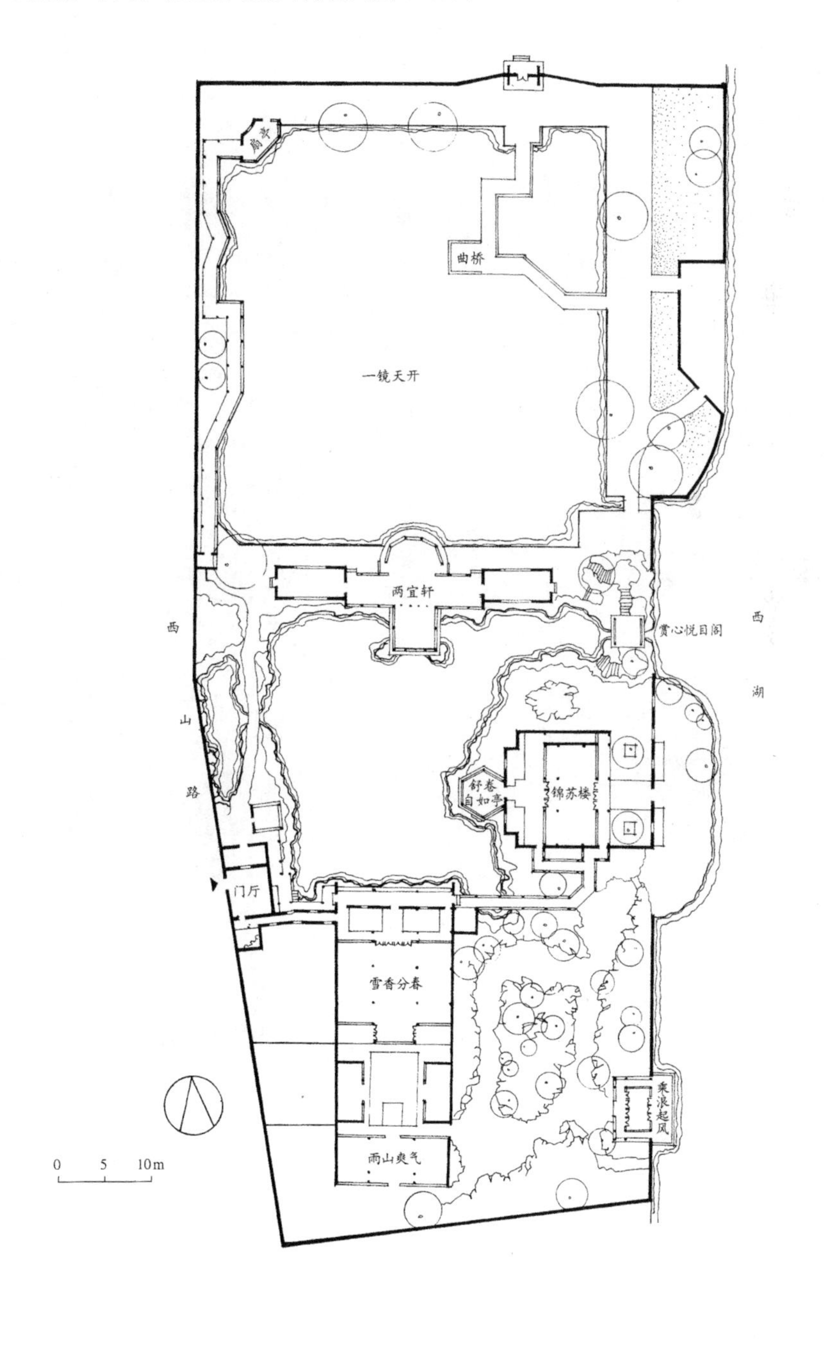

图 6-75　郭庄平面图

(2)西泠印社

西泠印社位于杭州孤山上，原为清代孤山行宫的一部分，太平天国时期被毁。光绪二十九年（1903 年）著名印篆学家叶铭、丁仁、王禔、吴隐经常于此聚会，次年集资购得孤山山顶的西端并加以经营。民国二年（1913 年）成立中国著名的篆刻研究学术团体西泠印社，著名书画家、篆刻家吴昌硕为其会长（图 6-76）。

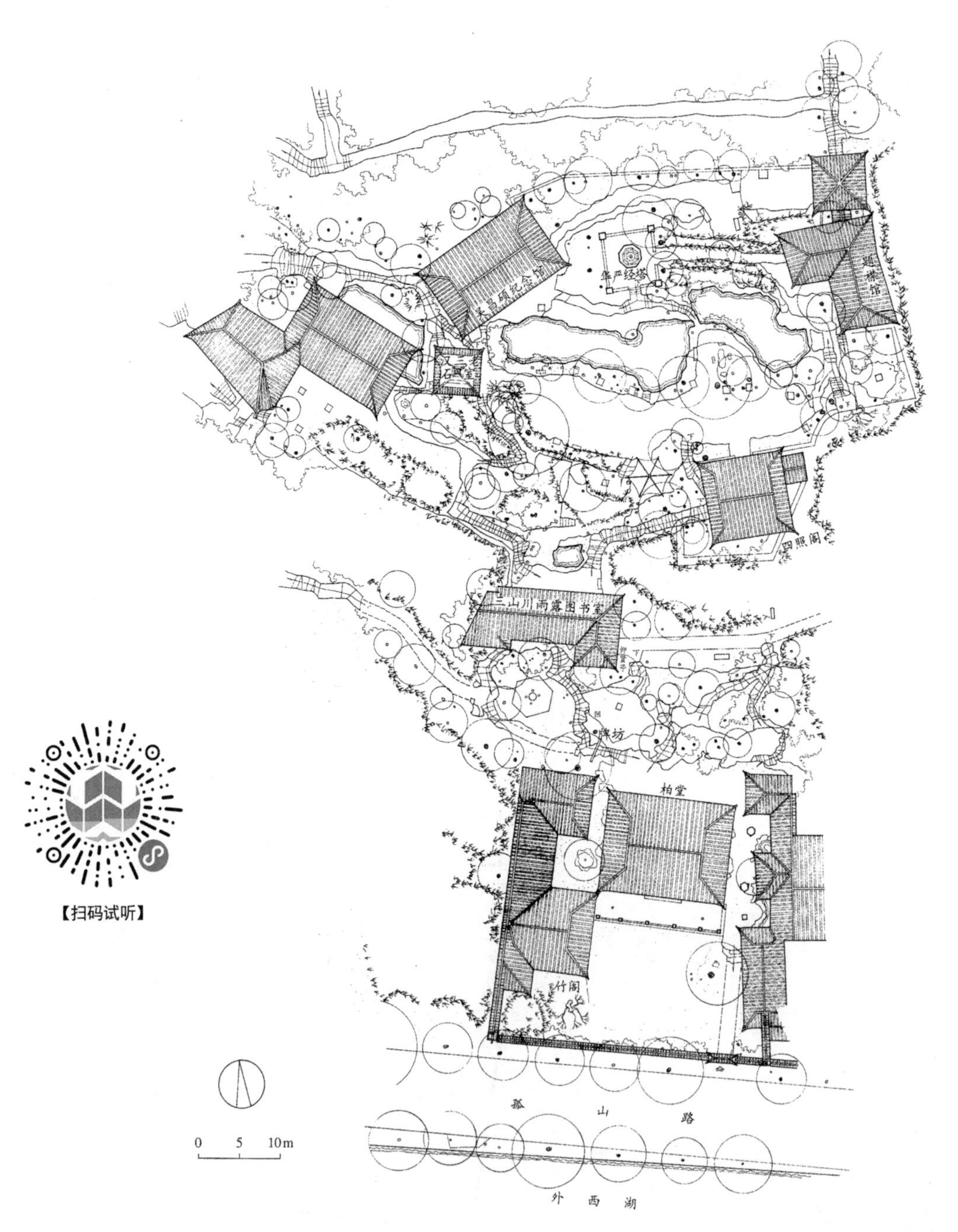

图 6-76 西泠印社平面图

园林整体布局依山就势，依山曲折而上，依次为柏堂、山川雨露室、四照阁等。山顶区为社团主要活动区，这部分的景观处理也最为精湛。以文泉和闲泉为中心，环池有华严经塔、题襟馆、观乐楼、四照阁等景观建筑。八角十一级小巧石塔华严经塔位于池北，为全园的构图中心。四照阁临崖而建与石塔隔水相对，登阁可凭栏俯瞰西湖之景。华严经塔东西两侧，东为观乐楼（现吴昌硕纪念馆），西为题襟馆，两者均建于自然岩基之上。园林整体呈现开敞格局，建筑、山路、水池均顺应地形而设，就好比石印雕刻制作顺应石质纹理一样。核心景点位于山顶之上，以山石、丛竹、树木交错穿插来分隔空间，植物配置也以松、竹、梅为主，非常符合篆刻学术团体的高雅氛围（图 6-77）。

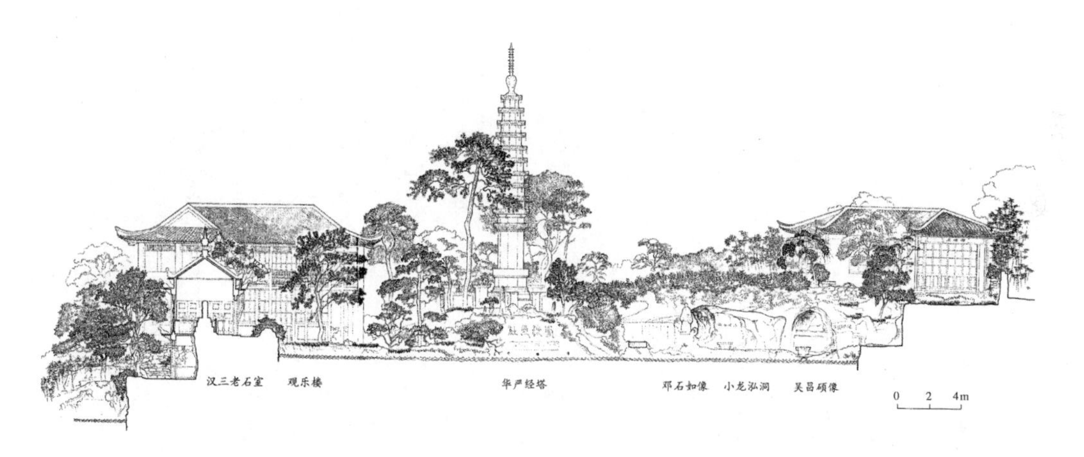

图 6-77　西泠印社山顶部分立面图

4. 其他地区园林

除了扬州、苏州、杭州三个私家园林集中地区以外，上海、常熟、南京、安徽南部等地区造园运动也是十分兴盛。上海有始建于明代的豫园，近郊有南翔的古猗园、嘉定的秋霞圃、青浦的曲水园、松江的醉白池等。南京有煦园、瞻园以及袁枚的随园与位于江宁织造署的商园等。苏州近郊吴江市与常熟市就由于临近苏州，深受苏州影响也成为江南园林比较集中的地方，如吴江市有退思园，常熟有燕园、赵园、虚郭园、壶隐园、顾氏小园、澄碧山庄、翟园、之园等。下面就选取部分园林作介绍。

（1）海盐绮园

绮园位于浙江海盐县武原镇，占地约 15 亩，是浙江现存文人园林中保存最好，规模最大的园林。园林始建于同治十年（1871 年）于明代旧园废址上营建，园主人为清代海盐富商冯缵斋，故又称冯家花园。绮园有机地将苏州园林的雅致与扬州园林豪放等特点融为一体，具有雅致而不纤巧，豪放而不生硬的特色。它不同于一般文人园林居游并重的特点，全园除了南部入口处的花厅潭影轩之外，全园建筑所占比例极少，仅山顶筑一小亭，池边一水榭，池北伸出水榭三座景观建筑，其余全是山水，约占全园面积的 70%，是一个以自然风景为主，建筑点缀其间且设置极为隐蔽的园林。虽身处城镇之中，园林却以山水景致为主，是一座真正的城市山林（图 6-78）。

潭影轩为绮园的主体建筑，位于园西侧门内曲径旁。由于建筑体量较大，造园时独具匠心，堆叠假山于东、南、北三面，将建筑环抱，仅西侧略为开敞并植以几株古树，颇有“深山藏古寺”的意境。环潭假山由东、南、北三个部分组成，东山奔走绵延、南山高耸陡峭、

图 6-78　绮园平面图

北山则层层向上，极具山林之趣。沿轩南曲桥，即到上南山蹬道，沿蹬道即到南部景区的制高点。潭影轩以北即为绮园的北部景区，该景区以水池为中心，由两堤三桥将水面划分为大小不一的三片水域，其中西北侧最大，东部及南部则较小。池东为醉吟亭，西北角建卧虹水阁，池之东、南、北均堆叠假山将池水环抱。池之东部和北部假山，是营造绮园山林野趣的主要景观。北部及东部假山一脉相承、气势恢宏与水池之景融合。山系与水系形成嵌合之势，建筑、桥梁、亭疏朗散布其间，充分发挥点景作用。最后值得一提的是园中古木参天，游人入园仿若置身于深山老林之间，建筑景观掩映于山林之间，与同时期私家园林密集的建筑比例产生强烈对比，虽为人造却极富天然野趣之感，这也是该园最为突出的特色。

（2）湖州小莲庄与嘉业堂藏书楼

浙江吴兴、嘉兴两地自南宋起造园活动就很兴盛，但却鲜有园林遗存下来。目前留存下来也仅有前面介绍的嘉兴绮园以及南浔的小莲庄。小莲庄位于湖州市南浔镇，始建于1885年，历时40年，为清末南浔镇首富刘镛所建的私园及家庙。因仰慕元代书画名家赵孟頫别业"莲花庄"之名而取名小莲庄。嘉业堂藏书楼与小莲庄隔溪相对，为刘镛之孙刘承干所建，因末代皇帝溥仪题赠"钦若嘉业"而得名。两园均为典型江南文人园林风格。

1）湖州小莲庄

小莲庄由建筑与园林两部分组成，西侧以家庙三进建筑院落为主体。园林部分则可分为外园与内园两个部分。外园部分以面积约为10亩池面为中心，亭台楼阁围绕水景展开，颇具江南水乡风情。退修小榭位于池之南岸，平面呈品字形为园林主体建筑，榭两侧为曲折游廊，西连养性德斋，东连五曲桥与园之西端钓鱼台隔水相望。养性德斋北侧为西洋式两层阁楼东升阁，其后为笔直的长廊，由于廊壁嵌有紫藤花馆藏贴于梅花仙馆藏真刻石45方，又称碑刻长廊。池北侧为柳堤，宽丈余将园内荷花池与园外的鹧鸪溪相隔。柳堤西端设钓鱼台供垂钓之用，东端则建西洋式砖砌牌坊，为当年小莲庄的入口。原池之东岸的七十二鸳鸯楼现已无存。外园整体布局以水池为中心，池内遍植荷花，沿岸建筑高低错落、疏朗有致，加之花木繁茂，颇具一派自然风光。内园位于园林东南角，是一个典型园中园。园内太湖石所叠假山占据园内一半面积，峰峦迂回、沟壑起伏、极具气势，不失为叠山的上品之作。园内一泓清池作为湖石假山的配景，山水皆具，再于山顶、山腰、山脚各建亭轩供休憩赏景。如果说外园以大片的水景取胜，内园则以山景恢宏气势取胜，两园又互为借景，似隔非隔山水交融（图6-79）。

2）嘉业堂藏书楼

嘉业堂藏书楼虽以藏书及楼台著称，但其楼外建园，整个藏书楼掩映于园林之中，亦是一处绝佳的园林胜景。楼身采用中西合璧两层砖木结构，书楼四面环水，园内设一荷叶造型的水池，周围环绕以叠石假山，池中更垒石为岛，岛上筑亭。这样做的目的主要是防火之用，

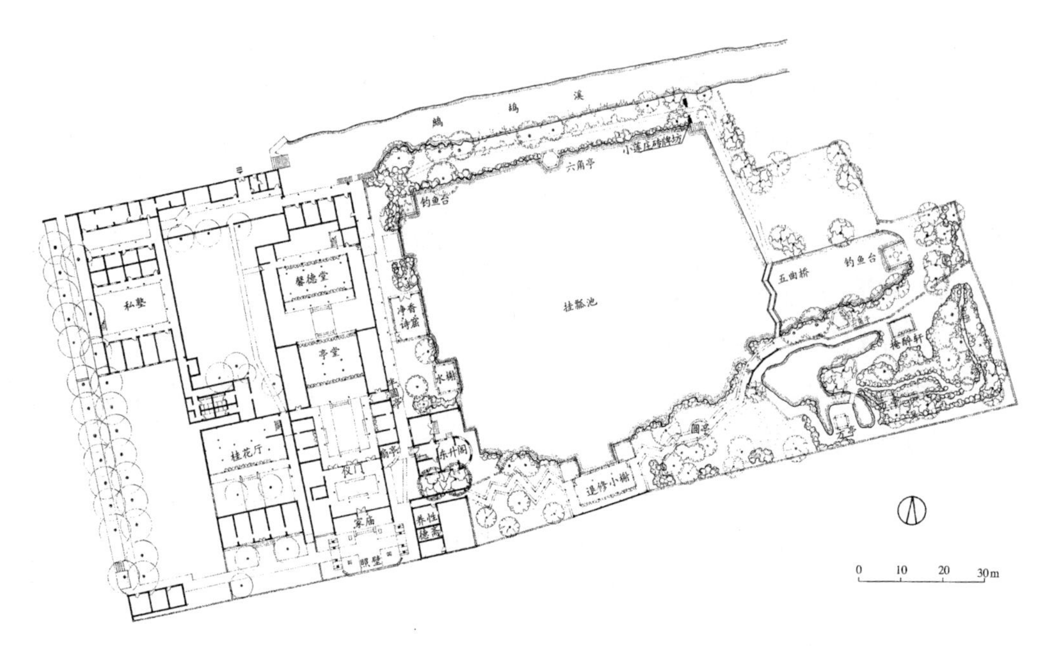

图 6-79　小莲庄平面图

但亦可作为园林水景供人游憩观赏，集实用功能与审美于一体。整体造园风格与隔溪相对的小莲庄极为协调，园内之景同园外村落田野之景浑然一体。值得一提的是，书楼园林中藏有一奇石，高约 3m，腹部有孔，如对孔吹气则会发出虎啸之声。故清朝著名金石家阮元题“啸石”二字。

（3）吴江退思园

退思园位于江苏省吴江市同里古镇中心，园始建于清光绪十一年（1885 年）。园林主人任兰生，卸任候处分落职回乡，延请同里古镇著名画家袁龙为其设计开始营建退思园。园名取自《左传》：“进思尽忠，退思补过”。“草”谐音通“朝”，看似是退思补过，其实是园主人难忘旧日荣耀，对昔日辉煌仕途的怀恋。

退思园总占地面积约为九亩八分，共分为西宅、中庭、东园三个部分。因受地形地势所限，突破常规改纵向为横向，在江南园林中极为少见。退思园园林空间布局上沿池面向内分布，形成一种内聚的格局。景观以水景为主，环池建筑均贴水而建，在前后错落有致的基础上东部建筑又较北部多，形成疏密对比，使得整个园林呈现极强节奏感与韵律感。建筑形式囊括亭、台、楼、阁、廊、坊、桥、榭、厅、堂、房、轩，诸建筑皆浮水上，被誉为“贴水园林”（图 6-80）。园内中庭有一旱船为中庭正厅，作为宾客入园休憩之处。旱船南侧为岁寒居，采用的是中国古典园林经典造园手法框景，透过其窗可观赏园内风景如画。过中庭月洞门即可步入东园区。主要建筑揽胜阁、退思草堂、琴房、眠云亭、菰雨生凉、辛台、闹红一舸、水香榭等环水而建。景名多取自古代文学名作，如“琴”、“棋”、“书”、“画”主题，

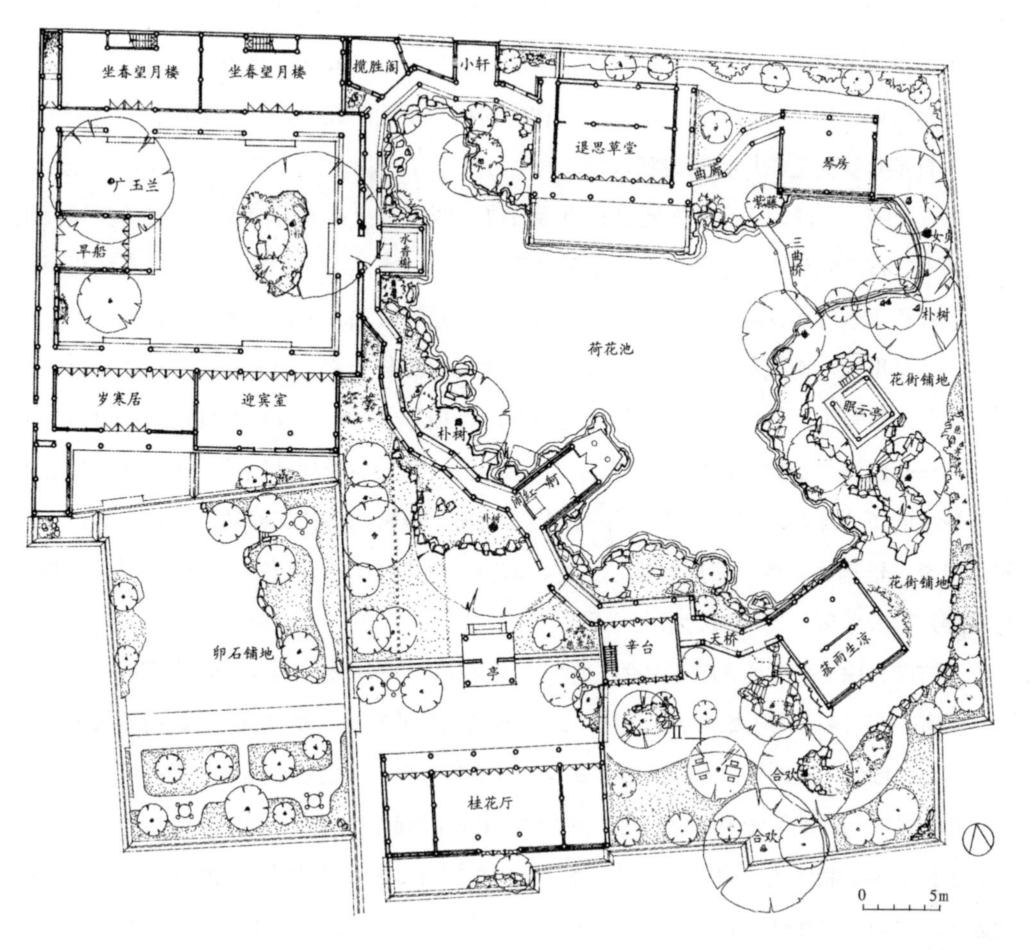

图 6-80　退思园中庭与东园部分平面图

即在“琴房”中抚琴，“眠云亭”中对弈，“辛台”中苦读，“揽胜阁”中入画，富有寓意。眠云亭筑于池东岸假山之巅，与水香榭隔水相望互为对景。中庭中的“旱船”与东园中的“闹红一舸”两船舫一旱一水，同时出现在古典园林中也极为罕见。退思园建筑种类虽多，但布局却极为讲究，疏朗有致不显局促，池面采用了小园常用的聚的手法，面积不大但驳岸设计曲折自然，再配以山石花木，是江南私家园林难得的精品之作。

6.3.2　北方园林

北方造园的中心即为当时的政治中心北京，北京私家园林之多，质量之高均足以作为北方园林的代表。由于地理位置、气候、文化条件的限制，北方园林出现了与江南园林迥然不同的形态。一布局上：北方园林更强调中轴线并设有明确的正堂与东西厢房，建筑、游廊也多采用正朝向，院落空间尺度也彼此接近，虽然少了南方园林富于变化的布局方式，但却显得更为端庄大气；二建筑上：北方的建筑相较南方的轻巧灵动与开放，显得更为浑厚稳重与封闭。同时，北方私家园林中往往会出现带有宗教祭祀形制的建筑，这也是在江南园林中极为少见的；三叠石上：江南园林常采用太湖石与黄石堆叠假山，两者均在皇家园林中有所见，但黄石假山在北方私家园林中却极为少见。北方园林多采用青石为假山材料，青石多呈蓝灰色、片状或块状，故又称“云片石”。假山也多采用土石结构，以土山为主，仅在山脚、山峰、山道等关键部位点缀石块；四理水上：北方地表土层较为深厚，水资源并不丰富，除西北郊之外，几乎水源匮乏。因此，水池的面积普遍较小，多采用凿井取水、积蓄雨水等手法，甚至有些园林直接采用旱园的做法。但每到冬季，园内池水结冰到冬季又呈现出江南园林不具备的景致；五植物上：相较于南方，北方气候条件要逊色得多，不仅降雨量小，且冬季漫长，气温也很低，直接导致一年中草绿花红的周期很短。但北方园林却能够做到因地制宜，大量选用乡土物种，每到冬季树叶零落，水面结冰呈现出北方独特的萧索寒林之境。乔木多用白皮松、柏树、槐树、柳树、榆树、杨树、枣树、枫树、银杏、梧桐等，灌木多用海棠、丁香、木槿、紫荆等，花卉多用牡丹、芍药、菊花、梅花等，以及紫藤、竹等植物搭配。

北方园林除了江南私家园林中存在的城市宅园和郊野别业外，还有一种特殊园林王公府园。城市宅园大多分布于城内各居住区，加之都城规整的布局，使得城市宅园的轮廓也显得较为方正。城外私家园林虽没有城内那么多，但也有不少，特别是会馆园林多在城外。北京城内有大量的满、蒙亲王府、贝子府、贝勒府，它们的规模往往比普通的宅园面积要大，并按封建社会等级制度建置相应的府园。除以上三种园林之外，由于北京城内聚集全国各行各业人士，故衍生出各行业的会馆园林，由于会馆园林的性质及内容与私家园林无异，故归入私家园林。

1. 王公府园

北京王府非常多，而王府花园为北京私家园林的一种特殊类别，如恭亲王府花园、醇亲王府花园、棍贝子府园、涛贝勒府园等。下面就选择具有典型代表意义的恭王府花园与醇王府花园做介绍。

(1)恭王府花园·萃锦园

恭王府花园位于北京城内什刹海一带，为恭亲王奕䜣的府邸宅园。其前身为乾隆年间大学士和珅的宅园，始建于何时不知，很有可能是在明代旧园基础上建成。嘉庆初年，和珅获罪抄没，被赐予庆王永麟并加以修葺。咸丰二年（1852 年）府邸被赐予晚清重要政治人物恭亲王奕䜣，此时园林部分除入口处西式园门静含太古、土山、青石以外基本荒废。奕䜣于同治年间予以再次修葺，后因奕䜣本人的诗集《萃锦吟》而得名萃锦园。光绪二十九年（1903 年）奕䜣之子载滢再度重修，并著《补题邸园二十景》分别描述萃景园二十景。1929 年奕䜣之孙溥伟将府邸出售给辅仁大学用作校舍。中华人民共和国成立后，20 世纪 80 年代恭亲王府修葺一新，正式对公众开放。

恭亲王府花园位于府邸北侧，占地面积约为 50 亩。全园分为东、中、西三路布局，中路为严谨中轴线对称布局，东、西两路相对布局自由很多，东路以大戏台建筑为中心，西路则以水池为中心。园林四周均设有假山将园林围合，假山之间脉络相连，形成一种内聚式的围合空间（图 6-81）。

园林由中路入园，中间设有一座西洋风格砖砌园门，外侧有匾额题“静含太古”。在晚清人们对西洋建筑研究不多，立于园林入口给人以一种“远瀛”、“方外”非人间之感。由园门而入，正对轴线上设一奇峰石景，是一座高约 3m 多的北太湖石，名独乐。独乐很明显取自司马光的独乐园，由此也折射出园主人奕䜣隐秘的怨愤之气。入园道路两侧设青石假山，东侧名垂青樾，西侧名翠云岭，两山之间架一块横石，为入园第二道石门。垂青樾以北又有一体量稍小的假山，名怡春坞，山顶立亭名沁秋亭，亭内取曲水流觞之意，凿出曲折石渠。独乐峰以北为蝠池，池之西南角有小溪与西路大水池相连，并在溪上筑一石桥渡鹤桥通往棣华轩。蝠池北侧为安善堂，其后为大型太湖石假山滴翠岩，山中有洞，洞中保存有康熙帝亲题福字。山上建绿天小隐与邀月台，此处为夜间赏月之处。中路最北端，为全园主体建筑正谊书屋，由于平面呈蝙蝠状，故又称蝠厅。

东路垂青樾以北为一片小菜圃艺蔬圃，其北侧为两进小院落香雪坞，东路最北为大戏台，由于门上悬“怡神所”匾额，故又名怡神所。西路秋水山房西侧为水池与假山配合成景的养云精舍，东侧则为具有祭祀形制的二层小楼，底层平面呈十字形名般若庵，二层名妙香亭。西路中部是一片呈长方形的巨大水池，水池的中央设有面阔三间的诗画舫。池北为面阔五间的花厅澄怀撷秀，东西各配一耳房。

恭亲王府布局特点是宅府在前，花园在后。花园部分以假山将之环抱，由园林中轴线为起点按顺时针方向绕园一周，是为龙脉，园内植物亦按不同景区的主题做精心设置。园林尺度较私家园林明显偏大，中轴线布局凸显皇家气派。园林整体格局略为规整，但却在每个景区做精心设计，使人游园时并不觉呆板。

（2）醇亲王府花园

醇亲王府位于什刹海北岸，其前身为康熙前期重要政治人物大学士明珠的宅园。明珠长子纳兰性德是清代最为著名的词人，被誉为“北宋以来第一人”，故宅园内经常举行宴会与赋诗雅集活动。乾隆晚期由于明珠家族获罪而被罚没，宅园收归国有。乾隆赐给成亲王永瑆成为成王府。光绪年间又归光绪皇帝的生父奕譞，当时奕譞获得新王府时整个王府不管是建筑还是花园均已破败不堪，于是醇亲王奕譞对王府进行大规模的修葺。奕譞去世后醇亲王府传给第二代醇亲王末代皇帝溥仪的生父载沣。1963 年修葺后成为宋庆龄女士的住所，现在以宋庆龄故居的名义对外开放（图 6-82）。

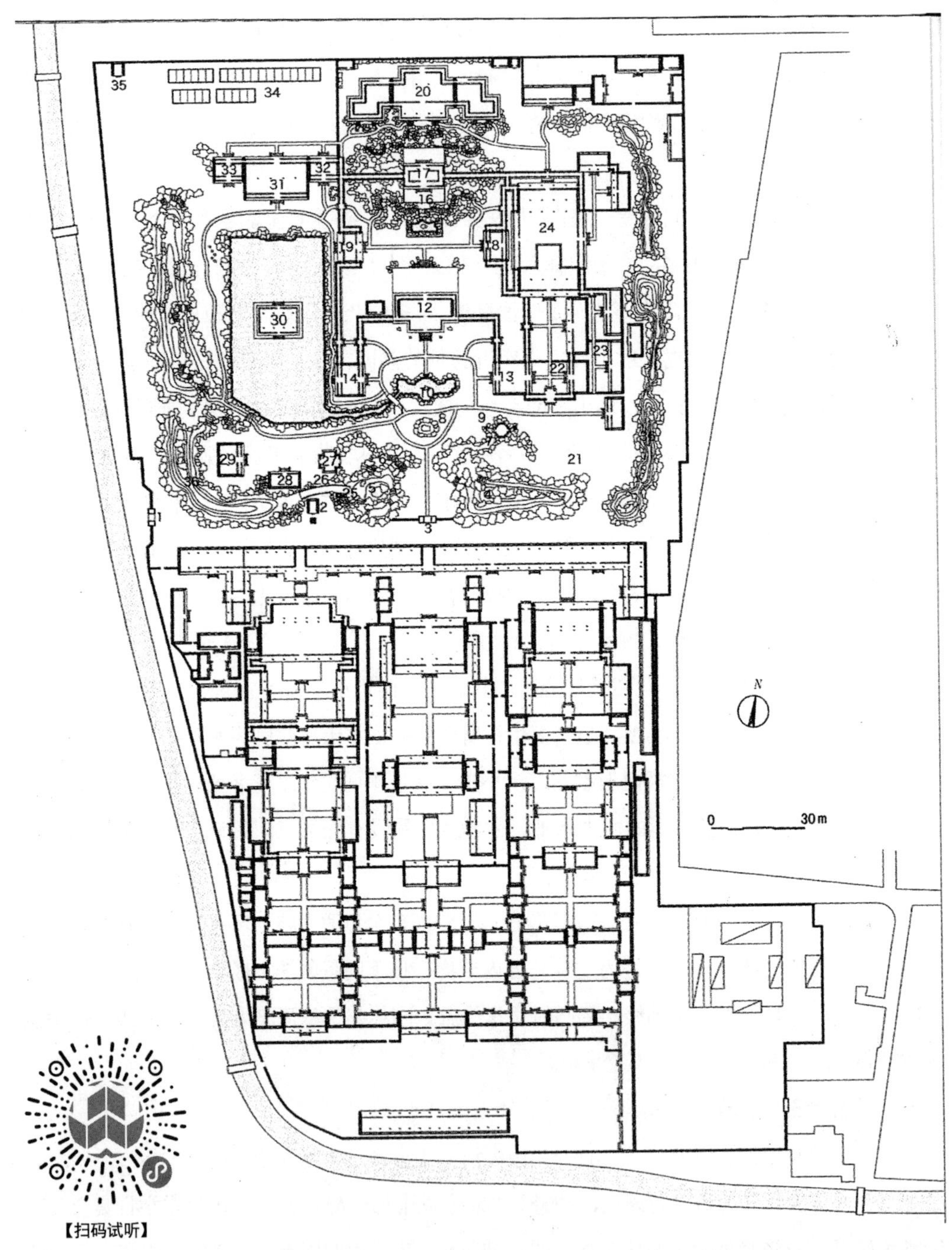

图 6-81　同治年间恭亲王府园复原平面图

1. 西门；2. 龙王庙；3. 西洋式园门；4. 垂青樾；5. 翠云岭；6. 樵香径；7. 怡春坞；8. 独乐峰；9. 沁秋亭（流杯亭）；10. 蝠池；11. 渡鹤桥；12. 安善堂；13. 明道堂；14. 棣华轩；15. 滴水岩；16. 邀月台；17. 绿天小隐；18. 退一步斋；19. 韵花簃；20. 蝠厅（正谊书屋）；21. 艺蔬圃；22. 香雪坞；23. 吟香醉月；24. 大戏楼（怡神所）；25. 山神庙；26. 榆关；27. 妙香亭（般若庵）；28. 秋水山房；29. 养云精舍；30. 诗画舫；31. 澄怀撷秀；32. 宝朴斋 33. 韬华馆；34. 花房；35. 花神庙；36. 土山

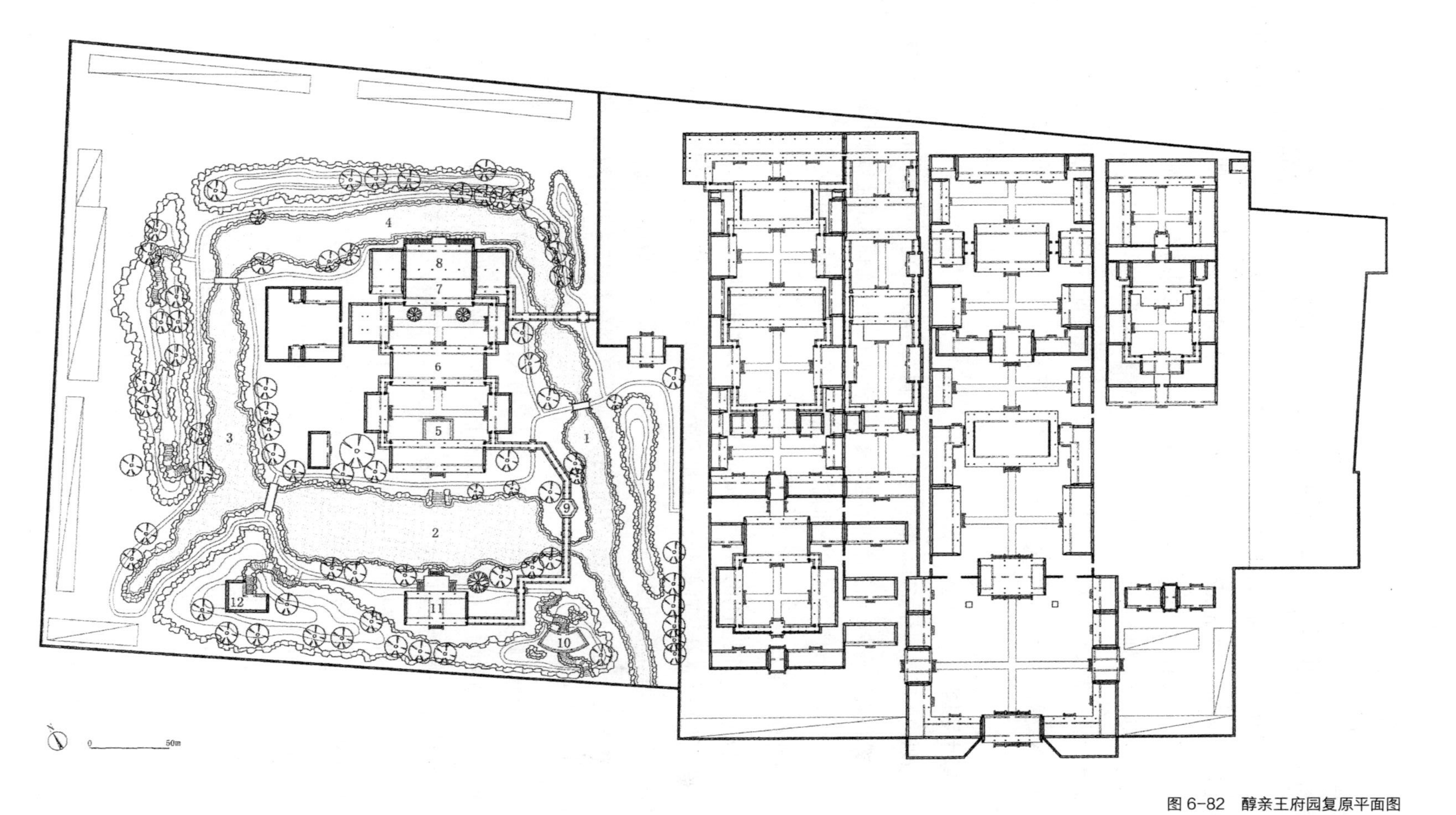

图6-82　醇亲王府园复原平面图

1. 东河；2. 南湖；3. 西河；4. 北河；5. 戏台；6. 濠梁乐趣；7. 畅襟斋；8. 北楼；9. 恩波亭；10. 箑亭；11. 南楼；12. 听雨屋

醇亲王府花园位于府邸的西侧，占地近40亩，是北京现存造园水平最高的大型园林。整个花园外围是堆叠的土石山，形若一个闭环，假山之内是河池，也是形若闭环。河池四面除南侧水面较宽以外，其余三面为长河，东河东南角通过暗河直接与后海相通。园内主体建筑位于山水环抱的中央陆地之上，为一个三进院落。一进原本有一大戏台现已不存，其北为厅堂名濠梁乐趣。第二进院落的南侧为畅襟斋，北侧为北房，左右各一厢房名观花室、听鹂轩。院内立有一株石笋，两旁对称种植两株西府海棠。南湖南岸建有一南楼，与濠梁乐趣隔水相对形成园中的中轴线。南楼以东为听雨屋，南楼以西为扇形箑亭。

总体而言，醇亲王府花园还是沿用了王公亲府惯用的中轴线布局，但却能创新式采用墙、山、水形成三个层次的围合，突破轴线布局的呆板之感，给人以远离尘嚣恰似山林幽涧之感。

2. 城市宅园

北京城内的私家园林多为城市宅园，散布于内城各居民区内。外城的北部园林兴建就比较繁荣，南部就比较少。汉族官员的宅邸多建于宣武门外，而商人的宅邸则多建于崇文门之外，故又有“东富西贵”之说。下面就选取几个具有代表性的城市宅园展开介绍。

(1) 北京可园

可园位于北京东城的帽儿胡同，是清代大学士文煜的宅园。文煜字星岩，满洲正蓝旗人，曾先后任山东巡抚、直隶总督、福州将军、刑部尚书、总管内务府大臣，光绪年间更被授予武英殿大学士。可园建于咸丰十一年（1861年），园成文煜侄儿还特意写了一篇《可园记》刻于石碑之上用以记录造园过程，这座石碑现就保存于园内。民国初期，文煜后人将园售给北洋军阀、中华民国代总统冯玉祥。日伪统治时期为伪军司令张兰峰所得。中华人民共和国成立后一度为朝鲜驻华大使馆，后变更为领导人住所，不再对外开放。

可园是一座典型具有北京四合院形制的北京宅园，整个宅园由一横向五座院落组成，整体布局仍保留四合院的正厢形式，中轴线明确突出，建筑均南北朝向，显得庄重严肃。与中轴线相比东西两侧富有变化，不强调对称，东密而西疏，使整个园林又严整中富有变化。宅园整体规模很大，花园分为东西两路，东路花园为全园的精华之所在（图6-83）。

东花园南北长约100m，东西宽约26m，总占地面积约为4亩多。全园以建筑为主，轴线突出，山水为辅，再兼以花木点缀。东花园分为前后两进，主体建筑前院正厅位于中轴线之上，将园林分割为前后两进，减少过于狭窄地形对园林布局的限制，形成前院疏朗、后院幽曲的对比。园林东西两侧游廊长约80m，将全园串联起来。东西两侧游廊既串联全园，同时又不占用园林空间，使中部得以有效的扩大。东侧游廊由南向北依次将攒尖亭方亭、面阔三开间的敞厅、八角攒尖顶半八角亭、面阔五开间歇山顶高台敞轩四座外形各异的亭榭串联起来。亭、榭间高低错落、疏密相间，形成园内别致的风景。东西两侧景观建

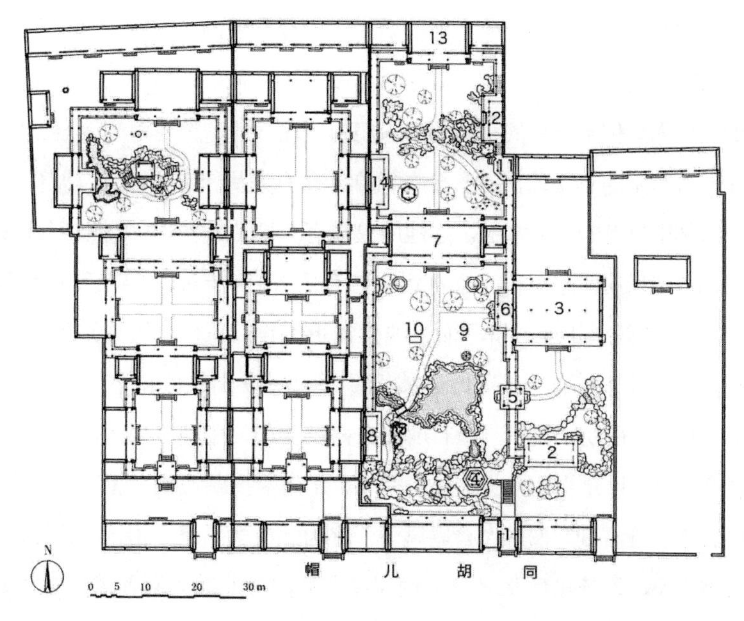

图 6-83 北京可园平面图

1. 可园园门; 2. 歇山敞厅; 3. 两卷歇山厅堂; 4. 六角亭; 5. 方亭; 6. 敞厅; 7. 前院正厅;
8. 前院西轩; 9. 日晷; 10. 石碑; 11. 半八角亭; 12. 高台敞轩; 13. 后院正厅; 14. 后院西轩

筑并不是沿轴线的对称布局，突破主体建筑轴线的呆板之感。前院集中的池面，其曲折的驳岸进一步丰富园林空间变化，园林游览路线并不与轴线重合，而是自然曲折富有变化。园门位于园林的东南角，入门即见假山，假山既为入园的障景又为前院正厅堂的对景。山体石包土结构，外石内土，见石不见土，山体高 3m，在山体的东端立六角亭增添山势。山体北侧则做成山谷，池水由谷中引出，山水结合。山之南侧观赏视距有意压缩得非常短，目的是“以近求高”达到抑景的目的，入园后更显园之疏朗。后院假山分为东西两组，使后院空间有所分隔，不至于一眼望穿。东侧假山以石洞引入，台之边角以石环抱，引人入胜的同时也显得十分自然。

可园东花园在狭长的空间范围内，有意通过建筑对空间进行分割，更将山、石、水、桥、建筑和游览路径有机地融为一体，营造出传统北京四合院落间富有自然情趣的园林，可谓是北方城市宅园中的杰出代表。

(2)潍坊十笏园

十笏园位于山东潍坊胡家牌坊街，始建于光绪十一年(1885 年)，为当时潍坊首富丁宝善历时 8 个月所建，又名丁家花园。十笏园前身为明代嘉靖年间刑部侍郎胡邦佐的故居，后园屡易其主，丁宝善购得后仅保留了砚香楼，其余全部拆除重建。园成丁宝善亲自撰写《十笏园记》刻于石上，置于回廊南端墙壁之上。十笏园总占地面积约 2000 多平方米，以“门藏苏秀”小巧玲珑、别致而著称，十笏即指十块笏板用来形容园林之小。十笏园为丁家宅园，而丁家宅园共八路，十笏园位于宅园的西南部，分东西两院，东为主院是全园的精华所在，西为辅院（图 6-84）。

十笏园的园门入口位于东路的东南角，入门为一片空地，空地南侧倒座厅位置建有三开间的硬山厅堂十笏草堂，草堂北向对称分布树立一株石笋及一株木化石，另有一块太湖石上镌刻十笏园。园林中央有一片大水池，水池中央建有一亭名四照亭，四照亭上悬涛音的匾额，并于西侧挂对联“清风明月本无价，近水远山皆有情”，南挂对联“望云惭高鸟，临水愧游鱼”。亭西侧有曲桥与西岸相连，桥平面呈现弧线形，设有三拱，造型别致。池的东侧有一座画舫，名稳如舟。池东岸有一依园之东墙而叠假山，假山高 10m，南北长约 30m，东西宽约 15m，拾级而上，山径迂回曲折、怪石嶙峋、路随峰转，中间穿插水池、山洞、平桥、瀑布、山门等景点。山之顶建六角攒尖顶亭蔚秀亭，山南端掩藏石洞，上建四檩卷棚小轩落霞亭，亭内刻郑板桥手迹石刻，匾额“聊避风雨”亦为郑板桥手笔。沿山径而下，山脚临水筑有一六角攒尖顶小亭，取依山傍水之意名漪岚亭。后院最北端为砚香楼，此楼始建于明代，丁氏保留予以修葺。池之西岸设游廊，穿游廊可入西路庭院。西路院落以深柳读书堂为界分为前后两个院落，前院有西厢房静如山房和秋声馆，园内设石景，并种植龙爪槐及紫丁香，后院主体建筑为颂声书屋，院前种植石榴树。

十笏园将南北园林风格融为一体，十笏草堂、四照亭、鸢飞鱼跃门、砚香楼形成全园的南北向中轴线，登十笏草堂与砚香楼俯瞰，全园景致尽收眼底。全园以水为中心，四照亭为水面中央，亭、堂、楼、阁、画舫、曲桥布局灵活，紧凑而不拥挤，犹如众星拱月。池之东岸假山以太湖石堆叠而成，山水之间更显水木清华，达到不出城镇而享山林之怡的境界。

（3）半亩园

半亩园位于北京东城区黄米胡同，始建于康熙年间，园主人为贾汉复，相传当时延请江南著名造园家李渔营建园林。后来半亩园屡易其主，道光二十六年（1840 年）园归两江总督管两淮盐政的朝廷重臣麟庆所得。他着力修葺园林，在其亲自撰写的《鸿雪因缘图记》一书中就有对半亩园内景观进行详细描述，并配上七幅插图描绘园中景致。其中《半亩营园》中更有一段文字对园内建筑作了描述：“正堂名曰云荫，其旁轩曰拜石，廊曰曝画，阁曰近光，斋曰退思，亭曰赏春，室曰凝香。此外，有嫏嬛妙境、海棠吟社、玲珑池馆、潇湘小影、云容石态、罨秀山房诸额，均倩师友书之”。麟庆时期的半亩园可谓是：“叠石成山，引水作沼，平台曲室，奥如旷如”，更被世人誉为“京城之冠”。民国时期，半亩园日渐颓败，沦为民居杂院。1947 年被天主教怀仁学会购得此园，改名“怀仁会堂”，园内仅存假山流水，园门破败不堪。中华人民共和国成立后半亩园收归国有，被北京公安局占用，1984 年半亩园花园部分被全部拆除，一座著名的清代京城最为著名的私家园林从此消散于大都市的车水马龙中（图 6-85）。

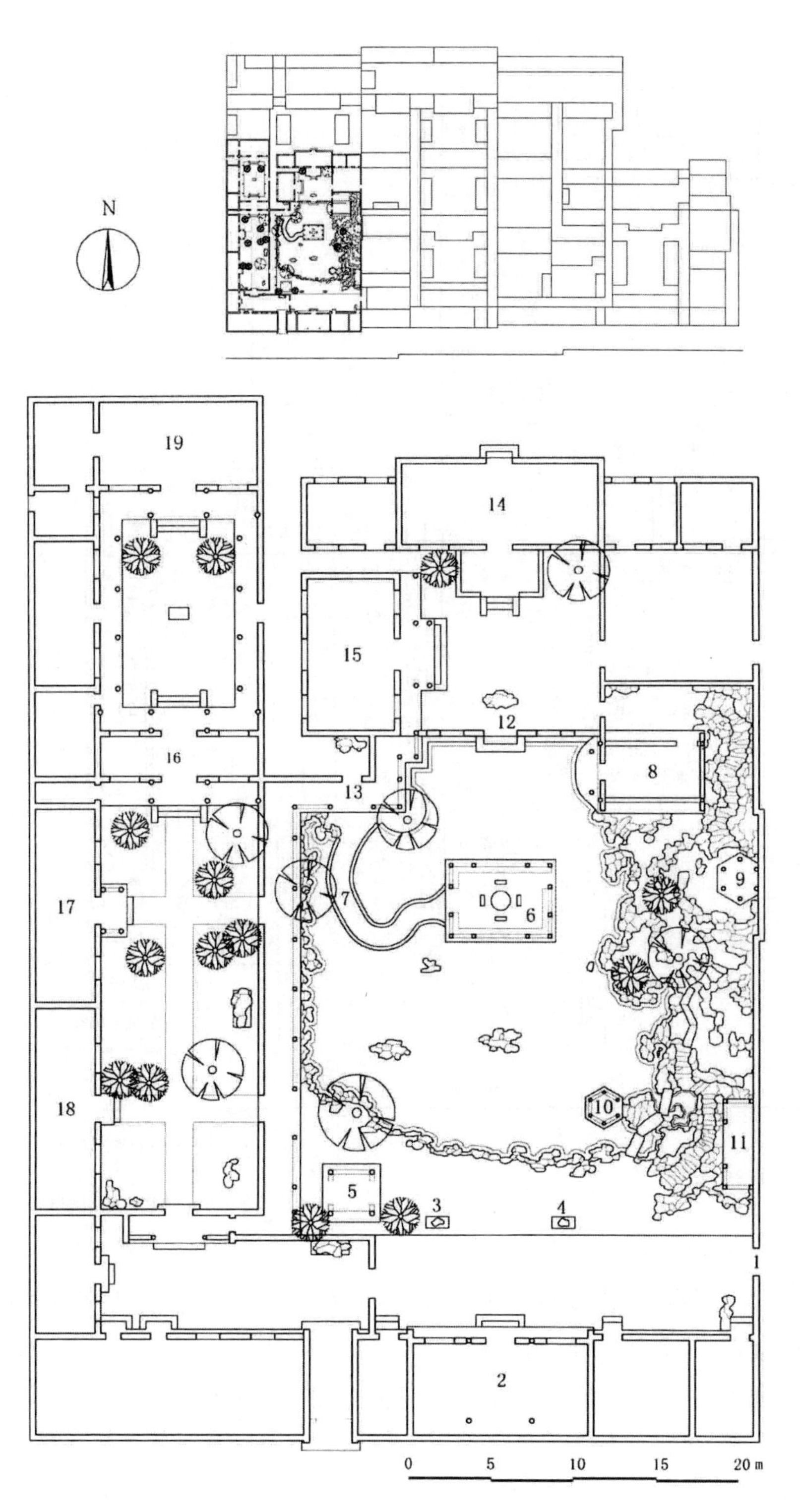

图 6-84 十笏园平面图

1. 园门；2. 十笏草堂；3. 石笋；4. 木化石；5. 小沧浪；6. 四照亭；7. 曲桥；8. 稳如舟；9. 蔚秀亭；10. 漪岚亭；11. 落霞亭；12. 鸢飞鱼跃门；13. 八角形屏风；14. 砚香楼；15. 春雨楼；16. 深柳读书堂；17. 秋声堂；18. 静如山房；19. 颂声书屋

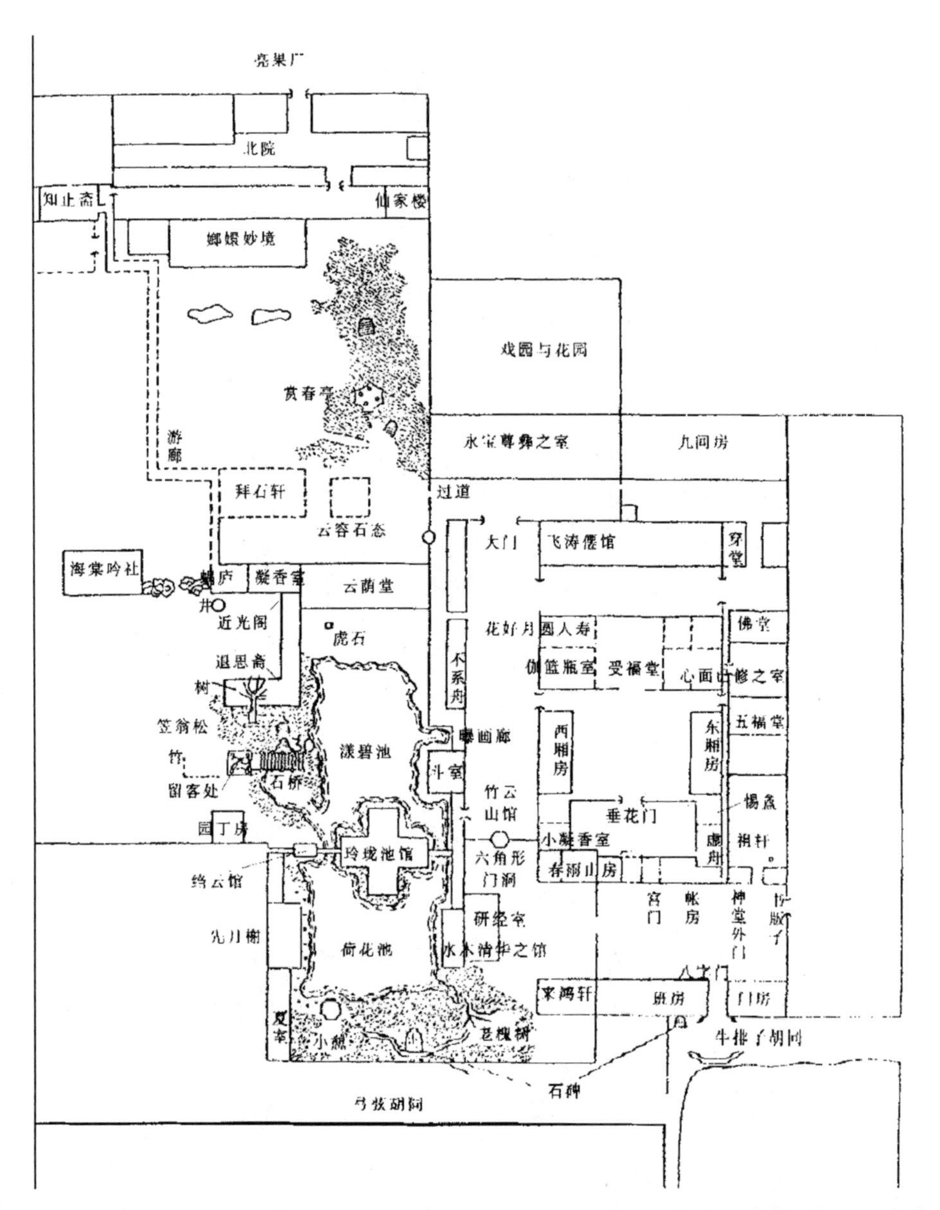

图 6-85　半亩园平面图（1949 年前后）

半亩园园林部分位于住宅西侧，以夹道相隔，夹道南端即为园门。园林以云荫堂为界分为南北两个院落，南院是以山水为主题的院落，北院则是建筑与假山组成的若干庭院空间的院落，园林整体布局还是沿用北方园林轴线明确、建筑朝向规整的章法，又富有变化，力求在小空间创造出丰富的景观效果。

3. 郊外别业

京城西北郊自康乾以来逐渐形成三山五园庞大的皇家园林体系，具有万泉庄水系和玉泉山水系作为园林供水的来源。由于帝王居园成为惯例，故在西北郊皇家园林附近又陆续兴建许多皇室成员及朝中大员的赐园。帝王赐园在乾隆时期到达顶峰，主要集中于海淀一带，利用万泉庄水系及地下水提供园林用水，形成不同于城内园林用水匮乏旱园的以水面为主的水景园。

由万泉庄水系串联的诸园如：淑春园、蔚秀园、鸣鹤园、郎润园、镜春园、集贤院等园，在20世纪20年代被燕京大学所购得，燕京大学与北京大学合并之后，成为北大校园的一部分。而熙春园与近春园则成为清华校园的主体部分（图6-86）。

除以上园林外，位于西直门外长河南岸的乐善园，其始建于顺治年间，为康秦王赐园，乾隆时期一度改为长河行宫，中华人民共和国成立后被拓展成为北京动物园；位于海淀镇苏州街西侧的礼王园，建园时间不可考，但由园林选址取水不易的地势较高区域可知建园时间较晚，所以找不到理想的园址。园林规模宏大分为东宅、中院、西园三个部分，东部地区为宅邸区，中院则为山林区，院内以一座气势恢宏土石结构的假山为主体，西园为宅园区。民国时期为同仁堂乐家购得，故又称乐家花园，现为北京八一中学

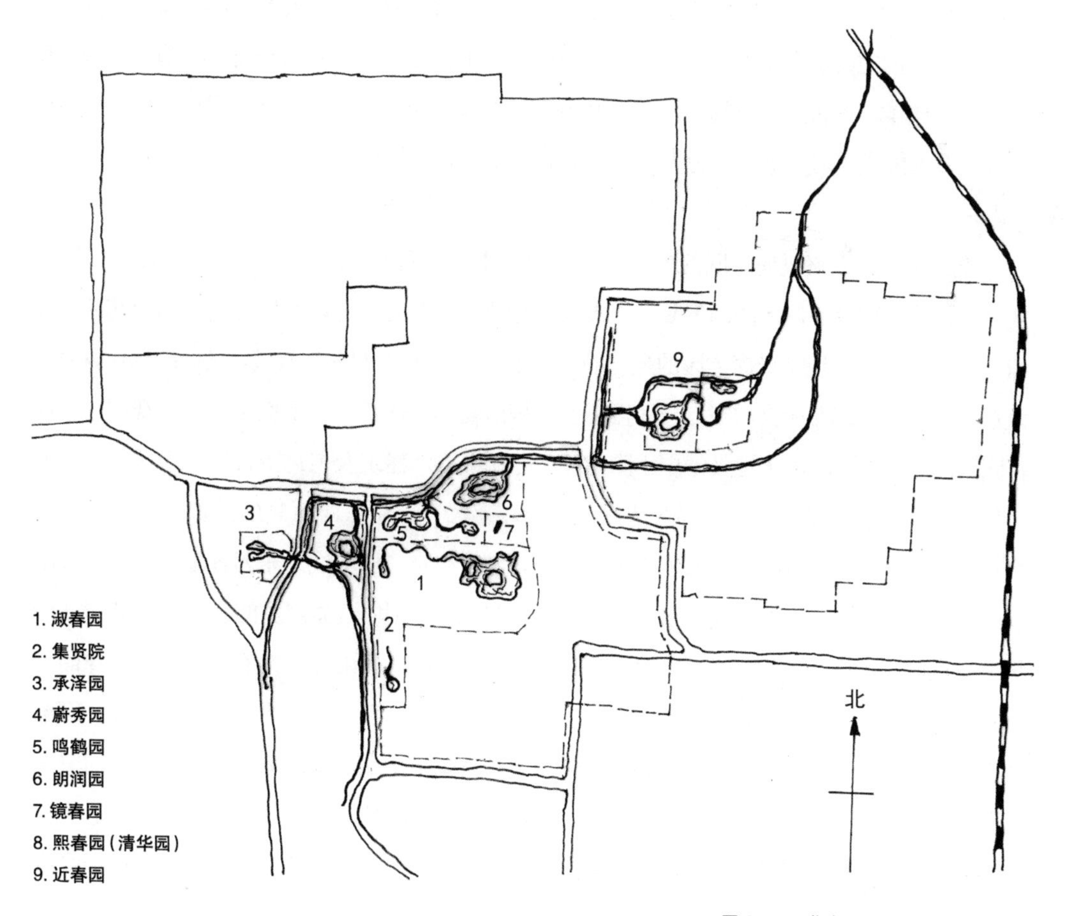

图6-86　北大、清华校园内的古典园林

校园；自得园位于颐和园东北侧，园名取“心旷神怡，布列有序”之意，园内凿湖筑岛、岛上建阁、假山奇石井然有序，现为中央党校的南院，园林建筑已无，但院内山水布局仍有遗存。

4. 其他地区园林

京城是北方园林集中地区，但山西、山东、陕西、河北、河南等地，也有私家园林的建置，但随着时间流逝，保存下来的寥寥无几。山西随着晋商富甲一方，陆续在榆次、太谷、祁县、灵石、平遥一带，修建住宅。由于清代富商大多推崇儒商合一，故往往是父辈经商，子侄辈通过科举入仕。而他们在外经商、为官回乡后就会修建豪宅，累世经营往往是住宅连宇成片，形成庞大的多进、跨院落的建筑群。聚族而居的习俗使得同姓族人的深宅大院集中在一处，外围再筑以高墙，远看犹如一个独立的城堡。榆次车辋乡的常家大院、山西祁县乔家大院便是典型的例子。

(1)太谷孟氏宅园·孔祥熙宅园

孟氏家族清代中晚期族人多在江淮一带经商致富，致富之后又注重子孙读书，故多有中举、中进士并为官者，成为当地的第一望族。在太谷城内外建有大量住宅、别墅，其中位于县城西南的宅园保存完好，流传至今成为极少数仍保存园林景致的晋商大宅园。民国年间孟氏将宅园全部出售给大财阀孔祥熙，孔得园后对园略加修葺，基本保留园林格局不变。中华人民共和国成立后，宅园成为晋中学院太谷师范分院的校址，近年修葺后开始对公众开放(图 6-87)。

整个宅园由五路纵向并联的多进院落组成，由东至西依次为：东花园、主院、厨房院、戏台院、墨庄院及一附属的西偏院。主要园林景观位于东花园与西花园之内，两个花园的面积均不大，但却体现了晋商宅园的典型特征。花园部分具有明显的轴线，左右建筑、植物、山水基本对称。东花园园内亭、台、楼、阁、假山高低错落有致，形成丰富的景观层次。西花园则以静谧见长，以水池及池中小陶然亭为全园中心，建筑及植物围合加以烘托。东花园面积仅 3 亩，以东花园正厅为界分为南北两进院落，全园由东西两侧的游览贯穿联系。南院有一面阔五间，北出厦三间的硬山顶的南楼与正厅相对形成轴线，东西各配一轩围合成院落。东轩为面阔三间的歇山顶建筑，西轩则为一旱船厅，用以凸显画舫的意境。东花园北院北侧有一 L 形北楼，楼前有一由当地所产砂石叠成的假山，假山之上筑有六角亭。西花园位于大戏台的北侧占地仅 1 亩，由东西两个连通的院子组成。西部院落为西花园的主体，东部院落又称为书房院。西院正厅为面阔五间的赏花厅与位于南端的南厅隔水相对，形成对景与轴线。西院中央为一个十二边形的水池，池中建方亭名小陶然，南北各有一段石桥与池岸相连。南北桥头均有两座狮子石雕，石桥栏杆的柱头则雕有十二生肖的形象，与十二边形水池相呼应。

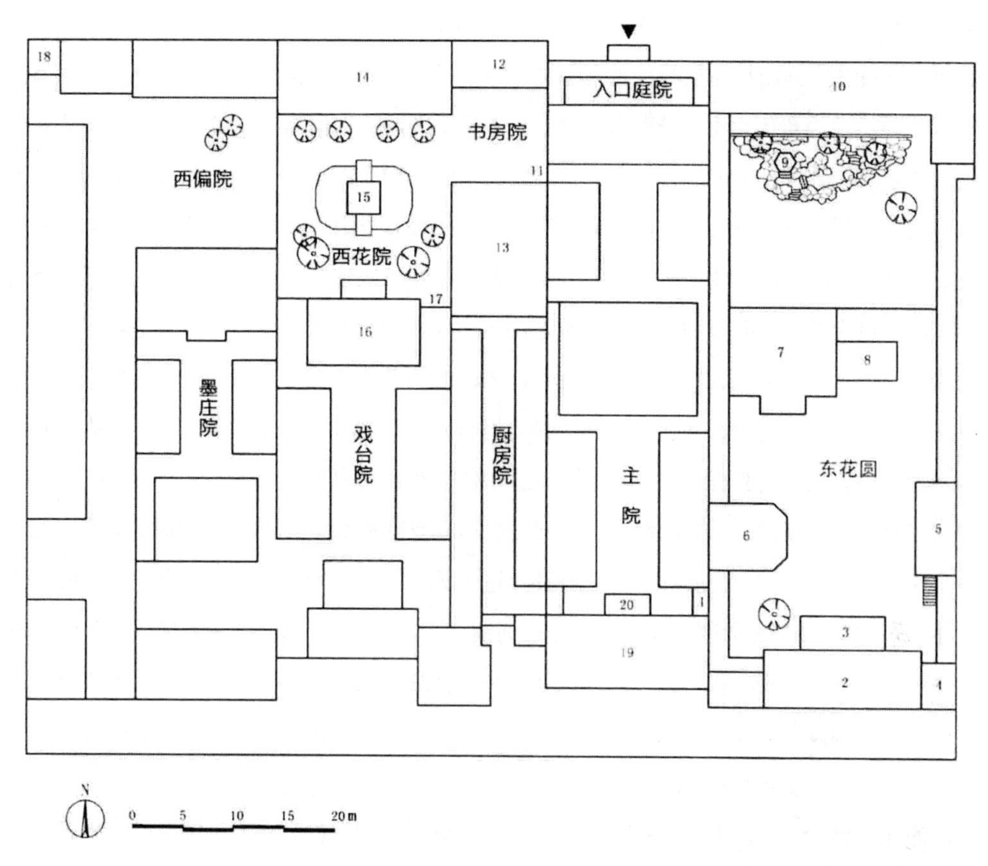

图 6-87　孟氏宅园平面图

1. 东花园入口; 2. 东花园南楼; 3. 南楼抱厦; 4. 凉台; 5. 东轩; 6. 船厅; 7. 东花园正厅; 8. 东耳房; 9. 六角亭; 10. 东花园北楼; 11. 西花园入口; 12. 日之月无忘斋; 13. 过厅; 14. 赏花厅; 15. 小陶然; 16. 西花园南厅; 17. 宝瓶形门洞; 18. 岗亭; 19. 瀛洲风范; 20. 谨节亭

6.3.3　岭南园林

岭南园林具有明显的多元兼容的特征，同时园林风格凸显地域环境特质，正是吸纳多方元素又顺应地域自然环境，是形成岭南园林独特风格的重要因素。一布局上：岭南园林往往采用“连房广厦”合院形式，庭院空间与生活空间联系紧密，以庭院为中心建筑围绕庭院展开以获得相对开阔庭院空间和良好的通风环境。同时又采用“前庭后院”布局，虽没有明确实墙相隔，园内曲折敞廊与巷道既将园内各建筑联系在一起，又分割出不同景观空间，使得庭院与住宅各自独立。二建筑上：岭南园林建筑区别于北方的稳重与南方的轻巧，而是吸取二者优势介于两者之间。岭南园林建筑一般体量较小、构造简易、通透开敞，如园中主体厅堂往往采用三开间，内部仅用格扇或门罩来划分不同的功能空间，常用模仿珠江紫洞艇的船厅作为园林主体建筑。同时由于体量较小也不会像江南园林那样独立设立，而是与园中其他建筑连在一起，形成错落有致的建筑群。岭南园林建筑的屋顶采用屋坡平直的做法，就是顺应岭南地域环境特点，增加屋内阴影、减少热辐射，达到降温的目的。岭南地域文化及气候特征，又催生了书斋与高楼两种岭南园林中特有的建筑形式。三叠石上：岭南园林中为保留园林空间，很少布置土山而是以石山为主且体量不大，叠石假山以观赏为主，主要是对自然山水景观的局部进行呈现或直接是大自然中山水的缩影。石景主要用产地为广东英德的英石，但英石石料多为小块的，大块石料往往很少，故叠石成山往往稳定性较差，故也会采用壁山石景以加强假山稳定性。同时，假山多紧靠庭院外墙或建筑墙壁的壁山石景也可以空出园林空间。岭南园林中多采用布点散石的方法，不为表现自然山形或山势，仅是对石块本色的欣赏。四理水上：岭南园林中水景多为聚合式、建筑环水展开形成向心内聚的格局，这样可以在有限的空间产生更为开阔的空间，最为适合尺度规模不大岭南园林。园中多为几何规整性水池，池岸也多用驳石池岸，一方面较土岸处理驳岸边界更为清晰，进而达到扩大池面显得水域宽广的效果。另一方面岭南地区气候潮湿、夏季多暴雨，驳石池岸既不易生蚊虫又能护土避免雨后的泥泞。最后，出于降温及营造景观的需要，岭南园林中常常是房水相伴和山水相依，房屋贴水延伸入水面，既打破规则池岸形态又通过水面实现降温，山水相依既符合自然之中山水形态关系，又丰富园内山水景观形态。五植物上：岭南地区是典型亚热带气候地区，从温度、湿度、雨量、日照、土壤等众多自然条件都非常适合花木的生长，故而岭南园林之中植物品类繁多，且一年四季均有花可赏。

岭南园林繁荣于明清时期，广州地区明清时期著名的园林就有五六十座。广州城北园林多集中在越秀山东南一带，城北园林有小云林、挹秀园、梦香园、继园、野水闲鸥馆、碧琳琅馆等；城东有洛墅、东皋等别业园林；城西有晚景园、磊园、小田园、环翠园、荔香园、小画舫等；城南珠江北岸岳雪楼、柳堂、袖海楼、露波楼、风满楼、烟浒楼、水明楼、烟竹楼、得珠楼、得月台登；珠江南岸宅园有十三行行商潘氏的南学巢、南墅、万松山房、秋红池馆、双桐圃以及伍氏家族的粤雅堂、万松园的南溪别墅、清晖池馆、听涛楼、翠琅轩等[1]。现以保存较为完整的岭南晚清四大名园：东莞可园、顺德清晖园、佛山梁园、番禺余荫山房为例作介绍。

（1）东莞可园

可园位于广东省东莞市莞城区可园路32号。始建于道光三十年（1850年），由江西按察使署理布政使张敬修修建。据张敬修侄儿张嘉谟《可轩跋》中记载："可园之名，有无可无不可、模棱两可之意"，张敬修宦海沉浮，曾三起三落，认识到人生无定，可行可止，无可无不可。张敬修虽为武将，却通读史书、诗词歌赋、金石篆刻、琴棋书画样样精通。因此，可园虽小却是广东近代文化的发源地之一：岭南画派代表人物居巢、居廉就曾客居可园10年，

① 陆琦．岭南私家园林 [M]. 北京：清华大学出版社，2013: 16-31.

创设没骨法、撞粉法花鸟画并传于世人；晚清著名诗人张维屏、郑献甫、陈玉良均到访可园文人聚会；著名篆刻家徐三庚也曾在可园传艺授徒。

可园小巧玲珑，占地面积仅三亩三分，周边环境极佳，临湖、傍江、近路，自然景色十分宜人。可园面积不大却包含厅堂、住宅、书斋、庭院、花圃、山水、桥榭、亭台，整体布局精密、设计精巧，建筑之间用檐廊、前轩、过厅、走道等相连，可谓是一应俱全（图 6-88）。全园可分为三个区域：第一个区域为入口区域，包含半月亭又名擘红小榭、草草草堂、葡萄林堂以及秋居等建筑；第二个区域为宴客、眺望、消暑的场所，包含可轩、邀山阁、双清室等为全园的核心区域；第三个区域为沿可湖的一组建筑群，包含可堂、雏月池馆、观鱼簃、钓鱼台等一系列与水景相关的建筑。

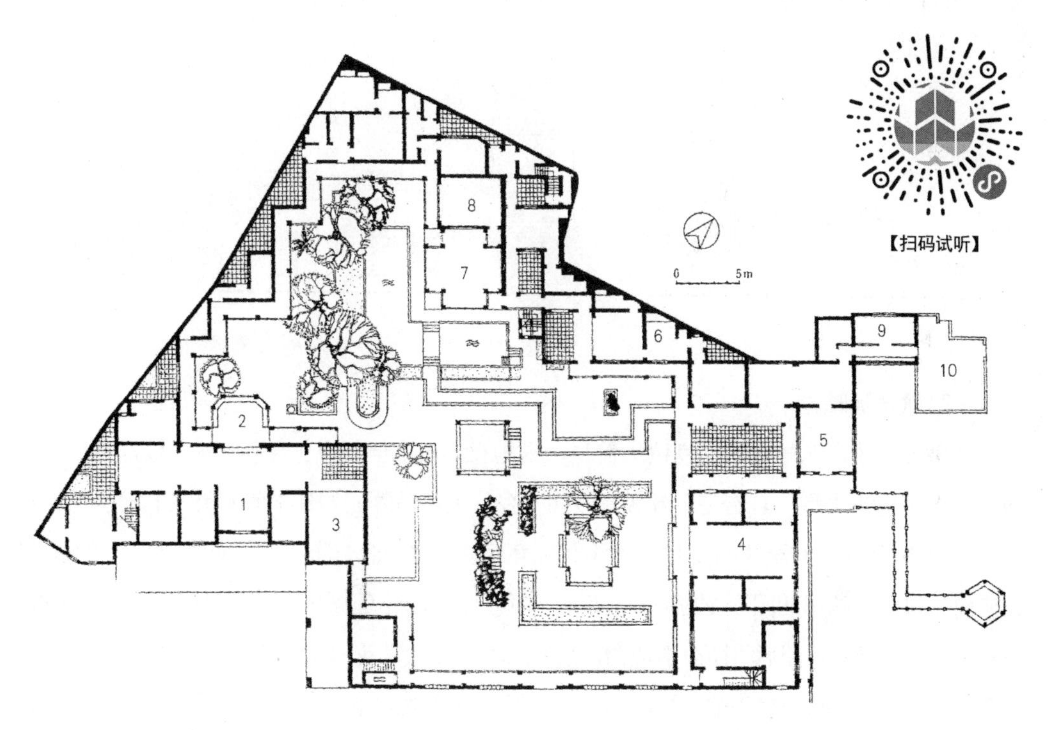

图 6-88　东莞可园平面图

1. 门厅；2. 擘红小榭；3. 客厅；4. 可堂；5. 船厅（雏月池馆）；6. 绿绮楼；7. 双清室（亚字厅）；8. 可轩（邀山阁）；9. 观鱼簃；10. 钓鱼台

进入可园大门正对六角半月亭，位于门厅之后与门厅形成一条清晰的中轴线。左转即见著名的草草草堂，堂名是为纪念张敬修一生的戎马生涯。“偶尔饥，草草俱膳；偶尔倦，草草就寝；晨而起，草草盥洗。洗毕，草草就道行之”。由半月亭左行，循环廊可到达全园最高建筑可轩，其上为邀山阁，由于地面装饰采用的板砖及青砖加工而成的桂花图案，故又称桂花厅。可轩是园主人款待客人的高级厅堂，过去邀山阁为全县最高建筑，白天可俯瞰全园景致及可湖风景，夜晚可体验“大江前横，明月直入”的妙境（图 6-89）。可轩南侧与之一墙之隔的即为双清室，取“人境双清”之意，由于其建筑平面形式、窗棂、底板、椅、茶具均采用“亚”字形，故又名亚字厅。双清室西转即至绿绮楼，由于楼内曾收藏唐代名琴“绿绮台琴”而得名。与绿绮楼隔壶中天的小院即为可园的主体建筑可堂，可堂面阔三间，坐北朝南是园主人起居之所，也是喜庆宴会场所。临可湖设游廊，游廊将可亭、雏月池馆、观鱼簃、钓鱼台相连，可亭更是有意伸入可湖之中，立于亭内更是可以饱览可湖风景。

可园面积虽不大，却将众多建筑类型及不同空间通过环廊、过厅、走廊融于一体，形成“连房广厦”的园林空间。建筑之间高低错落、起伏有致，园林装饰如窗雕、栏杆、美人靠均设计别致，伴亚热带气候丰富的植物种类，可谓是岭南园林的杰出代表，正应了园主人张敬修建园时亲自撰写的对联所描述的：“十万买邻多占水，一分起屋半栽花”。

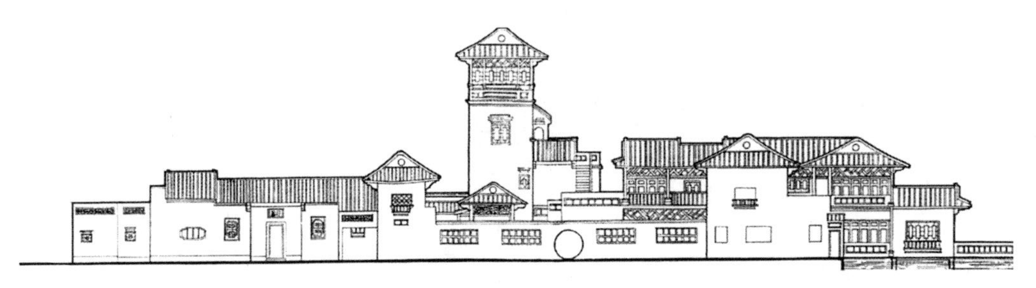

图 6-89　东莞可园南立面图

（2）顺德清晖园

清晖园位于广东顺德市大良镇华盖里，占地仅 5 亩，但园内包含亭、榭、楼、阁、廊、舫、轩众多建筑类型，且造型各异极富岭南水乡特色。清晖园始建于明万历三十五年（1607 年），由明末状元，官至礼部尚书、大学士的黄士俊所建。清乾隆年间，黄家衰弱，顺德人龙应时中进士后购得此园。龙应时身故后将园传于其子，龙廷梓得左右两侧部分，龙廷槐得中部部分。龙廷梓得园后将园改造成为以居室为主的龙太常花园和梦芗园，又称左花园与右花园。龙太常花园曾出售于曾秋樵，其在园内经营蚕种生意并挂“广大”招牌，故又称广大园。龙廷槐于乾隆五十三年（1788 年）中进士，即延请著名书法家李兆洛写“清晖园”三字挂于园门之上，园名取自：“谁言寸草心，报得三春晖”，喻父母养育之恩如日之晖。清晖园后经龙家人数代经营，逐渐成为一座包含地域特色的岭南园林。抗日战争后，园主龙渚蕙身故之后，园林逐渐荒废。1959 年，政府组织清晖园重建工程，将清晖园、梦芗园、广大园及龙家住宅归为一体，恢复黄士俊建园时的规模，将园门设于东北部，并将李兆洛所书“清晖园”重新书写于白石园门之上（图 6-90）。

清晖园分为三个部分，南部以方形水池为中心，池面亭榭环水而设，水面占景区的大部分面积，是一个以水景为主体的景区；中部为全园的精华所在，包含船厅、惜阴书屋、花纳亭、真砚斋、狮子山等，是闺阁小姐居所及主人的书房；北部则是以竹苑、归寄庐、笔生花馆等组成建筑小院落，为园主人生活起居的院落。由东南角园门步入园内，穿过门厅即见开阔的水面，左转循连廊而行，即到水池南侧的澄漪亭，亭伸入池面三面环水。继续沿连廊而行，可至六角亭，六角亭同样伸入池面，与澄漪亭一起打破方形水面的单调感。立面效果上亭、台、楼、阁之间高低错落，中间再穿插以植物，顿时使整个景区生动起来。两亭的西南夹角处为碧溪草堂，草堂门为圆形，两侧为西式玻璃隔扇，隔扇刻有48个寿字，称之为“百寿图”，暗合造园立意。清晖园中部景区的主体建筑为船厅，以珠江紫洞艇为原型设计的双层砖式楼，既体现中国古典园林渔隐的园林文化又具有浓郁的岭南地域特色。据传船厅园为园主人千金居所，装饰极为精美，上下两层均为通透的窗扇，并装饰有各色图案，二层室内的花罩更是以岭南佳果为主题来设计雕刻图案，极具地域文化特色。惜阴书屋与真砚斋位于船厅之后，由名字即可知道此处为园主人读书治学的场所，真砚斋槛窗上雕刻有八仙法器图，隔扇上也刻有“百寿字”纹饰，故又称百寿门。真砚斋前设一八边形的水池，池中堆叠假山，水中养鱼，极富文人风雅气息。水池以南为著名的狮子山，山体用岭南本地产的英石为材料，它以三狮戏球为主题，一只大狮为主峰，两只小狮子依偎在主峰旁作为辅峰。三狮造型自然生动、栩栩如生，周围配置楠竹，给人以狮子蹲坐于山林草丛之中的嬉戏之感。清晖园北部景区由院落、小巷、天井、廊子、敞厅来组织空间，以小蓬莱与归寄庐两个主要建筑为中心展开。两个建筑之间以连廊相隔，两侧配以山石与翠竹，正应北园入口一幅对联：“风过有声皆竹韵，明月无处无花香”，具有浓郁的文人特色。

清晖园面积不大，却容纳丰富的景观，南部、中部、北部形成一条南疏北密、南水北屋景观布局以及南低北高的竖向设计，这种设计非常符合岭南夏季炎热的气候条件。南低北高的整个格局，便于将夏季清凉的风引入园内，利于园内冬暖夏凉小气候的形成。园内建筑多采用落地式屏门，同时采用大量的彩色玻璃镶嵌，使整个园更显得轻巧、通透玲珑。建筑装饰更是富于变化，题材更是以岭南地方特色瓜果为主，巧而不纤、没而不俗，极具粤中特色。

(3) 佛山梁园

梁园位于佛山先锋古道，始建于清嘉庆、道光年间，由内阁中书梁蔼如及其侄儿梁九章、梁九华、梁九图历时40多年兴建而成。至咸丰初年，梁园已经极具规模包括无怠懈斋、十二石斋、寒香馆、群星草堂、汾江草庐五个部分。至20世纪50年代，梁园仅遗存群星草堂及汾江草庐部分残余，其他部分已经湮灭于城市之间。1982年，政府组织修复群星草堂，1994年，又大规模修复汾江草庐，使这座岭南名园又焕发出往日光辉。

梁园总体规划布局特色在于将住宅、祠堂、园林三者巧妙融合于一体。梁氏家族原来世居于顺德县杏坛镇麦村，在清嘉庆年间定居佛山松桂里。梁园创始人梁蔼如，进士及第，辞

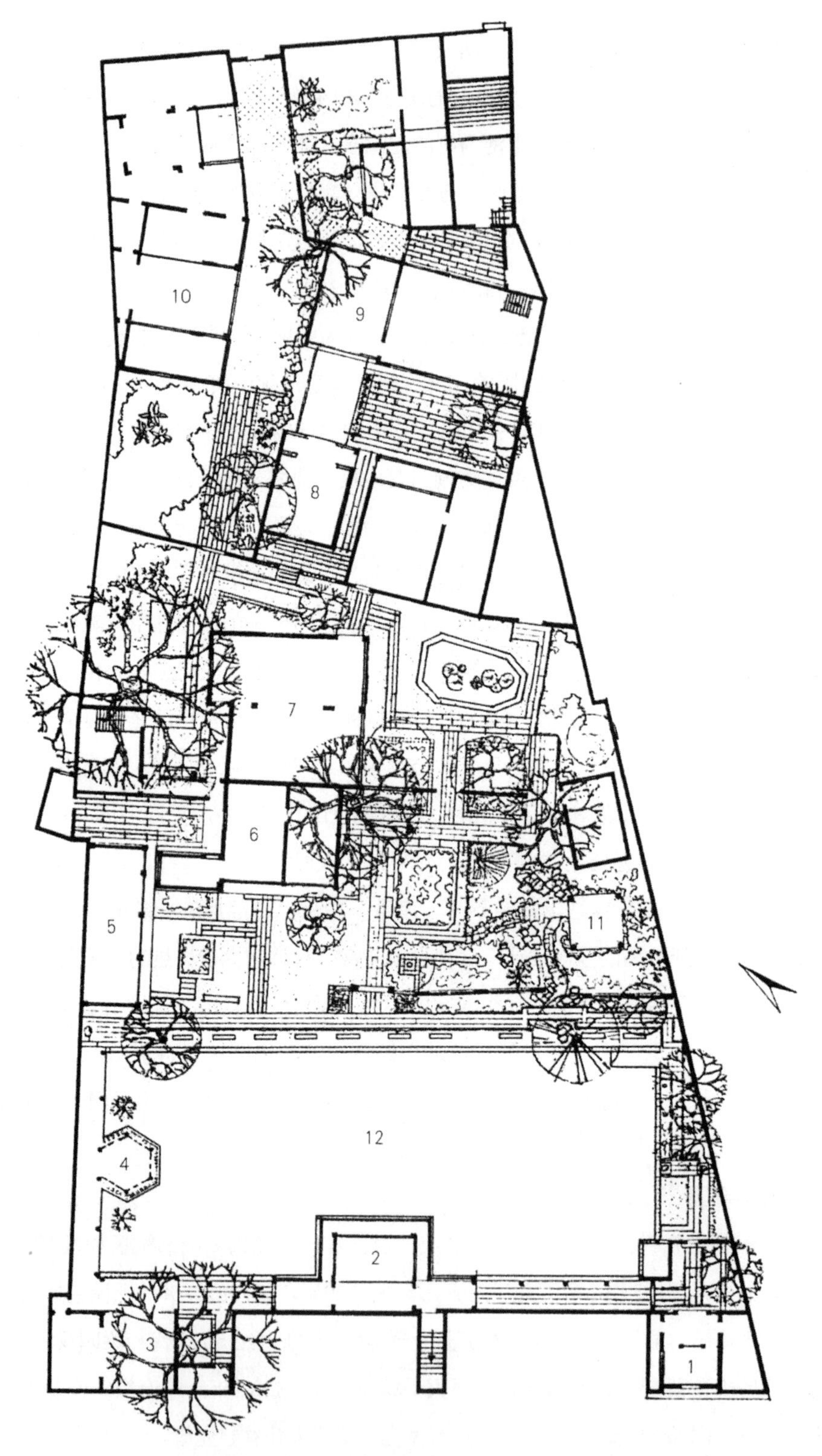

图 6-90　顺德清晖园平面图

1. 门厅; 2. 澄漪亭; 3. 碧溪草堂; 4. 六角亭; 5. 船厅; 6. 惜阴书屋; 7. 真砚斋; 8. 归寄庐
9. 小蓬莱; 10. 笔生花馆; 11. 花纳亭

官荣归故里，于嘉庆末年在松桂里营建“无怠懈斋”为养老居所。其侄子梁九章又于道光年间在西贤里营建“寒香馆”，园内遍植梅花，树石优雅。梁九图于道光年间，于康熙年间太守程可则旧园上，营建园林“紫藤花馆”。梁九图癖石，在旅途中偶然购得十二块纹理嶙峋、晶莹剔透、润滑如脂的黄蜡石，将它们用船运回佛山。将石以盆盛之，列于馆内，更将馆名更名为“十二石山斋”，自号“十二石山人”。梁九图除紫藤花馆外还在营建“汾江草庐”，广邀文人画师雅集，世人称之为“汾江先生”，汾江草庐内更筑有韵桥、石舫、个轩、笠亭等景点。

群星草堂亦建于道光年间，园主人为梁九华。晚年返乡后筑有曹第、祠堂、群星草堂（图 6-91）。群星草堂面阔三间，外观古朴淡雅，其北侧为秋爽轩，秋爽轩以北为船厅，船厅以北为荷花池，笠亭隔水与船厅互为对景。梁九华晚年癖石，园内“苏武牧羊”、“雄狮昂首”、“如意吉祥”更为石之精品。群星草堂内百年古树参天，奇石立如危峰险峻，卧如怪兽匍匐，极具特色。

梁园是梁氏家族成员通过几代人的共同努力营建的极具岭南地域特色的园林，在其最鼎盛的时期，园林规模庞大、建筑众多，其造园艺术更是别具一格。将传统中国文人造园艺术同岭南水乡田园风韵及文化融为一体，园林空间组织极为精巧，将岭南庭院同中国文人诗情画意有机地结合在了一起。

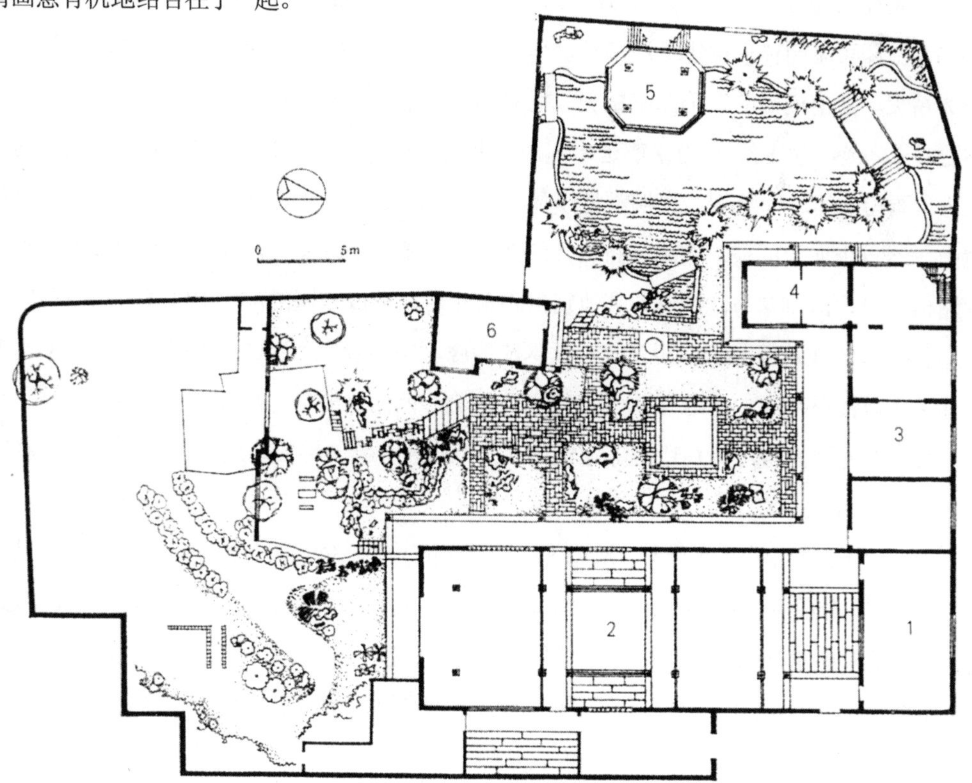

图 6-91　梁园群星草堂平面图

1. 客堂；2. 群星草堂；3. 秋爽轩；4. 船厅；5. 笠亭；6. 日盛书屋

（4）番禺余荫山房·瑜园

余荫山房又名余荫园，位于广东番禺市南村。始建于同治年间，园主人为富商邬彬，中举后捐粟获奖叙七品员外郎。取名“余荫”，意为承祖上之余荫之意。邬彬两个儿子也先后中举，故有“一门三举人，父兄弟登科”之说，十分荣耀。1922年，邬彬第四代孙邬仲瑜又在余荫山房南侧建一座设计精致而又富于岭南地方特色的庭院式书斋，又称小姐楼。随着世事变迁，余荫山房逐渐年久失修。1949年政府数次专项拨款用于修葺，并将后期建的瑜园一并归入余荫山房，1985年对社会公众开放（图6-92）。

余荫山房面积不大，占地仅3亩，约1590m²，但设计极为精巧，布局极为巧妙，余荫山房由一座游廊拱桥将园林分为东西两个景区。首先，园林布局做到了缩龙成寸、小中见大，给人咫尺山林之感。其次，全园以水面居中并为中心。在狭小的空间中设计两个水池，分别位于东西两侧园林中央，通过架桥将园林的东西南北景物贯通起来。最后，嘉树成荫、植被浓郁，大量采用乡土植物与建筑互相影映，可谓是藏而不露。

园门设在西南角，由极其普通的青砖砌筑而成，初见很难将之于岭南四大名园之一的余荫山房联系在一起。由正厅入门即见二门，悬挂园主人邬彬亲题对联：“余地三弓红雨足，荫天一角绿云深”，既将园名巧妙地嵌入对联之中又用简练的词语概括了园林景致特点。入园隔水池即可见园林主体建筑深柳堂，作为园林主体建筑园主人的起居之地，深柳堂装饰极为精美。堂前满开的窗槅图案精美、色彩绚丽缤纷。堂内还有两幅雕刻得栩栩如生的木雕通花大挂落，正面的名为松鹤延年，西侧名为菩提引兽。两旁间壁有32幅扇槅，均以名人诗画为主体进行雕刻。深柳堂将厅堂、书斋、卧室多种生活功能区整合于一体，厅堂宽敞，透过大面积的玻璃窗扇，将室外的池水、绿植等引入室内。园主人在中部方形水池中遍植荷花，深柳堂与池南岸的临池别馆隔水相对，形成东园的南北中轴线。东西两园由一座石拱桥浣红跨绿划分，桥体为石质木构为廊，中间耸立一座四角飞檐亭，廊檐下及廊柱均装饰以镂空花纹的木雕挂落，显得极为精美。西园以平面呈八边形的水池为中心，水面中心筑有玲珑水榭亦为八边形，建筑的八个面均为木雕装饰的玻璃窗格，整个建筑通透明亮。

瑜园位于余荫山房的东南角，瑜园大门设在南侧。船厅位于园林的正中，船厅分为两层，首层为客厅，分前后两舱，两舱之间以木雕门罩来分隔。船厅南侧有一小型方池，营造乘舟将欲行的意境。船厅二楼东侧为园主人的书房及起居室，书房与船厅间用平台相连通，于平台上俯瞰园内景色及邻园之亭榭台阁及山水花池。瑜园面积虽小，建筑比重也大，但在建筑之前都留有空地用以辟作小庭院，院内或种植花木或设置小池拱桥加以点缀，布局极为紧凑，可谓小巧玲珑。

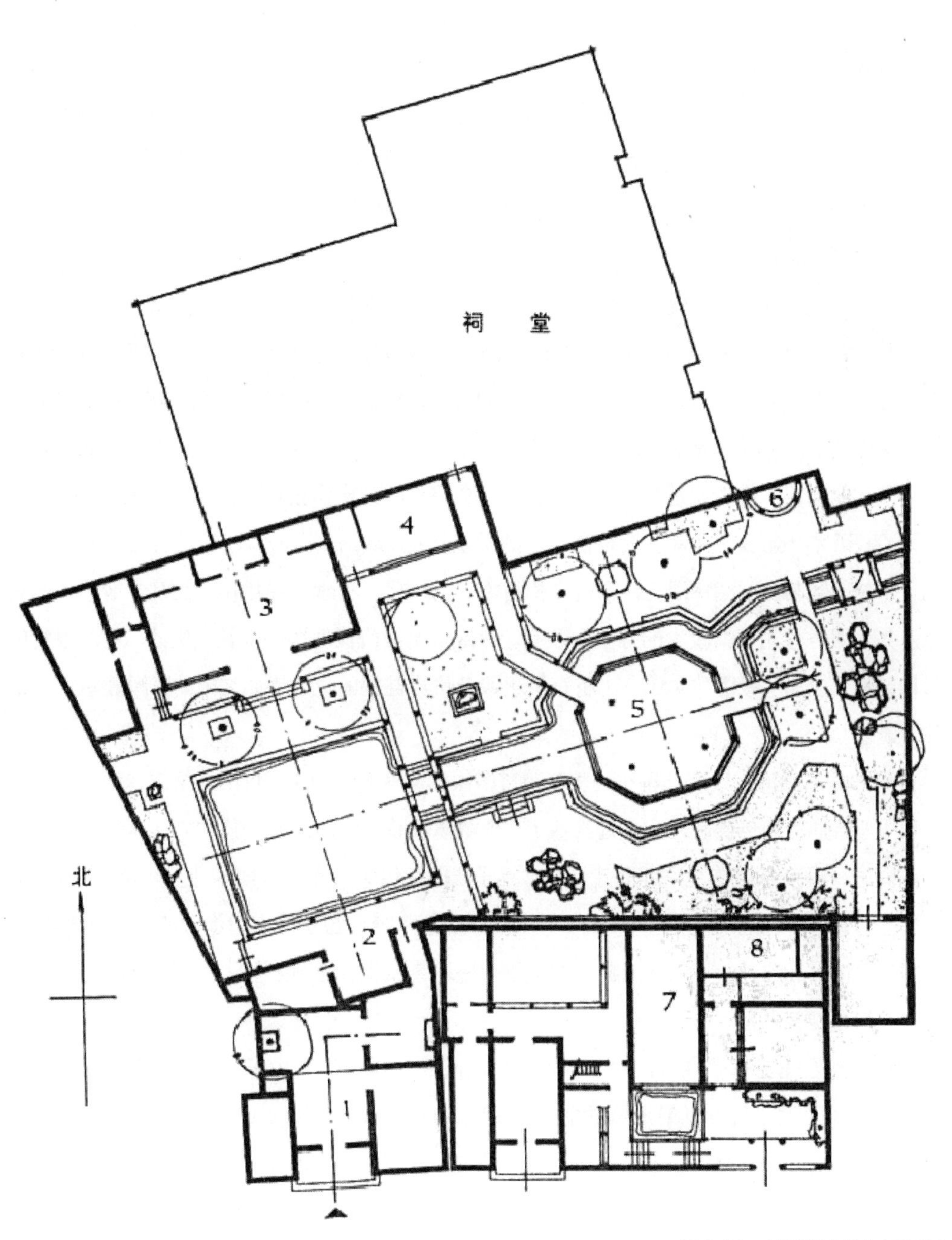

图 6-92 广州番禺余荫山房平面图

1. 门厅; 2. 临池别馆; 3. 深柳堂; 4. 榄核厅; 5. 玲珑水榭; 6. 来熏亭; 7. 船厅; 8. 书房

6.4 寺观园林

6.4.1 佛寺园林

清王朝兴起于关外，故在入关以前努尔哈赤就已经确立利用藏传佛教来怀柔蒙古与藏民族的政策。而清政府怀柔政策的一项重要举措就是广建寺院。因此，至清代佛寺除了本来就一直发展的汉传佛教外，还有一个重要的佛寺类型即藏传佛教寺院。

1. 藏传佛教

清朝统治者从一开始就认识到藏传佛教是一种重要的政治力量，故一直就积极地与西藏的宗教领袖人物建立联系。对藏传佛教的崇奉及扶持除了广建寺庙之外，在政治上采取“众建而分势”的策略，敕封各宗教领袖，但他们又各有领地互不统属，相互牵制。藏传佛教作为中国佛教中一种特殊的宗教，其涵盖宗教活动、教育及行政管理等多种职能，因此藏传佛教寺院建筑与汉传佛教还是有很大区别的。一个完整的藏传佛教寺院包括：代表信仰中心的佛殿（藏语“拉康”）、具有宗教教育功能的学院建筑（藏语“扎仓”）、护法神殿、室外辩经场、佛塔、瞻佛台、活佛用房、僧舍、招待香客的用房、管理人员用房、厨房、仓库、马厩以及其他服务性用房。较大的寺院中还有一个或多个专门管理活佛宗教、生活、财产事物的机构即活佛公署（藏语“拉章”）。还有供达赖及班禅驻锡的位于寺庙之中的宫殿建筑，藏语称“颇章”。

清前期，顺治、康熙、雍正、乾隆就曾多次以巡幸为名到访五台山，组织修缮及改建其中数十座寺庙为藏传佛教，在内地形成了一个藏传佛教的中心，便于蒙古族地区信众到此朝拜。同时，清政府也在北京地区建造与改建了一批藏传佛教寺院，如创建于顺治九年（1652年）的西黄寺、创建于康熙三十三年（1694 年）的雍和宫、位于北京清漪园的须弥灵境之庙、在本是汉传佛寺的碧云寺添一座藏式的金刚宝座塔、在北京静明园中立藏式的妙高塔等。

（1）承德外八庙

在康熙及乾隆执政期间，出于政治原因，陆续在承德避暑山庄的东侧及北侧，修建了十二座规模宏大，具有典型藏族建筑风格特色的藏传佛教寺院。这些寺庙包括：溥仁寺、溥善寺、普宁寺、安远寺、普乐寺、普陀宗乘之庙、须弥福寿之庙、殊像寺、广安寺、罗汉寺、普佑寺以及广源寺（图 6-93）。

溥仁寺与溥善寺为康熙五十二年（1713 年）蒙古各族王公为康熙贺六十寿辰而建；普宁寺为乾隆二十年（1755 年）初定准噶尔叛乱，仿西藏三摩耶庙而建造的。全寺所有建筑均位于一条轴线之上并分为前后两个部分。前部分如汉传佛教寺院布局一样为：山门、天王殿、大雄宝殿等，后部则倚山坡砌筑高台，台上建藏式佛寺建筑群。以五座屋顶的大乘阁象征着须弥山，

图 6-93　承德避暑山庄及外八庙总体布置图

是寺院的主体建筑，其左右各建一座小殿，象征日与月，大乘阁四个面，又各建一座二层小殿，象征“四大部洲”，每个洲的两侧，又各建一座白塔，象征围绕须弥山的八小部洲，大乘阁四角再建四座琉璃塔，象征四大天王，整个建筑背后又用弧形墙围护，象征佛国世界外部的铁围山，整座寺庙就是将佛教传说中的世界以建筑造型加以表达；安远寺是为纪念平定准噶尔叛乱，整治怀柔厄鲁特蒙古族人供其宗教朝拜而建；普乐寺是乾隆三十一年（1766 年）为供厄鲁特杜尔伯特部和新疆少数民族各部首领来承德朝觐及礼佛而建；普陀宗乘之庙是乾隆三十二年（1767 年）为庆祝乾隆六十大寿及其母八十大寿及土尔扈特部返回祖国，特意仿西藏布达拉宫而建；须弥福寿之庙为“扎什伦布”的汉译，是乾隆四十五年（1780 年）为前来祝寿的六世班禅额尔德尼修建的行宫，仿的是西藏的日喀则扎什伦布寺建筑。

承德避暑山庄外围清政府修建的藏式寺院，既尊重了藏蒙民族习俗，又赢得藏蒙民族首领的拥护，维护了国家的团结与统一。从总体上而言藏式佛寺主要为三种形式：依山就势采用藏族自由式的方式进行建筑布局，同时运用平顶碉房建筑构造，具有强烈的藏式装饰风格；仅在细部运用藏式装饰手法，而在总体布局上仍是以汉式建筑的轴线布局为主；在布局及单体建筑处理上采用充分融合汉式及藏式特点的汉藏混合式的方式。

2. 汉传佛教

清代初对汉传佛教进行严格的管理，出于政治考量，清朝政府始终没有将汉传佛教提到首要地位，亦未像藏传佛教受到政府的扶持，更多是依靠民间信仰。因此，汉传佛教也不具备像唐宋时期的那种规模，但汉传佛教更多地吸收民间工艺及地方风格也促使其发展出某些新的特色。如自唐代以来就香火极盛的佛教四大名山也受到民间及地方风格的影响，形成极富地方特色的佛教名山。

如五台山作为文殊菩萨的道场由于距京城较近，故受宫廷的建筑影响较大。清初由于推崇藏传佛教，顺治十七年（1660 年）将台怀山顶的菩萨顶改为藏传佛寺，俗称黄寺。其后，清代各帝王又陆续将 10 座汉式佛寺改为藏式佛寺，使五台山成为青黄两类寺院的集中地；四川峨眉山作为普贤菩萨的道场，海拔 3019m，地势陡峭，风景秀丽，植被丰富。峨眉山寺庙分布十分强调依山就势，景观布局中常常结合筑台、引步、错层等手法来转化地形高差变化，发展至明清更是到达鼎盛，有寺庙近百所；普陀山作为观音菩萨道场，自五代以后逐渐发展为佛教圣地，历代建造了不少供奉观音的佛寺庙宇，如普济寺、法雨寺、慧济寺等。由于地处浙江省舟山群岛中的一个小岛，因此，整体布局充分结合海岛环境因水成景，构筑出南海观音的佛国氛围；安徽九华山作为地藏菩萨的道场，自东晋起就有寺庙兴建，后历代均有兴建，至清代更是香火鼎盛，寺庙近百座之多，但体量均不大。九华山众多寺庙寺舍合一极具皖南名居特色，布局更是充分结合地形、左右盘旋、星罗棋布，建于山崖陡壁、山谷、丛林，不作严整布局。

6.4.2 道观园林

道教作为本土宗教，一直与儒、佛并行于中国的封建社会，并逐渐形成自身的宗教系及经籍。道教在中国的发展大致可分为四个时期：汉末初创期，基于太平道、五斗米道的基础上形成天师道，随后又经过寇谦之、陆修静等人的进一步改造与完善，初步独立；隋唐、北宋发展期，帝王大力提倡，道观分布全国各地；南宋至明代宗派纷起期，南方有天师道、上清道、灵宝道、神霄派、净明派，北方则有全真道、大道教、太一道，最后形成正一派与全真教南北对峙势态；至清代衰败期，道教的社会地位逐步下降。

整个清代道教就一直处于受到歧视及压制的状态。乾隆继位之初就直接将雍正迎进宫里的张太虚、王定乾等道士逐出宫。道教的宗教活动完全失去了统治者的扶持，只得退回民间活动的宗教形态。因此，清代道教宫观的规模一般都比较小，那种如永乐宫及武当山这种建于元明时期的大规模道教建筑群基本上就没有了，一般仅为独院式的小庙。

6.5 其他园林

6.5.1 扬州瘦西湖

扬州园林在明末清初造园活动的兴旺发展已经初见端倪，到乾隆年间更是到达鼎盛时期。清末民初，随着盐商的没落与战火纷飞瘦西湖也伴随着扬州园林一起衰弱破落。瘦西湖是扬州城北门外冶春园至蜀冈平山堂一段河道，原名保障河。有清代诗人汪沆赋诗："垂杨不断接残芜，雁齿虹桥俨画图，也是销金一锅子，故应唤作瘦西湖"描述保障河河道曲折开合有致，清瘦秀丽有如长湖而得名。瘦西湖景区是伴随当时乾隆南巡事件而形成，扬州盐商为取悦乾隆在瘦西湖一段两岸建妆点性园林，与原本就荟萃此地的私家园林、寺庙园林一起构成一处具有公共园林性质的水上集锦式园林带。被世人誉为："两岸花柳全依水，一路楼台直到山"。瘦西湖两岸园林出于社交聚会、取悦天子、结交权贵、赏园游园等目的修建，充分体现扬州园林"南秀北雄"的特色。园林之中既有北方皇家园林的庄严雄浑的气魄也具有江南园林婉转雅致的风情。当时为迎接乾隆南巡当地政府官员还采用"档子法"建成一系列具有舞台装饰效果的临时园林。

乾隆十三年（1765 年）即乾隆第四次南巡前后，瘦西湖主体景点基本全部建成，其中命名的就有 24 处：卷石洞天、西园曲水、虹桥揽胜、冶春诗社、长堤春柳、荷蒲熏风、碧玉交流、四桥烟雨、春台明月、白塔晴云、三过留踪、蜀冈晚照、万松叠翠、花屿双泉、双峰云栈、山亭野眺、临水红霞、绿稻香来、竹楼小市、平岗艳雪、绿杨城郭、香海慈云、梅岭春深、水云胜概（图 6-94）。瘦西湖景点的布置遵循因地制宜的原则，景点大多依水而建、随水而变，亭、廊、榭、桥阁都围绕水景展开。建筑布局朝向不局限于坐南朝北，而是顺应水面方向与游览路径需要而展开。特别善于以小见大、借鉴南北园林成熟的造景方式，突破空间限制，力求在瘦西湖方寸之地上展示南北方园林之所长。景与景之间摒弃了私家园林中的封闭围墙，使得景点与公共空间之间产生大量灰空间，能够更加充分地融入到自然山水之间，景与景、园与园之间仅以水体、道路、植物、山石加以分隔。而在具体独立的小园内又特别善于在小空间做到步移景异的效果，以江南园林的粉墙黛瓦为园林主格调，但由于受到园主人商贾气息与取悦帝心双重因素的影响，园内建筑装饰的整体风格趋于精致奢华，大量使用赤色、绿色、褐色等艳丽的颜色搭配。瘦西湖湖园规模不大，但由于营造方法得宜，水中岛屿与桥、亭、廊、榭及岸边小园林共同构成一条强烈的景观轴线，首尾相互呼应、两岸互为对景，景观层次分明又层层递进，将南北园林之长融为一体。

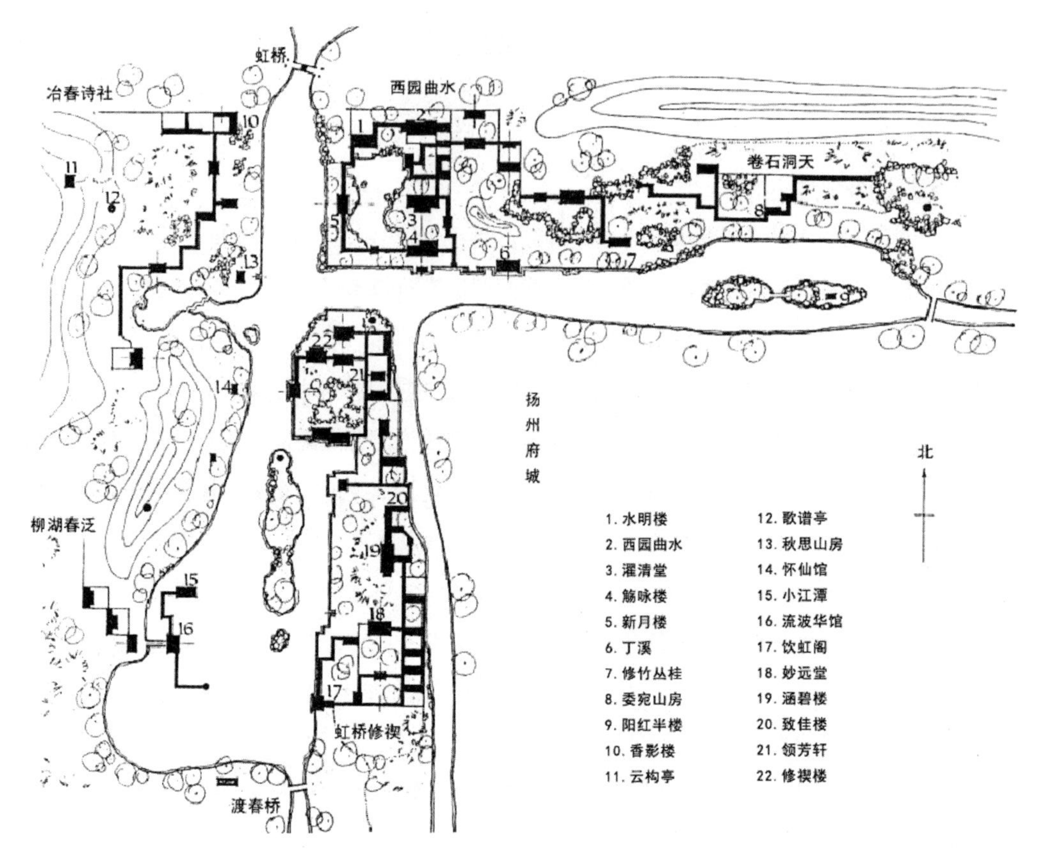

图 6-94　瘦西湖丁溪段总平面图

6.5.2　官衙花园

(1)南京煦园

煦园位于南京长江路 292 号大院西侧，始建于明初，为明成祖朱棣二子朱高煦王府，后人以汉王之名“煦”称其为煦园。顺治四年（1647 年）煦园成为南京总督衙门，乾隆二十二年（1757 年）乾隆二次南巡时，煦园被辟为行宫。太平天国时期煦园又成为天王府的御花园，太平天国运动失败后，清政府又重建总督衙门。1912 年元旦，孙中山先生在煦园暖阁宣誓就任中华民国临时大总统，煦园成为中央临时政府的办公地点及孙中山先生的住所。1927 年，民国政府正式设立总统府于此，煦园则成为总统府附属花园。因此，煦园经历由明代的王府、清代官衙与府邸花园、民国时期的总统府花园等一系列的转变，其性质应定义为官衙花园。煦园面积不大，其中建筑所占比例较大，但其中所呈现的清士大夫山水审美与西洋式民国建筑样式交融的形式，又值得细细品味（图 6-95）。

全园以水池为中心，池面呈南北走向，整个水池周长约 1866m，水面面积约占全园二分之一，水池四周全部用明代城砖驳岸。平面呈一个花瓶形。水池居于全园的中部，分为三个相互关联的部分，南端为石舫名不系舟，石舫东西两侧通过石桥与水池两岸相连；中部为

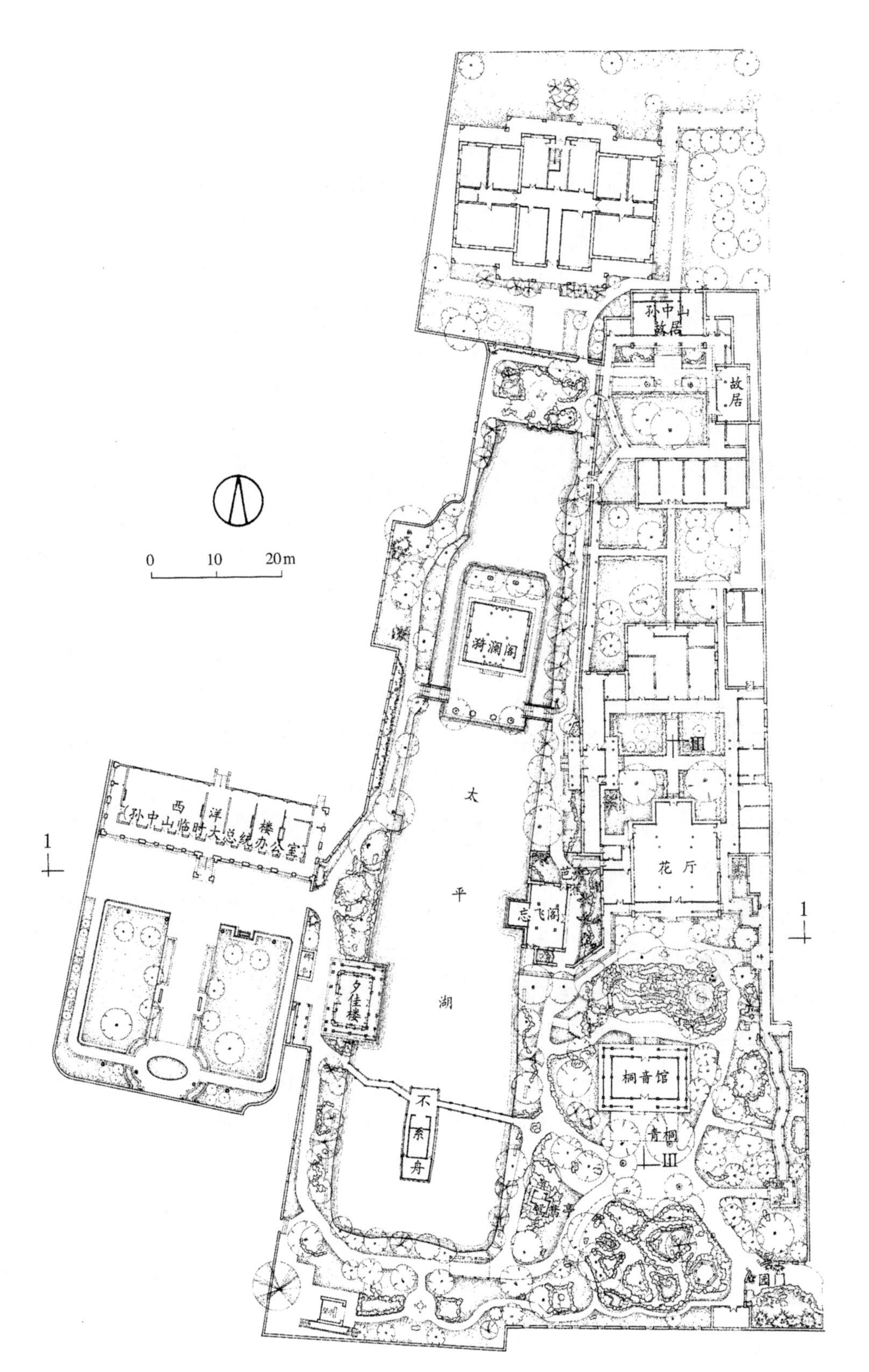

图 6-95　南京煦园平面图

一片开阔的水面，营造出石舫北向航行的意境；北端中部有一岛，岛上建有主体建筑漪澜阁（现为太平天国历史陈列室），岛的东西两侧通过石拱桥与池岸相连。水池南部的石舫为当时两江总督尹继善于乾隆年间所建，长 14.5m，船头宽 4.63m，船尾宽 4.56m，高 2.77m，坐南朝北分前后两舱。水池的东侧为一座平面呈方形的桐音馆，桐音馆南为一形态独特的鸳鸯亭，初看像两个亭，实际上两亭压角重叠实为一亭，其形制为金陵独一份。桐音馆以北为一座长方形假山，山内设有石洞，洞与洞之间通过石径相连，石径高低起伏、盘绕贯通，游客游览时犹如进入迷宫之中。石洞因光绪皇帝亲题的“印心石屋”而得名。池之西侧为原总统府，为民国十七年（1928 年）所建的西式建筑，蒋介石曾在此办公（图 6-96）。

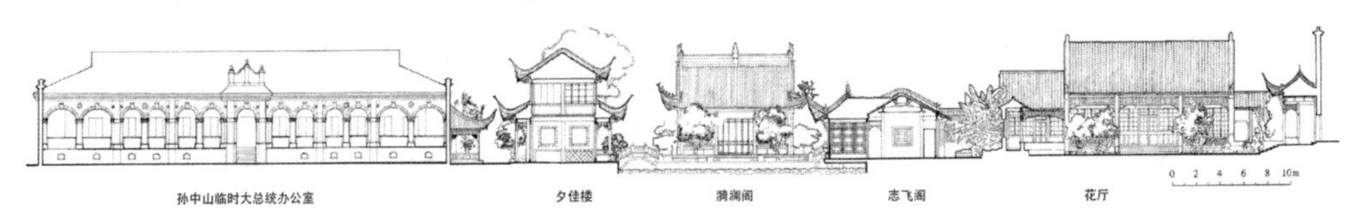

图 6-96　南京煦园立面图

6.5.3　书院园林

书院是我国古代士人展开文化教育活动的场所，学宫、府学、县学、书院、社学、义学、私塾等文教场所都凝固着那个时代文人价值观、审美情趣、情感需求乃至人生理想。书院园林不同于一般观赏游玩性质的园林，它具有特殊的教化育人的功能，书院园林的产生与发展都是地域文化及时代背景的缩影。书院起于唐、兴于宋、延续于元、全面普及于明清，汇集了各个历史时期的文化积淀，反映出千年来建筑、园林、书画、楹联等多方面的艺术成就，也折射出祭祀、讲学等诸多文化内涵。

春秋晚期，孔子聚徒讲学于“洙泗”之间讲道授业。孔子从事教学的环境多为远离闹市周水环抱能修炼身体素质、专心读书的场所，是山水环境与读书教学相结合最早的实例；秦代政府颁布“禁私学令”，私学发展陷入低迷期；汉代私学教育又呈繁荣之势，呈现“汉代教育入学化，儒学教育私学化”的特征。汉代私人教学以口传心授为主，如董仲舒就是坐于帷幔里讲学，学生于帷幔外听学。汉代还有一种重要的私学形式就是受佛教影响而生成的“精舍”，精舍本身就有心明身洁之意，既是儒家的讲学之处又是隐士清修之地；魏晋时期私学的讲学无论是内容还是形式上均受到佛经和玄理的影响，多采用“以形不以言”的教学方式；隋唐时期，真正意义上的书院园林开始生成，选择上延续魏晋时期隐逸文化，多选址在山林风景优美之处布置草庐，书院建筑与自然环境相互协调。

两宋时期，书院园林发展步入全盛时期。书院园林的选址还是以对自然环境精神上的追求高于物质享受为主，自然环境不再是陶冶情操的场所，而是更关注书院与周边自然山水之间的关系，并将自然山水主动纳入到书院园林规划中。书院中建筑的主次关系的经营布局，根据周边的自然环境，如峰峦、崖畔、水边、洞穴等展开，布局形态自由力求与自然环境形成抱、临、依、纳、藏、凌的关系。植物上则讲究书院内的植物景观与书院外的自然植物相组合的方式，经常用园林植物来分割空间、遮挡视线、营造景观。

元明时期，书院出现官学化，所属形制的改变对书院园林也产生重大影响。首先，就是选址的改变，为了便于政府管理，书院的选址多为城邑近郊或城市内部。如明代的讲会式书院为方便定期聚会、讲学，基本都是选址于城内。其次，元明较好地保留了前代利用自然山水自然景观的传统，并且在园林造景的手法上更为成熟，用写意化的手法以石代山，以方池代水，池山结合。最后，元明书院较前代变化最大也就是建筑布局与风格上。元明书院建筑仿宫殿建筑，强调中轴线，布局对称严谨多采用"左庙右学"的布局方式。元明书院既是统治者展示治国方针的场所又是传播理学的阵地，书院建筑的牌坊、匾额、楹联也多具有理学寓意，在书院中也有意渲染祭祀气氛，故书院又称为"祠学"。清代由于政府对书院控制的加强，使得书院园林完全城市化。新建的书院多位于城市内部，且距离当地的县学、府学、官学很近，以便于政府的管理。由于堪舆学说中东南方有主管考试学习的文曲星，故很多书院均位于城市的东南角。清代也延续前代书院园林中"作假山"的传统，造园手法趋于成熟，园林中的山、水、植物、建筑之间的关系处理更为融洽。书院中还是有池塘，但池塘的观赏性明显弱化。

6.5.4 清代皇陵

清代皇陵共计 6 处，其中包括关外 4 处与河北 2 处。关外的 4 处分别为：东京陵位于辽宁省太子河以东 35km 的积庆山上，是努尔哈赤为其祖父、父、伯父、弟、长子等人所建的陵墓；永陵位于辽宁新宾县启运山南麓，起初称为兴京陵，是后金政权的发祥地赫图阿拉的所在地，为努尔哈赤的祖父盖特穆、曾祖父满修建的陵墓。顺治时期又将努尔哈赤祖父觉昌安、父亲塔克世迁往此处，更名为永陵，是后金皇族的祖陵；福陵位于沈阳东郊 35km 天柱山上，又称东陵，是清太祖努尔哈赤及皇后叶赫那拉氏的陵墓；昭陵位于沈阳北郊隆业山，又称北陵，是清太宗皇太极及皇后博尔济吉特氏的陵墓。河北则有两座清代皇室集群式陵墓群，为清东陵与清西陵。

(1)清东陵

清东陵位于河北遵化马兰峪昌瑞山下，距北京以东 125km，是一座大型山水园林，因方位位于都城以东，故称"清东陵"。东陵位于马兰峪一带，为一个环形盆地，山灵谷秀、水木清华，东陵的北侧有长城东西蜿蜒，燕山山脉起伏环拱。昌瑞山主峰突出，西有黄花山与杏花山，东有磨盘山加以拱卫，环抱中间 48km^2 坦荡的平原。南侧有芒牛山、天台山、象山、金星山加以朝挹（图 6-97）。

清东陵陵域方位由顺治帝亲自择定，幅员辽阔南北长达 125km，东西宽约 20km，占地面积约 25 万 hm^2。整个陵区以昌瑞山顶的长城为界，长城以南为"前圈"，长城以北为"后龙"。

前圈为各帝王陵墓设置的地方，后龙则为风水禁林。清东陵以位于昌瑞山主峰下的顺治帝孝陵为中心，分布东西两侧旁，东西分列康熙帝景陵、乾隆帝裕陵，再以西为咸丰帝定陵、同治帝的惠陵。陵区南面大红门以外东侧分布着昭西陵（清太宗皇太极的孝庄文皇后博尔济吉特氏），定陵以东的定东陵为双陵，西边普祥峪为慈安陵，东边普陀峪为慈禧陵。其余还有两座后陵、五座妃陵均设于相关帝陵附近。主陵孝陵前有一长达 5km，宽 12m 的砖石神道，井然有序地将石牌坊、大红门、更衣殿、神功圣德碑楼、十八对石象生群、龙凤门、七孔桥、五孔桥、三路三孔桥、神道碑亭等建筑串联起来，神道尽头即到达陵院。神道两侧各种植十行紫柏，也称为“仪树”，共计 43660 株并设专人看管。孝陵宝城前及三孔桥以南，左右各植两株大小相倚的蟠龙松，蟠龙松高不及丈，枝干横斜，广荫数亩极为壮观。各陵墓的宝山、砂山、平原、路旁遍植长青的松柏，谓之“树海”。整个东陵仅仪树就有 20 万株，海树更有千万株，数字惊人，使整个东陵望去，漫山遍野一片绿色。帝王及帝后陵寝金黄碧绿的殿顶在一片绿色松林之中若隐若现，异常壮观。

图 6-97　河北遵化清东陵总平面图

（2）清西陵

清王朝传至雍正帝时出于政治上的考虑，在河北易县永宁山下易水河旁，距北京 140km 处建另一组清陵建筑群，称清西陵。西陵距东陵约 200km，自雍正起实现朝暮之制，一东一西，各帝分葬两陵，隔辈相聚，祖孙葬于一地。清西陵周围有永宁山、来凤山、大良山将之环抱，正南有东西华盖山为门阙，中有元宝山作为朝挹更显气势非凡（图 6-98）。

陵区内分布十四座帝后、妃嫔、王公、公主的陵寝，其中以雍正帝的泰陵为中心，泰陵规模也最大，整个清西陵可分为三个区。泰陵与其侧的嘉庆帝的昌陵及后妃陵为一区；道光帝的慕陵独自成一区；位于东北金龙峪光绪帝的崇陵则也为一区。三个区各自独立，各有入口道路进入，三者之间若即若离，整体气势上弱于东陵。泰陵的主神道与孝陵相似，不同的是在西陵入口，南、东、西三面布置三座汉白玉石牌坊，和一座五孔石拱桥，布局上更为严谨。门内东侧为具服殿，正北为高大的圣德神功碑亭，亭的四角设四个石华表。过七孔桥，神道两侧设石象生，神道中部又设一蜘蛛山。绕过蜘蛛山即见龙凤门与泰陵遥遥相望，隆恩

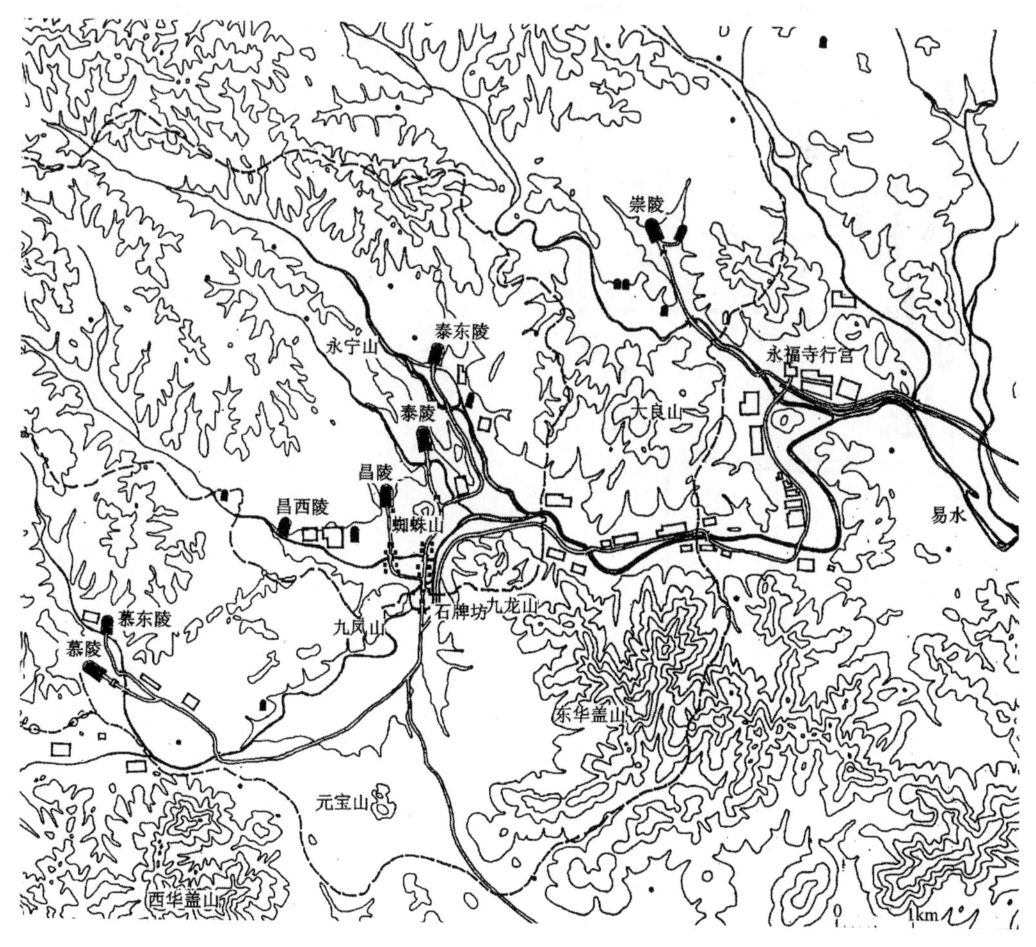

图 6-98　河北易县清西陵总平面图

门前广场正中设重檐神道碑楼，入隆恩门即见面阔七间重檐歇山顶的隆恩殿。殿后用围墙相隔，分为前后二院，暗合前堂后寝之意。围墙正中设琉璃花门，其后为二柱门（棂星门）、石五供、方城明楼、宝城（图 6-99）。

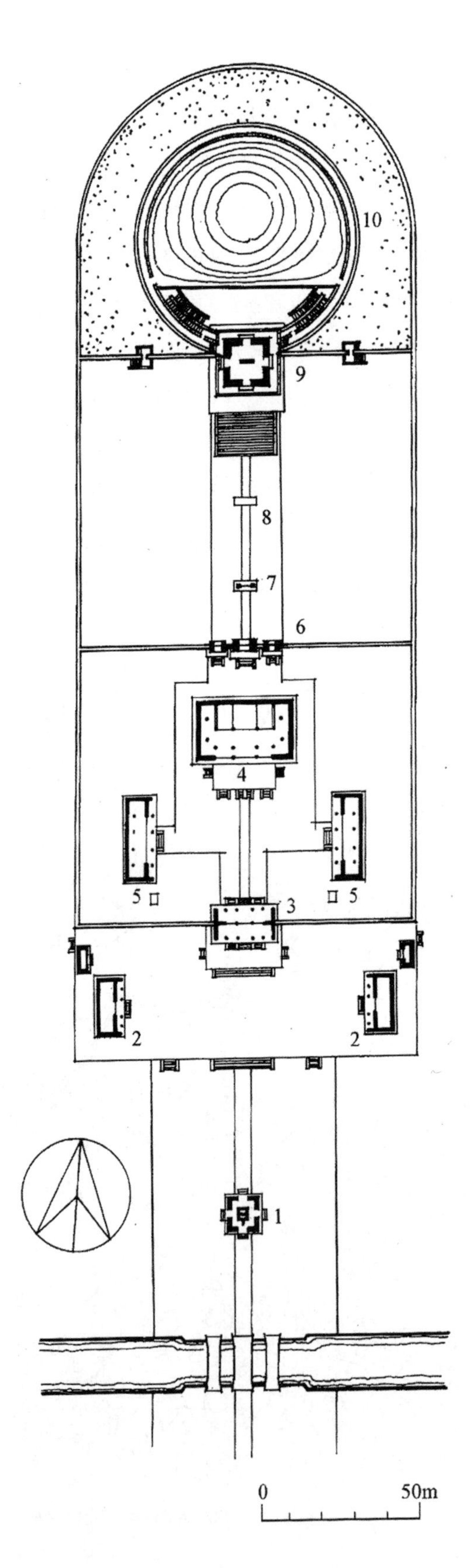

图 6-99　雍正泰陵平面图

1. 碑亭; 2. 朝房; 3. 隆恩门; 4. 隆恩殿; 5. 配殿; 6. 琉璃花门; 7. 棂星门; 8. 石五供; 9. 方城明楼; 10. 宝城

6.6 造园家及造园理论著作

【扫码试听】

清代文人园林进一步发展，特别是江南、北京这些经济、文化发达地区。文人参与造园成为风尚，文人审美一时成为园林审美最高标准。出生于明末清初的文人李渔，以其深厚的传统文化造诣，亲自参与园林营建，并撰写《闲情偶寄》一书，成为古人营园、葺园的重要典籍。造园叠石技术更集前代之所长又有所突破，催生了又一叠石大家戈裕良。

6.6.1 李渔·《闲情偶寄》·《一家言》

李渔字笠翁，生于明万历三十九年（1611年），钱塘人。李渔擅长绘画、诗词，平生游历四方，遍览各地名园，对园林营建有独到见解。是明末清初著名的文学家、戏剧家、戏曲理论家、美学家，是当时出名的才子，被誉为“李十郎”。顺治八年（1651年），41岁的李渔搬家去杭州，后移家金陵，筑金陵“芥子园”别业，参与营建贾汉复的半亩园。

更著有《闲情偶寄》一书，又名《一家言》。《一家言》共九卷，其中八卷分别论述词曲、戏剧、声容、器玩，第四卷“居室部”与七卷“花木部”则是关于建筑园林造园的理论与居室园林植物的理论，《一家言》更被世人视为园林营建、修葺的重要典籍。“居室部”内容别出心裁，分为屋舍、窗栏、墙壁、联匾、山石五节，“花木部”更是以花喻人分为木本、藤本、草本、众卉、竹木五节，从中我们可以窥见昔日士大夫对园林审美的标准，书中李渔明确提出，园林既然是以自然山水为蓝本，加以凝练呈现于咫尺的园林之中。那么这一凝练过程就是一个创作过程，必然也会将园林主人的审美情趣与生活感受融于园内。并进一步提出园林最高审美标准即为士大夫生活情趣的核心“雅”。更创造性地提出“尺幅画”和“无心画”概念，即为现今中国古典园林经典造园手法“框景”的前身。他不仅亲自营建芥子园，还堆叠京城第一名园半亩园的假山。因此，他在山石节对假山的堆叠提出了精辟的论断，首先，指出假山的堆叠不仅仅是一种艺术审美，还是一项专业的技术工程，叠石需要专业叠山匠人的参与。其次，推崇叠山需土石相结合，贵在自然，反对当时出于争奇斗富的心理，而石多于土或全部采用石头来堆叠假山的做法。最后，他还专门论述了石壁、石洞、单块特置等园林置石手法，不推崇以争奇斗富为目的的专门收集并罗列奇峰异石的做法。

6.6.2 戈裕良

戈裕良（1764-1830）字立三，苏州常熟人，年少时即帮人叠石造园，叠石技法尤胜前代，以叠石名于天下。曾独创“钩带法”即以大小石钩带联系如造环桥之法使假山浑然一体，既逼真又久固不坏。其堆叠假山力求逼真，一改以往以条石作为山洞的传统，“要如真山洞壑一般，方为能事”，清代著名学者洪亮吉对其评价为：“奇石胸中百万堆，时时出手见心裁”。以假山名冠天下的环秀山庄的湖石假山即为其遗作，他以少量的湖石，在极为有限的空间之中，将自然山水之中峰峦洞壑加以概括提炼，呈现于园林之中。产生崖峦耸翠、变化万端湖石假山与池水相应成趣，宛若天成。扬州小盘谷湖石假山则为其另一遗作，则切合小盘谷的造园的立意，湖石假山峰危路险、苍岩探水、溪谷幽深、石径盘旋，体量不大却给人溪谷幽深之感。可谓是真正地实现了“咫尺山水，城市山林”之妙。其作品除现今遗存的环秀山庄与小盘谷以外，还有常州约园、常熟燕园、如皋文园、仪征朴园、江宁五松园、虎丘一榭园等，其中常熟燕园最为人称道。20 世纪 30 年代，著名学者童寯老先生曾到访燕园，对假山评价如下:“戈裕良为叠雨山，东南隅用湖石，西北一角则用黄石，而湖石山实绝胜，世所称燕谷者也”。

【扫码试听】

【扫码试听】

图版目录

编号	图名	来源（备注）
图 1-1	章华台位置图	引自中国勘察设计协会园林设计分会《风景园林设计资料集—园林绿地总体设计》
图 1-2	姑苏台位置图	引自中国勘察设计协会园林设计分会《风景园林设计资料集—园林绿地总体设计》
图 1-3	秦咸阳主要宫苑分布图	引自《陕西园林史》
图 1-4	清代袁江《阿房宫图》	北京故宫博物馆馆藏
图 1-5	明代文伯仁《方壶图》	台北故宫博物院馆藏
图 1-6	汉长安城内宫苑分布图	引自《汉长安未央宫》
图 1-7	未央宫、建章宫平面设想图	孟辉摹自《中国古典园林史》
图 1-8	建章宫图	闫燕燕绘制
图 1-9	东汉洛阳主要宫苑分布图	引自周维权《中国古典园林史》
图 1-10	西汉长安上林苑位置图	引自中国勘察设计协会园林设计分会《风景园林设计资料集—园林绿地总体设计》
图 2-1	魏晋南北朝历史图钢	孟辉绘制
图 2-2	曹魏邺北城复原平面图	引自傅熹年《中国古代建筑史》第 2 卷
图 2-3	邺南城平面图	引自贺业钜《中国古代城市规划史》
图 2-4	曹魏、西晋洛阳城平面图复原图	引自傅熹年《中国古代建筑史》第 2 卷
图 2-5	北魏洛阳城水系及皇家园林分布图	谷赛龙摹自《汉魏洛阳故城研究》
图 2-6	北魏洛阳华林苑平面设想图	引自中国勘察设计协会园林设计分会《风景园林设计资料集—园林绿地总体设计》
图 2-7	六朝建康城园林分布图	孟辉摹自《中国古典园林史》
图 2-8	明代仇英绘制《金谷园图》	中国博物馆
图 2-9	立塔为寺及堂塔并立佛寺形态示意平面图	引自傅熹年《中国古代建筑史》第 2 卷
图 3-1	五代十国历史图钢	孟辉绘制
图 3-2	唐长安近郊平面图	引自周维权《中国古典园林史》
图 3-3	隋大兴城－唐长安城平面图	引自宿白《隋唐长安城和洛阳城》，考古，1978 年第 6 期，32 页．
图 3-4	宋 吕大防《长安城图》残片	引自杭德州《唐长安城地基初步探测》
图 3-5	太极宫平面示意图	引自周维权《中国古典园林史》
图 3-6	唐长安城大明宫平面复原图	引自傅熹年《中国古代建筑史》第 2 卷
图 3-7	兴庆宫平面设想图	引自中国勘察设计协会园林设计分会《风景园林设计资料集—园林绿地总体设计》
图 3-8	宋刻兴庆宫平面图拓本	引自杭德州《唐长安城地基初步探测》
图 3-9	唐长安城禁苑平面图示意	引自史念海《西安历史地图集》
图 3-10	唐禁苑平面示意图	引自周维权《中国古典园林史》
图 3-11	华清宫平面设想图	引自周维权《中国古典园林史》
图 3-12	《唐骊山宫图》上幅	
图 3-13	隋唐洛阳东都平面示意图	引自傅熹年《中国古代建筑史》第 2 卷
图 3-14	隋上林西苑平面示意图	引自傅熹年《中国古代建筑史》第 2 卷
图 3-15	上阳宫位置平面示意图	马先达摹自《唐东都上阳宫考》
图 3-16	辋川别业图局部	引自《关中胜迹图志》
图 3-17	清王原祁《卢鸿草堂十志图·草堂》	北京故宫博物馆馆藏
图 3-18	据《祇园寺图经》绘制佛院平面示意图	引自傅熹年《中国古代建筑史》第 2 卷
图 3-19	山林寺观选址示意图	孟辉摹自华中农业大学《河南山林式佛寺园林寺庙研究》龚飞
图 3-20	唐长安曲江位置平面示意图	引自周维权《中国古典园林史》
图 3-21	唐绛守居园平面示意图	孟辉摹自《中国古典园林史》
图 4-1	五代后梁 荆浩《匡庐图》	台北故宫博物院馆藏
图 4-2	五代后梁 关仝《关山行旅图》	台北故宫博物院馆藏
图 4-3	宋 李成《读碑窠石图》	日本大阪市立美术馆馆藏
图 4-4	宋 范宽《溪山行旅图》	台北故宫博物院馆藏
图 4-5	五代 巨然《秋山问道图》	台北故宫博物院馆藏

图 4-6	宋 董源《潇湘图卷》	北京故宫博物馆馆藏
图 4-7	北宋 郭熙《早春图》	台北故宫博物院馆藏
图 4-8	米友仁《云山图卷》	美国克利夫兰艺术博物馆
图 4-9	米芾《云起楼图轴》	引自中国勘察设计协会园林设计分会《风景园林设计资料集—园林绿地总体设计》
图 4-10	本南宋 马远《踏歌图》	北京故宫博物馆馆藏
图 4-11	南宋 刘松年《四景山水图卷》	北京故宫博物馆馆藏
图 4-12	北宋东京城平面示意图及主要宫苑分布图	引自周维权《中国古典园林史》
图 4-13	艮岳平面设想图	引自中国勘察设计协会园林设计分会《风景园林设计资料集—园林绿地总体设计》
图 4-14	金明池平面设想图	谷赛龙摹自《中国古代建筑史》
图 4-15	宋 张择端（传）《金明池夺标图》	天津博物馆馆藏
图 4-16	元 王振鹏《宝津竞渡图卷》	台北故宫博物院馆藏
图 4-17	南宋临安平面示意图及宫苑分布图	引自郭黛姮《中国古代建筑史》第 3 卷
图 4-18	富郑公园平面设想图	引自郭黛姮《中国古代建筑史》第 3 卷
图 4-19	环溪平面设想图	引自周维权《中国古典园林史》
图 4-20	独乐园平面设想图	孟辉描摹刘托《两宋私家园林的景物特征》
图 4-21	明 仇英 《独乐园图》	藏于美国克利夫兰美术馆
图 4-22	沧浪亭平面图	引自刘敦桢《苏州古典园林》
图 4-23	沧浪亭剖立面图 1-1	引自刘敦桢《苏州古典园林》
图 4-24	沧浪亭剖立面图 2-2	引自刘敦桢《苏州古典园林》
图 4-25	岱庙平面图	谷赛龙绘制
图 4-26	伽蓝七堂图解	引自郭黛姮《中国古代建筑史》第 3 卷
图 4-27	南宋时期灵隐寺平面示意图	引自郭黛姮《中国古代建筑史》第 3 卷
图 4-28	杭州西湖平面图	引自潘谷西《江南理景艺术》
图 4-29	辽南京总体布局图	引自郭黛姮《中国古代建筑史》第 3 卷
图 4-30	金中都总体布局图	引自郭黛姮《中国古代建筑史》第 3 卷
图 5-1	元大都新旧二城关系图	引自潘谷西《中国古代建筑史》第 4 卷
图 5-2	元大都水系示意图	引自周维权《中国古典园林史》
图 5-3	明北京发展三阶段示意图	引自潘谷西《中国古代建筑史》第 4 卷
图 5-4	明北京城平面图	引自潘谷西《中国古代建筑史》第 5 卷
图 5-5	元大都皇城平面示意图	引自周维权《中国古典园林史》
图 5-6	万岁山及圆坻平面图	引自周维权《中国古典园林史》
图 5-7	明北京皇城西苑及大内御苑分布图	引自中国勘察设计协会园林设计分会《风景园林设计资料集—园林绿地总体设计》
图 5-8	狮子林平面图	引自刘敦桢《苏州古典园林》
图 5-9	狮子林剖立面图 1-1	引自刘敦桢《苏州古典园林》
图 5-10	狮子林剖立面图 2-2	引自刘敦桢《苏州古典园林》
图 5-11	艺圃平面图	引自刘敦桢《苏州古典园林》
图 5-12	清 王翚《艺圃图》	引自林源《王石谷“艺圃图”汪琬“艺圃二记”与苏州艺圃》建筑师
图 5-13	艺圃剖立面图 1-1	引自刘敦桢《苏州古典园林》
图 5-14	拙政园东部园林（归田园居）平面图	引自刘敦桢《苏州古典园林》
图 5-15	影园平面图	谷赛龙摹自《中国古典园林史》
图 5-16	勺园复原平面图	引自贾珺《明代北京勺园续考》
图 5-17	寄畅园平面图	引自潘谷西《江南理景艺术》
图 5-18	寄畅园立面图 1-1	引自潘谷西《江南理景艺术》
图 5-19	寄畅园立面图 2-2	引自潘谷西《江南理景艺术》
图 5-20	上海豫园平面图	引自潘谷西《江南理景艺术》
图 5-21	上海秋霞圃平面图	引自中国勘察设计协会园林设计分会《风景园林设计资料集—园林绿地总体设计》
图 5-22	南京瞻园平面图	引自潘谷西《江南理景艺术》
图 5-23	山西洪洞广胜寺下寺总平面图	引自潘谷西《中国古代建筑史》第 4 卷
图 5-24	北京智化寺总平面图	引自潘谷西《中国古代建筑史》第 4 卷
图 5-25	山西芮城县永乐宫址总平面图	引自潘谷西《中国古代建筑史》第 4 卷
图 5-26	绍兴兰亭平面图	引自潘谷西《江南理景艺术》

图 5-27	绍兴兰亭鸟瞰图	引自潘谷西《江南理景艺术》
图 5-28	清初什刹海平面图	孟辉摹自《中国古典园林史》
图 5-29	明长陵平面图	孟辉摹自《中国古代建筑史》第 4 卷
图 5-30	北京明十三陵分布示意图	引自中国勘察设计协会园林设计分会《风景园林设计资料集—园林绿地总体设计》
图 6-1	乾隆时期西苑平面图	引贾珺《中国皇家园林》黄晓绘制
图 6-2	乾隆时期琼华岛平面图	引自周维权《中国古典园林史》
图 6-3	琼华岛小白塔视野分析图	孟辉摹自余娴《北海公园空间解析》
图 6-4	画舫斋平面图	引自王其亨《北海 中国古建筑测绘大系·园林建筑》
图 6-5	画舫斋中路剖面图	引自王其亨《北海 中国古建筑测绘大系·园林建筑》
图 6-6	濠濮间与画舫斋平面图及濠濮间南北向剖面图	引自王其亨《北海 中国古建筑测绘大系·园林建筑》
图 6-7	静心斋平面图	引自王其亨《北海 中国古建筑测绘大系·园林建筑》
图 6-8	静心斋山池院北立面图	引自王其亨《北海 中国古建筑测绘大系·园林建筑》
图 6-9	静心斋山池院南立面图	引自王其亨《北海 中国古建筑测绘大系·园林建筑》
图 6-10	明清紫禁城宫殿及皇城前部分平面示意图	引自潘谷西《中国古代建筑史》第 4 卷
图 6-11	乾隆三十二年（公元 1767 年）徐扬绘 《京师生春诗意图》	北京故宫博物馆馆藏
图 6-12	御花园平面图	引自天津大学建筑系《清代内廷宫苑》
图 6-13	慈宁宫花园平面图	引自《紫禁城宫殿》
图 6-14	《乾隆京城全图》中慈宁宫花园平面图	北京图书馆馆藏《乾隆京城全图》
图 6-15	慈宁宫花园鸟瞰图	李敏绘制
图 6-16	建福宫花园平面图	引自《紫禁城宫殿》
图 6-17	清 丁观鹏 《太簇始和图》	台北故宫博物院馆藏
图 6-18	建福宫花园鸟瞰图	引自潘鬘（英）《建福宫：在紫禁城重建一座花园》
图 6-19	乾隆花园古华轩立面图	引自天津大学建筑系《清代内廷宫苑》
图 6-20	乾隆花园遂初堂南立面图	引自天津大学建筑系《清代内廷宫苑》
图 6-21	乾隆花园耸秀亭轴线示意图与正立面图	引自天津大学建筑系《清代内廷宫苑》
图 6-22	乾隆花园符望阁南立面图	引自天津大学建筑系《清代内廷宫苑》
图 6-23	乾隆花园南北向剖立面图及平面图	王羽描摹《清代内廷宫苑》
图 6-24	康熙时期北京西北郊主要园林分布	引自周维权《中国古典园林史》
图 6-25	乾隆时期北京西北郊主要园林分布	引自中国勘察设计协会园林设计分会《风景园林设计资料集—园林绿地总体设计》
图 6-26	三山五园示意图	引自周维权《中国古典园林史》
图 6-27	畅春园平面示意图	引自中国勘察设计协会园林设计分会《风景园林设计资料集—园林绿地总体设计》
图 6-28	静宜园平面图	引贾珺《中国皇家园林》黄晓绘制
图 6-29	见心斋平面图	引自周维权《中国古典园林史》
图 6-30	静明园平面图	引贾珺《中国皇家园林》黄晓绘制
图 6-31	山水格局改造示意图	孟辉绘制
图 6-32	乾隆时期清漪园平面图	引自贾珺《中国皇家园林》黄晓绘制
图 6-33	颐和园万寿山平面图	引自王其亨《颐和园 中国古建筑测绘大系·园林建筑》
图 6-34	颐和园佛香阁平立面图	引自王其亨《颐和园 中国古建筑测绘大系·园林建筑》
图 6-35	画中游建筑群立面图	引自《颐和园》
图 6-36	颐和园宫廷区平面图	引自《颐和园》
图 6-37	须弥灵境鸟瞰复原图	引自《颐和园》
图 6-38	光绪年间谐趣园平面图	引自《颐和园》
图 6-39	圆明园三园平面图	引自程里尧《皇家苑囿建筑－琴棋射骑御花园》
图 6-40	圆明园平面图	引自程里尧《皇家苑囿建筑－琴棋射骑御花园》
图 6-41	正大光明与圆明园大宫门景点平面图局部（样式雷图）	正大光明引自《圆明园四十景图》藏于法国国家图书馆 圆明园大宫门景点平面图局部（样式雷图）藏于清华大学
图 6-42	方壶胜境平面图（样式雷图）方壶胜境 方壶胜境复原平面图	引自郭黛姮《乾隆御品圆明园》
图 6-43	长春园平面图	引自程里尧《皇家苑囿建筑－琴棋射骑御花园》
图 6-44	长春园狮子林平面图	引贾珺《中国皇家园林》
图 6-45	长春园西洋楼万花阵铜版画与样式雷平面图	引自郭黛姮《乾隆御品圆明园》
图 6-46	长春园西洋楼建筑群平面图及鸟瞰图	引自郭黛姮《乾隆御品圆明园》金毓丰绘制

图 6-47	万春园平面图	引自程里尧《皇家苑囿建筑－琴棋射骑御花园》
图 6-48	承德避暑山庄平面图	引自中国勘察设计协会园林设计分会《风景园林设计资料集—园林绿地总体设计》
图 6-49	宫殿区正宫平面及剖面图	引自程里尧《皇家苑囿建筑－琴棋射骑御花园》
图 6-50	如意洲平面图	引自天津大学建筑系《承德古建筑》
图 6-51	烟雨楼平立面图	引自程里尧《皇家苑囿建筑－琴棋射骑御花园》
图 6-52	金山平立面图	引自程里尧《皇家苑囿建筑－琴棋射骑御花园》
图 6-53	文园狮子林平面图	谷赛龙摹自王俊凯《文园狮子林在写仿中的格局变化探究》
图 6-54	清 郎世宁、王致诚、艾启蒙等《万树园赐宴图》	北京故宫博物院馆藏
图 6-55	扬州园林分布示意图	引自孙大章《中国古代建筑史》第 5 卷
图 6-56	小盘谷西园平面图	引自潘谷西《江南理景艺术》
图 6-57	小盘谷池立面图 1-1	引自潘谷西《江南理景艺术》
图 6-58	何园平面图	闫燕燕摹自谢明洋《晚清扬州私家园林造园理法研究》
图 6-59	寄啸山庄平面图	引自潘谷西《江南理景艺术》
图 6-60	寄啸山庄立面图 1-1	引自潘谷西《江南理景艺术》
图 6-61	片石山房平面图	引自谢明洋《晚清扬州私家园林造园理法研究》马璐璐绘制
图 6-62	个园平面图	引自潘谷西《江南理景艺术》
图 6-63	个园立面图 1-1	引自潘谷西《江南理景艺术》
图 6-64	拙政园平面图	引自刘敦桢《苏州古典园林》
图 6-65	拙政园立面图	引自刘敦桢《苏州古典园林》
图 6-66	留园平面图	引自刘敦桢《苏州古典园林》
图 6-67	留园立面图	引自刘敦桢《苏州古典园林》
图 6-68	网师园平面图	引自刘敦桢《苏州古典园林》
图 6-69	网师园立面图 1-1 和 2-2	引自刘敦桢《苏州古典园林》
图 6-70	怡园平面图	引自刘敦桢《苏州古典园林》
图 6-71	怡园鸟瞰图	引自刘敦桢《苏州古典园林》
图 6-72	耦园平面图	引自刘敦桢《苏州古典园林》
图 6-73	环秀山庄平面图	引自刘敦桢《苏州古典园林》
图 6-74	常熟燕园平面图	引自顾凯《江南私家园林》
图 6-75	郭庄平面图	引自潘谷西《江南理景艺术》
图 6-76	西泠印社平面图	引自潘谷西《江南理景艺术》
图 6-77	西泠印社山顶部分立面图	引自潘谷西《江南理景艺术》
图 6-78	绮园平面图	引自潘谷西《江南理景艺术》
图 6-79	小莲庄平面图	引自潘谷西《江南理景艺术》
图 6-80	退思园中庭与东园部分平面图	引自潘谷西《江南理景艺术》
图 6-81	同治年间恭亲王府园复原平面图	引自贾珺《北方私家园林》
图 6-82	醇亲王府园复原平面图	引自贾珺《北方私家园林》
图 6-83	北京可园平面图	引自贾珺《北方私家园林》
图 6-84	十笏园平面图	引自贾珺《北方私家园林》
图 6-85	半亩园平面图（1949 年前后）	引自贾珺《麟庆时期（1843～1846）半亩园布局再探》中国园林
图 6-86	北大、清华校园内的古典园林	孟辉摹自《中国古典园林史》
图 6-87	孟氏宅园平面图	引自贾珺《北方私家园林》
图 6-88	东莞可园平面图	引自陆琦《广东名居》
图 6-89	东莞可园南立面图	引自陆琦《广东名居》
图 6-90	顺德清晖园平面图	引自陆琦《广东名居》
图 6-91	梁园群星草堂平面图	引自陆琦《广东名居》
图 6-92	广州番禺余荫山房平面图	引自周维权《中国古典园林史》
图 6-93	承德避暑山庄及外八庙总体布置图	引自孙大章《中国古代建筑史》第 5 卷
图 6-94	瘦西湖丁溪段总平面图	引自周维权《中国古典园林史》
图 6-95	南京煦园平面图	引自潘谷西《江南理景艺术》
图 6-96	南京煦园立面图 1-1	引自潘谷西《江南理景艺术》
图 6-97	河北遵化清东陵总平面图	引自孙大章《中国古代建筑史》第 5 卷
图 6-98	河北易县清西陵总平面图	引自孙大章《中国古代建筑史》第 5 卷
图 6-99	雍正泰陵平面图	引自孙大章《中国古代建筑史》第 5 卷

参考文献

[1] （明）计成．园冶注释 [M]. 陈植注释．北京：中国建筑工业出版社，1981.

[2] 潘谷西．江南理景艺术 [M]. 南京：东南大学出版社，2001.

[3] 周维权．中国古典园林史 [M]. 北京：清华大学出版社，2008.

[4] 天津大学建筑工程系．清代内廷宫苑 [M]. 天津：天津大学出版社，1986.

[5] 北海景山公园管理处．北海景山公园志 [M]. 北京：中国林业出版社，2000.

[6] 张加勉．解读故宫：一座宫殿的历史和建筑 [M]. 北京：当代中国出版社，2009.

[7] 天津大学建筑系，承德文物局．承德古建筑 [M]. 北京：中国建筑工业出版社，1982.

[8] 贾珺．北方私家园林 [M]. 北京：清华大学出版社，2013.

[9] 顾凯．江南私家园林 [M]. 北京：清华大学出版社，2013.

[10] 陆琦．岭南私家园林 [M]. 北京：清华大学出版社，2013.

[11] 贾珺．中国皇家园林 [M]. 北京：清华大学出版社，2013.

[12] 郭黛姮．乾隆御品圆明园 [M]. 杭州：浙江古籍出版社，2007.

[13] 王其亨．颐和园·中国古建筑测绘大系·园林建筑 [M]. 北京：中国建筑工业出版社，2015.

[14] 王其亨，王蔚．北海·中国古建筑测绘大系·园林建筑 [M]. 北京：中国建筑工业出版社，2015.

[15] 林芳吟．三山五园文化巡展·圆明园卷 [M]. 北京：北京大学出版社，2013.

[16] 王倬云．紫禁城宫殿 [M]. 北京：生活·读书·新知 三联书店，2006.

[17] 何重义，曾昭奋．圆明园园林艺术 [M]. 北京：中国大百科全书出版社，2010.

[18] 周云庵．陕西园林史 [M]. 陕西：三秦出版社，1997.

[19] 刘敦桢．苏州古典园林 [M]. 北京：中国建筑工业出版社，2005.

[20] 刘敦桢．中国古典建造史 [M]. 北京：中国建筑工业出版社，2003.

[21] 彭一刚．中国古典园林分析 [M] 北京：中国建筑工业出版社，1986.

[22] 苏州园林发展股份有限公司，苏州民族建筑学会．苏州古典园林营造录 [M]. 北京：中国建筑工业出版社，2003.

[23] 苏州园林设计院有限公司．苏州园林 [M] 北京：中国建筑工业出版社，2010.

[24] 陈从周，黄昌勇．园林清议 [M]. 南京：江苏文艺出版社，2005.

[25] 陈从周．中国园林鉴赏辞典 [M]. 南京：华东师范大学出版社，2001.

[26] 夏世昌．园林述要 [M]. 南京：华南理工大学出版社，1995.

[27] 苏州市园林管理局，邵忠 . 苏州古典园林艺术 [M]. 北京：中国林业出版社，2001.
[28] 陆琦 . 广东民居 [M]. 北京：中国建筑工业出版社，2008.
[29] 郭黛姮，贺艳 . 数字再现圆明园 [M]. 上海：中西书局，2012.
[30] 中国建筑工业出版社 . 中国古建筑大系：帝王陵寝建筑－地下宫殿 [M]. 北京：中国建筑工业出版社，2000.
[31] 中国建筑工业出版社 . 中国古建筑大系：皇家苑囿建筑－琴棋射骑御花园 [M]. 北京：中国建筑工业出版社，2000.
[32] 夏咸淳，曹林娣 . 中国园林美学思想史上古三代秦汉魏晋南北朝卷 [M]. 上海：同济大学出版社，2015.
[33] 夏咸淳，曹林娣 . 中国园林美学思想史隋唐五代两宋辽金元卷 [M]. 上海：同济大学出版社，2015.
[34] 夏咸淳，曹林娣 . 中国园林美学思想史明代卷 [M]. 上海：同济大学出版社，2015.
[35] 夏咸淳，曹林娣 . 中国园林美学思想史清代卷 [M]. 上海：同济大学出版社，2015.
[36] 刘叙杰 . 中国古代建筑史 第一卷 原始社会、夏、商、周、秦、汉建筑 [M]. 北京：中国建筑工业出版社，2009.
[37] 傅熹年 . 中国古代建筑史 第二卷 三国、两晋、南北朝、隋唐、五代建筑 [M]. 北京：中国建筑工业出版社，2009.
[38] 郭黛姮 . 中国古代建筑史 第三卷 宋、辽、金、西夏建筑 [M]. 北京：中国建筑工业出版社，2009.
[39] 潘谷西 . 中国古代建筑史 第四卷 元、明建筑 [M]. 北京：中国建筑工业出版社，2009.
[40] 孙大章 . 中国古代建筑史 第五卷 清代建筑 [M]. 北京：中国建筑工业出版社，2009.
[41] 吕明伟 . 中国古代造园家 [M]. 北京：中国建筑工业出版社，2014.
[42] 袁守愚 . 中国园林概念史研究：先秦至魏晋南北朝 [D]. 天津：天津大学，2014.
[43] 丁垚 . 隋唐园林研究——园林场所和园林活动 [D]. 天津：天津大学，2003.
[44] 王建国 . 隋唐长安禁苑的历史地理研究 [D]. 西安：陕西师范大学，2009.
[45] 计王菁 . 论唐宋时期笔墨语言的发展与山水画的兴盛 [D]. 北京：中国艺术研究院，2018.
[46] 王鹏，赵鸣 . 中国古代书院园林变迁考略 [J]. 古建园林技术，2016，12：20-24.
[47] 贾珺 . 明代北京勺园续考 [J]. 中国园林，2009，05：76-79.
[48] 贾珺 . 麟庆时期（1843 ～ 1846）半亩园布局再探 [J]. 中国园林，2000，06：67-70.